Interkulturelle Psychologie

Alexander Thomas

Interkulturelle Psychologie

Verstehen und Handeln
in internationalen Kontexten

Prof. em. Dr. Alexander Thomas, geb. 1938. Studium der Psychologie, Soziologie und Politikwissenschaft an den Universitäten Köln, Bonn und Münster. 1979–2005 Professor für Sozialpsychologie und Organisationspsychologie an der Universität Regensburg. Forschungsschwerpunkte: internationales Management, Ausbildung und Förderung von Auslandspersonal (interkulturelles Training und Beratung), Teamarbeit und Teamentwicklung.

Bibliografische Information der Deutschen Nationalbibliothek

Die Deutsche Nationalbibliothek verzeichnet diese Publikation in der Deutschen Nationalbibliografie; detaillierte bibliografische Daten sind im Internet über http://dnb.dnb.de abrufbar.

Das Werk einschließlich aller seiner Teile ist urheberrechtlich geschützt. Jede Verwertung außerhalb der engen Grenzen des Urheberrechtsgesetzes ist ohne Zustimmung des Verlags unzulässig und strafbar. Das gilt insbesondere für Vervielfältigungen, Übersetzungen, Mikroverfilmungen und die Einspeicherung und Verarbeitung in elektronischen Systemen.

Hogrefe Verlag GmbH & Co. KG
Merkelstraße 3
37085 Göttingen
Deutschland
Tel.: +49 551 999 50 0
Fax: +49 551 999 50 111
E-Mail: verlag@hogrefe.de
Internet: www.hogrefe.de

Umschlagabbildung: © Yuri_Arcurs – iStockphoto.com
Satz: Matthias Lenke, Weimar
Druck: Hubert & Co., Göttingen
Printed in Germany
Auf säurefreiem Papier gedruckt

1. Auflage 2016
© 2016 Hogrefe Verlag GmbH & Co. KG, Göttingen
(E-Book-ISBN [PDF] 978-3-8409-2660-0; E-Book-ISBN [EPUB] 978-3-8444-2660-1)
ISBN 978-3-8017-2660-7
http://doi.org/10.1026/02660-000

Vorwort

In nur wenigen Jahrzehnten haben die Internationalisierung und Globalisierung so gut wie alle Bereiche unserer Gesellschaft erfasst und dazu geführt, dass die verantwortlichen Führungskräfte und Entscheidungsträger neue Herausforderungen zu bewältigen haben. So stammen bereits heute in den Schulklassen in vielen deutschen Städten schon bis zu 50 % und mehr der Schüler aus unterschiedlichen Kulturen, kommunale Behörden sind mehr und mehr mit der Behandlung von Bedarfslagen von ausländischen Migranten, Flüchtlingen und Asylbewerbern befasst; der Zustrom von Fachkräften mit einer nicht-deutschen Biografie und Sozialisationsgeschichte nimmt zu und ist wegen des Bevölkerungswandels erwünscht. Mehrmonatige und mehrjährige Auslandseinsätze bzw. Kooperationen mit ausländischen Kunden, Mitarbeitern, Kollegen, Vorgesetzten etc. sind schon heute eine Selbstverständlichkeit und werden sich in Zukunft noch weiter intensivieren. In privaten sowie in beruflichen Lebensbereichen werden das Zusammenleben, die Zusammenarbeit, die effektive und alle Seiten zufriedenstellende Kooperation zwischen Menschen unterschiedlicher kultureller Herkunft zur Selbstverständlichkeit. Zur Bewältigung der dabei entstehenden Herausforderungen bedarf es der Entwicklung einer entsprechenden interkulturellen Handlungskompetenz und eines vertieften interkulturellen Verstehens, die getragen sind von einer Grundhaltung kultureller Wertschätzung.

Die Psychologie ist von dieser Entwicklung in zweifacher Weise betroffen. Zum einen arbeiten berufstätige Psychologen immer häufiger in Berufsfeldern und an Themen- und Problemstellungen, die nur in Kooperation mit ausländischen Partnern zu bewältigen sind. Zum anderen kann gerade die Psychologie als grundlagen- und anwendungsorientierte Wissenschaft des menschlichen Verhaltens und Erlebens ein besonders reichhaltiges und effektives interkulturelles Erkenntnis- und Handlungspotenzial zur Verfügung stellen.

Das vorliegende Buch zielt zum einen darauf ab, Studierende der Psychologie für die Bedeutung interkultureller Aspekte, Herausforderungen und Probleme im Umgang mit psychologischen Themen zu sensibilisieren und sie dafür zu qualifizieren, im Verlauf ihres Studiums interkulturelle Handlungskompetenz aufzubauen. Zum anderen bietet das Buch berufstätigen Psychologinnen und Psychologen die Chance, ihren Blick für die Wirksamkeit kulturell bedingter Determinanten in ihren beruflichen Arbeitsfeldern zu schärfen und eigenständig Mittel und Wege zu entwickeln, mit den entsprechenden Herausforderungen kulturadäquat umzugehen.

Leser, die weder Psychologie studieren noch als Psychologen berufstätig sind, erfahren bei der Lektüre dieses Buches, wie Forschungsergebnisse einer spezifischen wissenschaftlichen Disziplin, hier der Psychologie, nutzbar gemacht werden können, um interkulturelle Problemstellungen differenziert und adäquat verstehen und behandeln zu können. Dies ist schon deshalb wichtig, weil im Zuge des inflationären Gebrauchs und der Thematisierung von sozialen Bezeichnungen wie interkulturelle Kommunikation, interkulturelle Kompetenz, interkulturelle Intelligenz, interkulturelles Coaching, interkulturelle Bildung, interkulturelles Training etc. oft nicht mehr klar ist, auf welchen wissenschaftlich gesicherten Theorien und empirischen Befunden die Aussagen und Darlegungen zu diesen Themen basieren. Wegen der Komplexität der interkulturellen Thematik ist es aber von zentraler Bedeutung, das Ressourcenpotenzial aller wissenschaftlicher Disziplinen zur vertiefenden Analyse und adäquaten Behandlung interkultureller Themenstellungen nutzbar zu machen. Wie das geschehen kann, ist aus der Lektüre dieses Buches zu erfahren.

Regensburg, im März 2016   *Alexander Thomas*

Inhaltsverzeichnis

1 **Einführung: Kultur und interkulturelle Interaktion** 11
   1.1 Zwei Beispiele 11
   1.2 Kultur als bedeutungshaltiges und sinnstiftendes
       Orientierungssystem.............................. 17
   1.3 Interkulturelles Verstehen 19
   1.4 Interpersonale Begegnung als interkulturelles Handeln 22
   1.5 Interkulturelle Handlungskompetenz...................... 24
   1.6 Kulturstandards 30
       1.6.1 Vielschichtigkeit und Ordnung in kulturellen
           Überschneidungssituationen 30
       1.6.2 Entwicklung und Benennung von universell gültigen
           Kulturdimensionen 31
       1.6.3 Beschreibung und Definition des Kulturstandard-
           konzepts 34
       1.6.4 Gewinnung und Benennung von Kulturstandards........ 36
       1.6.5 Handlungswirksamkeit von Kulturstandards 38
       1.6.6 Fallbeispiel: Standortwahl in den USA 41

2 **Interkulturelles Handeln und psychologische Prozesse** 45

3 **Entwicklung des Selbstbildes, des Fremdbildes
und des vermuteten Fremdbildes** 59
   3.1 Soziale Wahrnehmung 60
   3.2 Fallbeispiel: Vorbereitung wissenschaftlicher deutsch-
       französischer Symposien 63
       3.2.1 Die kulturell kritische Interaktionssituation:
           Erstes Arbeitsgruppentreffen in Paris 63
       3.2.2 Fallanalyse aus Sicht des deutschen Teilnehmers
           Herrn Schulte............................. 66
       3.2.3 Fallanalyse aus Sicht der französischen Teilnehmer........ 70
       3.2.4 Fallanalyse aus psychologischer Perspektive 73
       3.2.5 Handlungsrelevante Schlussfolgerungen.............. 76
   3.3 Eindrucksbildung und Attribution 78
       3.3.1 Eindrucksbildung 79
       3.3.2 Attribution 81
       3.3.3 Fundamentaler Attributionsfehler 83

3.4 Soziale Orientierung: Stereotype, Vorurteile, Stigmatisierung, Diskriminierung 86
3.5 Theorie der sozialen Identität 90
3.6 Schemata-basierte Informationsverarbeitung 93
3.7 Reaktionen auf interpersonale Interaktionen 97
    3.7.1 Theorie der kognizierten Kontrolle 97
    3.7.2 Theorie der gelernten Hilflosigkeit 102
    3.7.3 Theorie der psychologischen Reaktanz 103
3.8 Theorie des überlegten Handelns 106
3.9 Selbstwahrnehmung 108
3.10 Selbstdarstellung und Impression Management 110

4 Entwicklung des Fremdverstehens 116
4.1 Fallbeispiele zum interkulturellen Verstehen 116
    4.1.1 Die Errichtung einer Fertigungshalle in Thailand 116
    4.1.2 Der indonesische Handwerker 120
4.2 Probleme und Möglichkeiten des interkulturellen Verstehens 123
4.3 Interkulturelle Lernmotivation 127
4.4 Interkulturelles Lernen und Lernstrategien 130
    4.4.1 Definition interkulturellen Lernens 130
    4.4.2 Möglichkeiten interkulturellen Lernens 131
    4.4.3 Lernstrategien 136
    4.4.4 Soziales Lernen im Kontext interkulturellen Lernens 137
    4.4.5 Interkulturelles Lernen im individuellen Lebenslauf 140
4.5 Perspektivenübernahme 141
    4.5.1 Fallbeispiel: Die Unterschlagung 142
    4.5.2 Formen und Bedeutung von Perspektivenübernahme 143
4.6 Gemeinsame Wissenskonstruktion 145

5 Entwicklung und Wirkungen interpersonaler Interaktionsprozesse in interkulturellen Kontexten 148
5.1 Grundlegende Prozesse sozialer Interaktion 148
    5.1.1 Kontingenzstrukturen sozialer Interaktion 148
    5.1.2 Verbale und nonverbale Kommunikation 152
    5.1.3 Fallbeispiel: Die Vortragseröffnung 155
    5.1.4 Fallbeispiel: Erfolglose Verhandlungen 159
5.2 Sozialer Vergleich 161
    5.2.1 Theorie der sozialen Vergleichsprozesse 161
    5.2.2 Fallbeispiel: Konfliktbearbeitung 166
5.3 Gerechtigkeit 172
    5.3.1 Entwicklung von Gerechtigkeitsvorstellungen und die Prinzipien distributiver Gerechtigkeit 172

    5.3.2 Prozedurale Gerechtigkeit 174
    5.3.3 Fallbeispiel: Arbeiten im Projektteam 176
    5.3.4 Fallbeispiel: Die Handouts 178
    5.3.5 Handlungsrelevante Schlussfolgerungen 181
5.4 Soziale Interdependenz 182
    5.4.1 Psychodynamische Aspekte des Interdependenzprozesses ... 182
    5.4.2 Strukturmerkmale der Interdependenz 183
    5.4.3 Fallbeispiel: Der Produktionsstopp 184
    5.4.4 Fallbeispiel: Ein neuer Auftrag 186
    5.4.5 Konsequenzen aus den Fallbeispielen
          aus Sicht sozialer Interdependenz 188
5.5 Macht und soziale Dominanz 191
    5.5.1 Theoretische Konzepte zum Thema Macht 192
    5.5.2 Fallbeispiel: Die verworfene Entscheidung 197
    5.5.3 Fallbeispiel: Die Konferenz 199
    5.5.4 Theorie der sozialen Dominanz 200
    5.5.5 Kulturvergleichende Forschungen zur Machtthematik
          und sozialen Dominanz 201
5.6 Soziale Netzwerke 206
    5.6.1 Individualismus versus Kollektivismus 206
    5.6.2 Fallbeispiel: Schuldentilgung 210
    5.6.3 Fallbeispiel: Deutsch-chinesische Freundschaft 212
    5.6.4 Fallbeispiel: Die Unterschlagung 215
    5.6.5 Konsequenzen für Expatriates in Bezug auf soziale
          Netzwerkbildung 218
5.7 Personale und soziale Konflikte 219
    5.7.1 Konfliktpotenzial im Kontext interkulturellen Handelns ... 220
    5.7.2 Fallbeispiel: Das deutsch-chinesische Verhandlungs-
          problem 222
    5.7.3 Konfliktmanagement 227
5.8 Soziale Minoritäten 229
    5.8.1 Position von Minoritäten und sozialer Einfluss 230
    5.8.2 Einfluss von Minoritäten und Kreativität 232
    5.8.3 Konsequenzen für Expatriates 232

6 Stress und Stressbewältigung im Kontext interkulturellen Handelns 234

6.1 Stress als Folge interkulturellen Handelns 234
6.2 Fallbeispiele im Kontext interkulturell bedingten Stresses 239
    6.2.1 Fallbeispiel Türkei: Der Termin 239
    6.2.2 Fallbeispiel Russland: Das Firmenfest 240
    6.2.3 Fallbeispiel Indien: Verkaufsstatistik 241
    6.2.4 Fallbeispiel Argentinien: Das Vorgespräch 242

   6.2.5 Fallbeispiel Indien: Delegieren 243
   6.2.6 Konsequenzen aus den Fallbeispielen 244
 6.3 Copingstrategien 244
   6.3.1 Kognitiv-transaktionale Bewältigungsstrategie 246
   6.3.2 Stressbewältigung durch soziale Vergleiche 247
   6.3.3 Theorie der primären und sekundären Kontrolle 248
   6.3.4 Belastungsreduktion durch soziale Unterstützung 248
   6.3.5 Erkenntnisstand zu Copingstrategien 249

7 Entwicklung interkultureller Handlungskompetenz 255
 7.1 Arten interkultureller Handlungskompetenz 255
 7.2 Fallbeispiel: Eventplanung 258
 7.3 Aufbau interkultureller Handlungskompetenz 261
 7.4 Lernschritte bei der Entwicklung interkultureller Handlungskompetenz 262
   7.4.1 Personal- und Umweltfaktoren 262
   7.4.2 Interkulturelle Konfrontation 263
   7.4.3 Interkulturelle Erfahrungsbildung 264
   7.4.4 Interkulturelles Lernen 264
   7.4.5 Interkulturelles Verstehen (Bilanzierung) 265
   7.4.6 Interkulturelle Kompetenz 266

8 Interkulturelle Trainings 269
 8.1 Konzepte und Methoden interkultureller Trainings 270
   8.1.1 Informationsorientierte Trainings 271
   8.1.2 Kulturorientierte Trainings 272
   8.1.3 Interaktionsorientierte Trainings 272
   8.1.4 Verstehensorientierte Trainings 273
 8.2 Beispiel für ein Trainingsmodul 275
 8.3 Weitere Inhalte interkultureller Trainings 279
 8.4 Einsatz von interkulturellen Trainings 282
 8.5 Interkulturelle Expertise 284

9 Interkulturelle Psychologie in der Praxis 286
 9.1 Praxisfelder 287
 9.2 Aneignung von interkultureller Kompetenz 290

Nachwort 295

Weiterführende Literatur 296

Literatur 300

1 Einführung: Kultur und interkulturelle Interaktion

1.1 Zwei Beispiele

Bevor allgemein und eher abstrakt auf die zentralen Themenkomplexe interkulturellen Verstehens und interkulturellen Handelns einzugehen ist, wird an zwei Beispielen sogenannter kulturell bedingter kritischer Interaktionssituationen illustriert, wie kulturspezifische Einflüsse menschliches Erleben und Verhalten im Kontext interpersonaler Interaktion und Kommunikation beeinflussen und determinieren.

> **Fallbeispiel 1: Erstbegegnungen zwischen Deutschen und US-Amerikanern**
>
> Nach einem mehrjährigen Studienaufenthalt in Deutschland wird eine US-amerikanische Studentin gebeten, ihre wichtigsten und nachhaltigsten Eindrücke in der Begegnung mit Deutschen zu schildern. Mary berichtet:
>
> „In Deutschland ist mir aufgefallen, dass man sich nicht miteinander unterhält, auch dann nicht, wenn man zusammen am Tisch sitzt, wenn es nichts Wichtiges zu besprechen gibt. Die Deutschen scheinen auch keinen Druck zu verspüren, wenn sie schweigend zusammensitzen. In den USA dagegen ist man immer gezwungen, offen zu sein, Gespräche zu beginnen. Tut man das nicht, so fühlt man sich irgendwie unter Druck. Es ist zwar manchmal ganz nett mit vielen Menschen so in eine Unterhaltung zu kommen, aber es ist auch stressig.
>
> Es ist schwer für mich, Deutsche kennenzulernen. Meist muss ich jemanden direkt ansprechen, dann sind die Leute auch ganz bereitwillig, sich mit mir zu unterhalten. Man kommt mit Deutschen nur schwer in Kontakt, wenn man sie um Hilfe bittet, sind sie aber sehr hilfsbereit. Sie versuchen jedenfalls einem zu helfen. Wenn Deutsche ein echtes Interesse an einem haben, dann stellen sie mir Fragen. Ansonsten kommt auch kein Gespräch auf. Am Anfang habe ich das nicht verstanden, das war sehr schwer für mich."
>
> Nach einem mehrjährigen Studienaufenthalt in den USA berichtet der deutsche Student Martin über seine Erfahrungen in der Begegnung mit US-Amerikanern:
>
> „Ich saß in der Cafeteria, als plötzlich ein Amerikaner auf mich zukam und mich freundlich mit Namen begrüßte. Da ich dem Amerikaner nur vorher ein paar Mal über einen anderen Freund begegnet war und diese Begegnung auch schon über einen Monat zurück lag, war ich sehr erstaunt, dass der Amerikaner sich noch an meinen Namen erinnerte. Aus dieser persönlichen Begegnung schloss ich, dass er ein gewisses Interesse für mich haben musste. Ich war daher sehr überrascht,

> dass er sich nach einem kurzen belanglosen Dialog verabschiedete, ohne dabei ein mögliches Wiedersehen anzusprechen. Ich habe mich schon gefragt, warum der Amerikaner überhaupt so freundlich auf mich zugekommen ist und mich mit Namen begrüßte, obwohl er scheinbar doch überhaupt nichts von mir wollte."

Viele deutsche Studenten, aber auch Fach- und Führungskräfte im Auslandseinsatz berichten davon, dass sie in den USA immer sehr freundlich und offen bei allen möglichen Gelegenheiten angesprochen wurden, im Supermarkt, bei Behörden, von Nachbarn, im Taxi und in der Metro. Bei Partyeinladungen, bei denen sie auf Menschen trafen, die sie vorher noch nie gesehen hatten, kam es häufiger vor, dass sie von anderen ihnen bislang unbekannten Gästen ins Kino, in ein Konzert oder zu anderen Veranstaltungen eingeladen wurden oder einfach nur auf ein weiteres Wiedersehen und Treffen angesprochen wurde. Dazu wurden dann noch die Visitenkarten überreicht. Wenn sie dann auf dieses Angebot eingingen, merkten sie an der Reaktion, dass die US-amerikanischen Partygäste überhaupt nicht vorhatten, sich mit ihnen zu einem weiteren Treffen zu verabreden. Es war für diese Deutschen nicht ganz so einfach, diese manchmal als sehr intensiv erlebten Einladungen zu einer weiteren Begegnung nur als höfliche Floskel ohne jeden Verbindlichkeitscharakter anzusehen (Hufnagel & Thomas, 2006).

Die hier geschilderten Ereignisse zeichnen sich, wie alle sogenannten Erstbegegnungen, dadurch aus, dass diese spezifische interpersonale Begegnungssituation in der Regel etwas spannungsgeladen ist, sich Unsicherheit breitmacht, besondere Aufmerksamkeit und Achtsamkeit im Umgang mit den Gesprächspartnern erforderlich sind und man noch nicht so recht weiß, wie das alles enden wird. Offensichtlich haben Menschen in unterschiedlichen Kulturen nicht nur verschiedene Begrüßungsformen entwickelt, vom Händeschütteln über Verbeugen und Umarmen, Küssen, Zunge-Herausstrecken bis hin zum Nasen-aneinander-Reiben. Sie haben auch unterschiedliche Regeln zur Bewältigung von Erstbegegnungssituationen und der damit verbundenen Problematik. US-Amerikaner, das zeigen viele Berichte, gehen sehr zwanglos und offen, nahezu distanzlos, auf jeden Fall aber bemüht, die interpersonale Distanz so gering wie möglich zu halten, auf neue Gesprächspartner zu und beginnen einen Smalltalk. So erfahren sie recht schnell einiges über die neuen Bekannten und schaffen zudem eine freundschaftliche, aber doch unverbindliche und zu nichts verpflichtende Gesprächsatmosphäre.

Die kulturell bedingten Unterschiede hinsichtlich des Grades der Zugänglichkeit zu verschiedenen Schichten der Persönlichkeit zwischen Deutschen und US-Amerikanern waren schon dem bedeutenden Sozialpsychologen Kurt Lewin (1936) aufgefallen. Er identifizierte einen A-Typ für US-Amerikaner, bei dem die äußeren Schichten der Persönlichkeit zwar leicht zugänglich sind, bei dem aber die innere Schicht für fremde Personen unzugänglich bleib. Der D-Typ steht für Deutsche, die sich zwar zunächst schwertun, fremde Personen zu nah an sich heranzulassen. Wenn es aber gelingt, ein gegenseitiges freundschaftliches Verhältnis aufzubauen, dann ist bei ihnen auch ein Zugang zur inneren Schicht möglich, die bei US-Amerikanern verschlossen bleibt. Lewin war der Meinung, dass es eines vertieften Verständnisses für diese Unterschiede bezüglich der Zugänglichkeit zu den Schichten der Persönlichkeit, auch als „Peaches" (außen weich und innen hart) bei US-Amerikaner und „Coconut" (außen hart und innen weich) bei Deutschen bezeichnet, bedarf, um eine harmonische und störungsfreie Zusammenarbeit erreichen zu können.

Man kann diese kulturbedingten Unterschiede in der zwischenmenschlichen Begegnung zwischen Deutschen und US-Amerikanern auch mithilfe des Kulturstandardkonzepts, das in Abschnitt 1.5 ausführlich dargestellt wird, gut erklären. Demnach ist bei Deutschen und US-Amerikanern der Umgang mit interpersonaler Distanz unterschiedlich ausgeprägt, was dazu führt, dass sich unterschiedliche Erwartungen und Verhaltensgewohnheiten einstellen: Deutsche reagieren bei ihnen zunächst fremden Interaktionspartner nach dem Motto: „Mische dich nicht ungefragt in die Angelegenheiten anderer Menschen ein!", und nehmen dabei im Zuge des Distanzmanagements eine *Distanzdifferenzierung* vor. Dies führt dazu, dass sie erst einmal nach sehr gut bekannten, flüchtig bekannten und unbekannten Personen differenzieren. Sehr gut bekannte Personen müssen unbedingt begrüßt, angesprochen und eventuell etwas unterhalten werden. Flüchtig bekannte Personen können begrüßt werden, doch besteht hier kein Zwang. Unbekannte Personen bedürfen ohne zwingenden äußeren Grund keinerlei sozialer Aufmerksamkeit, und man sollte sich ihnen auch nicht aufdrängen. Aufdringlichkeit, gar Distanzlosigkeit, wird stärker sozial abgelehnt als ausgeprägte Formen sozialer Zurückhaltung. Gut bekannte Personen werden in Deutschland relativ schnell zu Freunden, genießen dann dauerhaft volles Vertrauen und man gesteht ihnen das Recht zu, Hilfe und soziale Unterstützung, wann immer sie benötigt wird, in Anspruch nehmen zu können. Es entsteht so eine enge Beziehung zwischen Personen (Freunden), die womöglich lebenslang hält.

Im Unterschied dazu gilt für US-Amerikaner das Gebot der unbedingten *Distanzminimierung*. Unabhängig davon, ob sie einen potenziellen Kommunikations- und Interaktionspartner sehr gut oder überhaupt nicht kennen, sind sie bemüht, durch verbale oder nonverbale Formen der Kommunikation, durch unterhaltende, aber unverbindliche Gespräche (Smalltalk), durch persönliche Informationen oder durch unverbindliche, aber als freundliche Geste gemeinte Einladungen zu gemeinsamen Treffen, eine angenehme, freundliche und sozial kommunikative Atmosphäre zu schaffen. Die US-amerikanische Studentin aus dem obigen Beispiel drückte das sehr treffend aus: „In den USA ist man immer gezwungen, offen zu sein, Gespräche zu beginnen. Tut man das nicht, so fühlt man sich irgendwie unter Druck. Es ist zwar manchmal ganz nett, mit Menschen so in eine Unterhaltung zu kommen, aber es ist auch stressig!"

Diese so unterschiedlichen Formen des Distanzmanagements, wie sie sich in der US-amerikanischen im Vergleich zur deutschen Kultur entwickelt haben, sind sicherlich kein Zufallsprodukt, sondern müssen im Verlauf kulturhistorischer Entwicklungen in diesen Gesellschaften sinnvoll gewesen sein. So könnte beispielsweise für eine multikulturelle Einwanderungsgesellschaft, die sich zumindest in der Anfangszeit ihrer Entwicklung gegen eine menschenfeindliche Natur und vielerlei Widerstände behaupten musste, ein Kulturstandard wie soziale *Distanzminimierung* sehr viel funktionaler und effektiver gewesen sein als zum Beispiel die Form der *Distanzdifferenzierung*. Wenn jeder jeden zur Überlebenssicherung benötigt und jeder als potenzieller und unter Umständen sogar notwendiger Kooperationspartner anzusehen ist, dann ist es wichtig, möglichst schnell viele Informationen über jede erreichbare Person zu erhalten, um auf diese Weise ein hohes Maß an Kontrolle über die augenblicklichen und die in naher Zukunft zu erwartenden Lebensbedingungen sicherzustellen.

Die Differenzierung nach Bekanntheitsgraden und Graden sozialer Stellung setzt das Vorhandensein differenzierender Merkmale, zum Beispiel durch Kleidung, Gehabe, Sprache etc. und Erfahrungen im Umgang mit ihnen voraus, was in einer traditionellen Ständegesellschaft, wie sie in Deutschland ausgebildet wurde, möglich und auch effektiv ist. In einem stark hierarchisch organisierten Gesellschaftssystem mit einem hohen Maß an Machtdistanz, klaren Status- und Rollenbeziehungen, verbindlichen Machtstrukturen sowie streng einzuhaltenden Schicht- und Standesgrenzen mit Zugangsbarrieren ist ein Verhalten, das auf Distanzdifferenzierung hin orientiert ist, funktionaler. Distanz minimierendes Verhalten wird unter diesen Bedingungen als unpassend, anbiedernd, bedrohlich, lästig und ungebildet abgelehnt.

Fallbeispiel 2: Wo bleiben die Fragen zum richtigen Zeitpunkt?

„Herr Althoff gibt gelegentlich Seminare, um japanische Mitarbeiter technisch weiterzubilden. Eine Schulung dauert meist vier Stunden, findet auf Englisch statt und ist vom technischen Anspruch her sehr hoch. Herrn Althoff ist aufgefallen, dass die japanischen Teilnehmer kaum nachfragen, wenn sie etwas nicht verstanden haben, obwohl er sie zu Beginn des Trainings auffordert, immer sofort nachzufragen, wenn etwas unklar ist. Er erkennt dann an den Gesichtern der Zuhörer, dass einige komplett abgeschaltet haben und ihm nicht mehr folgen können. Manchmal stellen Teilnehmer wenigstens am Ende des Trainings noch Fragen, die aber teilweise so grundlegend sind, dass ihm deutlich wird, die Personen haben das ganze darauf aufbauende Einzelwissen gar nicht verstanden. Herr Althoff weiß nicht, was er noch tun soll, damit die Teilnehmer ihre Fragen stellen, wenn er gerade über das betreffende Thema spricht. Er fragt sich: Warum fragen die Teilnehmer nie nach?" (Petzold, Ringel & Thomas, 2005, S. 44)

Was Herr Althoff hier aus Japan schildert, erleben deutsche Fach- und Führungskräfte, Dozenten und Professoren, die zu Ausbildungs-, Schulungs- und Trainingszwecken in ost- sowie südostasiatischen Ländern unterwegs sind, immer wieder: Niemand fragt nach, wenn er etwas nicht verstanden hat, und wenn man einen Seminarteilnehmer direkt anspricht, ob er alles verstanden hat, antwortet der immer mit „Ja"; selbst dann, wenn sich kurze Zeit später bei einer entsprechenden Übungs- und Prüfungsaufgabe herausstellt, dass er oder sie nichts oder nur Bruchstückhaftes verstanden hat.

Eine Erklärung für dieses aus deutscher Sicht unverständliche Verhalten ergibt sich aus der hohen Bedeutung der *Gesichtsarbeit* für das zwischenmenschliche Zusammenleben in diesen Kulturen. Sein eigenes Gesicht und das seines Partners wahren und auf keinen Fall beschädigen sind oberstes Gebot in der interpersonalen Begegnung und Zusammenarbeit. Ein Schüler könnte sein Gesicht verlieren, wenn er gegenüber seinem Lehrer eingestehen muss, etwas nicht verstanden zu haben. Noch problematischer wird es, wenn der Verdacht aufkommen könnte, der Lehrer hätte den Sachverhalt so unklar und unverständlich vermittelt, dass es dem Schüler auch bei noch so intensivem Bemühen nicht möglich war, die geschilderten Zusammenhänge zu verstehen. In diesem Fall würde das Eingeständnis des Schülers, etwas nicht verstanden zu haben, neben dem eigenen Gesichtsverlust auch noch den Gesichtsverlust des Lehrers zur Folge haben, und das womöglich noch vor allen Seminarteilnehmern, also in aller Öffentlichkeit.

Die so hoch brisanten Problemlagen, die durch die Frage des deutschen Dozenten „Haben Sie das verstanden?" und das Angebot „Wenn Sie etwas nicht verstanden haben, fragen Sie nach!" entstanden sind, werden ohne weitere Diskussionen und Problematisierung dadurch gelöst, dass der Schüler einfach schweigt, und wenn er gefragt wird, behauptet, er habe alles verstanden. Er wird sich dann womöglich später bemühen, über andere Personen und weitere Quellen seine Verständnislücken zu beheben und sich sachkundig machen.

> Die Praxis des Gesichtwahrens und -gebens wird weiterhin von einer impliziten Kommunikationsweise unterstützt. Man versucht, die Gefühle und Bedürfnisse des Gesprächspartners zu erahnen und dessen subtile, nonverbale Signale zu deuten. Aussagen werden gern mehrdeutig formuliert. Bittet man um Hilfe, so schildert man sein Problem und bricht den Satz dann ab, sodass der andere auf die (implizite) Bitte eingehen oder sie ignorieren kann. So kann der Bittende sein Gesicht wahren, auch wenn das Gegenüber nicht auf seinen Wunsch eingeht. Schweigen, als Inbegriff der mehrdeutigen Kommunikation, gilt in Japan als Tugend. Es kann von Respekt, Sympathie, Identifikation und Verständnis, aber genauso gut von Unverständnis und Verunsicherung zeugen. Durch Schweigen (statt offener Kritik) wahrt man ebenfalls das Gesicht des Interaktionspartners. (Petzold, Ringel & Thomas, 2005, S. 48)

Wer in Deutschland in einer Unterrichtseinheit eine Frage oder eine Nachfrage stellt und um weitere Erklärungen bittet, gilt als jemand, der hochmotiviert ist, sich am Unterricht beteiligen und ernsthaft bemüht ist, etwas zu lernen. Wer stattdessen im Unterricht schweigt und möglicherweise noch auf Nachfragen hin behauptet, alles verstanden zu haben, obwohl sich nachher herausstellt, dass er den vermittelten Stoff nicht beherrscht, gilt als desinteressiert, überfordert oder zu dumm, den behandelten Sachverhalt zu verstehen. Er wird womöglich noch als Lügner angesehen, der zudem noch versucht, sich irgendwie durchzumogeln, was einen nachhaltigen Vertrauensverlust zur Folge haben kann.

Wer nun meint, diese Fallbeispiele seien lustige, eventuell exotische Episoden der Begegnung zwischen Menschen aus unterschiedlichen Kulturen, ohne dass sich daraus nachhaltige Störungen und Probleme ergeben könnten, kann einmal versuchen, eine passende Antwort auf die Kernfrage zu finden, die in der folgenden kulturell bedingten kritischen Interaktionssituation aufkommt.

> **Fallbeispiel: Problemlösung in einer interkulturellen Interaktionssituation**
>
> Ein Psychologe führt in Afghanistan ein Gespräch mit einem Entwicklungsexperten, der seit mehreren Jahren ein Aufforstungsprojekt leitet. Der Entwicklungsexperte berichtet: „Wissen Sie, das Aufforsten selbst ist technisch eigentlich kein Problem. Sie graben ein Loch in die Erde, setzen den Setzling hinein, häufeln Erde an und wässern zu Anfang so lange, bis die Wurzeln sich verfestigt haben, und den Rest erledigt dann die Natur. Ich habe aber mit der ganzen Aufforstung ein Problem, und sie sind ja Psychologe und können mir bei der Problemlösung vielleicht helfen: Immer dann, wenn im Laufe einiger Jahre die neu eingepflanzten Stämmchen Daumendicke erreicht haben, werden sie von den Einheimischen abgesägt und als Brennholz auf den nahe gelegenen Märkten verkauft. Können Sie mir sagen, was ich dagegen tun kann, denn wenn das so weitergeht, ist das gesamte Entwicklungsprojekt gefährdet?"
>
> Nach dem Abwägen einiger Möglichkeiten zur Lösung des Problems, die vom Bestrafen der Diebe bis hin zur Aufklärung der einheimischen bäuerlichen Bevölkerung über Funktion, Entwicklung und Bedeutung der Aufforstung bzw. ihrer Nachhaltigkeit über Generationen hinweg reichen, musste der Psychologe schließlich bekennen: „Es tut mir leid, einen wirklich sinnvollen und nachhaltig wirksamen Vorschlag zur Lösung des Problems kann ich Ihnen auch nicht bieten." Was hätte man denn nun aus psychologischer Sicht dem Entwicklungsexperten raten sollen und können, damit sein Projekt nicht scheitert?

An anderer Stelle (Abschnitt 1.5) werden wir auf diese noch offene Frage und eine sinnvoll erscheinende Problemlösung zurückkommen.

Was kann man nun aus den beiden oben dargestellten Beispielen in Bezug auf die Bedeutung von Kultur als bedeutungshaltiges und sinnstiftendes Orientierungssystem lernen?
1. Menschliche Gemeinschaften haben im Verlauf der geschichtlichen Entwicklung sehr spezifische Regeln, Normen, Verhaltenssysteme und Handlungsvor-

schriften entwickelt, damit das zwischenmenschliche Zusammenleben einigermaßen reibungslos funktioniert.
2. Es gibt bestimmte Vorschriften, Normen und Standards, deren Einhaltung von allen Mitgliedern einer sozialen Gemeinschaft erwartet wird. Sie beeinflussen, steuern und determinieren dementsprechend die Wahrnehmung, das Denken und Urteilen, die Motivationen, Emotionen und das Handeln jedes Einzelnen in erheblichem Maße. Alle psychologisch relevanten Grundlagen, Verlaufsprozesse und Wirkungen menschlichen Verhaltens und Erlebens sind also kulturspezifisch determiniert. Welche Konsequenzen hat das für die Handlungssteuerung?
3. Personen unterschiedlicher kultureller Herkunft, Sozialisationsgeschichte und sozio-biografischer Entwicklung, die miteinander zu tun haben, kommunizieren und kooperieren (zum Beispiel deutsche und US-amerikanische Studenten sowie deutsche Dozenten und japanische Seminarteilnehmer), erleben gehäuft Reaktionsweisen bei ihren Partnern, die ihnen fremd sind, die sie sich nicht erklären können, die sie hilflos zurücklassen und über die sie sich womöglich ärgern. Sie erleben kulturell bedingte kritische Interaktionssituationen. Welche Probleme ergeben sich daraus für die verschiedenen Formen der interpersonalen Begegnungen und Zusammenarbeit?
4. Da diese kulturspezifischen Verhaltensausprägungen und ihre verhaltensdeterminierenden Wirkungen nicht bewusstseinspflichtig sind, sondern sich gleichsam automatisch vollziehen, gelingt es manchen Personen zwar, sich an diese „Fremdheit" zu gewöhnen und bis zu einem gewissen Grade auch anzupassen. Allerdings entwickelt sich daraus noch kein interkulturelles Verständnis. Dazu bedarf es eines weitergehenden, differenzierteren und vertieften Lernprozesses. Was ist zum Aufbau eines interkulturellen Verstehens erforderlich?

1.2 Kultur als bedeutungshaltiges und sinnstiftendes Orientierungssystem

Die Wissenschaft hat bereits eine Fülle von Kulturdefinitionen hervorgebracht, sodass die Psychologen Kroeber und Kluckhohn schon 1952 über 150 Definitionen auflisten konnten. Bis heute sind weitere hinzugekommen. Im Folgenden werden einige sehr weit gefasste allgemeine und spezifische, besonders zur Beschreibung und Erklärung psychologisch relevanter Prozesse geeignete Kulturdefinitionen vorgestellt.

Definitionen von Kultur
1. „Kultur ist die Gesamtheit der Formen menschlichen Zusammenlebens." (Deutsche UNESCO-Kommission, 1997)
2. „Kultur ist der vom Menschen gemachte Teil der Umwelt." (Triandis, 1989)
3. „Kultur ist die kollektive Prägung des Geistes." (Hofstede, 1991)

4. „Kultur ist ein Handlungsfeld, dessen Inhalte von den von Menschen geschaffenen und genutzten Objekten bis hin zu Institutionen, Ideen und Mythen reichen. Als Handlungsfeld bietet demnach Kultur Handlungsmöglichkeiten, stellt aber auch Bedingungen. Sie bietet Ziele an, die mit bestimmten Mitteln erreichbar sind, setzt aber auch Grenzen für das mögliche bzw. ‚richtige' Handeln." (Boesch, 1980)

5. „Unter Kultur versteht man sämtliche kollektiv geteilten, impliziten oder expliziten Verhaltensnormen, Verhaltensmuster, Verhaltensäußerungen und Verhaltensresultate, die von den Mitgliedern einer sozialen Gruppe erlernt und mittels Symbolen von Generation zu Generation weitervererbt werden. Die nach innerer Konsistenz strebenden kollektiven Verhaltensmuster und -normen dienen dem inneren und äußeren Zusammenhalt und der Funktionsfähigkeit einer sozialen Gruppe und stellen eine spezifische, generationserprobte Lösung ihrer physischen, ökonomischen und sonstigen Umweltbedingungen dar. Kulturen neigen dazu, sich Veränderungen in diesen Bedingungen anzupassen." (Keller & Eckensberger, 1998)

6. „Kultur ist ein universelles Phänomen. Alle Menschen haben zu allen Zeiten und in allen Gegenden der Welt ‚Kultur' entwickelt. Alle Menschen leben in einer spezifischen Kultur, entwickeln sie weiter und verändern sich zugleich mit dieser Weiterentwicklung. Kultur manifestiert sich immer in einem für eine Nation, Gesellschaft, Organisation oder Gruppe typischen *Bedeutungs-/Orientierungssystem*. Dieses Orientierungssystem wird aus spezifischen Symbolen (z. B. Sprache, Gestik, Mimik) gebildet und in der jeweiligen Gesellschaft, Gruppe etc. tradiert. Das Orientierungssystem definiert für alle Mitglieder ihre Zugehörigkeit zur Gesellschaft und ermöglicht ihnen ihre ganz eigene Umweltbewältigung. Es beeinflusst das Wahrnehmen, Denken, Urteilen, die Motive und Emotionen sowie das Handeln derjenigen Personen die in der jeweiligen Gesellschaft sozialisiert wurden und sich ihr zugehörig fühlen." (Thomas, 1996)

Man kann nun ausgiebig über die Stimmigkeit und Stichhaltigkeit verschiedener Definitionen diskutieren und streiten, zugleich aber gilt auch der bekannte Satz von Kurt Lewin: „Nichts ist so praktisch wie eine gute Theorie!" (1963). Bezogen auf das, was hier zur Diskussion steht, nämlich interkulturelles Verstehen und interkulturelles Handeln expliziert an Fallbeispielen aus unterschiedlichen interkulturellen Begegnungs- und Handlungsfeldern, sind die 4. und 6. Kulturdefinition sehr praktisch. Die US-amerikanische Kultur bietet für das Handlungsfeld „Erstbegegnung" Handlungsmöglichkeiten in Form der „Distanzminimierung" und damit verbunden schnelle, unkomplizierte und informative Zugänge zu bislang unbekannten Personen, setzt aber auch Handlungsgrenzen in Bezug auf den Kernbereich der Persönlichkeit, von der Privatheit über die personale Inanspruchnahme bis hin zu Verpflichtungen.

Aus Sicht deutscher Interaktionspartner sind in Erstbegegnungssituationen die Zugänge zur Person erst nach Einholen der Erlaubnis offen. Über „Freundschaftsbeziehungen" wird aber auch der Zugang zum inneren Kern der Person geöffnet.

So bietet die deutsche Kultur im Lehr-Lernkontext Möglichkeiten, durch Nachfragen und womöglich kontroverse Diskussionen zwischen Lehrer und Schüler zu Wissen und Einsichten zu gelangen und diese zu korrigieren und zu vertiefen, ohne dass jemand verletzt und bloßgestellt wird.

In Deutschland ist der Begriff „Gesicht wahren" im Sinne von achtsam sein, keinen zu beleidigen, respektvoll und wertschätzend miteinander umzugehen, sehr wohl bekannt und entsprechendes Verhalten wird häufig praktiziert, um ein harmonisches und konfliktfreies Zusammenleben zu ermöglichen. Das schließt aber Nachfragen, Rückfragen, kritische Bemerkungen z. B. des Schülers an den Lehrer nicht aus, solange Aspekte und Themen im Rahmen des Lehr-Lernprozesses angesprochen werden. Lehrer und Schüler sollen bestrebt sein, mit verteilten Rollen so zusammenzuarbeiten, dass sie ihre Ziele erreichen können.

In Japan haben Lehrer und Schüler zunächst die Aufgabe, gegenseitig auf das „Gesichtwahren" zu achten und alles zu vermeiden, was diesem Ziel abträglich ist. Dabei sind auch Handlungen erlaubt, die nach deutscher Kulturtradition negativ bewertet werden, wie z. B. Schweigen statt Nachfragen, Unverstandenes kaschieren, Fehler und Schwächen ignorieren sowie verdeckt, implizit und auf anderen Wegen, hinten herum, Wissenslücken und Verständnismängel beheben.

Diese Beispiele machen deutlich, wie in spezifischen Kulturen Handlungsmöglichkeiten eröffnet werden, aber auch Handlungsgrenzen gesetzt sind, und wie Kultur als Bedeutungs- und Orientierungssystem das menschliche Handeln in all seinen psychologisch relevanten Facetten bestimmt. Dies reicht von den gegenseitigen Erwartungen und den im Zuge der sozialen Wahrnehmung gewonnenen Eindrücken von der Person des Gegenübers über die begleitenden Emotionen bis hin zur Handlungssteuerung, Handlungskontrolle und Handlungsergebnisbilanzierung.

1.3 Interkulturelles Verstehen

Ein praxiserfahrener Trainer, spezialisiert auf interkulturelle Trainings, veranstaltet für deutsche Fach- und Führungskräfte, die ihren ersten Auslandseinsatz in China beginnen sollen, ein zweitägiges Orientierungstraining. Bei der Vorstellungsrunde stellte er fest, dass vier Teilnehmer bereits 3 bis 5 Jahre beruflich in China tätig waren, dann für einige Zeit in Südamerika arbeiteten, nun vor einem erneuten China-Einsatz stehen und ihr Wissen über das Land und die politisch-wirtschaftliche Lage auf den neuesten Stand bringen wollen. Dem Trainer gelingt es, die bereits China-erfahrenen „Experten" immer dann in die Seminarinhalte einzubeziehen, wenn es um konkrete, anschauliche Beispielsfälle zum Leben und Arbeiten in China geht. Das Orientierungstraining ist insgesamt eher praxisbezogen und auf konkrete Fallbeispiele bezogen konzipiert. Es zielt nicht primär auf die Vermittlung von Faktenwissen und Patentlösungen ab, sondern auf die Förderung von Verständnis für kulturell bedingte Probleme in der Zusammenarbeit und passende Lösungen. Der Trainer hat zunächst Bedenken, ob die vier praxisbewährten Teilnehmer mit China-Erfahrungen überhaupt etwas Neues und für sie Wichtiges aus dem Training mitnehmen können. Gegen Ende des Trainings kommt er mit ihnen ins Gespräch und bekommt Folgendes zu hören: „Wissen Sie, wir waren ja schon einmal für mehrere Jahre in China beruflich tätig und das sogar recht erfolgreich, aber verstanden haben wir nie, wie Chinesen denken, urteilen und handeln. Wir haben uns an die vielen ‚Kuriositäten' und immer wieder überraschenden Reaktionsweisen gewöhnt, die Verhaltensreaktionen unserer chinesischen Partner sind uns immer rätselhaft geblieben. Erst in diesem Training ist uns vieles klar und einsichtig geworden. Wenn wir ein solches Training schon vor unserem ersten Einsatz in China gehabt hätten, wäre uns viel Stress erspart geblieben und wir hätten das Verhalten unserer chinesischen Partner präziser vorhersehen können, wir hätten uns dann darauf einstellen und entsprechend zielgerichteter und effektiver reagieren können."

Verstehen (Apperzeption) eines Vorgangs und eines Sachverhalts meint, den Bedeutungszusammenhang der gemachten Erfahrung bewusst einordnen zu können. Dabei spielen das Einfühlen, das Erfassen von Motiven und Begründungen menschlicher Handlungsweisen sowie Empathie, also das Sich-in-einen-anderen-Menschen-hineinversetzen-Können, eine wichtige Rolle. Zusammenhänge begreifen, Einsicht gewinnen in die Bedeutung von Zeichen, Symbolen, sprachlicher und nicht sprachlicher Ausdrucksformen, sind weitere wichtige Elemente des Verstehens. So gehört es zum Verständnis der chinesischen Kultur, dass man das Schweigen in bestimmten Kontexten, in denen eine deutsche Führungskraft eine Antwort, einen Beitrag, einen Widerspruch, einen Protest erwartet, einordnen und kulturspezifisch interpretieren kann und es aus der Sicht des chinesischen Partners aufgrund seines kulturspezifischen Orientierungssystems deuten kann.

Interkulturelles Verstehen kann man definieren als die Fähigkeit, jegliches Verhalten und Handeln von Personen unterschiedlicher kultureller Herkunft aus der Kenntnis ihres kulturspezifischen Orientierungssystems und den daraus ableitbaren kontextspezifischen Bezugssystemen und Bedeutungszuschreibungen heraus einordnen und interpretieren zu können. In einer dyadischen, sozialen Beziehung bedeutet das, dass der Handelnde sich seines eigenen kulturspezifischen Orientierungssystems und den sich daraus ergebenden spezifischen Handlungsmöglichkeiten und Handlungsgrenzen bewusst ist, ebenso wie des kulturspezifischen Orientierungssystems seines fremdkulturellen Partners. Hinzukommen muss noch das Bewusstsein für die Besonderheit und Neuartigkeit, die sich aus der Dynamik des so geschaffenen interkulturellen Interaktionsfeldes ergeben. Dieses interkulturelle Interaktionsfeld ergibt sich aus der Überschneidung zwischen den Besonderheiten des eigenen kulturellen und des fremdkulturellen Orientierungssystems, das in spezifischen Interaktionskontexten zur Lösung der kommunikativen und interaktiven Anforderungen aktiviert wird (vgl. Abb. 1).

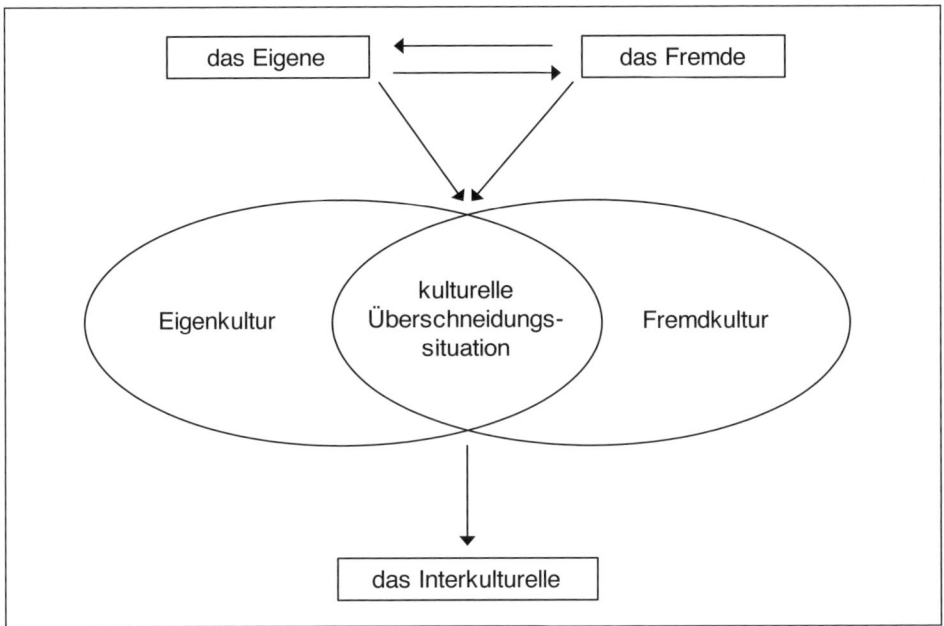

Abbildung 1: Das interkulturelle Interaktionsfeld (Thomas, 2014b)

Als das Eigene kann man das Gesamte dessen bezeichnen, was die personale und soziale Identität eines Individuums ausmacht, was sich lebensbiografisch, über den Weg der Sozialisation entwickelt hat, und was sich als Resultat des Enkulturationsprozesses, also im Zuge des Hineinwachsens in eine soziale, kulturelle Gemeinschaft, ergeben hat. In der Interaktion mit unseren Mitmenschen, zunächst den uns Nahestehenden, mit denen wir unsere Ansichten, Einstellungen und Erfahrungen teilen, zu denen wir uns zugehörig fühlen und verbunden wissen, neigen wir dazu anzunehmen, dass sie sich im Prinzip so verhalten, wie wir uns verhalten, wie wir denken, wie wir Personen und Gegenstände wahrnehmen, beurteilen und wie wir versuchen Einfluss zu nehmen. Diese Annahme wird im Alltag immer wieder bestätigt. Im Umgang mit Menschen aus einer uns fremden, unbekannten und unvertrauten Kultur rechnen wir zwar mit Abweichungen, solange diese aber nicht konkret erfahren werden und zu Irritationen, kognitiven Dissonanzen, eventuell verbunden mit Kontrollverlust, führen, gehen wir auch in diese interpersonalen Begegnungen mit der Gewissheit, dass Menschen, wo immer sie einander begegnen, in der Lage sind einander zu verstehen, wenn sie das nur wollen. Kein Handelnder bedenkt dabei, dass seine Denk-, Urteils- und Handlungsweisen womöglich nur eine Spielart, Handlungsmaxime und spezifische Weltsicht unter vielen anderen ist, die keineswegs für alle gültig sein kann und muss.

Erst wenn unerwartete, unpassende, ungewöhnliche, fremd wirkende Reaktionsweisen beobachtet und erfahren werden, wenn also Fremdheit ins Spiel kommt, entsteht eine Situation, die nachdenklich macht. Gewisse Abweichungen vom Erwarteten werden hingenommen und toleriert, stärkere Abweichungen erfordern eventuell ein Nachfragen: „Was soll das denn jetzt?", „Wie soll ich das verstehen?", „Wie hast du das gemeint?". Wenn der Handelnde aber schon weiß, dass er es mit einem Partner aus einer ihm fremden Kultur zu tun hat oder wenn er in einem fremden Kulturkontext in bestimmten Situationen von unterschiedlichen Personen immer wieder mit ähnlichen erwartungswidrigen Reaktionen konfrontiert ist, entstehen Verunsicherung, Orientierungsverlust und Ratlosigkeit. Bisher so erfolgreiche Problemlösestrategien funktionieren nicht wie gewohnt. Die Partner handeln aus einem, dem Handelnden selbst unbekannten kulturspezifischen Orientierungssystem heraus. Eigenkulturelles und Fremdkulturelles sind nicht kompatibel, wie in den obigen Beispielen gezeigt wurde: Distanzminimierung statt wie erwartet Distanzdifferenzierung und Schweigen, Verschweigen statt Nachfragen und Rat-Einholen.

Die so entstehende kulturelle Überschneidungssituation stellt neue, bisher nicht bekannte Anforderungen an den Handelnden, zu deren Bewältigung interkulturelle Handlungskompetenz erforderlich ist. Wie die mit China vertrauten Trainingsteilnehmer berichten, hatten sie sich an kulturelle Überschneidungssituationen gewöhnt und konnten damit auch irgendwie zurechtkommen. Im Lebens- und Arbeitskontext blieben ihnen aber die mit dem Interkulturellen verbundenen Zusammenhänge zwischen dem Eigenen und dem Fremden verborgen. Erst im Training konnten sie Verständnis und Einsichten in die dynamischen Prozesse, bedingt durch das Interkulturelle, gewinnen.

1.4 Interpersonale Begegnung als interkulturelles Handeln

Interpersonale Begegnungen können flüchtig sein, aber auch länger andauern und sich verfestigen. Interpersonale Begegnungen werden bestimmt vom sozialen Kontext, in dem sie stattfinden, von Zielen, Interessen und Erwartungen sowie sozialen Erfahrungen der beteiligten Personen und ihren sozialen Fähigkeiten (kommunikative Kompetenz, soziale Kompetenz, Empathie, soziale Attraktion). Eine interpersonale Begegnung setzt voraus, dass die beteiligten Personen in gewisser Weise füreinander bedeutsam sind oder bedeutsam werden. Dabei kann das Feststellen von Ähnlichkeiten, identischen Erfahrungen, gemeinsamer Herkunft und anderen Arten von Gleichartigkeit, z. B. bezüglich biografischer Entwicklungen, Interessen, Lebensentwürfe etc., das Füreinander-bedeutsam-Werden befördern. Findet die interpersonale Begegnung zwischen Personen identischer oder in hohem Maße ähnlicher kultureller Herkunft statt, werden die vertrauten, gewohnten und bewährten Handlungsmuster und -strategien sowie Bezugssysteme zur Urteilsfindung aktiviert und eingesetzt.

Wenn in diesem Zusammenhang immer wieder ganz bewusst vom Handeln gesprochen wird, dann ist damit eine sehr spezifische Form des Verhaltens gemeint, die von der Handlungspsychologie entsprechend dem „Modell des handelnden Menschen" (Kaiser & Werbik, 2012) folgendermaßen definiert wird:

> Die Handlungspsychologie geht davon aus, dass der Mensch im Rahmen seines Lebensvollzugs und relativ zu den darin auftretenden Situationen prinzipiell zwischen verschiedenen Verhaltensweisen wählen kann. Dieses sein *Handeln* ist mit einem spezifischen und rekonstruierbaren *Sinn* verbunden. Ähnlich wie ein Wissenschaftler kann der Mensch Hypothesen über seine Umwelt bilden und überprüfen. (S. 34)

> Ein handelndes Subjekt ist ein Mensch, der sich in dem, was er tut, Ziele setzt. Er tut etwas, um Ziele zu erreichen. Mit „Ziel" ist eine Selbstaufforderung gemeint, einen bestimmten Sachverhalt herbeizuführen. Das Intentional-Zielgerichtete einer Handlung wird in allen Handlungstheorien betont. (S. 39)

Handeln kann definiert werden als eine spezielle Form des Verhaltens, das sich dadurch auszeichnet, dass es intentional, zielgerichtet, mehr oder weniger bewusst geplant, gesteuert und kontrolliert wird. Vollzieht sich Handeln in kulturellen Überschneidungssituationen und kann so als interkulturelles Handeln bezeichnet werden, dann sind für die Analyse, das Verstehen und die Behandlung von Handlungsabläufen folgende zentrale Merkmale handlungstheoretischer Begriffsbestimmung von Kultur zu beachten:

- Kultur ist keine objektive Gegebenheit und kein in sich abgeschlossenes System, sondern „… ein komplexes Gewebe aus zahllosen aufeinanderbezogenen und verweisenden, wissensbasierten, dynamischen Praktiken und Praxisfeldern, die zu einem selbst interpretierenden und vor allem transistorischen Gegenstand der Interpretation (werden). Sie liegen nicht objektiv vor, etwa als geschlossene und scharf umrandete Gesamtheit expliziter Regeln, Glaubensaxiome und Handlungsmaximen" (Renn, 2011, S. 430), sondern müssen interpretativ erschlossen werden.
- Kulturen sind situierte, standortgebundene und perspektivische Interpretationskonstrukte (Straub, 1999), die in wissenschaftlichen Kontexten nicht mehr (nur) pragmatisch ausgehandelt werden und praktisch fungieren, sondern auf methodisch kontrollierbarem Weg rekonstruiert bzw. gebildet und sprachlich artikuliert werden, um schließlich deskriptive und explanative Funktionen bei der Analyse kultureller Handlungen erfüllen zu können. Wie in anderen Feldern ist auch hier die Vielfalt an Interpretationen prinzipiell unbegrenzt.

Genauso sind auch die weiteren Ausführungen und Analysen zu den psychologisch relevanten Grundlagen, Verlaufsprozesse und Wirkungen interkulturellen Handelns zu verstehen.

1.5 Interkulturelle Handlungskompetenz

Bei der Auswahl, Fort- und Weiterbildung von Fach- und Führungskräften, in Industrie, Wirtschaft und Verwaltung spielt die Entwicklung, Vertiefung und Verfestigung von Schlüsselqualifikationen wie Führungskompetenz, Teamkompetenz, kommunikative Kompetenz, Organisationskompetenz und allgemein sozialer Kompetenz als sogenannte Softfaktoren neben der beruflichen Fachkompetenz immer schon eine wichtige Rolle. Seit gut zwei Jahrzehnten kommt in den führenden Industrienationen der Welt der interkulturellen Kompetenz bzw. interkulturellen Handlungskompetenz als einer zentralen Schlüsselqualifikation zur Bewältigung der durch die zunehmende Internationalisierung und Globalisierung entstandenen beruflichen Anforderungen immer größere Bedeutung zu. Das zeigt sich einerseits an der schnell wachsenden Zahl wissenschaftlicher Forschungsarbeiten (Thomas, Kinast & Schroll-Machl, 2005; Straub, 2007; Thomas & Simon, 2007) zu dieser Thematik und zum anderen an den rasant gestiegenen Trainingsangeboten zur Entwicklung interkultureller Handlungskompetenz (Landis, Bennett & Bennett, 2004).

Allgemein wird unter Kompetenz ein erworbenes *Vermögen*, eine *Fähigkeit* und *Fertigkeit,* verstanden, verbunden mit Begriffen wie *zuständig* sein für etwas und *Befugnis* zum Treffen von Anordnungen und Entscheidungen haben (Thomas, 2003c).

> **Begriffsklärung: Interkulturelle Handlungskompetenz**
>
> Interkulturelle Handlungskompetenz kann man definieren als die Fähigkeit, kulturelle Überschneidungssituationen zu prognostizieren und als solche zu erkennen sowie ihre Bedingtheiten, ihre Verlaufsprozesse und Wirkungen aus dem Aufeinandertreffen des eigenen und des fremden interkulturellen Orientierungssystems heraus zu verstehen. Darauf aufbauend sollte es dann gelingen, eine interkulturelle Handlungsstrategie zu entwickeln und umzusetzen, die es allen beteiligten Personen erlaubt, ihre Ziele zu erreichen und in der interpersonalen Begegnung ein hohes Maß an Zufriedenheit zu empfinden.

Darüber hinaus enthält die folgende Beschreibung interkultureller Handlungskompetenz noch einige weitere charakteristische Merkmale dieser hochkomplexen Schlüsselqualifikation:

1. Interkulturelle Handlungskompetenz ist die notwendige Voraussetzung für eine angemessene, erfolgreiche und für alle Seiten zufriedenstellende Kommunikation, Begegnung und Kooperation zwischen Menschen aus unterschiedlichen Kulturen.
2. Interkulturelle Handlungskompetenz ist das Resultat eines Lern- und Entwicklungsprozesses.
3. Die Entwicklung interkultureller Handlungskompetenz setzt die Bereitschaft zur Auseinandersetzung mit fremden kulturellen Orientierungssystemen voraus, basierend auf einer Grundhaltung kultureller Wertschätzung.

4. Interkulturelle Handlungskompetenz zeigt sich in der Fähigkeit, die kulturelle Bedingtheit der Wahrnehmung, des Urteilens, des Empfindens und des Handelns bei sich selbst und bei anderen Personen zu erfassen, zu respektieren, zu würdigen und produktiv zu nutzen.
5. Ein hoher Grad an kultureller Handlungskompetenz ist dann erreicht, wenn
   – differenzierte Kenntnisse und ein vertieftes Verständnis des eigenen und fremden kulturellen Orientierungssystems vorliegen,
   – aus dem Vergleich der kulturellen Orientierungssysteme kulturadäquate Reaktions-, Handlungs- und Interaktionsweisen generiert werden können,
   – aus dem Zusammentreffen kulturell divergierender Orientierungssysteme synergetische Formen interkulturellen Handelns entwickelt werden können,
   – in kulturellen Überschneidungssituationen alternative Handlungspotenziale, Attributionsmuster und Erklärungskonstrukte für erwartungswidrige Reaktionen des fremden Partners kognizierbar sind,
   – die kulturspezifisch erworbene interkulturelle Handlungskompetenz mithilfe eines generalisierten interkulturellen Prozess- und Problemlöseverständnisses und Handlungswissen auf andere kulturelle Überschneidungssituationen transferiert werden kann und
   – in kulturellen Überschneidungssituationen mit einem hohen Maß an Handlungskreativität, Handlungsflexibilität, Handlungssicherheit und Handlungsstabilität agiert werden kann.

Bei alldem sind Persönlichkeitsmerkmale und situative Kontextbedingungen so ineinander verschränkt, dass zwischen Menschen aus unterschiedlichen Kulturen eine von Verständnis und gegenseitiger Wertschätzung getragene Kommunikation und Kooperation möglich wird (Thomas, 2003a).

Auf die handelnde Person bezogen ergeben sich noch weitere für den Erfolg interkultureller Handlungskompetenz wichtige Aspekte: Der Handelnde muss in der Lage sein, Fremdheit und Andersartigkeit in ihren kulturellen Bedingtheiten wahrzunehmen (interkulturelle Wahrnehmung) und als bedeutsam für das interaktive Geschehen bewerten zu können. Es müssen Kenntnisse über das Land, die für seine Bewohner bedeutsamen domänenspezifischen kulturellen Orientierungssysteme und über die Art und Weise ihrer Handlungswirksamkeit erworben werden (interkulturelles Lernen). Weiterhin muss der Handelnde wissen und nachvollziehen können, warum die Partner so andersartig wahrnehmen, urteilen, empfinden und handeln. Er muss auch bereit sein, diese Denk- und Verhaltensgewohnheiten zu respektieren und im Kontext der fremden Kulturentwicklung zu würdigen (interkulturelle Wertschätzung). Weiterhin muss er wissen, reflektieren und nachvollziehen können, wie sein eigenkulturelles Orientierungssystem beschaffen ist, wie es das eigene Denken und Verhalten bestimmt und welche Konsequenzen sich aus dem Aufeinandertreffen der eigenen und der fremden kulturspezifischen Orientierungssysteme für das interaktive und gegenseitige Verstehen ergeben (interkulturelles Verstehen). Schlussendlich muss der Handelnde in der Lage sein, aus dem Vergleich der eigenen und fremden Orientierungssysteme heraus sensibel auf den Partner zu reagieren und dessen spezifische Perspektiven zu übernehmen (interkulturelle Sensibilität und Empathie). Zum deklarativen Wissen über die handlungswirksamen Merkmale des eigenen und fremden kulturspezifischen Orientierungssystems muss noch prozedurales Wissen im Sinne eines Wissens über den kulturadäquaten Einsatz und Umgang mit kulturbedingten Unterschieden hinzukommen. Nur so ist es möglich, den interkulturellen Handlungsprozess so (mit)gestalten zu können, dass Missverständnisse vermieden oder aufgeklärt werden können und gemeinsame Problemlösungen kreiert werden, die von allen beteiligten Personen akzeptiert und produktiv genutzt werden können (interkulturelle Handlungskompetenz; Thomas, 2003a).

Das oben geschilderte Entwicklungshilfeprojekt zur Aufforstung in Afghanistan droht zu scheitern, weil die einheimische Bevölkerung den vorschnellen Nutzen, Brennholz auf dem Markt verkaufen zu können, der langfristig angelegten Aufforstung und Bewaldung mit dem Ziel, die völlig verkarsteten Böden später wieder landwirtschaftlich nutzen zu können, vorzieht. Der Projektleiter weiß das und fragt dennoch nach einer Lösung. Hätten Sie ihm einen wirksamen Lösungsvorschlag unterbreiten können?

Das Aufforstungsgebiet einzuzäunen, die Holzdiebe streng zu bestrafen oder die Bevölkerung über Erosion und Bewässerungstechnologie aufzuklären etc. sind unter den Bedingungen der ländlich traditionell geprägten Bevölkerung in Afghanistan keine praktikablen und wirksamen Lösungen. Hier ist also interkulturelle Handlungskompetenz gefragt, denn sonst scheitert das gesamte Projekt. Die Schlüsselfrage lautet: Gibt es etwas, das einem afghanischen Bauern existenziell bedeutsam, womöglich absolut heilig ist, etwas, dem er absolutes Vertrauen entgegenbringt und dem er bedingungslos Folge leistet und was mit dem Aufforstungsprojekt in irgendeiner Form zusammenhängen könnte?

Hier eine mögliche Antwort und zugleich Lösung des Problems: Das wichtigste für jeden Afghanen ist das Wort und Gebot Gottes, Allahs, festgehalten im Koran, und gelehrt und interpretiert von der islamischen Geistlichkeit, den Mullahs. Es gibt tatsächlich Suren im Koran, die für das Aufforstungsprogramm wie geschaffen sind, zum Beispiel:

> Koran, Sure Nr. 6, Vers 99: und ER ist es, Der aus dem Himmel Wasser nieder sendet, damit bringen wir alle Arten von Pflanzen hervor; mit diesen bringen wir dann Grünes hervor, woraus wir Korn in Reihen sprießen lassen und aus der Dattelpalme, aus ihren Blütendolden [sprießen] niederhängende Dattletrauben und Gärten mit Beeren oder Oliven- und Granatapfel[-Bäume] – einander ähnlich und nicht ähnlich. Betrachtet ihre Frucht, wenn sie Früchte tragen und ihr Reifen. Wahrlich hierin sind Zeichen für Leute, die glauben.

Einführung: Kultur und interkulturelle Interaktion

> Koran, Sure Nr. 16, Vers 10–11: ER ist es, Der Wasser aus den Wolken hernieder sendet; davon habt Ihr zu trinken und davon wachsen die Gebüsche, an denen ihr [euer Vieh] weiden lasst. Damit lässt ER für euch Korn sprießen und den Ölbaum und die Dattelpalme und die Trauben und Früchte aller Art. Wahrlich, darin liegt ein Zeichen für nachdenkende Leute.

Hinzu kommen Aussprüche und Taten des Propheten Mohammed, Hadid genannt, z. B.:

> Wenn wir einen Samen hätten, diesen auch dann pflanzen sollten, wenn es bereits der Jüngste Tag ist. Dein Schicksal ist es, diesen Samen zu pflanzen, ob der Jüngste Tag nun kommt oder nicht…

> … derjenige, der einen Christdorn bzw. Lotusbaum [ohne Rechte] abbricht [fällt/verletzt], wird von Gott [Allah] mit der Hölle bestraft [wörtlich: Allah richtet dessen Kopf in die Hölle].

Nach dem Muslimen sehr wichtigen „Harim-System", das von bedeutenden Islamgelehrten weltweit im Zusammenhang mit der Einrichtung von Schutzgebieten für die Natur thematisiert wird, ist jeglicher Raubbau an der Natur gegen Allahs Befehl und Gebot, und die Menschen erleiden dadurch die negativen Folgen ihres eigenen Handelns.

Das Abholzen in den vormals bewaldeten Landschaften wäre also auch in den Augen Allahs ein verwerfliches und frevelhaftes Verhalten. Der Erhalt und der Schutz der Vegetation ist Gottes Wille. Man hätte also von Anfang an die Mullahs mit in die Projektplanung einbeziehen müssen. Sie wären in der Lage gewesen, der einheimischen Bevölkerung klarzumachen, dass das, was vom Geld und mit dem Know-how der „Ungläubigen" nun geschaffen werden soll, dem Willen Allahs entspricht. Die Bevölkerung aber würde mit dem Schutz der Aufforstung ein gottgefälliges Werk vollbringen, was ihren zukünftigen Generationen bessere Lebensbedingungen ermöglicht als die gegenwärtigen. Wenn zudem noch jährlich wiederholte, passende religiöse Zeremonien eingeführt worden wären, hätten aus vielfältigen Gründen nachhaltige Wirkungen erzielt werden können, um die Anpflanzungen und damit den Baumbestand zu schützen. Zur interkulturellen Handlungskompetenz gehört demnach auch die Fähigkeit, die Bedeutung religiöser Orientierungen und Lebenswelten der fremdkulturell geprägten Partner zu kennen, sie zu schätzen und sie bei der Suche nach Problemlösungen mit einzubeziehen.

Neben der Formulierung tragfähiger Definitionen interkultureller Handlungskompetenz gibt es weitere Versuche einer Ausdifferenzierung dieser komplexen Schlüsselqualifikation in Form von einzelnen Dimensionen und zum Teil sehr spezifischer Komponenten. Tabelle 1 und 2 zeigen zwei Beispiele.

Tabelle 1: Dimensionen der interkulturellen Kommunikation und Kompetenz nach Chen (1987)

Dimension	Merkmale
1. Persönlichkeitseigenschaften	Offenheit, Selbstbewusstsein, Selbstkonzept
2. kommunikative Fertigkeiten	sprachliche und soziale Fertigkeiten, Flexibilität, interaktives Management
3. psychologische Anpassung	Frustrationsstress, Ambiguität, Entfremdung
4. kulturelles Bewusstsein	soziale Systeme, Normen, Werte, Gewohnheiten

Tabelle 2: Dimensionen und Komponenten interkultureller Kompetenz nach Bolten (2000)

Affektive Dimension	– Ambiguitätstoleranz
	– Frustrationstoleranz
	– Fähigkeiten zur Stressbewältigung und Komplexitätsreduktion:
	  • Selbstvertrauen
	  • Flexibilität
	  • Empathie, Rollendistanz
	  • geringer Ethnozentrismus
	  • Akzeptanz/Respekt gegenüber anderen Kulturen
	  • interkulturelle Lernbereitschaft
	  • Vorurteilsfreiheit, Offenheit, Toleranz

Kognitive Dimension	– Verständnis des Kulturphänomens in Bezug auf Wahrnehmung, Denken, Einstellungen sowie Verhaltens- und Handlungsweisen – Verständnis fremdkultureller Handlungszusammenhänge – Verständnis eigenkultureller Handlungszusammenhänge – Verständnis der Kulturunterschiede der Interaktionspartner – Verständnis der Besonderheiten interkultureller Kommunikationsprozesse, Metakommunikationsfähigkeit (Fähigkeit, die eigene Kommunikation aus kritischer Distanz zu sehen)

Tabelle 2: Fortsetzung

Verhaltensbezogene Dimension	– Kommunikationswille und -bereitschaft im Sinne der intendierenden Praxis der Teilmerkmale der affektiven Dimension – Kommunikationsfähigkeit – soziale Kompetenz (Beziehungen und Vertrauen zu fremdkulturellen Interaktionspartnern aufbauen können) – Handlungskonsequenz: Bereitschaft, Einstellungen auch konsequent in Handlungen umzusetzen (sprachlich und außersprachlich)

Weiterhin gibt es, angelehnt an die psychologisch orientierte Forschung, diverse Listen von Persönlichkeitsmerkmalen und Situationsfaktoren die für interkulturell kompetentes Handeln von maßgeblicher Bedeutung sind (vgl. Tab. 3).

Tabelle 3: Für interkulturell kompetentes Handeln bedeutende Persönlichkeits- und Situationsfaktoren (nach Hatzer & Layes, 2003; Thomas, 2003a)

Persönlichkeitsfaktoren	Situationsfaktoren
– Offenheit – Toleranz – Einfühlungsvermögen – Kontaktfreudigkeit – Optimismus – Perspektivenübernahme – Frustrationstoleranz – Ambiguitätstoleranz – Geduld – Zielorientierung – Rollenflexibilität – Veränderungsbereitschaft – Lernfähigkeit – soziale Problemlösekompetenz – Perspektivenwechsel – positives Selbstkonzept	– klimatische Bedingungen – Anzahl der anwesenden Personen – persönliche bzw. unpersönliche Interaktion – Status des Gegenübers – Benehmen des Gegenübers – Vertrautheit vs. Anonymität – strukturierte vs. unstrukturierte Situation – zeitliche Rahmenbedingungen – Überforderung vs. Unterforderung – Vorhandensein von Rückzugsmöglichkeiten – Abwesenheit vs. Anwesenheit eines Vorbilds – Machtverhältnisse – Konsequenzen für sich selbst bzw. für die anderen Führungskraft-Mitarbeiter-Beziehungen – Bekanntheitsgrad

1.6 Kulturstandards

1.6.1 Vielschichtigkeit und Ordnung in kulturellen Überschneidungssituationen

Im Zuge der Internationalisierung und Globalisierung ist die postmoderne Welt immer komplexer geworden. Sehr oft finden Begegnungen zwischen Menschen, ob direkt oder medial vermittelt, in interkulturellen Überschneidungskontexten statt, in denen die Orientierung verlorenzugehen droht. Jeder kann es zu jeder Zeit erleben, dass es für das handelnde Individuum ein zentrales Bedürfnis ist, sich in seiner Welt zurechtzufinden, sich orientieren zu können und die lebenswichtigen Bereiche zu kontrollieren, d. h. zutreffende Vorhersagen machen zu können, Kausalitäten zu erfassen und erwartete, unangenehme Ereignisse so zu antizipieren und zu beeinflussen, dass sie gut verlaufen. Das Bedürfnis nach Orientierung ist nur dann zu befriedigen, wenn das Individuum über einen ausreichend großen Bestand an verlässlichem Wissen über seine gegenständliche und soziale Umwelt und über Erfahrungen darüber verfügt, wie mit diesem Wissen sachgerecht und effektiv umzugehen ist, und wenn es zudem Fähigkeiten besitzt, die gegebenen Situationen entsprechend den eigenen Intentionen zu beeinflussen.

Hier bietet die von der jeweiligen menschlichen sozialen Gemeinschaft entwickelte „Kultur" wertvolle Hilfe, denn sie ermöglicht es uns, den uns umgebenden wichtigen und wertvollen Dingen und Personen, aber auch Ereignisfolgen und Prozessabläufen bzw. Handlungssequenzen Bedeutung und Sinn zu verleihen. Diese im Prozess der Wahrnehmung bzw. Informationsverarbeitung sich gleichsam automatisch, also ohne besonderen physischen und psychischen Aufwand, sich vollziehende Sinnstiftung ist zwar ein individueller Akt und eine für jede Person einmalige individuelle Leistung, die aber zugleich über Vermittlung durch die Kultur kollektive, sozial verbindliche Werte, Normen und Regeln enthält. Unter normalen Alltagsbedingungen, bei einem Leben in unserem gewohnten Kulturkreis, können wir uns mit hoher Wahrscheinlichkeit darauf verlassen, dass unsere individuelle Sicht der Welt auch von unseren Mitmenschen verstanden wird, wenn sie auch nicht von allen in gleicher Weise akzeptiert und geteilt wird. In Sonderfällen bedarf es näherer Erläuterungen, um ein Verständnis zu erzielen oder um selbst den anderen zu verstehen. Für die normale Alltagskommunikation und -interaktion reicht aber das im Zuge der Enkulturation und der individuellen Sozialisationsgeschichte erworbene, kollektiv geteilte, kulturspezifische Hintergrundwissen zum gegenseitigen Verständnis aus, ohne dass noch zusätzliche Erläuterungen notwendig wären.

Es erscheint keineswegs selbstverständlich, dass dies alles relativ reibungslos im Alltag funktioniert, wenn man bedenkt, dass kein Mensch mit einem anderen Menschen völlig identisch ist. Selbst eineiige Zwillinge, die über eine identische genetische Ausstattung verfügen und die unter genau denselben Bedingungen aufwachsen, sind nicht völlig identisch in ihrem Wahrnehmen, Denken, Fühlen und Handeln sowie ihrer physisch-biologischen und psychischen Ausstattung. Wohl aber besitzen sie sehr viel mehr Gemeinsamkeiten und sind einander sehr viel ähnlicher als zweieiige Zwillinge, als Geschwister oder als nicht blutsverwandte Personen. Wir erfahren dennoch täglich, dass wir bei aller Unterschiedlichkeit durchaus in der Lage sind, uns mit anderen Menschen zu unterhalten, unsere Gesprächspartner zu verstehen, uns in sie einzufühlen und mit ihnen zusammenzuarbeiten, was ein hohes Maß an gegenseitiger Abstimmung verlangt. Alles das, was wir zum gegenseitigen Verstehen benötigen, wird im Laufe des individuellen Sozialisationsprozesses und der individuellen biografischen Entwicklung der Persönlichkeit aufgebaut und verinnerlicht. Im Kontakt und in der Auseinandersetzung mit anderen Personen entwickelt das Individuum die ihm gemäßen Muster sozial relevanten Verhaltens und sozial relevanter Erfahrungen. Im Verlauf des damit zusammenhängenden Prozesses der Enkulturation wächst der Einzelne in die soziale Gemeinschaft hinein. Sozialisation findet nicht nur in der Kindheit oder in bestimmten Lebensabschnitten statt, sondern vollzieht sich während der gesamten Lebensspanne eines Menschen. Dabei sind in den einzelnen Entwicklungsphasen jeweils die spezifischen sozial relevanten Verhaltensweisen zu erlernen, damit die in der Auseinandersetzung mit der sozialen Umwelt sich stellenden Aufgaben gelöst werden können.

1.6.2 Entwicklung und Benennung von universell gültigen Kulturdimensionen

In den letzten Jahrzehnten hat es eine Reihe von Versuchen gegeben, etwas mehr Orientierung zur Handhabung komplexer kultureller Überschneidungssituationen zu ermöglichen, und zwar durch die Definition sogenannter Kulturdimensionen. Diesen Versuchen lagen entweder Beobachtungen besonders im Zusammenhang mit interkulturellen Trainings zugrunde oder die Dimensionen wurden auf der Grundlage der statistischen Auswertung von Fragebogenergebnissen definiert.

Die Hofstede-Kulturdimensionen

Den größten internationalen Anklang fanden die vier, später fünf Kulturdimensionen, die der Niederländer Geert Hofstede (1980) auf der Basis der Ergebnisse einer von einem international tätigen IT-Unternehmen durchgeführten flächendeckenden Fragebogenerhebung zur Arbeitsorganisation und Arbeitszufriedenheit in allen seinen weltweiten Betriebsniederlassungen mithilfe statistischer Verfahren definiert hat:
1. *Machtdistanz* (hoch/niedrig): In Gesellschaften mit undurchlässigen Hierarchiesystemen besteht eine hohe Machtdistanz.

2. *Individualismus/Kollektivismus:* In hochgradig individualistischen Gesellschaften werden persönliche Ziele unabhängig von sozialen Bezugsgruppen verfolgt. In kollektivistischen Gesellschaften dominieren die kollektiv geteilten Interessen in Beziehungen und sozialen Gemeinschaften.
3. *Unsicherheitsvermeidung* (hoch/niedrig): In Kulturen mit einer hohen Unsicherheitsvermeidung spielen Regeln, Normen, Gebote und Verbote eine zentrale Rolle.
4. *Maskulinität/Femininität:* In maskulinen Kulturen dominieren Leistungsstreben, Durchsetzungsvermögen; wohingegen in femininen Kulturen Fürsorglichkeit, Unterordnung, Barmherzigkeit überwiegen.
5. *Langzeitorientierung* (hoch/niedrig): In Kulturen mit hoher Langzeitorientierung sind Traditionen prägend für die Gegenwart.

Auf der Basis der mit Fragebögen gewonnenen Ergebnisse hat Hofstede zudem noch einzelne Nationen, Nationen- und Kulturgruppen weltweit hinsichtlich ihrer Ausprägungen auf diesen fünf Dimensionen eingeordnet und ihnen Zahlenwerte zugewiesen mit dem Ziel, die Stärke der Ausprägungen z. B. von Kollektivismus vs. Individualismus in China im Vergleich zu Deutschland in Zahlen zu erfassen.

Während einige kulturvergleichend und interkulturell arbeitende Forscher und Praktiker, auch in der Psychologie, darin eine hervorragende Möglichkeit sahen, Komplexität zu reduzieren, Kulturen zu klassifizieren und zu vermessen, betrachteten andere Forscher und Praktiker in diesem Versuch der Entwicklung von universell gültigen Idealtypen auf der Basis vergleichsweise kleiner Stichproben von Fragebogendaten eine unangemessene und nicht zu rechtfertigende Vereinfachung. Deshalb ist es nicht verwunderlich, dass diesem weltweit so häufig zitierten Konzept universeller Kulturdimensionen, von denen allerdings hauptsächlich immer wieder die Dimension „Kollektivismus vs. Individualismus" thematisiert wird, auch viel Kritik entgegengebracht wird (Dreyer, 2011).

Kulturdimensionen von Kluckhohn und Strodtbeck (1961)

In der Anthropologie entwickelten Kluckhohn und Strodtbeck aufgrund ihrer Studien fünf Kulturdimensionen:
1. *Wesen der menschlichen Natur:* In manchen Kulturen wird der Mensch eher als gut oder schlecht, veränderbar oder unveränderbar wahrgenommen.
2. *Beziehung des Menschen zur Natur:* Unterwerfung unter die Natur, harmonische Beziehung zwischen Mensch und Natur vs. Beherrschung der Natur durch den Menschen.
3. *Beziehung des Menschen zu anderen Menschen:* individualistische vs. kollektivistische Kulturen.
4. *Zeitorientierung des Menschen:* Vergangenheits-, Gegenwarts- und zukunftsorientierte Kulturen.

5. *Aktivitätsorientierung des Menschen:* Kulturen, in denen die Menschen mehr in sich ruhend, einfach nur da sind und bleiben, wo sie sind, und andere Kulturen, in denen die Menschen stark von Aktionen getrieben, auf Änderung und Entwicklung aus sind.

Kulturdimensionen von Hall (1990)

Der US-Amerikaner Hall definierte aufgrund seiner Studien vier Kulturdimensionen:
1. *Kontextorientierung* (hoch/niedrig): In Kulturen mit hoher Kontextorientierung dient nicht nur das gesprochene Wort zur Verständigung, sondern auch der Kontext, in dem gesprochen oder geschwiegen wird. Vieles wird nonverbal kommuniziert.
2. *Raumorientierung:* Privatsphäre als intimer, enger Kreis der Persönlichkeit vs. Territorium als erweiterter persönlicher Ort, Gegenstände und Eigentum.
3. *Zeitorientierung* (monochron/polychron): In Kulturen mit monochroner Zeitauffassung werden Aktivitäten nacheinander sequenziell bewältigt.
4. *Informationsgeschwindigkeit* (hoch/niedrig): Kulturen unterscheiden sich hinsichtlich der Geschwindigkeit, mit der Informationen in Kommunikationssituationen kodiert und dekodiert werden.

Kulturdimensionen von Trompenaars (1993)

Der Niederländer Trompenaars entwickelte aufgrund seiner Erfahrungen im Bereich des internationalen Managementtrainings sieben Kulturdimensionen:
1. *Universalismus vs. Partikularismus:* Universalisten legen großen Wert auf die grundsätzliche Einhaltung allgemeiner und verbindlicher Regeln. Partikularisten berücksichtigen demgegenüber eher Regeln für spezifische Umstände.
2. *Individualismus vs. Kollektivismus:* Definiert wie bei Hofstede.
3. *Affektivität vs. Neutralität:* In affektiven Kulturen werden Gefühle und Emotionen stark ausgelebt.
4. *Spezifität vs. Diffusität:* In Kulturen mit hoher Diffusität werden unterschiedliche Lebensbereiche, z. B. Arbeit und Freizeit, nicht voneinander getrennt.
5. *Statuszuschreibung vs. Statuserreichung:* In Kulturen mit hoher Statuszuschreibung erreicht das Individuum Status vorrangig und ausschließlich durch Religion, Herkunft und Alter. In anderen Kulturen definiert sich Status eher über individuell erbrachte Leistungen.
6. *Zeitverständnis* (sequenziell/synchron): In Kulturen mit einem sequenziellen Zeitverständnis werden Vergangenheit, Gegenwart und Zukunft linear nacheinander angeordnet und Arbeitsabläufe einzeln nacheinander abgearbeitet.
7. *Beziehung des Menschen zur Natur:* Kontrolle über die Natur gewinnen oder sich der Natur unterwerfen.

Kulturdimensionen von Schwartz (1999)

Der US-Amerikaner Shalom Schwartz generierte aufgrund von Erhebungen über subjektive Bedeutsamkeiten von Werten (z.B. Selbstdisziplin, Freundlichkeit, Unabhängigkeit) im Zusammenhang mit umfassenden Stichproben aus 38 Nationen sechs wertbezogene Kulturdimensionen:

1. *Konservativismus:* Jedes Individuum ist eingebunden in eine feste Gruppenbeziehung und die Bestrebungen gelten der Aufrechterhaltung der bestehenden Ordnung.
2. *Intellektuelle und affektive Autonomie:* Das Individuum bestimmt sich selbst und vertritt dabei hedonistische Werte.
3. *Hierarchie:* Ungleiche Macht-, Einfluss- und Ressourcenverteilungen werden als legitim betrachtet.
4. *Mastery:* Die aktive und engagierte Bewältigung von Zielen und Herausforderungen wird als erstrebenswert erachtet.
5. *Egalitarismus:* Die Überwindung eigennütziger Interessen zugunsten eines Einsatzes für die Bedürfnisse anderer wird als angemessen erachtet.
6. *Harmonie:* Das harmonische Sich-Einfügen des Individuums in sein Lebensumfeld steht im Vordergrund.

Diese sechs Werteorientierungen lassen sich ferner im Bezug auf drei Grunddimensionen von Kulturunterschieden verdichten: Konservativismus vs. Autonomie, Hierarchie vs. Egalitarismus und Mastery vs. Harmonie.

Alle diese Kulturdimensionen erheben den Anspruch auf universelle Gültigkeit dergestalt, dass Vertreter einzelner Nationen und Kulturen in ihnen so zu verorten sind, dass man das Verhalten ihrer Mitglieder vorhersagen, bestimmen und erklären kann. Dabei beruhen die Definitionen wie bereits angedeutet im Wesentlichen auf Beobachtungen und Befragungen an sehr kleinen und recht unterschiedlichen Probandenstichproben bzw. meist auf Fragebogenerhebungen.

1.6.3 Beschreibung und Definition des Kulturstandardkonzepts

Das Kulturstandardkonzept erhebt nicht den Anspruch auf universelle Gültigkeit, sondern es handelt sich dabei um ein relationales und somit perspektivisches Konzept. Mit Kulturstandards werden auch keine Kulturen definiert, kategorisiert oder vermessen. Kulturstandards werden auf der Basis von persönlichen Interviews mit spezifischen Personengruppen (zum Beispiel Manager, Fach- und Führungskräfte, Entwicklungsexperten, Studenten, Praktikanten etc.) über deren konkrete, alltägliche, immer wiederkehrende Erfahrungen in der Interaktion mit fremdkulturellen Partnern und der Auseinandersetzung und Bewertung der geschilderten Ereignisse, Beobachtungen und Erfahrungen durch Experten erhoben. Dies sind Wissenschaftler die kulturvergleichend forschen.

Wissenschaftstheoretisch können Kulturstandards in diesem Kontext als hypothetische Konstrukte verstanden werden, die sich auf nicht direkt beobachtbare Sachverhalte und Eigenschaften beziehen. Sie werden aus einem theoretischen Zusammenhang heraus sowie mithilfe beobachteter Ereignisse erschlossen. Kulturstandards sind zu gewinnen aus dem Verlauf und der Analyse kulturell bedingter kritischer Interaktionssituationen, in denen sie in kulturspezifischer Weise bei speziell definierten Personengruppen spezifische Arten der Wahrnehmung, des Denkens, des Urteilens, des Wertens, des Empfindens und des Handelns determinieren, die von der Mehrzahl der Mitglieder einer bestimmten Kultur für sich persönlich und für andere Personen als normal, typisch, selbstverständlich und verbindlich angesehen werden. Eigenes und fremdes Verhalten wird auf der Grundlage von Kulturstandards beurteilt und reguliert. Kulturstandards wirken wie ein Maßstab, ein Gradmesser, ein Bezugssystem für richtiges und kulturell akzeptiertes Handeln. Ein Kulturstandard erfüllt einerseits die Funktion einer Norm, stellt also einen Idealwert dar und eröffnet andererseits einen Toleranzbereich innerhalb dessen Abweichungen von Normwerten noch akzeptiert werden. So kann der individuelle und gruppenspezifische Umgang mit Kulturstandards zur Handlungssteuerung innerhalb eines gewissen Toleranzbereichs variieren, z. B. die Verbindlichkeit von Vereinbarungen. Verhaltensweisen, die Grenzen des Toleranzbereichs überschreiten, werden von der sozialen Umwelt abgelehnt und sanktioniert.

Kulturstandards, die in einer Kultur von großer Bedeutung sind, können in einer anderen Kultur zwar auch vorhanden sein, aber eine andere Funktionalität besitzen. So ist der Kulturstandard „Sachorientierung" im Alltagsleben und im beruflichen Handeln in Deutschland von zentraler Bedeutung, wenn es um die Erbringung von Leistungen geht. Für Menschen in vielen europäischen und z. B. asiatischen Kulturen schreibt der Kulturstandard „Beziehungs- und Personorientierung" vor, sich zunächst einmal um ein gutes, harmonisches und motivierendes Klima in der interpersonalen Begegnung und Kooperation zu bemühen, den Partner näher kennenzulernen, ihm „Gesicht" zu geben, bevor man sich mit sachbezogenen Details befasst.

Das den Kulturstandards bestimmter Personengruppen in einer spezifischen Kultur gemäße Verhalten wird im Verlauf des individuellen Sozialisationsprozesses in einer Kultur gelernt (Enkulturation). Die Wirkungen von Kulturstandards sind im Alltagsverhalten nicht mehr bewusstseinspflichtig, da die Regel- und Steuerungsprozesse automatisch ablaufen (Thomas, 2005; Schroll-Machl, 2007).

Die hier und im weiteren Verlauf der Behandlung von Kulturstandards dargestellten Merkmale, Funktionen und Wirkungen von Kulturstandards zeigen, dass diese Konstrukte nicht frei erfundene Vermutungen sind, sondern dass sie aus einem theoretischen Zusammenhang heraus sowie mithilfe von beobachtbaren Ereignissen erschlossen werden. Weiterhin sind Kulturstandards als Konstrukte zu definieren, die deskriptive und explikative Funktionen aufweisen. Deskriptive Konstrukte versuchen, konkretes Verhalten in begrifflichen Klassen beschreibend einzuordnen. Explikative Konstrukte suchen nach einer Erklärung des unterschiedlichen Verhaltens von Individuen. Genau dies geschieht bei den oft schwierigen Versuchen der Erfassung, der Interpretation und des Verstehens kulturell bedingter kritischer Erfahrungen in kulturellen Überschneidungssituationen sowie der Verwendung von Kulturstandards in der Ausbildung und in interkulturellen Trainings.

1.6.4 Gewinnung und Benennung von Kulturstandards

Wie bereits erwähnt, werden Kulturstandards auf der Grundlage der mithilfe von Interviews erhobenen, konkret im Berufs- und Lebensalltag erlebten, kulturell bedingten kritischen Interaktionssituationen in spezifischen kulturellen Überschneidungssituationen gewonnen. Abbildung 2 gibt einen Überblick über die verschiedenen Erhebungs-, Analyse- und Ausweteschritte.

Nach der Identifizierung einer spezifischen Zielgruppe, z. B. Manager, Fach- und Führungskräfte im Auslandseinsatz (international tätige Personen aus Deutschland), Experten der internationalen Entwicklungszusammenarbeit, Studierende, Schüler und Praktikanten im Auslandsstudium, Fachkräfte aus Politik, Verwaltung und Bildung, Fach- und Führungskräfte im Inland mit Kooperationsaufgaben mit Partnern aus unterschiedlichen Kulturen etc.) werden Personen aus diesen Zielgruppen befragt, die mindestens seit einem halben Jahr Erfahrungen im Umgang mit ausländischen Partnern in einer bestimmten Zielkultur haben sammeln können. Mit diesen Personen werden am Ort ihres Auslandseinsatzes leitfadengestützte, narrative Interviews über kulturell bedingte kritische Interaktionssituationen (KIs) geführt. Die geschilderten KIs sollen typisch sein für den Arbeits- und Lebensalltag im Gastland, und sie sollen immer wieder in ähnlicher Weise bei der Begegnung mit unterschiedlichen Personen im Gastland erlebt worden sein. Die interviewten Personen werden zudem gebeten, eine eigene Erklärung für das erwartungswidrige Verhalten des ausländischen Partners zu formulieren und diese zu begründen.

Aus dem gespeicherten Interviewmaterial werden dann die kritischen Interaktionssituationen herausgefiltert (pro Interview ca. vier bis sechs KIs), nahe am originalen Interviewmaterial sprachlich geglättet und als authentisch erlebte Ereignisse formuliert.

Von sogenannten „bikulturellen" Experten, also Personen, die beide Kulturen (zum Beispiel die deutsche und die französische Kultur) gut kennen und eventuell schon Themen zu Deutschland und Frankreich wissenschaftlich kulturvergleichend bearbeitet haben, werden die KIs unter folgenden Gesichtspunkten bearbeitet:
1. Erklärungen für das fremdkulturelle Verhalten formulieren.
2. Empfehlungen für kulturadäquate Reaktionen geben.
3. Kulturspezifische Grundlagen für das fremdkulturelle Verhalten thematisieren.
4. Auf themenspezifische Literatur verweisen.

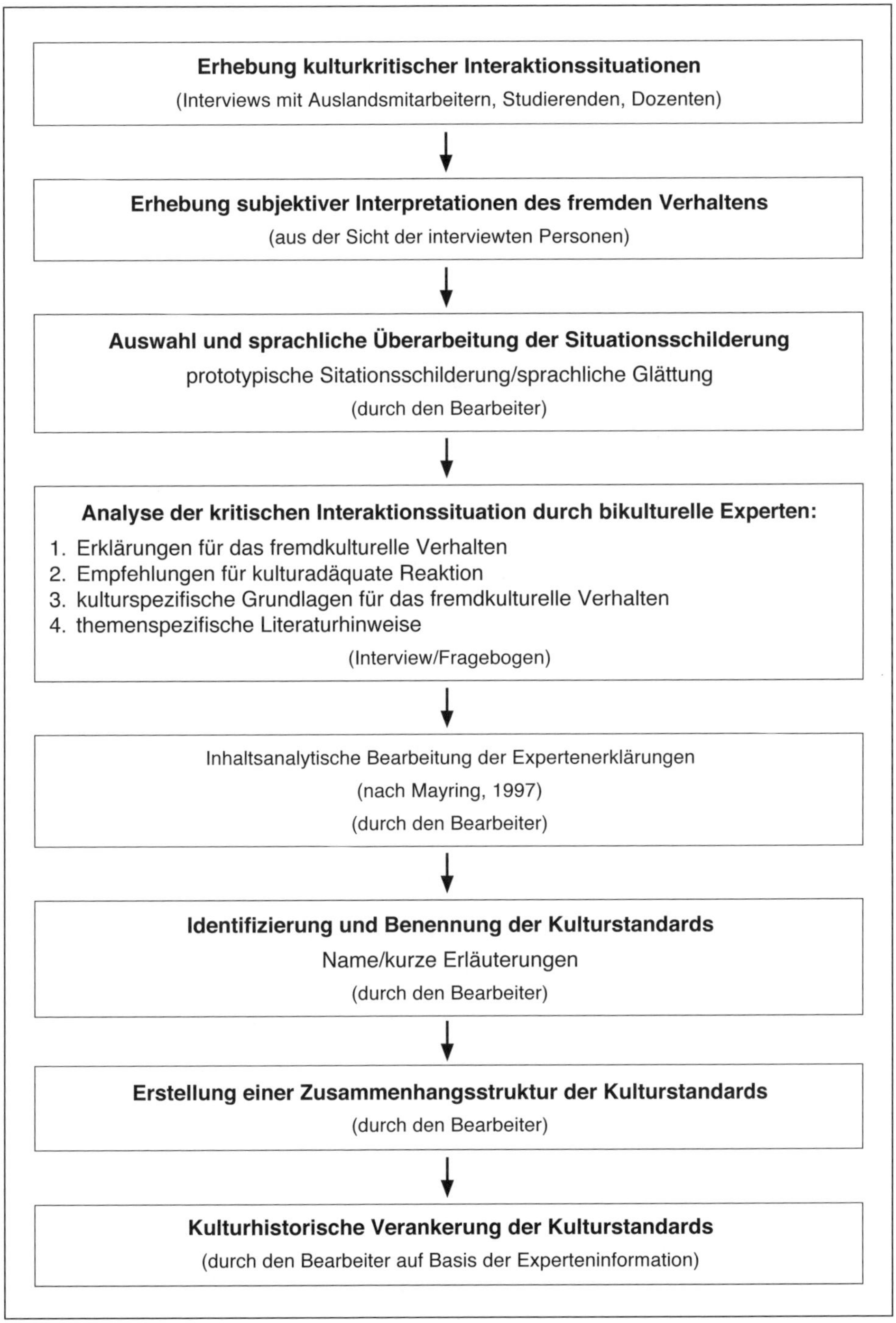

Erhebung kulturkritischer Interaktionssituationen
(Interviews mit Auslandsmitarbeitern, Studierenden, Dozenten)

↓

Erhebung subjektiver Interpretationen des fremden Verhaltens
(aus der Sicht der interviewten Personen)

↓

Auswahl und sprachliche Überarbeitung der Situationsschilderung
prototypische Sitationsschilderung/sprachliche Glättung
(durch den Bearbeiter)

↓

Analyse der kritischen Interaktionssituation durch bikulturelle Experten:
1. Erklärungen für das fremdkulturelle Verhalten
2. Empfehlungen für kulturadäquate Reaktion
3. kulturspezifische Grundlagen für das fremdkulturelle Verhalten
4. themenspezifische Literaturhinweise

(Interview/Fragebogen)

↓

Inhaltsanalytische Bearbeitung der Expertenerklärungen
(nach Mayring, 1997)
(durch den Bearbeiter)

↓

Identifizierung und Benennung der Kulturstandards
Name/kurze Erläuterungen
(durch den Bearbeiter)

↓

Erstellung einer Zusammenhangsstruktur der Kulturstandards
(durch den Bearbeiter)

↓

Kulturhistorische Verankerung der Kulturstandards
(durch den Bearbeiter auf Basis der Experteninformation)

Abbildung 2: Forschungsprozess zur Identifizierung von Kulturstandards

Derjenige, der das Datenmaterial auswertet, nimmt aus seiner Sicht ebenfalls eine Begründung für das unerwartete Verhalten der fremdkulturellen Partner in den KIs vor. Danach erfolgt eine inhaltsanalytische Bearbeitung der Expertenerklärungen (nach Mayring, 2007) durch den Bearbeiter. Auf der Basis der Kenntnisse aller in den Interviews gesammelten KIs, der Bewertungen des erwartungswidrigen Verhaltens durch die interviewten Personen, der Ergebnisse der Expertenbefragung und seiner eigenen Begründung für das erwartungswidrige Verhalten formuliert der Bearbeiter Kulturstandards, die eine Erklärung für das erwartungswidrige Verhalten liefern können.

Nach den bisher vorliegenden empirischen Untersuchungen in Bezug auf mehr als 38 Kulturen weltweit (Buchreihe *Handlungskompetenz im Ausland*, hrsg. von Thomas seit 2001) können so bei 25 bis 30 interviewten Personen aus einer Kultur, z. B. deutsche Fach- und Führungskräfte, und vier bis sechs KIs pro interviewter Person auf der Basis von durchschnittlich 150 bis 180 identifizierten KIs sechs bis acht Kulturstandards benannt werden. Auf Schwierigkeiten bei der Datenerhebung, sowohl bei den Personen der Zielgruppe wie bei denen der Expertenbefragung, bei der Auswertung und beim Vergleich der Bearbeitung und Zusammenführung der recht unterschiedlichen Materialien kann hier nicht näher eingegangen werden.

Die Praxis zeigt aber, dass der hier geschilderte Arbeitsprozess nur dann zuverlässige Ergebnisse erbringt, wenn die Akquisition der zu befragenden Personen, die Datenerhebung und die Dokumentation sowie Auswertung der erhobenen Daten von ein und derselben Person vorgenommen werden, die zudem eine entsprechende methodische Qualifikation zur Erhebung und Bearbeitung qualitativen Datenmaterials besitzt.

1.6.5 Handlungswirksamkeit von Kulturstandards

Zu Beginn des Buches wurden zwei Fallbeispiele vorgestellt, einmal von deutschen und US-amerikanischen Studenten im Auslandsstudium in Deutschland und in den USA und zum anderen von einem deutschen Dozenten in Japan.

Im ersten Fallbeispiel ging es um unterschiedliche Handlungsweisen von deutschen und US-Amerikanern in Erstbegegnungssituationen und überhaupt in Bezug auf interpersonale Begegnung. An diesem Fallbeispiel wurde deutlich, dass „Distanzminimierung" auf US-amerikanischer Seite der bei Deutschen weit verbreiteten Distanzdifferenzierung gegenübersteht und dass diese Kulturstandards auf beiden Seiten für Irritationen sorgen, u. a. auch deshalb, weil die handelnden Personen in der jeweiligen Begegnungssituation sich der Wirkung ihres eigenen Kulturstandards nicht bewusst sind.

Im Fallbeispiel des deutschen Dozenten in Japan wunderte sich der deutsche Dozent, dass die japanischen Seminarteilnehmer sich nicht zu Wort meldeten, wenn sie etwas nicht verstanden hatten, obwohl er sie immer wieder dazu aufgefordert hatte. Auf deutscher Seite bewirken hier die Kulturstandards „Sachorientierung" und „Direktheit in der Kommunikation", dass der deutsche Dozent von seinen japanischen Seminarteilnehmern eine sofortige, der Sache angemessene, offene und ehrliche Nachfrage erwartet, wenn sie etwas nicht verstanden haben. Die japanischen Seminarteilnehmer versuchen die auch für sie durchaus kritische Lehr-Lernsituation dadurch zu meistern, dass sie den für ihre Kultur wichtigen Kulturstandards „Gesicht wahren", „Beziehungsorientierung" und „Hierarchieorientierung" folgen.

Für deutsche Manager, Fach- und Führungskräfte im Auslandseinsatz in Japan konnten aus dem empirischen Material in Bezug auf ihre japanischen Partner die in Tabelle 4 präsentierten Kulturstandards ermittelt werden (Petzold, Ringel & Thomas, 2005). Diesen Kulturstandards stehen die in Befragungen über kulturell bedingte kritische Interaktionssituationen bei ausländischen Manager, Fach -und Führungskräften in der Zusammenarbeit mit deutschen Partnern ermittelten Kulturstandards gegenüber (Schroll-Machl, 2007, und weitere empirische Studien).

Tabelle 4: Japanische und deutsche Kulturstandards (nach Petzold, Ringel & Thomas, 2005)

Japanische Kulturstandards	Deutsche Kulturstandards
– *Konsensorientierung:* Entscheidungen werden immer gemeinsam getroffen – *Gesicht wahren:* dies ist in jeder sozialen Situation streng zu beachten und bestimmt das Miteinander – *Harmonie:* sie regelt das Zusammenleben und ist soziale Verpflichtung für alle – *Beziehungsorientierung:* soziale Beziehungen haben immer Vorrang vor Sachaspekten – *Gruppenzugehörigkeit:* die eigene Identität definiert sich über die eigene Gruppenzugehörigkeit – *Abgrenzung gegenüber Außenstehenden:* Außenstehenden gegenüber zeigt man andere Verhaltensweisen als gegenüber Gruppenmitgliedern – *Hierarchieorientierung:* die Einhaltung von Rangordnungen dient der Stabilität und Harmonie der Gesellschaft – *Paternalismus:* die Beziehungen zwischen ranghöheren und rangniedrigeren Personen ist gekennzeichnet durch gegenseitige soziale Verpflichtung und Loyalität	– Individualismus – Regelorientierung – schwache Kontextorientierung – Sachorientierung – Trennung von Persönlichkeits- und Lebensbereichen – Egalitätsorientierung – Rationalität – internalisierte Kontrolle – Monochronie (eines nach dem anderen erledigen) – Distanzdifferenzierung

Die Gegenüberstellung von Kulturstandards wie in Tabelle 4 bedarf der Interpretation. In kulturell bedingten kritischen Interaktionssituationen, in denen Personen interagieren, die aus verschiedenen Kulturen stammen (wie hier der Einfachheit halber aus zwei Kulturen), beobachten und erfahren diese Personen alle mehr oder weniger erwartungswidriges Verhalten beim Gegenüber. Sie erwarten wie selbstverständlich ein Verhalten beim Partner, das sie kennen und das ihnen vertraut ist. Tatsächlich beobachten sie aber ein anderes, fremdes, nicht stimmiges und irritierendes Verhalten. Sie nehmen also im Vergleich zum erwarteten Verhalten nicht entgegengesetztes Verhalten wahr, sondern ein völlig anderes. Wenn der deutsche Dozent in Japan bei seinen Studenten statt an dem von ihm initiierten Lehr-Lernprozess orientiertem, also „sachorientiertem Verhalten" nur Schwätzen, lautes Lachen, Unterhaltungen und SMS-Lesen beobachtet hätte, also „nicht-sachorientiertes Verhalten", dann wäre ihm klar geworden, dass den Studenten das Ausbildungsseminar nichts bedeutet und dass sie deshalb so passiv sind. Solches Verhalten ist ihm durchaus bekannt. Er weiß auch, was zu tun ist, wenn Seminarteilnehmer sich so verhalten würden. Aber das Verhalten der japanischen Studenten folgt einem Handlungsplan, der bestimmt ist von einer kontextangepassten Mischung aus „Gesicht wahren", „Beziehungsorientierung" und „Hierarchie": Die Untergebenen, also hier die Studenten, müssen den ranghöheren Dozenten vor Gesichtsverlust schützen, ihm Gesicht geben und bei allem, was sie tun, darauf achten, dass die sozialen Beziehungen immer Vorrang haben vor Sachaspekten und individuellen Intentionen und Zielen.

Wenn man allerdings in der Lage ist, anstatt vorschnell, gleichsam automatisch, die Situation, die stattfindenden Ereignisse und die Absichten der beteiligten Personen zu beurteilen, wenn man also den automatischen Bewertungsprozess „anhalten" kann, wenn man also fähig ist, andere als den eigenen Standards entsprechende Bewertungen in Betracht zu ziehen, ist das Tor dafür geöffnet, fremdkulturelle Handlungsstrategien in Betracht zu ziehen und sein Denken und Handeln entsprechend zu steuern.

Das ist genau das, was interkulturelles Verstehen und interkulturelle Handlungskompetenz ausmacht. Bei diesen Prozessen liefern die Kulturstandards allerdings keine Patentrezepte, wohl aber richtungweisende Hinweise, um eine Heuristik zum kulturadäquaten Problemverständnis und zur effektiven Problemlösung zu entwickeln. Evaluationsstudien zu den Wirkungen interkultureller Orientierungstrainings zur Vorbereitung auf Arbeitseinsätze in China, die auf kritischen Interaktionssituationen und der Vermittlung der Wirkungsweise chinesischer und deutscher Kulturstandards aufbauen, haben gezeigt: Die Trainingsteilnehmer konnten sechs Monate nach dem Training im beruflichen Alltag in China zwar nicht mehr alle Bezeichnungen der Kulturstandards erinnern, sie machten aber zur Wirkungsweise des Trainings folgende Angaben: „Ja, das Training hat schon viel bewirkt. Immer wieder komme ich bei meinem chinesischen Partnern in Situationen, die mir fremd erscheinen und mich irritieren. Aber wenn ich dann etwas zögere und abwarte, fällt mir auf, dass ich diese Situation doch schon von irgendwoher in ähnlicher Form kenne. Mir fallen dann Aspekte oder Bausteine aus dem Training ein und mir wird schlagartig klar, was nun zu tun ist und wie ich sinnvollerweise vorzugehen habe." Die Wirksamkeit der Kulturstandards für die Handlungsplanung und Handlungsrealisierung ergibt sich also nicht aufgrund der Erinnerung an Kulturstandardbezeichnungen, sondern über kontextualisierte Ähnlichkeitsbeziehungen zwischen den gerade erlebten situativen Gegebenheiten in einer spezifischen kulturellen Überschneidungssituation und den im Training präsentierten und besprochenen authentischen und zielgruppenspezifischen, kritischen Interaktionssituationen. Alles, was an Beschreibungen, Erläuterungen und Erklärungen im Training vermittelt wurde, haftet gleichsam an den Fallschilderungen bzw. wird in sie integriert und sofort mit erinnert, wenn im Alltag ein ähnlicher Fall aktuell wird.

Wer aber glaubt, dass er kulturell bedingte kritische Interaktionssituationen schon dann meistern kann, wenn er die Kulturstandards aufseiten der Partner und ihre Wirkungen in Bezug auf das Partnerverhalten, was ja die erwartungswidrigen Erfahrungen bei ihm auslöst, kennt, wird enttäuscht sein, wenn er das folgende Fallbeispiel bearbeitet. Hier zeigt sich nämlich, wie selbst eine bezüglich der US-amerikanischen Kultur durchaus versierte Person so schnell keine passenden Wege findet, eine kulturelle Überschneidungssituation zufriedenstellend zu meistern. Das Fallbeispiel soll aber nicht abschrecken, sondern in Bezug auf seine vielfältigen psychologisch relevanten Aspekte eine Hintergrundfolie bieten für die weiteren Ausführungen zu den psychologisch relevanten Aspekten interkulturellen Verstehens und Handelns.

1.6.6 Fallbeispiel: Standortwahl in den USA

Situationsschilderung

„Ein deutscher Konzern möchte seine Präsenz in den USA stärken. Er plant Abteilungen für Entwicklung und Produktion einzurichten. Texas erscheint wegen Steuerbegünstigungen und niedriger Produktionskosten als attraktiver Standort, zudem verfügt die deutsche Firma dort bereits über ein Tochterunternehmen mit guten Erfahrungen. Die deutsche Zentrale bittet das amerikanische Management anhand bestimmter Kriterien eine Liste potenzieller Standorte zusammenzustellen. Zwei der amerikanischen Manager, Keith Richards und Allen Baker, sollen später den Aufbau der neuen Firma leiten. Die Deutschen schicken daraufhin ein vierköpfiges Team, geleitet von Frank Kunz nach Texas, um selbst die Vorschläge in Augenschein zu nehmen, mit den lokalen Stadtverwaltungen zu sprechen usw.

(Das deutsche Team und ebenso Frank Kunz sind schon seit längerer Zeit in dem deutschen Tochterunternehmen tätig und kennen sich in den USA und mit der amerikanischen Kultur sehr gut aus. Sie hatten zudem zu Anfang ihres USA-Aufenthalts ein Vorbereitungstraining absolviert.)

Das deutsche Team hat sich im Grunde genommen für einen Standort entschieden und fliegt nun noch zu dem Tochterunternehmen in Arlington, um mit Keith Richards und Allen Baker zu sprechen. Frank Kunz hat eine Präsentation vorbereitet, in der er den professionellen Hintergrund des deutschen Teams umreißt, Erfahrungen mit der Bestimmung von neuen Standorten beschreibt, von den Verhandlungen in den drei Orten in Texas berichtet, die Entscheidungskriterien darlegt usw. Er möchte, dass seine amerikanischen Kollegen ein Gefühl für die deutsche Perspektive bekommen.

Frank Kunz hat jedoch während seiner Präsentation zunehmend ein ungutes Gefühl. Ihm scheint, dass die beiden amerikanischen Kollegen ungeduldig werden. Sie werden dafür zuständig sein, alles aufzubauen, denkt er, aber sind an dem Projekt überhaupt nicht interessiert. Richtig empört ist er, als Keith Richards ihn nach einiger Zeit unterbricht und sagt: ‚Frank, wir wollen nicht wissen, wie die Uhr tickt, sag uns einfach, wie spät es ist'." (Slate & Schroll-Machl, 2013, S. 49)[1]

Frank Kunz ist wie vor den Kopf gestoßen, enttäuscht und weiß nicht, was er darauf antworten soll. Können Sie ihm darauf eine Antwort geben, was das Ganze zu bedeuten hat?

Interpretation aus deutscher Perspektive

Einen geeigneten Standort für ein neu zu gründendes Tochterunternehmen auszusuchen ist ein wichtiger Prozess, denn falsche Standortentscheidungen können den wirtschaftlichen Erfolg erheblich beeinträchtigen. Frank Kunz kommt es darauf an, nicht nur zu entscheiden, sondern die vielfältigen Gründe für die Wahl eben dieses Standorts auch vor den amerikanischen Kollegen darzulegen und sie so mit ins Boot zu holen. Die Explikationen der Hintergründe, der Vor- und Nachteile in Bezug auf die verschiedenen Standorte und die Darlegung der Überlegungen, die schließlich den Ausschlag zur Entscheidung gegeben haben, dienen einerseits der Selbstvergewisserung und andererseits der sachlichen Begründung gegenüber den amerikanischen Partnern. Nur so kann Frank Kunz aus seiner Sicht den Entscheidungsprozess für alle beteiligten Personen zufriedenstellend abschließen.

Interpretation aus amerikanischer Perspektive

„Die Amerikaner finden Frank Kunz' Präsentation viel zu ausschweifend. Die Amerikaner haben ihren Job im Vorfeld gemacht und wollen jetzt nur wissen, welcher Standort es sein wird, damit sie die nächsten Schritte einleiten können. Die Vorauswahl war ihre Aufgabe, daher ist es anzunehmen, dass sie mit jedem

---

[1] Fallbeispiel aus Slate und Schroll-Machl (2013). Der Abdruck erfolgt mit freundlicher Genehmigung des Verlags Vandenhoeck & Ruprecht.

Standort einverstanden wären. Der professionelle Hintergrund von Frank Kunz und seinen Kollegen, ihre Erfahrungen mit der Bestimmung von neuen Standorten, die Details ihres Entscheidungsprozesses usw. interessieren sie nicht im Geringsten.

Frank Kunz ist für seine amerikanischen Kollegen viel zu langatmig. Von Kindheit an sind Amerikaner daran gewöhnt, sich so einfach und präzise wie möglich auszudrücken. Amerikaner denken eher linear. Sie filtern alle Hintergrundinformationen heraus, die nicht von unmittelbarer Relevanz sind. Keith Richards ist in der obigen Situation schon einen Schritt weiter: Was ist zu tun? Was wird nun von ihm und seinen amerikanischen Kollegen erwartet? Erörterungen, Erklärungen, Darlegungen, wie und wann es zu dieser Entscheidung kam, gelten den Amerikanern schon fast als schlechte Manieren, weil ihnen durch diese Langatmigkeit Zeit geklaut wird. Sie wollen loslegen! Frank Kunz soll sich also kurz und knapp fassen, seine ‚conclusion' präsentieren. Selbstverständlich soll er bereit sein, Hintergründe und Detailüberlegungen auf Anfrage zu geben. Ansonsten darf er zu seiner Entscheidung stehen. Und nun könnte er das Meeting gleich nutzen, die nächsten Schritte zu besprechen und einzuleiten. Schließlich soll Keith Richards dabei eine bedeutende Rolle spielen. Und das will er auch, macht er mit seiner Bemerkung klar. Ihm dafür und für seine guten Vorbereitungen Anerkennung zu zollen, wäre eine weiterer zu beachtender Punkt." (Slate & Schroll-Machl, 2013, S. 53)

Konsequenzen

„Die Konsequenz ist, dass Deutsche amerikanische Erklärungen oft als zu simpel erleben, weil die für sie nötigen Hintergründe und Details fehlen. Deutsche haben nicht selten den Eindruck, dass ein Amerikaner nicht sehr viel von dem Thema versteht, über das er spricht. Amerikaner dagegen empfinden deutsche Ausführungen überladen und mit viel zu viel unnötigen Hintergrundinformationen überfrachtet. Für die amerikanischen Kollegen ist Herrn Kunz' Präsentation reine Zeitverschwendung. Die Situation ist ihnen unerträglich, da sie ungeduldig den Startschuss erwarten, damit sie mit ihrer Aufgabe vorankommen können.

Dieses Missverständnis ist typisch. Es illustriert [die Wirksamkeit der beiden Kulturstandards] (1) die amerikanische ‚Handlungsorientierung' und (2) ein Element des unterschiedlichen Verständnisses von ‚Gleichheit'. Deutsche können durch ausführliche Hintergrunderklärungen oft Entscheidungen nachvollziehbar machen und dadurch das Gefühl ihrer Mitarbeiter, übergangen worden zu sein, mildern. Dagegen lösen Amerikaner das Dilemma Gleichheit-Ungleichheit durch betonte Freundlichkeit [Kulturstandard ‚Gleichheit']. Herrn Kunz könnte man also pointiert sagen: ‚Sparen Sie sich Ihre Erklärungen, wenn sie ohnehin entscheiden, sonst wirkt das geradezu dozierend und großkotzig', während man im umgekehrten Fall – wäre Herr Richards der Chef – ihm den Tipp geben könnte: ‚Sparen Sie sich Ihre Freundlichkeit, wenn sie ohnehin entscheiden, sonst wirkt das nur verlogen scheindemokratisch'." (Slate & Schroll-Machl, 2013, S. 53)

Kulturelle Verankerung von „Handlungsorientierung"

„Amerikaner sind sehr aktive und energievolle Menschen, das gilt für den beruflichen und auch den privaten Bereich. Sie sind fortwährend mit Sport, Ehrenämtern und in diversen Clubs und Vereinen beschäftigt. Amerikaner sind immer in Bewegung, auch zu Hause. Entspannung ist Regeneration für den Beruf, ‚Gemütlichkeit' ist kein amerikanisches Konzept. In einer Konversation werden sogar Redepausen als unangenehm empfunden. Dabei steht die Beschäftigung mit konkreten und praktischen Dingen mehr im Vordergrund als die mit Idealen, theoretischen Überlegungen, abstrakten Fragestellungen. Auch Gesprächsthemen drehen sich um praktische Dinge, zu philosophieren gilt als wenig effizient. Intellektualismus, das analytische Durchdringen von Problemen, die Diskussion hypothetischer Fragen wird als unbedeutend, als Zeitverschwendung, als überflüssig, gar weltfremd abgetan. Amerikaner sind eine Nation von Aktivisten und Pragmatikern. Die individuelle Selbstdefinition erfolgt über die Arbeit und eine der ersten Fragen beim Kennenlernen besteht im Interesse am Beruf des anderen: ‚What do you do?'. Die Arbeit ist *das* Forum, um aktiv zu sein und etwas zu bewegen. So ist das Workaholic- Syndrom in den USA häufiger anzutreffen als in Deutschland." (Slate & Schroll-Machl, 2013, S. 59)

2 Interkulturelles Handeln und psychologische Prozesse

Die Psychologie wird definiert als die Wissenschaft vom menschlichen Erleben und Verhalten. Bei genauer Betrachtung lassen sich aber auch andere wissenschaftliche Disziplinen benennen, die sich mit dem Erleben und Verhalten des Menschen befassen, weswegen es sinnvoll ist, diese Gegenstandsbeschreibung weiter zu differenzieren und zu spezifizieren: Die Psychologie befasst sich mit den Bedingungen, Verlaufsprozessen und Wirkungen menschlichen Erlebens und Verhaltens, speziell in den Bereichen Perzeption (Wahrnehmen), Kognition (Denken, Urteilen), Motivation (Antriebe und Anreize), Emotion (Gefühle, Empfindungen) und Volition (Zielstrebigkeit, Handeln).

Wenn man diese Definition auf dem Hintergrund der bisherigen Darlegung, einschließlich der Fallbeispiele, kulturell bedingter kritischer Interaktionssituationen und ihrer Dynamik, Verlaufsprozesse und Erklärungsversuche betrachtet, wird schnell deutlich, dass gerade die Psychologie prädestiniert dafür sein sollte, die Grundlagen zum Verständnis und zur Planung, Ausführung und Kontrolle interkulturellen Handelns sowie der Entwicklung interkultureller Handlungskompetenz zu liefern.

Der folgende Kasten gibt einen, wenn auch sicher noch unvollständigen, Überblick über die psychologischen Prozesse, die im Umgang mit kulturellen Überschneidungssituationen und deren Bewertung wirksam werden und die Berücksichtigung finden müssen, wenn man die Ablaufprozesse verstehen und beeinflussen will.

> **Zentrale psychologische Prozesse im Kontext interkulturellen Handelns**
>
> 1. *Wahrnehmung:* Bedingungen, Verlaufsprozesse und Wirkungen der sozialen Wahrnehmung; erster Eindruck, Halo-Effekt, Impression-Management
> 2. *Kognitionen:* kognitive Prozesse, die bei jedem Wahrnehmungsvorgang meist automatisch und unbewusst, weil nicht mehr bewusstseinspflichtig, ablaufen; Klassifizierungen, Kategorisierungen, stereotype Bewertungen, Stereotypisierungen, Vorurteile
> 3. *Urteilsprozesse:* Antizipation, Rückgriff auf Erfahrungen im Umgang mit Personen und Situationen; Interaktionsmanagement; Evaluation
> 4. *Motivation:* Aktivierung von Motiven, Bewertungsdispositionen und Verhaltensregulierung durch Motive

5. *Emotionen:* Überraschung, Irritation, Unsicherheit, Angst, Furcht, Zufriedenheit, Scham, Vertrautheit, Sicherheit
6. *Lernen:* Wissenserwerb, Wissenserweiterung, Ausdifferenzieren von Wissen, Reflektieren, Relativieren, Perspektivenwechsel
7. *Konflikt:* Konfliktdiagnostik, -intervention, -kontrolle, -lösung
8. *Entwicklung:* soziale, interkulturelle und ambiguitätsbezogene Kompetenzen, Selbstsicherheit, Selbstwirksamkeit, Empathie, Gesamtpersönlichkeit
9. *Handlung:* Handlungsintentionen, -planung, -ausführung, -kontrolle
10. *Verbale und nonverbale Kommunikation:* Sprache, paralinguale Ausdrucksformen, Gestik, Mimik, Körperhaltung
11. *Interpersonale Kommunikation, Interaktion, Kooperation*
12. *Gruppendynamik:* plurinational/-kulturell zusammengesetzte Gruppen, Gruppendruck, Gruppenklima

Der folgende Kasten listet auf, welche sozialpsychologischen Theorien zur vertieften Analyse interkulturellen Handelns, zur Kategorisierung von Merkmalen, zur Beschreibung von Prozessverläufen und zur Erklärung sowie zum Verständnis kulturell bedingter Ausgangslagen, Ablaufprozesse und Wirkungen interkulturellen Handelns wertvolle Hilfestellungen bieten. Auf einige dieser Theorien wird in den folgenden Kapiteln noch näher eingegangen.

Sozialpsychologische Theorien zur vertieften Analyse interkulturellen Handelns

- Theorie der sozialen Interdependenz
- soziale Austauschtheorie
- Hypothesentheorie der sozialen Wahrnehmung
- Theorie der sozialen Vergleichsprozesse
- Theorie der Selbstaufmerksamkeit
- Attributionstheorie
- Theorie der kognitiven Dissonanz
- Selbstdarstellungstheorie/Impression-Management-Theorie
- Theorie der psychologischen Reaktanz
- Theorie der interpersonalen Attraktion
- Theorie der kognizierten Kontrolle
- Theorie der Urteilsheuristiken
- Zielsetzungstheorie
- Theorien des überlegten Handelns
- theoretische Modelle zu Kooperation, Kompetition und Verhandeln bei interpersonalen Konflikten
- Theorie des Intergruppenverhaltens
- Theorie der Bewältigung von Bedrohung von Wohlbefinden und Handlungsfähigkeit

Abbildung 3 schließlich zeigt auf, welche recht unterschiedlichen Ebenen zu beachten sind, wenn es darum geht, kompetentes interkulturelles Handeln zu entwickeln. In der Realität sind diese verschiedenen Ebenen eng miteinander verschränkt und oft nicht präzise auseinanderzuhalten. Zur Orientierung im Feld kultureller Überschneidungssituationen, zum Verständnis der Wirksamkeit kulturspezifischer, handlungsrelevanter Determinanten, zur Prognose und zur Analyse kulturell bedingter kritischer Interaktionssituationen und deren Bearbeitung ist es aber sinnvoll, sich dieser Ebenen zu vergewissern bzw. beobachtetes oder geschildertes Erleben und Verhalten unter diesen drei verschiedenen Gesichtspunkten gesondert zu betrachten. Wenn, wie im oben geschilderten Fallbeispiel, ein japanischer Student nicht nachfragt, wenn er in einem Seminar etwas nicht verstanden hat, dann kann die Ursache ja durchaus in seiner Person liegen. Es ist womöglich schüchtern, traut sich nicht, sich zu melden oder steht unter Gruppendruck, weil er weiß, dass einige Seminarteilnehmer, die er schon von früher her kennt, ihn wegen seiner vermeintlich defizitären Auffassungsgabe hänseln. Er weiß vielleicht von vornherein, dass er mangels Vorwissen überfordert ist und deshalb ein Nachfragen beim Dozenten doch keinen Sinn

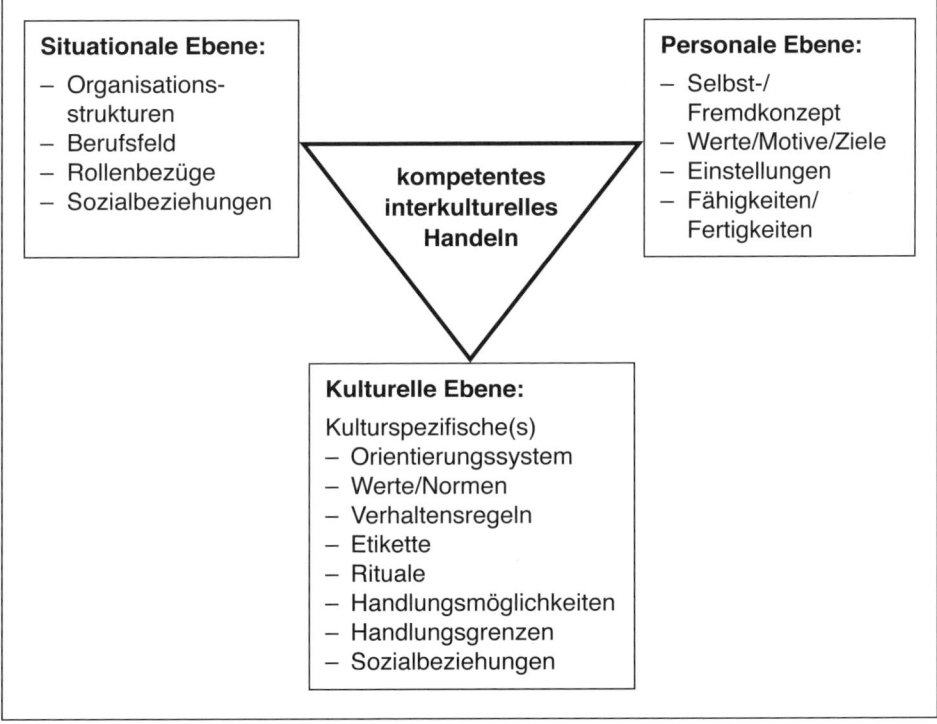

Abbildung 3: Dynamisches Dreieck kompetenten interkulturellen Handelns

macht, weil er das dann wieder nicht verstehen würden. Es könnte also eine ganze Reihe von Gründen für das Schweigen geben, die nichts mit kulturellen Einflussfaktoren zu tun haben, sondern personalen und situationalen Bedingungsfaktoren geschuldet sind. Wenn aber viele unterschiedliche japanische Seminarteilnehmer in ein und demselben Handlungsfeld, wie hier in einem Lehr-Lernprozess, selbst nach Aufforderung durch den Dozenten nicht nachfragen, ist die Wahrscheinlichkeit hoch, dass ein oder mehrere Kulturstandards ihr Verhalten beeinflusst haben. Personale und situationale Faktoren sind bei der Bewertung und bei Erklärungsversuchen im Fall erlebten erwartungswidrigen Verhaltens zu berücksichtigen.

So kann auch das oben geschilderte Fallbeispiel „Standortwahl in den USA" mithilfe der Elemente des dynamischen Dreiecks in Abbildung 3 bearbeitet werden, um einen Lerneffekt zu erzielen. Dazu dienen folgende Fragen: Welche personalen Aspekte, welche situationalen Aspekte und welche kulturellen Aspekte bestimmen das Verhalten der deutschen und US-amerikanischen Partner? Welche Veränderungen müssten auf den drei Ebenen stattfinden, damit kompetentes interkulturelles Handeln zustandekommt?

Die gesammelten Erfahrungen im Zusammenhang mit der Befragung deutscher Manager, Fach- und Führungskräfte im Auslandseinsatz (Buchreihe *Handlungskompetenz im Ausland*, hrsg. von Thomas seit 2001) zur Entwicklung handlungswirksamer Kulturstandards (vgl. Abb. 2 auf S. 37) haben ergeben, dass es individuell unterschiedliche Reaktionen auf erlebtes, erwartungswidriges Verhalten der ausländischen Partner gibt, und dass die dabei ablaufenden psychischen Prozesse kognitiver und emotionaler Art vom „Aufmerksam-Werden" auf das Unerwartete bis hin zum „Abbruch der Begegnung" unterschiedliche Phasen durchlaufen, die in Abbildung 4 dargestellt sind.

Oft kann aus beruflichen und privaten Gründen trotz massiver Verunsicherung der Partnerkontakt deshalb nicht abgebrochen werden, weil ein „Aus-dem-Feld-Gehen" weder innerlich noch äußerlich möglich ist. In diesem Fall lassen sich in der Praxis zwei weitere Varianten der Bearbeitung interkulturell bedingter Handlungsstörungen nachweisen, die in Abbildung 5 aufgezeigt sind.

Die Variante „Anpassung/Gewöhnung" hatten schon die Trainingsteilnehmer im oben beschriebenen Orientierungstraining für den Arbeitseinsatz in China angegeben. Sie hatten sich an die vielen „Kuriositäten" in der Zusammenarbeit mit ihren chinesischen Partnern gewöhnt und konnten damit umgehen, aber sie hatten nicht wirklich die Gründe für das Partnerverhalten verstanden.

Die Phase „Aufmerksam werden" bis „Gefühl, missverstanden zu werden" durchläuft wohl jeder in einer kulturell bedingt kritischen Überschneidungssituation,

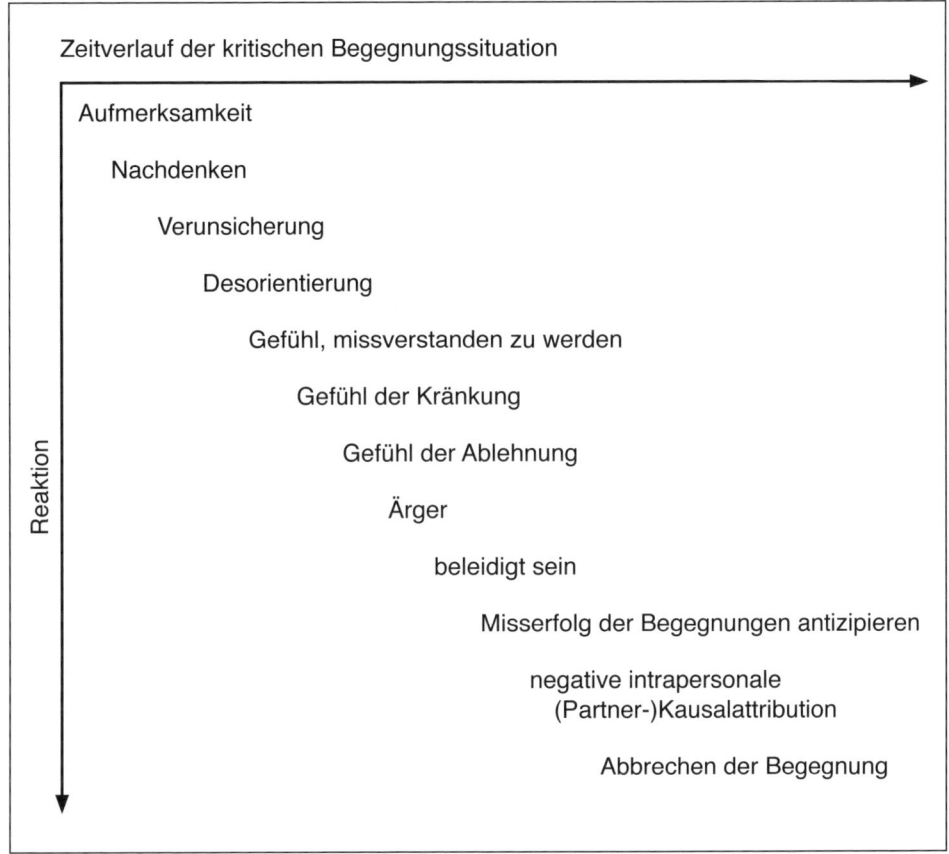

Abbildung 4: Emotionale und kognitive Reaktionen auf kulturell bedingt kritisch verlaufende Begegnungssituationen

in der die kognitiven und emotionalen Dissonanzen zwischen Erwartetem und tatsächlich Erlebtem überwiegen und nicht mehr zu übersehen sind. Wenn man dann noch ahnt oder weiß, dass dominantes Verhalten im Sinne von „Das setze ich jetzt durch, koste es was es wolle!" und „Ich werde sie zwingen, sich so zu verhalten, wie ich das für richtig halte!" wirkungslos bleiben oder zu hohe psychosoziale Kosten verursachen würde, dann bleiben nur noch Ablehnung/Abbruch, Anpassung/Gewöhnung oder Akzeptanz/Innovation.

Aus der bereits erwähnten Buchreihe *Handlungskompetenz im Ausland* haben sich die folgenden Reaktionen auf erlebte Fremdheit herauskristallisiert.

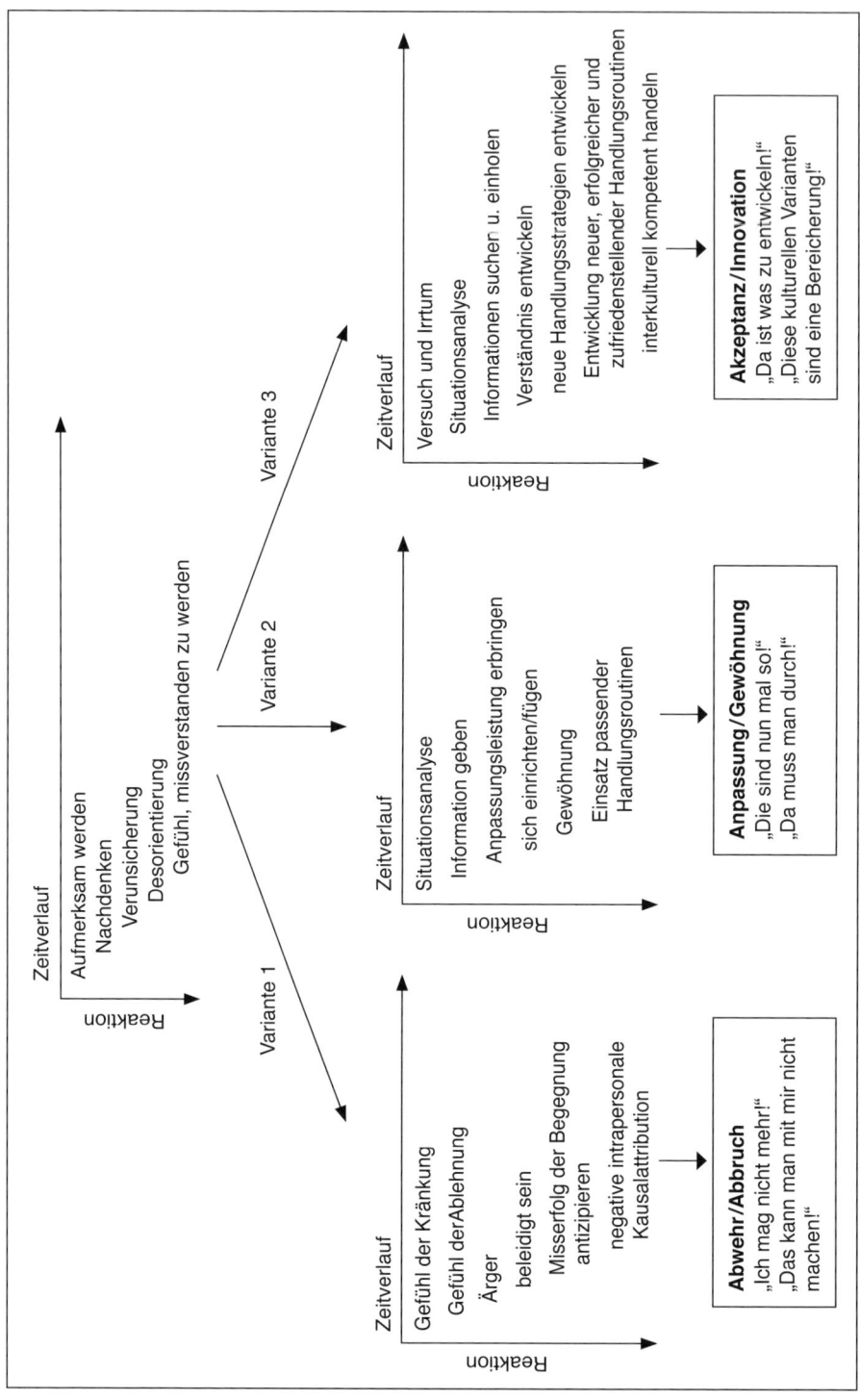

Abbildung 5: Varianten der Bearbeitung interkulturell bedingter Handlungsstörungen (Thomas, 2014b)

> **Verschiedene Reaktionstypen auf erlebte Fremdheit**
>
> *Der Ethnozentrist:* Wer nicht so denkt und handelt, wie es richtig ist, d. h. wie es üblich ist, wie ich es gewohnt bin, ist entweder dumm (ihn muss man aufklären), unwillig (ihn muss man motivieren oder zwingen) oder unfähig (ihn kann man trainieren). Wer sich nach allen erdenklichen Bemühungen immer noch falsch verhält, dem ist nicht zu helfen. Er kommt als Partner nicht in Betracht. Kulturell bedingte Verhaltensunterschiede werden nicht respektiert, nicht ernst genommen, ignoriert oder einfach negiert.
>
> *Der Universalist:* Menschen sind im Grunde genommen auf der ganzen Welt gleich. Kulturelle Unterschiede haben, wenn überhaupt, nur unbedeutende Einflüsse auf das Verhalten. Mit Freundlichkeit, Toleranz und Durchsetzungsfähigkeit lassen sich alle Probleme meistern. Im Zuge der Tendenz zur kulturellen Konvergenz werden die noch bestehenden Unterschiede im „Global Village" sowieso rasch verschwinden.
>
> *Der Macher:* Ob kulturelle Einflüsse das Denken oder Verhalten bestimmen oder nicht, ist nicht so wichtig. Entscheidend ist, dass man weiß, was man will, dass man klare Ziele hat, sie überzeugend vermitteln kann und sie durchzusetzen versteht. Wer den eigenen Wettbewerbsvorteil kennt und ihn zu nutzen versteht, gewinnt, völlig unabhängig davon in welcher Kultur er lebt und tätig wird.
>
> *Der Potenzierer:* In jeder Kultur haben Menschen eigene Arten des Denkens und Handelns ausgebildet (kulturspezifisches Orientierungssystem), die von den Mitgliedern der jeweiligen Kultur gelernt werden und als „richtig" anerkannt werden. In der internationalen/interkulturellen Zusammenarbeit müssen diese unterschiedlichen Denk- und Handlungsweisen als Potenzial erkannt und ernst genommen werden. Kulturelle Unterschiede sind aufeinander abzustimmen und miteinander zu verzahnen, um eine produktive und zufriedenstellende Kooperation zu ermöglichen und eventuell synergetische Effekte zu erzeugen.

Der Macher reagiert in den meisten Fällen zunächst mit Anpassung/Gewöhnung, ist aber durchaus aufgeschlossen für Veränderungen in seinen Handlungsroutinen sowie für das Suchen und Einholen von Informationen, die effektives und zufriedenstellendes Handeln ermöglichen.

Der Potenzierer entspricht dem Lernbereiten, der nach Informationen zum besseren Verständnis der Ursachen und Wirkungen kultureller Einflussfaktoren auf das Verhalten der fremden kulturellen Partner sucht und der für neue innovative Verhaltens- und Beurteilungsvarianten aufgeschlossen ist, die er dann mithilfe einer Strategie von Versuch und Irrtum erprobt.

Was nun die psychologischen Grundlagen interkultureller Handlungskompetenz betrifft, ist bisher schon an mehreren Stellen darauf aufmerksam gemacht worden, dass hier nichts von alleine entsteht. Interkulturelle Handlungskompetenz ist das Resultat vielfältiger Lernprozesse, die im Verlauf der biografischen Entwicklung also des individuellen Lebenslaufs stattfinden oder gezielt im Verlauf des Studiums, der Berufsausbildung und zielkulturspezifischer interkultureller Orientierungs- und Qualifizierungstrainings ermöglicht werden.

Berufsspezifische interkulturelle Erfahrungsbildung:

- betriebsexterner internationaler Fachkräfteaustausch
- betriebsinterner internationaler Fachkräfteaustausch
- Qualifizierung für den Auslandseinsatz
- Qualifizierung für interkulturelle Teamarbeit
- internationaler Lehrlingsaustausch
- internationale Verbandsarbeit

Ausbildungsspezifische und -begleitende interkulturelle Erfahrungsbildung:

- internationaler Schüleraustausch
- internationale Schulpartnerschaften
- internationaler Jugendaustausch
- internationale Vereins- und Clubpartnerschaften
- Auslandsstudium
- internationaler Praktikantenaustausch
- Fremdsprachenausbildung
- interkulturelle Studienangebote
- interkulturelle Zusammenarbeit (internationale Studentandems, Migrantenarbeit, Ausländerintegrationshilfen)
- Stadtteilarbeit mit ausländischen Mitbürgern

Personspezifische interkulturelle Erfahrungsbildung:

- Reisen
- Interesse für fremde Länder und Kulturen
- gemischtkulturelle Familie
- gemischtkultureller Freundeskreis
- gemischtkulturelle Nachbarschaft
- gemischtkulturelle Freizeitgruppen (Sport, Musik, Politik)
- gemischtkulturelle soziale Netzwerke

Abbildung 6: Entwicklung interkultureller Kompetenz im individuellen Lebenslauf

Abbildung 6 gibt einen Überblick über lernrelevante Programme sowie Erfahrungs- und Handlungsfelder, die sich formell oder informell im Verlauf eines individuellen Lebenslaufs ergeben können und zur Entwicklung interkultureller Handlungskompetenz beitragen. Auch diese Liste ist keineswegs vollständig, und die einzelnen Programme bieten sehr unterschiedliche Lernchancen. Der Pfeil von links unten nach rechts oben zeigt an, dass eine schon früh beginnende personspezifische interkulturelle Erfahrungsbildung, die dann in der Ausbildung erweitert und vertieft wird, optimale Grundlagen bietet zur Entwicklung und zum Aufbau einer ausgereiften interkulturellen Handlungskompetenz im Berufsleben. Teilnehmer an berufsspezifischen interkulturellen Trainings, die schon über interkulturelle Erfahrungen im Umgang mit Personen aus unterschiedlichen Kulturen verfügen, profitieren deutlich mehr von den Lernangeboten als Personen ohne Vorerfahrungen (Fowler & Blohm, 2004; Landis, Bennett & Bennett, 2004).

Es gibt eine Fülle wirtschaftswissenschaftlicher Forschungsarbeiten und Publikationen zum Thema Anforderungen an Manager, Fach- und Führungskräfte in der modernen Arbeitswelt. Was dazu inzwischen zusammengetragen wurde, ist nicht nur für Fachkräfte im Bereich Wirtschaft und Industrie bedeutsam, sondern auch in Bereichen wie Verwaltung, Politik und den immer wichtiger werdenden vielfältigen Dienstleistungen im kommunalen Bereich.

Zentrale Anforderungen an interkulturelles Management

- Ziele setzen
- Entscheidungen treffen
- kommunikative Kompetenz
- Informationsmanagement/-kontrolle
- motivieren können
- Anweisungen geben
- überzeugen können
- Feedback geben
- Kontrolle ausüben
- Kritik vermitteln
- Teammanagement
- koordinieren können
- delegieren können
- Beziehungsmanagement
- Konfliktmanagement
- kreatives Problemlösen
- Umgang mit Ambiguitäten und Intransparenz
- Symbolisieren
- Orientierung geben
- Personalführung
- Kontakt herstellen
- Ressourcen akquirieren
- Repräsentieren
- Ideen, Leistungen etc. nach außen „verkaufen" (Impression Management)
- Kundenorientierung
- Initiative fördern
- Veränderungsmanagement
- Qualitätsmanagement
- Wissensmanagement der Mitarbeiter
- Firmenloyalität
- Zeitmanagement

Der oben genannte Kasten listet immer wieder genannte Anforderungen auf. Wer die einzelnen Anforderungen mit Bedacht aus einem psychologischen Blickwinkel heraus studiert, wird schnell feststellen, dass alle diese Anforderungen in kulturellen Überschneidungssituationen relevant werden können und zu ihrer Identifikation und Bewältigung interkultureller Handlungskompetenz bedürfen. Dazu zwei Beispiele zur Illustration und als Anregung zur eigenen weiteren Bearbeitung dieser Anforderungsliste.

Beispiel: Feedback geben

Für viele US-Amerikaner ist Feedback-Geben, besonders positives soziales Feedback, zur Herstellung eines angenehmen und motivierenden Betriebsklimas von zentraler Bedeutung. Die permanente Vergewisserung, dass man zur Gruppe gehört, respektiert und in seinen individuellen Belangen ernst genommen wird und zudem einen positiven Beitrag zum Gruppenerfolg leistet, auch wenn der tatsächliche Beitrag nicht so bedeutsam ist, gehört zu den Selbstverständlichkeiten des sozialen Zusammenlebens. Dies klang auch schon im eingangs beschriebenen Fallbeispiel zur Distanzminimierung US-amerikanischer Studenten an.

Deutschen Chefs ist Positives-Feedback-Geben zwar auch nicht unbekannt, wird aber nur ausgesprochen, wenn eine ungewöhnliche, aus der Routine fallende, hochrangige Leistung erbracht wurde: „Also, vielleicht sollte das ja doch einmal gesagt werden: Ich bin mit Ihrer Leistung sehr zufrieden! Weiter so!" Das ist wohl das Höchste, was ein deutscher Mitarbeiter ab und zu einmal erfährt. In US-amerikanischen Arbeitsgruppen und im Verhältnis von Vorgesetztem zum Mitarbeiter wird immer so viel gelobt, dass es Deutschen schwerfällt, bei all dem Lob herauszufiltern, wo die Kritik ansetzt und wie sie verpackt kommuniziert wird.

Beispiel: Konfliktmanagement

Konflikte sind nach deutscher Auffassung unvermeidbar. Sie sind zwar störend und belastend und müssen deshalb angepackt und bewältigt werden, doch sie bieten auch Lernchancen. Wenn eine Störung im Betriebsablauf bemerkt wird, läuft in Deutschland in der Regel ein bestimmtes Ritual des Konfliktmanagements ab, das folgende aufeinander abgestimmte Konfliktbearbeitungsstufen enthält: „Wer hat das zu verantworten?" (Schuldige identifizieren); „Wie konnte das passieren?" (Ursachenanalyse); „Wie kann das in Zukunft vermieden werden?" (Lernen aus Fehlern); „Wer ist für die Behebung des Schadens/Konflikts verantwortlich?" (Verantwortung zuweisen). Hier wird auch der Kulturstandard „Regelorientierung" wirksam und ein solches regelgeleitetes Konfliktmanagement ist durchaus effektiv.

In vielen Kulturen ist dieses Konfliktmanagement undenkbar, weil dabei zu viele zusätzliche Probleme entstehen, die vielleicht noch gravierendere Folgen nach sich ziehen als der eigentliche Konflikt. Jeder weiß oder ahnt schon, wer den Konflikt verursacht hat. Da braucht man den Verursacher nicht auch noch zu benennen und damit als „Versager" öffentlich vorzuführen. Statt eine Ursachenanalyse vorzunehmen, sind alle beteiligten Personen aufgefordert, alles in ihrer Macht stehende zu tun, damit der Konflikt so schnell wie möglich bereinigt wird, und das

> möglichst geräuschlos, eventuell einfach durch Schweigen, Verschweigen, Unter-den-Teppich-Kehren etc. Alle haben so schnell wie möglich einen Beitrag zur Lösung des Problems zu erbringen. Nicht der Schuldige wird auch noch für die Konfliktlösung verantwortlich gemacht, der damit vielleicht überfordert wäre, sondern alle packen mit an, auch diejenigen, die eigentlich nicht direkt involviert sind. Die Chefs und die Abteilungsverantwortlichen können sich später ohne Benennung der beteiligten Personen immer noch Gedanken machen, wie man solche Konflikte vermeiden kann, und sie können das dann in Anweisungen an die Belegschaft und in veränderten Arbeitsabläufen umsetzen. So reagieren nicht nur Asiaten, sondern auch Spanier, Italiener und Südamerikaner.

Interkulturelle Handlungskompetenz auf hohem Niveau ist unzweifelhaft das Resultat von Lehr-Lernprozessen. Die Lernpsychologie hat viele Verfahren entwickelt und erkundet, wie Lernen stattfindet und wie es optimiert werden kann. Die Forschungen zum interkulturellen Lernen haben gezeigt, dass das von D. A. Kolb entwickelte Konzept des „experiential learning" (1984), im erfahrungsorientierten Lernzirkel illustriert und von S. Kammhuber (2000) auf interkulturelles Lernen und Lehren angewandt, hervorragend geeignet ist, interkulturelle Handlungskompetenz zu fördern. Es geht dabei um den Erwerb von Wissen und Einsichten, die als „träges Wissen" zwar vorhanden sind, aber dann, wenn sie benötigt werden, nicht aktiviert werden können. Wichtig ist der Erwerb „aktiven Wissens", das sofort einsatzbereit verfügbar ist. Von genau einem solchen Wissen und solchen Einsichten berichteten, wie oben geschildert, die deutschen Manager aus den von ihnen beobachteten Trainingswirkungen im Arbeitseinsatz in China.

Lernpsychologische Forschungen (Gruber, 1999; Mandl, Prenzel & Gräsel, 1992; Kammhuber, 2000) haben nachgewiesen, dass Wissen, das in erfahrungsorientierte Kontexte eingebettet ist, also zum Beispiel authentische, zielgruppenspezifische, kulturell bedingte kritische Interaktionssituationen, schnell verfügbar ist und effektiv zum Einsatz kommen kann, wenn es zur Situationsklärung und Problemlösung benötigt wird.

Bei jedem Lernvorgang werden auch immer der situative Kontext und die mit ihm verbundenen Deutungsmuster mitgelernt. Hinzu kommt der situative Kontext, auf den das Gelernte anwendbar ist, denn der wird ebenfalls mitgelernt. Bei der Gestaltung von Lernumgebungen spielt es eine wichtige Rolle, dass die Trainingsteilnehmer authentische Aktivitäten kennenlernen und einüben, wie das beispielsweise bei Trainings mit praxisnahen Fallbeispielen der Fall ist. So gelingt ein Lerntransfer, also eine Rekonstruktion des Gelernten in Verbindung mit einer neuen Situation. Kann das Wissen dann in unterschiedlichen Situationen erfolgreich eingesetzt werden, besteht die Möglichkeit, es in einer überkontextuellen Form zu verankern (vgl. Kammhuber, 2000).

Dies ist genau das, was in Abbildung 7 unter dem Begriff „Metakontextualisierung" verstanden wird. Abbildung 7 zeigt den mit diesen lerntheoretischen Erkenntnissen kompatiblen Lernzirkel zum Erwerb interkultureller Handlungskompetenz.

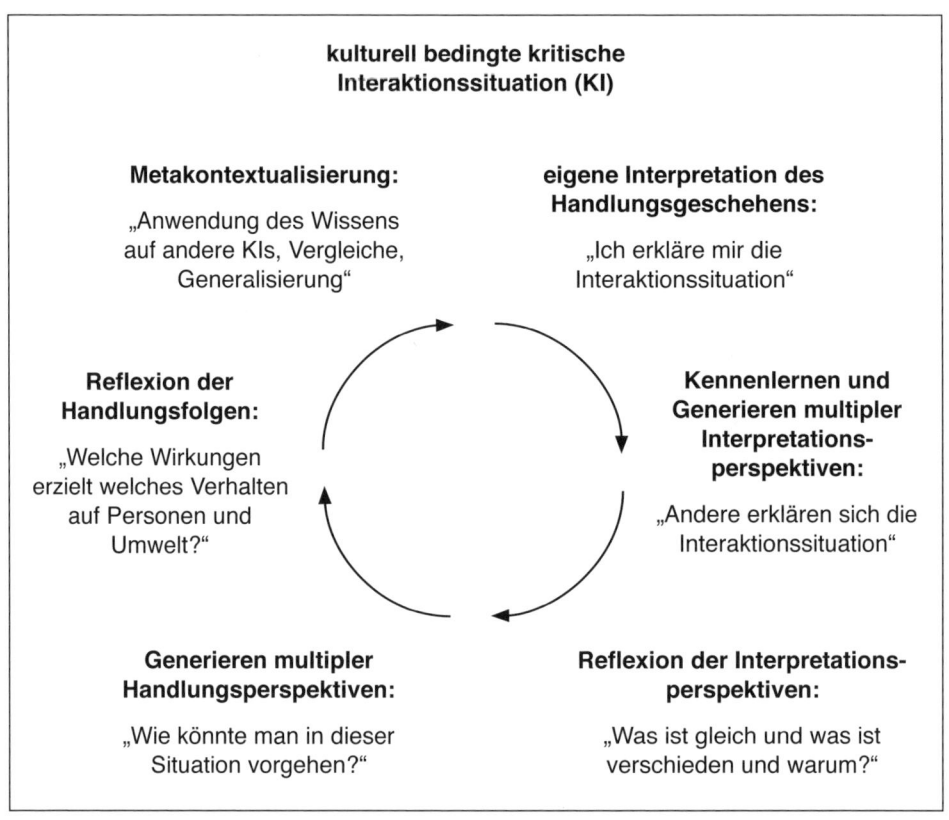

Abbildung 7: Interkultureller Lernzirkel (Thomas, 2011)

Unter der Bezeichnung „Culture Assimilator/Culture Sensitizer" wurde in den 60er Jahren (Fiedler, Mitchell & Triandis, 1971) in den USA ein interkulturelles Trainingskonzept entwickelt, bei dem den Lernenden authentische kulturell bedingte kritische Interaktionssituationen vorgelegt wurden, um diese zu analysieren und die Gründe zu beurteilen, warum in der Interaktion mit dem ausländischen Partner Irritationen entstanden sind. Der Lernende hatte aus vier alternativen Deutungen die seiner Meinung nach passende kulturisomorphe Deutungsalternative auszusuchen. Im nächsten Schritt hatte er die vorgegebenen Erklärungen zu bearbeiten, um so ein Verständnis für das Verhalten des fremdkulturellen Partners aufzubauen.

Dieses Trainingskonzept gilt inzwischen als eines der wirksamsten Trainingsformate zum Aufbau interkultureller Handlungskompetenz (Fowler & Blohm, 2004) und liegt auch der publizierten Trainingsreihe *Handlungskompetenz im Ausland* mit inzwischen 40 Bänden für deutsche Manager, Fach- und Führungskräfte zugrunde.

Die Lerneffekte werden dadurch erzielt, dass den Trainees kulturell bedingte kritische Interaktionssituationen, die in kulturellen Überschneidungssituationen auftreten, angeboten werden, deren Rahmenhandlung sie bereits aus ihrer beruflichen Erfahrung heraus kennen. Es entsteht also eine gewisse Vertrautheit und Nähe zu den Fallbeispielen. Auf diesem Hintergrund bilden sich die unerwarteten Reaktionen als irritierende Ereignisse ab, die der Erklärung und Begründung bedürfen. So entstehen eine hohe Lernmotivation und ein Interesse an kulturspezifischen Informationen. Bevor solche angeboten werden, hat der Trainee eigene Erklärungen und Begründungen zu formulieren und diese dann mit den schriftlich präsentieren oder im Trainingsseminar diskutierten anderen Deutungen zu vergleichen. Dies schafft die Fähigkeit zum Perspektivenwechsel und schützt vor vorschnellen Festlegungen auf nur eine Erklärung. Auch die Reflexion der Interpretationsperspektiven dient der Schärfung des Bewusstseins für Gemeinsames und Verschiedenes im Denken und im Verhalten der handelnden Personen und fördert die Bereitschaft zur Relativierung von spezifischen Deutungen und Erläuterungen/Bedeutungen. Die eigenständige Generierung von unterschiedlichen Möglichkeiten, die kulturelle Überschneidungssituation zu gestalten, verbunden mit der Reflexion von Handlungsfolgen, dient dazu, zu lernen, wie man effektive und zufriedenstellende interpersonale Begegnungen und Kooperationen erreichen kann. Wenn im Verlauf eines Trainingsprogramms ca. 20 solcher kritischen Interaktionssituationen bearbeitet worden sind, im Rahmen eines Trainingsseminars oder im Selbstlernverfahren anhand von Texten, sollte der Trainee in der Lage sein, nicht nur in Bezug auf eine Kultur interkulturell kompetent zu handeln, sondern im Sinne der Metakontextualisierung auch in anderen Handlungskontexten kulturell bedingte kritische Überschneidungssituationen beherrschen und meistern zu können. Er wird dann gelernt haben, wie er an kulturell relevantes Faktenwissen herankommt und wie er dieses in Handlungswissen umsetzen kann. Dabei ist von entscheidender Bedeutung, das eigene kulturelle Orientierungssystem und seine Kulturstandards zu kennen und sich deren handlungsrelevanten Wirkungen in der Begegnung mit fremdkulturellen Partnern bewusst zu sein sowie beim handelnden Partner die Wirkungsweise von dessen kulturellem Orientierungssystem und der damit verbundenen Kulturstandards zu erkennen. Weitere Details zum interkulturellen Lernen und zum interkulturellen Training werden in Kapitel 7 (Entwicklung interkultureller Handlungskompetenz) behandelt.

In den folgenden Kapiteln werden nun die psychologischen Bedingungen, Verlaufsprozesse und Wirkungen interkulturellen Verstehens und Handelns sowie die Entwicklung interkultureller Handlungskompetenz diskutiert, und dies auf dem Hintergrund psychologischer, vor allem sozialpsychologischer Theorien, Konzepte und Forschungsresultate.

3 Entwicklung des Selbstbildes, des Fremdbildes und des vermuteten Fremdbildes

Eine zentrale Fähigkeit des Menschen, die schon von früher Kindheit an erworben wird, besteht darin, sich immer wieder sehr schnell ein klares, möglichst realistisches und stimmiges Bild von seiner Umwelt zu verschaffen. Der Handelnde selbst, seine Mitmenschen und seine belebte und unbelebte Umwelt sind ständig in Änderung und Wandlung begriffen. Viele dieser Veränderungen vollziehen sich nur relativ langsam, z. B. Haarfarbe, Längenwachstum, und oft unbemerkt, z. B. Veränderungen der inneren Organe; andere verändern sich sehr schnell, wie z. B. Mimik und Stimmlage. In der Regel bietet sich jedem Menschen zu jeder Zeit eine solche Fülle von Informationen, dass er darin hilflos jede Orientierung verlieren müsste. Aber selbst in Situationen, in denen uns alles unbekannt ist, z. B. das Betreten der Lobby eines Hotels, in dem wir noch nie waren, und das durch Klingeln Herbeirufen des Rezeptionisten, den wir noch nie im Leben gesehen haben, irritiert uns die Informationsfülle in keiner Weise. Wir sind Herr der Lage, und uns wird nach wenigen Minuten ein Gästezimmer zur Übernachtung gezeigt. Dieses Ritual des Eincheckens im Hotel funktioniert sogar weltweit meist problemlos und verläuft fast immer in gleicher Weise ab. Möglich wird dieses sehr effektive Handeln dadurch, dass wir aufgrund eigener Erfahrungen oder vom Hörensagen ein Hotel-Eincheck-Skript/Schema verinnerlicht und soweit abstrahiert haben, dass es, falls nötig, sofort aktiviert werden kann. Es lässt uns deshalb handlungsfähig werden, weil wir in der Lage sind, eine Fülle von Informationen zu registrieren, aber gleichzeitig sehr schnell Wichtiges von weniger Wichtigem und Unwichtigem unterscheiden und uns nur noch auf die Informationen konzentrieren können, die uns zur Erreichung des Handlungsziels bedeutsam erscheinen.

Im Zusammenhang mit dem Prozess der interpersonalen Begegnung zwischen Menschen aus unterschiedlichen Kulturen spielt eine Fülle sozialpsychologischer Vorgänge eine bedeutsame Rolle, die mit den Begriffen soziale Wahrnehmung, Eindrucksbildung, soziale Orientierung, soziale Attraktion und Identität firmieren und die für die Entwicklung des Selbstbildes, des Fremdbildes und des vermuteten Fremdbildes sowie der Interdependenzen zwischen diesen Bildern für das soziale Handeln wichtig sind. Diese Vorgänge werden in den folgenden Abschnitten erläutert.

> **Begriffsklärung: Selbstbild, Fremdbild, vermutetes Fremdbild**
>
> - Das *Selbstbild (Selbstkonzept)* enthält all diejenigen Kognitionen und Emotionen, die das Individuum sich selbst zuschreibt.
> - Das *Fremdbild (Fremdkonzept)* enthält alle Kognition und Emotionen, die das Individuum fremden Personen, also solchen, die nicht zum vertrauten sozialen Umfeld gehören, zuschreibt.

> • Das *vermutete Fremdbild* enthält alle Kognition und Emotionen, von denen das Individuum annimmt, dass sie das Bild bestimmen, dass sich sein Gegenüber von ihm macht.

3.1 Soziale Wahrnehmung

Interkulturelles Handeln im hier diskutierten Sinne ist immer soziales Handeln, und dies unter spezifischen Kontextbedingungen: Handeln in kulturellen Überschneidungssituationen. Wenn auch, wie bereits bemerkt, im Handlungsvollzug Vieles gleichsam automatisch abläuft, also nicht mehr bewusstseinspflichtig ist, und die einzelnen Ablaufprozesse in der Regel keiner besonderen Aufmerksamkeit mehr bedürfen, kommt es doch häufig zu Irritationen mit der Folge, dass ein Vorgang, der zunächst normal verläuft, sich zu einer kritischen Interaktionssituation entwickelt. Das allein ist Grund genug, einmal genauer zu untersuchen, wie die strukturellen, besonders aber auch die prozessualen Bedingungen der sozialen Wahrnehmung und der sie begleitenden Kognition beschaffen sind. Dabei wird nicht so sehr der Wahrnehmungsvorgang selbst betrachtet, sondern die Beziehungen zwischen der Kognition und den erfahrungsrelevanten und handlungsrelevanten Aspekten aufseiten des Handelnden und der von ihm wahrgenommenen Situation.

Wahrnehmungsvorgänge vollziehen sich nicht zufällig oder beliebig, sondern beginnen mit einer Erwartungshypothese, die der Beobachter aufgrund seiner im Gedächtnis abgespeicherten Erfahrungen aktiviert. Die Erwartungshypothese entscheidet darüber, was aus der Vielzahl an verfügbaren Informationen aufgenommen wird. Es können mehrere Hypothesen aktiviert werden, die dann in eine Rangordnung gebracht werden. Die Erwartungshypothesen können zudem unterschiedliche Stärken aufweisen. Je stärker eine Hypothese ist, desto weniger Informationen bedarf es zu ihrer Bestätigung. Von entscheidender Bedeutung für den Wahrnehmungsvorgang ist also die Hypothesenstärke. Starke Hypothesen werden eher aktiviert, ihre Dominanz ist besonders groß, sie sind resistent gegen Änderungsversuche und es bedarf vieler Reizinformationen, um sie zu widerlegen. Auch die Motivationslage wird im Sinne Hypothesen-unterstützender Tendenzen beeinflusst. Sind keine Hypothesen-unterstützenden Informationen aus der Situation ableitbar, können auch soziale Bindungen, z. B. an eine Gruppe, Hypothesen-unterstützend wirken. Jede interpersonale Begegnung im Rahmen einer kulturellen Überschneidungssituation wird aus der Sicht beider Partner bestimmt von Erwartungshypothesen, die sie in die Wahrnehmungssituation mit einbringen, und damit werden alternative Hypothesen auf *eine* Alternative reduziert, was dann zur Unterstützung oder Widerlegung der Wahrnehmungshypothese führt.

In kulturellen Überschneidungssituationen wird nun für beide Partner das wirksam, was in der Sozialpsychologie unter dem Begriff „kognitive Dissonanztheorie" behandelt wird.

> **Begriffsklärung: Kognition und kognitive Dissonanz**
>
> Unter dem Begriff *Kognition* werden allgemeine Bewusstseinsprozesse wie Meinungen, Einstellungen, Glaubensüberzeugungen, Wissenseinheiten etc. verstanden. Es wird angenommen, dass Personen bestrebt sind, ein Gleichgewicht ihres kognitiven Systems zu erreichen. Kognitionen, die in einer relevanten Beziehung zueinander stehen, können konsonant, also miteinander vereinbar, oder dissonant, also miteinander unvereinbar, sein. Die Höhe der *kognitiven Dissonanz* richtet sich nach dem Verhältnis der konsonanten zur dissonanten Kognition und der Wichtigkeit der in dieser Beziehung zueinander stehenden Kognitionen. Kognitive Dissonanz erzeugt eine Motivation zur Dissonanzreduktion, und dies auf folgende Weise:
> 1. Hinzufügen neuer konsonanter Informationen.
> 2. Subtraktion dissonanter Kognitionen durch Ignorieren, Vergessen, Verdrängen, Abwertung.
> 3. Substitution von Kognitionen, wie Subtraktion dissonanter bei gleichzeitiger Addition konsonanter Kognitionen.

Der Widerstand gegenüber Veränderungen wird durch die Anzahl der konsonanten Kognitionen bestimmt. Umso größer die Anzahl von konsonanten Kognitionen ist, umso schwerer ist es, eine Kognition zu ändern, um kognitive Dissonanz zu reduzieren. Zudem steigt die Wahrscheinlichkeit, dass bei einer Kognitionsänderung neue Dissonanzen entstehen. Deshalb sind solche Kognitionen besonders veränderungsresistent, die bei Veränderungen neue Dissonanzen erzeugen, die womöglich noch stärker sind als die vor der Veränderung (vgl. Frey & Gaska, 1993).

Kognitive Dissonanzen treten gehäuft unter folgenden Bedingungen auf (Frey & Gaska, 1993):

Dissonanzen nach Entscheidungen. Hat eine Person die Möglichkeit, aus mehreren Alternativen auszuwählen, entstehen kognitive Dissonanzen, denn die positiven Aspekte der verworfenen und die negativen Aspekte der gewählten Alternative werden dissonant zu der getroffenen Entscheidung. Alle kognitiven Argumente, die für die getroffene Entscheidung sprechen, sind konsonant und die, die dagegen sprechen, sind dissonant. Eine Änderung der Entscheidung und eine Änderung der Kognitionen und der Attraktivität der Alternative wirken dissonanzreduzierend. Aber eine neue zutreffende Entscheidung ist nicht selten mit psychischem und materiellem Aufwand verbunden, und somit erzeugt dieser Weg der Dissonanzreduktion womöglich wiederum hohe Dissonanzen. Der Weg über die kognitiven Änderungen zu den vorhandenen Alternativen ist in der Regel mit geringerem Aufwand verbunden und erzeugt einen verringerten Widerstand gegen Veränderungen.

Forcierte Einwilligung. Wird eine Person durch externe Reize, z. B. im Rahmen eines sozialpsychologischen Experiments, gezwungen, ein Verhalten zu zeigen, das mit ihrer privaten Meinung unvereinbar ist, dann entsteht kognitive Dissonanz. Alltäglich gibt es immer wieder Anforderungen, Verhaltensweisen zu zeigen, die den eigenen Werten und Einstellungen widersprechen, woraus Dissonanz entsteht. Man kann dann zur Dissonanzredaktion die Einstellung dem Verhalten anpassen, sofern der Widerstand gegen eine Veränderung der Kognitionen gering ist. Dissonanzen nach forcierter Einwilligung sind umso höher, je mehr Entscheidungsfreiheit eine Person für sich als gerechtfertigt ansieht, je stärker die aversiven Konsequenzen des Verhaltens für sie selbst und andere Personen ausgeprägt sind und je weniger Rechtfertigungsgründe es für das geänderte Verhalten gibt.

Selektive Auswahl von neuen Informationen. Üblicherweise versuchen Personen, kognitive Dissonanz durch Änderung von Kognitionen zu reduzieren, wobei diese Veränderung dann eine Umbewertung von Einstellungen bezüglich der Richtigkeit der gewählten und der nicht gewählten Alternative bewirkt. Die Hinzufügung neuer Konsonanteninformationen, die aus dem Gedächtnis abgerufen werden, ist nur so lange möglich, wie Kognitionen vorhanden sind. Gegebenenfalls muss der Handelnde erst einmal neue konsonante Informationen in seiner Umwelt suchen. Entsprechend der Theorie der kognitiven Dissonanz werden nach Entscheidungen solche Informationen bevorzugt, die eine Dissonanzreduktion erleichtern. Die Dissonanzreduktion erschwerende Informationen werden demgegenüber vermieden. Eine einmal gewählte Entscheidungsalternative lässt sich also durch die selektive Auswahl von Informationen absichern.

Einstellungsänderung durch soziale Unterstützung. Kognitive Dissonanz entsteht, wenn Personen mit Informationen und Einstellungen anderer Personen konfrontiert werden, die ihrem verinnerlichten System von Kognitionen widersprechen. Diese Dissonanzen sind umso geringer, je unglaubwürdiger der Kommunikator ist, je geringer die Diskrepanz zwischen Sender und Empfänger ist und je weniger konsonante Kognitionen mit der Einstellung verbunden sind. Zur Dissonanzreduktion bieten sich als Möglichkeiten an, die eigene Meinung in Richtung der in der Kommunikation vertretenen Meinung zu verändern, die Meinung des Kommunikationspartners zu ändern oder ihn und seine Kommunikation abzuwerten oder nach sozialer Unterstützung für die eigene Meinung zu suchen. Soziale Unterstützung wird gesucht, wenn das kognitive System attackiert und verunsichert wird, und wenn der Handelnde aufgrund einer diskrepanten Kommunikation seine Meinung ändert. Allerdings erzeugt die Änderung der Einstellung neue Diskrepanzen, weil die geänderten Kognitionen zu früheren konsonaten Beziehungen und auch Kognitionen dissonant werden. Gewählt wird bei alledem immer die Reduktionsart, welche die geringsten neuen Dissonanten entstehen lässt. Es werden dabei die Kommunikationen bevorzugt, die die neue Einstellung bestätigen und die die frühere verwerfen.

Bezüglich der Reduktion kognitiver Dissonanz betonen alle Autoren, die sich experimentell mit diesem wichtigen sozialpsychologischen Thema befasst haben, dass die Dissonanzreduktion nach dem Prinzip der Einfachheit und dem Prinzip der Effizienz erfolgt (vgl. Frey & Gaska, 1993). Eine Reduktion soll nicht nur einen geringen kognitiven Aufwand erfordern und geringe Änderungen des kognitiven Systems nach sich ziehen. Angestrebt wird eine vollständige, größtmögliche und damit stabile Dissonanzreduktion. Schon geringe kognitive Änderungen können zu instabiler Dissonanzreduktion führen und das Individuum nach kurzer Zeit zwingen, neue kognitive Änderungen vorzunehmen. Weiterhin kann man feststellen, dass Handelnde dann eine Alternative abwerten, wenn sie glauben, in Zukunft Informationen über diese Alternative zu erhalten. Die Abwertung wäre zwar die Strategie mit dem geringsten Aufwand gewesen, aber nicht die stabilste. Der Handelnde kann für die Zukunft nicht ausschließen, dass diese Reduktionsart ineffizient sein könnte. Dissonanzreduktionsmechanismen sind zudem situativen und normativen Beschränkungen unterworfen.

Welche Bedeutung der Hypothesentheorie der sozialen Wahrnehmung in Verbindung mit der Theorie der kognitiven Dissonanz zur Analyse kulturell bedingter kritischer Interaktionssituationen und damit zur Klärung der in kulturellen Überschneidungssituationen stattfindenden psychologisch relevanten Prozessen zukommt, lässt sich am Beispiel der Analyse des folgenden Fallbeispiels erkennen.

3.2 Fallbeispiel: Vorbereitung wissenschaftlicher deutsch-französischer Symposien

3.2.1 Die kulturell kritische Interaktionssituation: Erstes Arbeitsgruppentreffen in Paris

Im Zusammenhang mit der europäischen Integration wurde eine deutsch-französische Gesellschaft gegründet, deren Ziel darin besteht, unter dem Thema Völkerverständigung die freundschaftlichen Beziehungen zwischen Deutschen und Franzosen in allen gesellschaftlichen Bereichen zu fördern. In beiden Ländern genießt diese Gesellschaft hohes Ansehen. Anlässlich des 25-jährigen Bestehens der Gesellschaft beschloss der Vorstand, zukünftig jährlich abwechselnd in beiden Ländern wissenschaftliche Symposien zu veranstalten, die der Vertiefung der deutsch-französischen Zusammenarbeit auf wissenschaftlichem Gebiet dienen sollen. Zu diesem Zweck wird eine Arbeitsgruppe (AG), bestehend aus Professoren verschiedener wissenschaftlicher Disziplinen aus beiden Ländern gebildet, deren Aufgabe darin besteht, die Symposien vorzubereiten, inhaltlich und wissenschaftlich zu begleiten und die Resultate in Publikationen zu dokumentieren. Die erste Arbeitsgruppensitzung wird zur Entwicklung einer entsprechenden Konzeption in der Zentrale der deutsch-französischen Gesellschaft in Paris stattfinden.

So erhält Herr Schulte, Professor für kulturvergleichende Lehr-Lernforschung eine Einladung zur Teilnahme an der AG und an der ersten Sitzung dieser AG an einem Montag von 9:00 Uhr bis 17:00 Uhr in Paris. Ziele und Aufgaben der Arbeitsgruppe sind in dem Einladungsschreiben kurz skizziert. So kann er sich ein Bild von den zu erwartenden Arbeiten und Aufgaben der AG machen. Die Einladung enthält auch die Mitteilung, dass auf der ersten AG-Sitzung das Konzept für die Symposiumsreihe generell sowie Thema, Ablauf und Organisation des ersten Symposiums besprochen werden sollen. Jeder Teilnehmer wird deshalb gebeten, seine Ideen dazu vorzutragen und zur Diskussion zu stellen.

Herr Schulte ist zunächst erstaunt über die Einladung, denn er hatte bisher weder Kontakt zu der deutsch-französischen Gesellschaft gehabt noch mit französischen Kollegen wissenschaftlich zusammengearbeitet. Zudem ist er des Französischen nicht mächtig. Nach einer Rückfrage beim Vorstand der deutsch-französischen Gesellschaft erfährt er, dass für alle AG-Sitzungen und -Symposion eine Simultanübersetzung zur Verfügung steht und die Einladung an ihn aufgrund seiner fachlichen Kompetenzen im Bereich der kulturvergleichenden Lehr-Lernforschung erging. Da ihn die Zielstellung des Vorhabens überzeugt, er zudem an internationalen und interkulturellen wissenschaftlichen Kooperationen interessiert ist und bisher schon selbst Symposien organisiert hat, sagt er seine Teilnahme zu.

Um am Montag um 9:00 Uhr pünktlich zur ersten AG-Sitzung erscheinen zu können, fliegt Herr Schulte schon am Sonntag nach Paris und freut sich, um 8:45 Uhr die Zentrale der deutsch-französischen Gesellschaft erreicht zu haben, obwohl er zunächst an einer falschen Metrostation ausgestiegen war. Eine freundliche Sekretärin schließt ihm den Konferenzraum auf und macht ihm mit Zeichen deutlich, dort Platz zu nehmen. Sie bietet ihm einen Kaffee an und verschwindet. Um 9:20 Uhr erscheint dann Herr Pochet, der sich als der Organisator und Leiter der ersten AG-Sitzung und als Repräsentanz der deutsch-französischen Gesellschaft vorstellt. Er meinte, man müsse wohl mit dem Beginn der Sitzung noch etwas warten, bis alle eingeladenen Gäste eingetroffen seien, und verschwindet wieder. Bis 9:30 Uhr finden sich dann die beiden weiteren deutschen Professoren ein, die ihm erklären, dass sie eigentlich in Paris und in Deutschland leben und vorher noch in ihren Pariser Büros hätten vorbeischauen müssen, um nach dem Wochenende die aktuelle Post zu sichten.

Gegen 10:00 Uhr sind dann auch die französischen Teilnehmer eingetroffen, ohne auch nur ein Wort über die Zeitverzögerung zu verlieren. Zudem nimmt keiner am Konferenztisch Platz, sondern alle stehen in kleinen Gruppen zusammen, plaudern miteinander, und Herr Schulte hat mehr und mehr den Eindruck, an einer Art Kaffeerunde oder Klassentreffen teilzunehmen. Alle plaudern in Französisch miteinander, auch die beiden deutschen Kollegen, und alle scheinen sich schon gut zu kennen. Herr Schulte fühlt sich irgendwie als Außenseiter. Jedenfalls beginnt die eigentliche Arbeit erst so gegen 10:45 Uhr, was Herr Schulte mit Erstaunen registriert.

Nach einer kurzen Vorstellungsrunde mit Namensnennung, Angabe der wissenschaftlichen Disziplin und des zentralen Forschungsschwerpunktes sowie der Herkunftsuniversität referiert der Tagungsleiter Herr Pochet noch einmal kurz die Ziele und Aufgaben der AG und bittet dann um die vorbereiteten Präsentationen eines Konzepts für die geplanten Symposien. Als sich lange Zeit niemand meldet, bittet er von sich aus Herrn Schulte um die Darstellung seiner Vorschläge.

Herr Schulte hat sich auf die erste AG-Sitzung gut vorbereitet und stellt nun klar und gut strukturiert sein Konzept vor. Neben der üblichen akademischen Wissensvermittlung über Vorträge und anschließende kurze Diskussionen schlägt er vor, den Symposiumsteilnehmern die Chance zu geben, kulturspezifische deutsche und französische Lehr-Lernformen kennenzulernen. Dazu sollten kleine Arbeitsgruppensitzungen, moderierte Teamdiskussionen und Podiumsgespräche mit Beteiligung des Plenums organisiert werden. Anhand eines Diagramms bietet er ein zeitlich und inhaltlich durchstrukturiertes zweitägiges Symposiumskonzept an, das seiner Meinung nach geeignet sein könnte, nicht nur den Umgang kulturspezifisch unterschiedlicher Lehr-Lernstile und -methoden bei Deutschen und Franzosen kennenzulernen und zu erproben, sondern auch kulturbedingte synergetische Formen des Lehrens und Lernens zu entwickeln.

Dem geschulten Auge von Herrn Schulte bleibt nicht verborgen, dass die Mimik seiner Zuhörer während seiner Präsentation mit den Begriffen „versteinert" und „desinteressiert" am besten zu charakterisieren wäre.

Nach der Präsentation erbittet Herr Pochet Diskussionsbeiträge, doch es meldet sich lange niemand. Herr Biner, einer der französischen Kollegen, wendet sich schließlich an Herrn Schulte mit der Bitte: „Können Sie bitte Ihre Vorstellung von interkulturellem Lernen darstellen?" Diese Frage irritiert Herrn Schulte sehr, denn darüber hatte er soeben ausführlich referiert. Nun überlegt er, ob die Kollegen ihn der womöglich schlechten Simultanübersetzung wegen nicht verstanden haben, ob sie ihn womöglich vorführen wollen oder ob das eine Verlegenheitsfrage sein könnte. In freundschaftlichem Ton, aber kurz angebunden, wiederholt er schließlich seine Definition von interkulturellem Lernen.

Auf intensives Bitten des Tagungsleiters Herrn Pochet stellt niemand sonst ein Konzept vor. Stattdessen entwickelt sich ein unstrukturiertes und wenig an den Zielen und Aufgaben der AG-Tagung orientiertes Hin und Her von persönlichen Stellungnahmen, Vermutungen, Ansichten und Kritiken zu den geplanten Symposien und der Rahmenthematik.

Gegen 12:30 Uhr fragt ein französischer Teilnehmer so in die Runde: „Wohin gehen wir denn nun zum Mittagessen oder essen wir belegte Brötchen hier am Tisch und arbeiten weiter, wie ich das in Deutschland oft erlebt habe?" Nach einer lebhaften Diskussion der Vorzüge verschiedener benachbarter Speiselokale beschließt man, ein gut bekanntes italienisches Restaurant zum Mittagessen aufzusuchen. Da während des Essens keine Simultanübersetzung möglich ist, bekommt Herr Schulte von den intensiven Diskussionen der AG-Teilnehmer nichts mit. Seine Versuche, sich nach rechts und links mit seinen Kollegen zu unterhalten, scheiterten, da sie weder der deutschen noch der englischen Sprache mächtig sind oder nicht bereit sind, sich in einer anderen außer der französischen Sprache zu unterhalten.

Gegen 15:00 Uhr sitzen die AG-Teilnehmer wieder am Konferenztisch als dann gegen 16:00 Uhr zwei französische Teilnehmer aufstehen mit der Bemerkung, wegen des bekannten Verkehrsstaus in Paris zum Zeitpunkt des Berufsverkehrs müssten sie nun bedauerlicherweise die Veranstaltung verlassen, und sich verabschieden. Um 16:30 Uhr sind alle französischen AG-Teilnehmer verschwunden, und die erste AG-Sitzung ist damit beendet.

Um 17:00 Uhr steht Herr Schulte an der Metrostation, um zum Flughafen zu kommen und nach Deutschland zurückzufliegen.

Er ist ratlos, irritiert bezüglich des Tagungsverlaufs. Er ist enttäuscht, wütend und verärgert und überlegt, ob er zwar freundlich, aber doch bestimmt, einfach seine weitere Teilnahme an der Arbeitsgruppe ablehnen soll oder ob es sinnvoller wäre, sich vorher einmal zu erkundigen, wozu dieses Treffen denn nun eigentlich dienen sollte, da doch ersichtlich das angegebene Ziel nicht erreicht wurde, ja nicht einmal ernsthaft diskutiert wurde. Schließlich entschließt er sich, brieflich Herrn Pochet um Aufklärung zu bieten. Nach vergleichsweise langer Zeit erhält er einen höflich verfassten Antwortbrief mit der Information, dass die Tagung allen Teilnehmern gut gefallen habe und auch ihren Zweck erreicht hätte. In Kürze würde zur nächsten Sitzung eingeladen, und das Symposiumsprojekt mache gute Fortschritte. Alle hätten ihn, Herrn Schulte, einmal näher kennenlernen wollen. Seine Präsentation sei von den französischen Teilnehmern einerseits mit Anerkennung und Respekt aufgenommen worden, andererseits sei sie aber auch als zu perfekt angesehen worden, um daran noch etwas ändern und kritisieren zu können. Ein individuelles Konzept so perfekt vorzustellen, sei nun einmal in Frankreich nicht üblich.

3.2.2 Fallanalyse aus Sicht des deutschen Teilnehmers Herrn Schulte

Eine intensive Befragung von Herrn Schulte über seine Berufung in das Vorbereitungsteam für die geplanten Symposien und seine Erfahrungen während des ersten AG-Treffens in Paris hätte wohl den folgenden zeitlich gegliederten Ablauf von Ereignissen und Erfahrungen sozialer und sehr persönlicher Art sowie der dabei relevanten sozialpsychologischen Prozesse zu Tage gefördert:

Herr Schulte ist erfreut, dass seine wissenschaftlichen Forschungsarbeiten über die Landesgrenzen hinweg anerkannt werden und er deshalb eine Einladung zur Teilnahme an der interdisziplinären AG bekommt.

Herr Schulte sieht auf lange Sicht die Chance, mit seinen Forschungsergebnissen das Interesse französischer Kollegen zu wecken und mit ihnen zusammenarbeiten zu können.

Herrn Schulte überzeugt die Idee, im Verlauf mehrerer Symposion den aktuellen Stand der deutsch-französischen Zusammenarbeit auf mehreren Ebenen zu erkunden und an einem zukunftsträchtigen Entwicklungskonzept mitwirken zu können.

Herr Schulte sieht sich aufgrund seiner langjährigen eigenen Erfahrungen mit der Entwicklung und Organisation von Symposien und Tagungen gut gerüstet, ein Konzept zu entwickeln.

Herr Schulte freut sich auf die erste AG-Tagung, weil er dort sein interkulturelles Lehr-Lernkonzept im Rahmen der Symposiumsplanung vorstellen kann.

Herr Schulte hofft, dass sein Konzept zur Integration interkulturellen Lernens zwischen Deutschen und Franzosen bei seinen Kollegen auf positive Resonanz stößt und in die Symposiumsplanung integriert werden kann.

Herr Schulte ist zur Mitarbeit hoch motiviert und bereitet deshalb seine Präsentation akribisch vor.

Herr Schulte hat das Ziel, seine Vorstellungen von einem auf interaktiven interkulturellen Lernprozessen aufbauenden Symposiumskonzept so anschaulich, wissenschaftlich überzeugend und ausdifferenziert in der Kürze der ihm zur Verfügung stehenden Zeit zu präsentieren. Auf was er dabei achten muss, ist ihm aus langjährigen Erfahrungen in der Präsentation eigener wissenschaftlicher Befunde auf nationalen und internationalen Kongressen gut bekannt.

Herr Schulte setzt alles daran, auf jeden Fall pünktlich zu erscheinen, denn zu spät zu kommen, würde einen schlechten Eindruck hinterlassen.

Als er sogar etwas vorzeitig erscheint, ist er zwar verwundert, dass jetzt erst der Konferenzraum aufgeschlossen wird und noch nichts vorbereitet ist, wie Namensschilder, Getränke, Präsentationstechniken etc. Das stört ihn aber zunächst nicht sonderlich, denn er weiß, dass all das in anderen Ländern immer wieder etwas anders gehandhabt wird, und damit muss man im Ausland eben rechnen.

Herr Schulte ist erstaunt, dass um 9:00 Uhr noch niemand der AG-Teilnehmer, nicht einmal der Leiter, erschienen ist und hofft, dass er sich nicht im Datum und in der Uhrzeit geirrt hat.

Herr Schulte stellt mit Erstaunen fest, dass nicht nur alle verspätet eintreffen, sondern auch keiner eine Entschuldigung und Erklärung für nötig hält. Alle tun so, als hielten sie es nicht für nötig, pünktlich zu erscheinen. Wenn, wie üblich in Paris zwischen 7:00 bis 8:00 Uhr morgens im Berufsverkehr Staus zu erwarten sind, dann hätten, nach Meinung von Herrn Schulte, die Teilnehmer sich eben früher auf den Weg machen müssen, denn immerhin kommt er auch extra aus Deutschland angereist und ist pünktlich.

Herr Schulte gewinnt allmählich den Eindruck, dass niemand das erste AG-Treffen wirklich ernst nimmt, vielmehr scheinen alle es irgendwie so nebenbei erledigen zu wollen.

Herr Schulte stellt fest, dass sich alle irgendwie schon kennen, sich auf das Wiedersehen freuen, Informationen austauschen, sich nach diesem und jenem erkundigen und wohl den Zweck der eigentlichen Zusammenkunft „vergessen" haben bzw. sie nicht für wichtig halten.

Herr Schulte ist verwundert über das Verhalten der AG-Teilnehmer, er ist irritiert und ärgert sich besonders darüber, dass er in die „privaten" Gespräche nicht mit einbezogen wird. Er steht da, als gehöre er nicht dazu und fühlt sich nicht respektiert.

Er ist erstaunt, dass dann doch noch so gegen 10:45 Uhr die Sitzung offiziell beginnt.

Herr Schulte registriert, dass nach einer sehr kurzen, wenig informativen Vorstellungsrunde keiner bereit ist, mit der Präsentation seines vorbereiteten Konzeptvorschlags zu beginnen, und sieht sich dadurch in seiner Vermutung bestätigt, dass keine rechte Motivation und Begeisterung für die eigentliche AG-Arbeit zur Vorbereitung auf die geplanten Symposien vorhanden ist.

Herr Schulte freut sich, als er schließlich gebeten wird, seinen Konzeptvorschlag vorzustellen, denn nun kann er zeigen, dass er sich Mühe geben hat, einen gut begründeten Vorschlag vorzulegen. So war die ganze Arbeit für ihn doch nicht umsonst.

Herr Schulte registriert während der Präsentation, dass sich niemand von seiner Begeisterung anstecken lässt. Er schaut nur in die versteinerten und gelangweilten und gedanklich abwesenden Gesichter der AG-Teilnehmer.

Herr Schulte registriert, dass kein Interesse an einer Diskussion seines Vorschlags besteht.

Herr Schulte ist beleidigt und fühlt sich nicht ernst genommen, als einer der französischen Kollegen ihn um eine nähere Erläuterung zu einem Sachverhalt bittet, den er soeben ausführlich dargestellt hat. Das hat er noch nie erlebt. Routiniert reagiert er darauf kurz und knapp, aber aus Höflichkeit die Form wahrend.

Herr Schulte registriert, dass das anschließende Geplauder über vielfältige Aspekte des Symposiumskonzepts nur wenig mit den Zielen der 1. AG-Sitzung zu tun hat. Für ihn ist klar: Niemand hat einen ernst zu nehmenden Konzeptvorschlag vorbereitet und sich Gedanken über die zukünftigen wissenschaftlichen Symposien gemacht, und so überbrückt man irgendwie die Zeit bis zur anstehenden Mittagspause.

Herr Schulte überlegt, ob er die von allen mit Humor aufgenommene Bemerkung über die in Deutschland üblichen belegten Brötchen, während man weiterarbeitet, im Vergleich zum mehrgängigen Menü beim Italiener als eine gezielte Provokation gegen ihn und die deutsche Kulturtradition des Essens interpretieren oder darüber hinweggehen soll. Bevor er aber eine Entscheidung fassen kann, sitzt die Gruppe schon beim Italiener.

Herr Schulte hält das ganze mehrgängige Menü, das Weinverkostungs- und Kommunikationszeremoniell für völlig unnötig und übertrieben. All das verstärkt bei ihm den Eindruck, dass es eigentlich nur ums fröhliche Wiedersehen alter Bekannter geht, und das in einer angenehmen Atmosphäre, aber nicht um ernst zu nehmendes Arbeiten an einem tragfähigen Symposiumskonzept.

Herr Schulte registriert auch, dass sich keiner die Mühe macht, ihn in die Gespräche mit einzubeziehen, was er als Unhöflichkeit seitens des Gastgebers, also des Leiters der Gruppe, empfindet und zugleich als Stolz und Arroganz der Franzosen, für die wohl selbstverständlich nur derjenige „etwas zu sagen hat", der Französisch spricht.

Herr Schulte empfindet die erneute Zusammenkunft im Konferenzraum als überflüssig, da kein Resümee der ersten AG-Sitzung gezogen wird und sich auch keine weiteren Perspektiven für ein neues Treffen abzeichnen.

Herr Schulte registriert, dass seine Teilnahme am ersten AG-Treffen reine Zeitverschwendung war, dass er frustriert und verärgert zu Hause ankommt und dass er aber auch nicht bereit ist, das einfach auf sich sitzen zu lassen. Also schreibt er einen entsprechenden Brief an den AG-Leiter Herrn Pochet und bittet um Aufklärung.

Herr Schulte registriert, dass er erst nach einer Nachfrage, ob sein Brief auch angekommen sei, eine Antwort erhält. Zufrieden ist er damit nicht, einmal wegen der Kürze und des für ihn nicht nachvollziehbaren Inhalts, dass nämlich alle das Treffen als sehr interessant und bedeutsam beurteilt haben. Noch bevor er sich sicher ist, ob er nicht jetzt schon seine weitere Teilnahme an diesem Vorhaben aufkündigen soll, erhält er bereits die schriftliche Einladung zum zweiten AG-Treffen, diesmal in Toulouse.

Der weitere Verlauf ist folgender: Nach wenigen Wochen erhält Herr Schulte einen Anruf von Herrn Pochet, dass der für Toulouse vorgesehene Termin des zweiten AG-Treffens um eine Woche verschoben werden muss mit der Anfrage, ob er diese neuen Termin wahrnehmen kann. Herr Schulte fragt Herrn Pochet, wozu ein zweites AG-Treffen sinnvoll sei, denn auf seinen Konzeptvorschlag habe keiner der Kollegen reagiert, und weitere Konzeptvorschläge wären ja auch nicht vorgelegt worden. Er wisse immer noch nicht, wozu das erste AG-Treffen dienen sollte. Nun erklärt ihm Herr Pochet: „Das 1. AG-Treffen diente dazu, dass die einander bekannten AG-Teilnehmer wieder einmal zusammenkamen und dass die anderen noch nicht bekannten Kollegen einander näher kennenlernten und dazu gab es ja genügend Gelegenheiten. Alle, mit denen ich gesprochen habe, waren hochzufrieden und freuen sich auf das nächste Treffen." Daraufhin antwortet Herr Schulte: „Wenn das so ist, dann möchte ich einmal wissen, was für einen Eindruck ich hinterlassen habe, denn mit den meisten der französischen Kollegen habe ich kein Wort wechseln können, weil ich der französischen Sprache nicht mächtig bin. Zudem hat mein Vortrag wohl auch niemanden so recht begeistert." Darauf antwortet Herr Pochet: „Nun ja, Sie haben eben einen typisch deutschen Vortrag gehalten. Dem stehen Franzosen immer recht ambivalent gegenüber: Einerseits wird die stringente Klarheit und die Detailliertheit bewundert, zugleich aber wird der Präzision und dem bis in die Einzelheiten durchstrukturierten Plan mit Vorbehalt, Skepsis und Ablehnung begegnet, weil das präsentierte Konzept aus französischer Sicht eigentlich keine Veränderungen, Erweiterungen und sonstigen innovativen (Neu-)Gestaltungen mehr zulässt. Den Franzosen verschlägt es nach einem solchen typisch deutschen, ordentlichen Vortrag, in dem schon alle Einzelheiten festgelegt sind, im wahrsten Sinne des Wortes die Sprache. Das ist immer so. Insofern hat man sie eben auch von der richtigen Seite her kennengelernt. Also, wie steht es nun mit dem Termin für die zweite AG-Sitzung in Toulouse, Herr Schulte?!" Herr Schulte ist sprachlos, und ihm fällt nichts anderes ein als zu sagen: „Vielen Dank für diese Informationen, ich werde mich dann bald wieder bei Ihnen melden." Ob Herr Schulte sich meldet und seine Mitarbeit aufgekündigt oder den erneuten AG-Termin bestätigt, ist hier nicht von Bedeutung. Festzuhalten bleibt: Herr Schulte ist immer noch irritiert, wohl auch nach wie vor verärgert und sprachlos.

3.2.3 Fallanalyse aus Sicht der französischen Teilnehmer

Nachdem die für die Arbeitsgruppe vorgesehenen drei französischen und zwei deutschen Wissenschaftler dieselben Vorabinformationen wie Herr Schulte zusammen mit dem Einladungsschreiben zur ersten AG-Sitzung in Paris erhalten hatten, fand zunächst zwischen ihnen untereinander und mit Herrn Pochet ein intensiver telefonischer Informationsaustausch statt. Die französischen und die beiden deutschen Teilnehmer konnten sich schnell auf folgende Punkte einigen:

Bevor jemand ein Konzept für die vorgesehenen Symposien entwickelt, muss man sich zunächst einmal über Ziele und Zweck sowie über die personelle Ausgestaltung der Arbeitsgruppe und der zu den Symposien einzuladenden Personen verständigen.

Eine einfache Übernahme der schriftlich geäußerten Vorstellungen des Vorstandes der deutsch-französischen Gesellschaft und ihres Sprechers Herrn Pochet kommt nicht in Betracht.

Da sich alle eingeladenen französischen und die beiden deutschen Wissenschaftler schon von früheren Begegnungen her kennen, ist es wichtig, dass die erste AG-Sitzung zum Wiedersehen und zum Austausch aktueller Entwicklungen genutzt werden kann.

Da Herr Schulte als einziger unbekannter Teilnehmer hinzukommen soll, muss geklärt werden, welche Rolle er in der Arbeitsgruppe spielen wird und ob und wie man mit ihm zurechtkommt.

Im Vordergrund steht bei der ersten AG-Sitzung der gegenseitige Gedanken- und Meinungsaustausch zwischen den einzelnen auf ihre Eigenständigkeit als Fachvertreter bedachten Professoren, einerseits im Rahmen der Berufung als Mitglied der Arbeitsgruppe und andererseits im Kontext der öffentlichkeitswirksamen Symposien.

Alle sind sich einig, auch wenn das so explizit von niemandem thematisiert wird, dass wohl schon irgendwann einmal ein Symposiumskonzept entwickelt wird, auf das sich alle einigen können aber, wann das sein wird und wie das aussieht, kann noch keiner sagen und absehen.

Da niemand versteht, wie Herr Pochet auf die Idee gekommen ist, von jedem Teilnehmer der Arbeitsgruppe einen Konzeptvorschlag zu erwarten, der dann auch noch in aller Öffentlichkeit präsentiert und diskutiert werden soll, und da niemandem einsehbar ist, welchen Sinn das haben sollte, wird diese Bitte einfach ignoriert.

Alle wissen zwar, wann die AG-Sitzung beginnen soll, aber alle wissen auch, dass sie erst dann beginnt, wenn alle Teilnehmer eingetroffen sind, zumindest die wichtigsten, und bei der ersten AG-Sitzung sind eben alle gleich wichtig. Pünktlichkeit, Verspätungen und Verzögerungen spielen dabei keine Rolle. Irgendwann sind alle da, und das allein ist wichtig.

Eine lange, ins Detail gehende gegenseitige Vorstellung erübrigt sich, denn alle kennen sich, mit Ausnahme von Herrn Schulte. Aber den wird man ja im Verlauf des Tages näher kennenlernen.

Das Kennenlernen von Herrn Schulte beginnt dann mit der Vorstellung seines ausgearbeiteten Symposiumskonzepts. Der erste Eindruck: alles typisch deutsch, d.h. eine Fleißarbeit wird auftragsgemäß abgeliefert. Dabei wurde an alles gedacht und bis ins Detail eingeplant. Zu diskutieren gibt es da eigentlich nichts mehr. „Sprachlos" wird das Konzept zur Kenntnis genommen, wohl wissend, dass es niemals mehrheitsfähig sein würde, denn jeder will doch mitreden und seine kreativen Gedanken mit einbringen wollen.

Da Herr Schulte nun doch eine Reaktion erwartet und man seine Arbeit nicht einfach ignorieren kann, obwohl man sie für überflüssig hält, wird aus Höflichkeit eine sehr allgemeine und schon längst beantwortete Frage gestellt, bei der weder der Fragende noch Herr Schulte sein Gesicht verlieren kann. Da sich die Frage nicht explizit auf seinen Konzeptvorschlag bezieht, merkt er vielleicht selbst, dass seine Fleißarbeit nicht den erhofften Anklang findet und zu diesem Zeitpunkt unpassend ist.

Die Zeit bis zum Mittagessen, was einfach zu jeder AG-Sitzung dazugehören muss, wird irgendwie überbrückt, u. a. auch in dem Bewusstsein, dass man in Frankreich durchaus weiß, dass zum Teil in Deutschland beim Essen einfach weitergearbeitet wird, und dass man nicht gedenkt, solche Sitten in Frankreich einzuführen.

Ein Mittagessen in Frankreich, besonders in Paris, mit mehreren Gängen und gepflegten Weinen ist ein soziales Ereignis, das genau dem Zweck der ersten AG-Sitzung dient, nämlich einander näherzukommen, Sympathien aufzubauen und zu vertiefen, eigene Positionen zu präsentieren und Eigenständigkeit zu demonstrieren, aber auch um Gemeinsamkeiten herauszufinden sowie fachspezifische Positionen zu respektieren und in das gemeinsame Anliegen zu integrieren und vieles mehr.

Es interessiert niemanden, dass Herr Schulte mangels französischer Sprachkenntnisse von all den Gesprächen nichts versteht und sich mangels englischer und deutscher Sprachkenntnisse der französischen Wissenschaftler auch nicht an den Gesprächen beteiligen kann. Vielleicht traut man ihm als „Neuling" auch nicht zu, die intensiven Tischgespräche bereichern zu können.

Herrn Schulte in die Gespräche mit einzubeziehen und ständig übersetzen zu müssen, würde einen nicht vertretbaren Aufwand bedeuten und birgt die Gefahr in sich, die eigene Unfähigkeit, sich in einer anderen als der französische Sprache ausdrücken zu können, offenlegen zu müssen. Zudem ist man der Meinung, dass ein Deutscher, der an der Arbeitsgruppe und den Symposien aktiv teilnehmen will, zumindest Grundkenntnisse der französischen Sprache mitbringen sollte, selbst wenn man bei der AG-Arbeit und den Symposien eine Simultanübersetzung ins Deutsche verfügbar hat.

So wie die Arbeitsgruppensitzung nicht zu einem bestimmten Zeitpunkt beginnt, sondern dann, wenn alle anwesend sind, wird sie auch nicht zu einem bestimmten Zeitpunkt beendet, sondern löst sich allmählich auf. Irgendwann ist niemand mehr da.

Zwar wird Herr Pochet ein formelles Protokoll erstellen, aber niemand erwartet, dass dies ein Resümee beinhalten oder einen Bezug zur zweiten AG-Sitzung enthalten wird.

Alle gehen zufriedengestellt nach Hause, und alles Weitere wird sich ergeben: C'est la vie!

3.2.4 Fallanalyse aus psychologischer Perspektive

Eine psychologische Fallanalyse unter dem Aspekt der sozialen Wahrnehmung, der Hypothesentheorie der sozialen Wahrnehmung und der Theorie der kognitiven Dissonanz mit Blick auf die Entwicklung des Selbstbildes, des Fremdbildes und des vermuteten Fremdbildes trägt nicht nur zur Klärung der aufseiten aller beteiligten Personen entstandenen Irritationen bei, sondern erlaubt auch Hinweise darauf, wie Irritationen, Verärgerung und suboptimale Leistungsergebnisse vermieden bzw. vermindert werden können:

Nach Erhalt des Einladungsschreibens aktiviert Herr Schulte seine Erfahrungen der Organisation und Durchführung von Symposien. Er vergleicht seine wissenschaftlichen Forschungsleistungen mit dem, was im Rahmen des Symposiumskonzepts der deutsch-französischen Gesellschaft an inhaltlicher Expertise erwartet wird. Er ist überzeugt, zu Recht in die AG berufen worden zu sein, weil er den vorgegebenen Aufgabenstellungen durchaus gewachsen ist. Hinzu kommt die mit der Berufung in die AG verbundene Anerkennung seiner wissenschaftlichen Arbeiten. Sein Mangel an französischen Sprachkenntnissen wird durch die Ansage einer Simultanübersetzung behoben. Sein Selbstbild als wissenschaftlich renommierter Fachmann ist so deutlich gefestigt worden.

Herr Schulte geht davon aus, dass seine französischen Kollegen ebenfalls von seiner Fachkompetenz überzeugt sind, und wenn sie ihn aufgrund seiner wissenschaftlichen Publikationen noch nicht kennen sollten, wird er sie mit seinem gut vorbereiteten Vortrag über das von ihm entwickelte Symposiumskonzepts schon überzeugen.

Auch wenn im Einladungsschreiben außer Ort und Zeit der ersten AG-Sitzung keine Einzelheiten über den Ablauf mitgeteilt wurden, geht Herr Schulte aufgrund seiner Erfahrungen mit solchen internationalen Vorbereitungstreffen davon aus, dass alles so abläuft, wie er es gewohnt ist. Dabei rechnet er schon mit kulturell bedingten leichten Abweichungen von seinem kognitiv fest verankerten Vorbereitungstreffen-Skript.

Herr Schulte kennt zwar seine französischen Partner noch nicht, und doch entwickelt er ein Fremdbild von ihnen, das entsprechend der Hypothesentheorie der sozialen Wahrnehmung aus den Elementen besteht, die er aufgrund seiner bisherigen Beobachtungen und Erfahrungen als für Wissenschaftler generell und europäische Wissenschaftler im Besonderen, die sich mit der Entwicklung von Symposiumskonzepten zu beschäftigen haben, als relevant ansieht. Dazu gehört wie selbstverständlich, dass alle die Vorgaben der einladenden Organisation einhalten: pünktlicher Beginn und Ende der AG-Sitzung, Präsentation der vorbereiteten Konzeptvorschläge zur Entwicklung der geplanten Symposien und des ersten Symposiums und an den Zielen und Zwecken der ersten AG-Sitzung orientierte straffe Diskussionen mit konsensfähigen Beschlüssen.

Bezüglich des vermuteten Fremdbildes ist sich Herr Schulte sicher, dass seine französischen Kollegen ihn als Fachwissenschaftler schätzen, da er ja von der Leitung der deutsch-französischen Gesellschaft wegen seines einschlägigen Forschungsschwerpunktes eingeladen wurde. Er geht weiterhin davon aus (Erwartungshypothese), das alle, die er auf der 1. AG-Sitzung trifft, überzeugt sind, dass er einen produktiven Konzeptvorschlag vorstellen wird, der nach einer von Wertschätzung getragenen Diskussion von allen anerkannt wird. Jedenfalls ist er gut vorbereitet, sich mit seinem Konzeptvorschlag für die geplanten Symposien und das erste Symposion so zu präsentieren, dass seine Erwartungen eigentlich erfüllt werden müssten.

Tatsächlich aber wird keine seiner aus Erfahrungen mit ähnlichen AG-Sitzungen gespeiste Erwartungshypothese bei dem ersten AG-Treffen in Paris auch nur annähernd bestätigt. Vom Anfang bis zum Ende der AG-Sitzung erlebt Herr Schulte nur kognitive Dissonanzen, unter denen er leidet, weil er sie nicht vermeiden kann. Ihm steht auch keine Auswahl neuer Informationen zur Verfügung, die eine Änderung seiner Kognition ermöglichen würde, und er kann auch keine Einstellungsänderung durch soziale Unterstützung vornehmen. Die kognitive Dissonanz durch die ersten Verspätungen der AG-Teilnehmer kann er noch durch die Überlegung abschwächen, dass die deutsche Pünktlichkeit nicht in allen Kulturen erwartet werden kann. Da er aber extra einen Tag früher angereist ist, um pünktlich zu sein, und dazu einen erheblichen Aufwand betrieben hat, die aus Paris kommenden französischen Kollegen aber so spät erschienen sind, dass die Tagung nicht um 9:00 Uhr, sondern erst um 10:45 Uhr beginnen kann und niemand eine Entschuldigung für sein Zuspätkommen für erforderlich hält, bleibt die kognitive Dissonanz voll erhalten. Seine Erklärung, dass dies wohl ein Zeichen mangelnden Interesses an der AG-Arbeit und gering ausgeprägter Arbeitsmotivation ist, wird gestützt durch die Tatsache, dass niemand der französischen Kollegen ein Konzept für die Symposien vorbereitet hat, und den gesamte Vormittag über zwar viel miteinander geredet wurde, aber nicht erkennbar zielführend im Sinne der AG-Ziele.

Herr Schulte weiß nicht, dass sich alle französischen AG-Teilnehmer schon untereinander kennen, aber lange keinen Kontakt mehr miteinander gehabt haben, sodass ein Bedürfnis nach Informationsaustausch außerhalb der AG-Ziele besteht. Er weiß auch nicht, dass die französischen Kollegen schon früher untereinander eine eigene AG-Kultur entwickelt haben, die in vielen Aspekten nicht mit den AG-Erfahrungen von Herrn Schulte übereinstimmt. Selbst wenn ihn Herr Pochet vorher über diesen Umstand informiert hätte, wären seine kognitiven Dissonanzen dennoch nicht verringert worden, da für ihn in jedem Fall die Bearbeitung der Ziele des AG-Treffens und die Entwicklung eines Symposiumskonzepts im Vordergrund zu stehen haben und dem hätten sich aus seiner Sicht alle anderen Interessen unterzuordnen.

Das Verhalten der französischen Teilnehmer, vom verspäteten Beginn der AG-Sitzung über die privaten Gespräche und die Tatsache, dass niemand, wie in der Einladung gefordert, ein Symposiumskonzept vorbereitet hatte und zudem sein Vorschlag keine Akzeptanz findet, bis hin zum ausgedehnten Mittagessen und dem verfrühten Aufbruch, verstärken die von Herrn Schulte erlebten kognitiven Dissonanzen. Sie lassen bei ihm das Bild entstehen, die französischen Teilnehmer seien an den Zielen und Aufgaben der Arbeitsgruppe nicht interessiert, und wenn es darum geht, zielorientierte Arbeitsleistungen zu erbringen, in hohem Maße demotiviert. Sie verfolgen offensichtlich andere Ziele oder wollen einfach nur ein paar gemütliche Stunden miteinander verbringen.

Die Erklärungen von Herrn Pochet über die positive Resonanz, die die erste AG-Sitzung bei den französischen Teilnehmern erfahren hat, und seine Erläuterungen, warum die Akzeptanz seines Symposiumskonzepts nicht so ausgefallen ist, wie er das erwartet hat, da die französischen Kollegen bei seinem detaillierten und in jeder Hinsicht perfekten Vorschlag befürchteten, keinen Freiraum mehr für eigene innovative Ideen zu haben, befriedigen Herrn Schulte keineswegs. Sie führen nicht zu konsonanten Kognitionen, sondern verstärken noch die vorhandenen Dissonanzen. Deshalb ist es unwahrscheinlich, dass er sich zur Teilnahme an der zweiten AG-Sitzung anmeldet. Und er wird wohl auch seinen Wunsch, mit französischen Kollegen zusammenzuarbeiten, aufgeben.

Aus französischer Sicht bekommen alle hier geschilderten dissonanten Kognitionen des Herrn Schulte eine völlig andere Wertung. Die französischen Kollegen sind über Ziele und Zweck der ersten AG-Sitzung ebenso informiert wie Herr Schulte und ihnen ist die Entwicklung eines Symposiumskonzepts ebenfalls ein Anliegen. Gelingen kann das aber nur, wenn zwischen den einzelnen Professoren aus unterschiedlichen wissenschaftlichen Disziplinen und Einrichtungen ein einvernehmliches, kollegiales, ja freundschaftliches Beziehungsverhältnis entsteht. Das aber muss in Gesprächen und im Beisammensein erst einmal geschaffen werden, und das dazu erforderliche Verhalten folgt dem für Franzosen wichtigen Kulturstandard „Personorientierung" (Mayr & Thomas, 2009, S. 49–72). Die Einstellung, dass die AG-Sitzung beginnt, wenn alle da sind, und endet, wenn alle gegangen sind, folgt dem französischen Kulturstandard „polychrones Zeitverständnis" (S. 139–158), und die Reaktionen der französischen Kollegen auf das perfekte bis ins Detail systematisierte Symposiumskonzept von Herrn Schulte folgt dem französischen Kulturstandard „dynamische Entscheidungsprozesse" (S. 95–120). Gemeint ist damit:

> Entscheidungen werden als ein Prozess angesehen, in den ständig neue Elemente einfließen können, um die Qualität zu verbessern. Und da die Verbesserung als wichtiger erachtet wird als vorher getroffene Vereinbarungen, werden diese als wenig verbindlich angesehen. Vereinbarungen und Abmachungen sind also nicht gleichbedeutend mit unverrückbaren Entscheidungen, sondern stellen vielmehr eine Etappe im Problemlöseprozess dar und sind daher veränderbar. So ist es üblich, getroffene Entscheidungen ständig zu überdenken, kontinuierlich aktuelle Veränderungen sowie neue Gesichtspunkte in den Lösungsprozess mit einzubeziehen und die Entscheidung entsprechend der aktuellen Sachlage anzupassen. ... In Frankreich dienen Meetings in erster Linie dem Informations- und Gedankenaustausch und dem Klären von Rahmenbedingungen. Sitzungen bieten die Möglichkeit, dass jeder seine Meinung äußern kann, ohne dass am Ende stets ein konkreter Beschluss gefasst werden muss. Die Tagesordnung – falls überhaupt vorhanden – wird als Anregung zum Diskutieren gesehen, soll jedoch keineswegs Punkt für Punkt abgearbeitet werden. Die Tagesordnungspunkte dienen nur der groben Orientierung. Im Vordergrund steht hingegen, dass die Franzosen die Möglichkeit besitzen, flexibel in ihrer Argumentation auf die verschiedenen Ideen und Vorschläge eingehen zu können. Dem Dissens d. h. dem Herausstellen unterschiedlicher Meinungen, kommt insgesamt eine besondere Rolle zu. (Mayr & Thomas, 2009, S. 115–116)

3.2.5 Handlungsrelevante Schlussfolgerungen

Welche Konsequenzen in Bezug auf eine harmonische, zielführende und für alle beteiligten Personen zufriedenstellende Zusammenarbeit im Rahmen der ersten AG-Sitzung lassen sich aus den sozialpsychologischen Erkenntnissen zur sozialen, hypothesengeleiteten Wahrnehmung und der Theorie kognitiver Dissonanzen einerseits und dem Verlauf und den Interaktionsprozessen ihren Bewertungen durch die beteiligten Personen andererseits ziehen?

Herr Schulte hat das erlebt und sich so verhalten, wie das alle erfahren und tun, die interkulturell unvorbereitet mit französischen Kollegen zusammenarbeiten, ob als Wissenschaftler, Manager, Dozent oder Manager, Fach- oder Führungskraft. Er hat entsprechend der Hypothesentheorie der sozialen Wahrnehmung seine bisherigen Erfahrungen mit der Organisation und dem Verlauf des Arbeits- und Aufgabengebietes, in dem die Zusammenarbeit mit französischen Kollegen stattfinden soll (hier die Entwicklung eines Symposiumskonzepts und die Vorbereitung eines ersten wissenschaftlichen Symposiums) aktiviert. Daraus hat er Hypothesen über die Art der Zusammenarbeit, die zu erbringenden Leistungen und das Erreichen produktiver Ergebnisse gebildet. Er geht nun als Fachexperte davon aus, dass sich seine Hypothesen in der Zusammenarbeit mit den französischen Fachkollegen bestätigen werden.

Schon die ersten direkten Kontakte mit den französischen Fachkollegen entsprachen überhaupt nicht seinen Hypothesen. Herr Schulte befindet sich schnell in einer Situation, in der er eine kognitive Dissonanz nach der anderen erlebt, was ihn irritiert und massiv verunsichert. Das geht so weit, dass er sich ausgegrenzt, überflüssig und eigentlich nicht dazugehörig fühlt.

Zur Bewältigung dieser fiktiven bedrohlichen Situation und zur Aufrechterhaltung seines Selbstbildes und seiner Erwartungshypothesen, gespeist aus dem Skript (Entwicklung eines Symposiumskonzepts), konstruiert er eine Erklärung für das Auftreten der kognitiven Dissonanzen. Demnach sind seine französischen Kollegen nicht ernsthaft an der zu leistenden Arbeit, ein Symposiumskonzept zu erstellen, interessiert, allgemein völlig demotiviert und hätten auch kein Interesse, mit ihm zusammenzuarbeiten. Selbst die Erklärungsversuche zum Verhalten der französischen Teilnehmer durch Herrn Pochet können die kognitive Dissonanzen zwischen seinen Erwartungshypothesen und dem, was eher in der konkreten Begegnung erlebt, auflösen. Es fehlen konsonante Kognitionen, aber auch Anregungen und Anreize, die Erwartungshypothesen zu ändern oder zu erweitern. Die von ihm konstruierte Erklärung für das Verhalten der Franzosen (Desinteresse, geringe Arbeitsmotivation) hilft ihm zwar augenblicklich, mit der desolaten Situation fertigzuwerden, führt aber auch dazu, dass er sich wohl aus dem gesamten Projekt zurückzieht und die weitere Zusammenarbeit aufgekündigt.

Eine Kenntnis der hier thematisierten psychologischen Theorien und Erläuterungen hätten Herrn Schulte bestenfalls veranlasst, etwas genauer und differenzierter über sein Selbst-, Fremd- und vermutetes Fremdbild nachzudenken und seine Erwartungshypothesen sowie sein Erklärungskonstrukt zu überdenken. Auf die erlebten kognitiven Dissonanzen und seine Hilflosigkeit, sie zu bewältigen, hätten diese Kenntnisse aber wenig Einfluss gehabt.

Psychologische Erkenntnisse über Aufbau, Funktion und Wirkung von Erwartungshypothesen und dissonante und konsonanten Kognitionen und deren nachhaltige Wirkungen in der interpersonalen Begegnung und Zusammenarbeit sind aber durchaus geeignet, handlungswirksame Strategien zur Entwicklung interkulturellen Verstehens und interkulturellen Handelns zu konstruieren und zu überprüfen. Herr Schulte hätte ein interkulturelles Vorbereitungstraining benötigt, um zu verstehen, warum sich seine französischen Kollegen so verhalten, wie er sie erlebt hat. Er hätte dann zwar immer noch kognitive Dissonanzen erlebt, wäre aber in der Lage gewesen, angemessen damit umzugehen. Er hätte dann zur Bewertung des Verhaltens seiner französischen Kollegen nicht nur sein eigenes, erfahrungsbasiertes Bezugssystem zur Verfügung gehabt, sondern ein kulturspezifisches französisches Bezugssystem. Er wäre so in der Lage gewesen, zumindest partiell den Blickwinkel einzunehmen, aus dem seine französischen Kollegen ihn, sein Verhalten und seine Präsentation sowie die Arbeitsvorgänge an dem Symposiumskonzept in der ersten AG-Sitzung betrachten. Er hätte nicht nur *eine* alles dominierende Erwartungshypothese aktiviert, sondern eine alternative Erwartungshypothese, die es ihm erlaubt hätte, ohne sein (fehlerhaftes) Erklärungskonstrukt mit der ihm noch nicht vertrauten Art und Weise der Aufgabenbearbeitung durch seine französischen Kollegen besser umzugehen. Statt seine Mitarbeit aufzukündigen, hätte er dann womöglich mit hoher Begeisterung an der zweiten AG-Sitzung teilgenommen. Dabei hätte er erfahren können, was nun aus seinem Vorschlag zum Symposiumskonzept wird, wie der „dynamische Entscheidungsprozess" verläuft, welche Wirkungen die „Personorientierung" und das „polychrone Zeitverständnis" auf die Gruppenatmosphäre, den Gruppenzusammenhalt und das Arbeitsergebnis haben. Was er in seinem Symposiumskonzept im Rahmen der Zusammenarbeit zwischen deutschen und französischen Wissenschaftlern vorgeschlagen hat und erreichen will, hätte er so schon selbst in der zweiten AG-Sitzung erkunden und auf seine Wirkung hin überprüfen können.

3.3 Eindrucksbildung und Attribution

Der Mensch ist existenziell darauf angewiesen, schnell verlässliche Eindrücke von seiner Umwelt, von Personen, Objekten und Ereignissen zu gewinnen, denn nur so ist eine reibungslose und wirksame Interaktion möglich. Die Eindrucksbildung und der Prozess der Zuordnung von Merkmalen und Eigenschaften zu Personen (Attribution), insbesondere die Ursachenzuschreibung (Kausalattribution) hinsichtlich beobachteter Personen und Ereignisse, spielen dabei eine bedeutsame Rolle. Es stellen sich deshalb für die Sozialpsychologie folgende Fragen: Wie gelingt es Menschen, einen Eindruck über eine andere Person zu gewinnen? Wie lässt sich beurteilen, ob dabei zutreffende und richtige Eindrücke von einer Person gewonnen worden? Welche Funktionen haben Wissens- und Überzeugungsstrukturen im Prozess der sozialen Wahrnehmung? Wie kommt es zur Ausbildung von die Wahrnehmung beeinflussenden Wissens- und Überzeugungsstrukturen? Wie sind diese Strukturen beschaffen? Wie vollzieht sich der Prozess der Kausalattribution? Wie beeinflussen Kausalattributionen die Eindrucksbildung?

Da der Mensch nicht nur als isoliertes Individuum existiert, sondern eingebunden ist in ein soziales System, sind für ihn nicht nur seine eigenen Handlungen bedeutsam, sondern auch die Handlungen seiner Mitmenschen. Die Handlungen anderer Personen können sein eigenes Leben beeinflussen, sie können zum eigenen Erfolg beitragen, aber auch das Erreichen gesetzter Ziele verhindern oder sogar großes persönliches Leid verursachen. Bedingt durch den zentralen Einfluss, den die soziale Umwelt auf das Leben eines Individuums ausübt, entsteht im Handelnden das Bedürfnis nach Kontrolle des sozialen Einflusses. Die soziale Wahrnehmung ist insofern ein wirksames Instrument zur Einflusskontrolle, da sie es dem Handelnden erlaubt, sich einen zuverlässigen Eindruck von seinen Interaktionspartnern und der sozialen Umwelt zu verschaffen. Der zunächst unstrukturierte Informationsfluss, der von einer anderen Person ausgeht (Mimik,

Gestik, Kleidung, Handlungen etc.) kann im Prozess der sozialen Wahrnehmung zu einem überschaubaren, ganzheitlichen und sinnvollen Eindruck geformt werden. So werden für den Handelnden die äußeren Merkmale und Verhaltensweisen eines Interaktionspartners sowie die ihn umgebende Umwelt verständlich und bedeutsam. Für das alltägliche Leben und Handeln des Menschen erfüllt der so gewonnene Eindruck die gleiche Funktion wie eine Theorie für den Wissenschaftler. Aus dem Eindruck von einer bestimmten Person leiten wir Vorhersagen über das zu erwartende Verhalten dieser Personen ab. Diese Verhaltensvorhersagen oder Antizipationen geben Aufschluss darüber, inwieweit das Handeln des Partners den eigenen Zielen und Erwartungen entspricht oder ihnen zuwiderläuft, ob das Handeln Konstanz oder Variabilität aufweist, ob das Handeln des anderen kontrolliert werden kann oder ob es sich der Kontrolle entzieht, ob bestimmte Kontrollstrategien erfolgversprechend sind, ob andere Personen das Verhalten des Interaktionspartners beeinflussen etc. Das aktivierte Kontrollverhalten kann sich einerseits auf den Interaktionspartner direkt beziehen oder über den Einfluss auf dritte Personen indirekt auf den Interaktionspartner einwirken. Die soziale Wahrnehmung ermöglicht also dem Handelnden durchaus eine zentrale Orientierung. So kann er aufgrund des Eindrucks von seinem Gegenüber eine einigermaßen realistische Antizipation dessen Verhaltens vornehmen. Diese wahrnehmungsgestützte kognitive Verarbeitungsleistung ermöglicht so eine direkte oder indirekte Verhaltenskontrolle.

3.3.1 Eindrucksbildung

Forschungen zur Eindrucksbildung gehören zu den klassischen Untersuchungen in der Sozialpsychologie und insbesondere der sozialen Wahrnehmung. So konnte der Sozial- und Gestaltpsychologe Asch (1952) in einer Reihe von sehr bekannten Experimenten nachweisen, dass sich beim Anblick einer Person sofort ein Gesamteindruck bildet, der dem Betrachter ein Bild über den Charakter der beobachteten Person vermittelt. Dies besteht nicht aus der Summation von Einzelinformationen, sondern stellt sich als organisiertes Ganzes dar. Asch legte seinen Versuchspersonen variable Listen von Eigenschaften vor, mit deren Hilfe sie eine Charakterbeschreibung einer fiktiven Person liefern sollten, auf die die vorgelegten Eigenschaften passten. So konnte er die Wirksamkeit von vier Merkmalen der Eindrucksbildung nachweisen. Die Eindrucksbildung von Personen wird demnach beeinflusst von:
- zentralen Eigenschaften und Merkmalen und weniger von peripheren;
- Kontextbedingungen, in die gegebene Eigenschaften eingebettet sind;
- der Reihenfolge, in der sich die Merkmale dem Wahrnehmenden darbieten und
- es wird bei der Eindrucksbildung eine Tendenz zur Komplimentierung wirksam, d. h. bei nur wenigen verfügbaren Informationen werden fehlende Informationen einfach hinzugefügt, damit aus dem Teileindruck der gewünschte Gesamteindruck entsteht.

Es konnte experimentell nachgewiesen werden, dass die Vertrauenswürdigkeit einer Person selbst nach kurzer Gesichtsdarbietung recht zuverlässig bewertet und mit späteren Bewertungen, nach einem persönlichen Kennenlernen der Person, beibehalten wird. Zudem wirken sich zuerst erhaltene Informationen stärker auf die Eindrucksbildung aus als spätere Informationen (Effekt des ersten Eindrucks). Extreme Informationen sind ebenfalls stärker eindrucksprägend als weniger extreme (Extremitätseffekt). Negative Informationen prägen den Eindruck stärker als positive Informationen (negativer Realitätseffekt) und Informationen, die sich in die bisherigen Erfahrungen einordnen lassen, prägen stärker den Eindruck als abseitige. Und schließlich ist der Kontext, in dem die Informationen erscheinen, für die Eindrucksbildung von Bedeutung.

Weiterhin hat sich gezeigt, dass der Eindruck, den eine Person von einer anderen Person gewinnt, abhängig ist von ihren Kognitionen, ihrer Motivationslage und, wie bereits deutlich wurde, dem situativen Kontext, in dem sie selbst und das Wahrnehmungsobjekt sich befinden. Bezüglich der Kognition spielen die Wissensstrukturen in der Eindrucksbildung eine wichtige Rolle. Man kann feststellen, dass die einzelnen Wissensstrukturen eine Theorie darstellen, die das Individuum einsetzt, um schnell einen ganzheitlichen Eindruck von seiner sozialen Umwelt zu gewinnen. Der Eindruck erlaubt dann eine schnelle Antizipation des Verhaltens des Interaktionspartners. Die Funktion von Schemata als zentrale Bestandteile von Wissensstrukturen, worunter Prototypen, Stereotype, Skripts und auf einzelne Personen bezogene Kognitionen verstanden werden, lassen sich in folgende vier Punkte einteilen:
1. Schemata zentrieren unsere Aufmerksamkeit auf bestimmte Aspekte der sozialen Umwelt. Sie bestimmen, welche Informationen aufgenommen werden und welche zu vernachlässigen sind. Als Beispiel kann hier das von Herrn Schulte im obigen Fallbeispiel aktivierte Symposiumskonzept-Schema dienen.
2. Schemata legen fest, wie die aufgenommene Information zu interpretieren ist. Wenn beispielsweise der Prototyp „extrovertierte Persönlichkeit" aktiviert wird, dann entsteht im Beobachter sofort ein ganzheitlicher Eindruck von der Person, da er aufgrund des Schemas weiß, dass „extrovertierte" Personen sehr kommunikationsfreudig sind.
3. Schemata ermöglichen es, Verhaltensweisen anderer Personen vorwegzunehmen. Beim Prototyp „extrovertierte Persönlichkeit" führt das zu der Annahme, dass es nicht schwer sein wird, mit dem Partner ins Gespräch zu kommen, von ihm etwas über seine Ansichten und Meinungen zu erfahren und mit ihm eine angenehme Zeit zu verbringen.
4. Schemata erleichtern das Abrufen und Einordnen von Informationen über unsere soziale Umwelt, da sie Informationen als sinnvolle, strukturierte Ganzheit speichern.

Wie schon im Verhalten von Herrn Schulte im obigen Fallbeispiel deutlich wurde, wird der Eindruck, den sich eine Person von ihrem Aktionspartner macht, im Wesentlichen von dem Schema bestimmt, was im Beobachter aktiviert wird. Welches Schema aktiviert wird, hängt davon ab, wie sehr das Wahrnehmungsobjekt den Personen ähnlich ist, die bisher das Schema geprägt haben. Weiterhin hängt es von der Motivationslage des Beobachters ab und von den situativen Kontextbedingungen.

Menschen sind also durchaus in der Lage, sich schnell einen Eindruck von Personen, Objekten und Situationen zu verschaffen, und in der Regel vollzieht sich die Eindrucksbildung völlig automatisch. Sie ist nicht bewusstseinspflichtig, denn bewusste Entscheidungen und reflektierte Kontrolle sind nicht erforderlich. Mit der Eindrucksbildung geht zugleich ein Prozess der Zuschreibung von Merkmalen und Begründungen einher (Attribution).

3.3.2 Attribution

Begriffsklärung: Attribution

Unter Attribution versteht man in der Sozialpsychologie allgemein den Interpretationsprozess, mit dem ein Individuum beobachteten und erfahrenen sozialen Ereignissen und Handlungen Merkmale zuschreibt, damit sie in eine verständliche und akzeptable Zusammenhangsstruktur eingeordnet werden können.

Die Erforschung der Kausalattributionen zielt auf die Beschreibung und Analyse von Ursachenzuschreibungen unter verschiedenen situativen Bedingungen, von überdauernden Attributionsmustern, Schemata und Kategorien, die zur Erklärung von Ereignissen und Handlungen genutzt werden. Die Attributions- und besonders die Kausalattributionsforschung geht zurück auf Heider (1958), der annahm, dass der Mensch bei Wahrnehmungs- und Bewertungsvorgängen von der Überzeugung ausgeht, dass Ereignisse und Handlungen bestimmte Ursachen haben. Der Wahrnehmende ordnet den auftretenden Ereignissen sofort und ohne langwierige Vorüberlegungen bestimmte Ursachen zu, die dann darüber entscheiden, wie die Ereignisse bewertet werden und wie auf sie reagiert wird. Der Unterschied zwischen einer Dispositionsattribution und einer Situationsattribution besteht darin, dass beim Vorliegen einer Dispositionsattribution das Individuum annimmt, dass die Ursache für ein Ereignis in der Person selbst liegt, weshalb in diesem Fall auch häufig von internaler Attribution gesprochen wird. Bei der Situationsattribution wird die Ursache für das beobachtete Ereignis in außerhalb der Person liegenden, z. B. situativen, Bedingungen vermutet, weshalb diese Form der Attribution häufig auch als externale Attribution bezeichnet wird. Die sozialpsychologische Forschung zum Thema Attribution im Rahmen der sozialen

Wahrnehmung konzentrierte sich zunächst auf zwei Theorien, die Attributionstheorie von Kelley (1967) und die Theorie der korrespondierenden Inferenz von Jones und Davis (1965).

Die Attributionstheorie von Kelley beschreibt die Beziehung zwischen verfügbaren Informationen und der daraus erschlossenen Kausalattribution, indem sie angibt, bei welcher Informationsgrundlage welche Attribution gewählt wird. In den dazu durchgeführten Experimenten ließen sich drei Attributionstypen unterscheiden:
1. *Personenattribution:* Die Ursache der Handlung liegt im Handelnden selbst.
2. *Entitätsattribution:* Die Ursachen der Handlung liegen im Objekt der Handlung.
3. *Umstandsattribution:* Die Ursache der Handlung liegen in den situativen Umständen.

Weiterhin unterschied Kelley zwischen drei verschiedenen Arten von Informationen, auf die der Beurteiler zurückgreifen kann:
1. *Konsens-Informationen:* Das sind Informationen über das Verhalten anderer Personen in derselben Situation, wobei ein hoher Konsens dann vorliegt, wenn sich diese anderen Personen wie der Handelnde verhalten.
2. *Konsistenz-Informationen:* Solche Informationen liegen dann vor, wenn der Beobachter weiß, dass der Handelnde sich gegenüber dem Handlungsobjekt in unterschiedlichen Situationen konsistent verhält.
3. *Bestimmtheits-Informationen:* Hierbei handelt es sich um Informationen über das Verhalten des Handelnden in Bezug auf andere Handlungsobjekte. Ein hoher Grad an Bestimmtheit liegt dann vor, wenn der Handelnde gegenüber verschiedenen Objekten unterschiedliche Handlungen ausführt.

Die Theorie der korrespondierenden Indifferenz von Jones und Davis (1965) versucht zu erklären, nach welchen Prinzipien Kausalattributionen dann durchgeführt werden, wenn nicht genügend Informationen über Konsens, Konsistenz und Bestimmtheit verfügbar sind. Dies ist immer dann der Fall, wenn der Beobachter für seine Kausalattribution auf die Beobachtung einer einzelnen Handlungssequenz angewiesen ist. Er besitzt also nur Informationen über die Handlung einer Person in einer bestimmten Situation. Die Theorie soll nun Auskunft darüber geben, nach welchen Kriterien der Beobachter das Verhalten einer Person unter diesen Bedingungen beurteilt, um zu einer zutreffenden Ursachenzuschreibung zu gelangen. Die Wahrscheinlichkeit, dass ein Beobachter eine korrespondierende Indifferenz durchführt, z. B. in Form der Überzeugung, dass der Handelnde sich deshalb aggressiv verhält, weil er aggressiv ist, wird dann besonders hoch sein, wenn die ausgeführte Verhaltensweise zu Effekten führt, die durch alternative Verhaltensweisen nicht erreicht werden können, wenn die soziale Erwünschtheit der Verhaltensweise gering zu veranschlagen ist und wenn der Beobachter glaubt, dass der Handelnde sein Verhalten frei wählen konnte.

3.3.3 Fundamentaler Attributionsfehler

Die hier thematisierten Attributionstheorien betrachten das nach Erklärungen suchende Individuum weitgehend als ein nach Rationalitätskriterien vorgehendes Informationsverarbeitungssystem. Diese vermeintliche Rationalität ist allerdings lückenhaft, da sowohl motivationale Faktoren als auch kognitive Unzulänglichkeiten das rationale Kalkül des Attributionsprozesses maßgeblich beeinflussen bzw. stören. Die so entstehenden spezifischen Attributionstendenzen zeigen sich im sogenannten fundamentalen Attributionsfehler.

> **Begriffsklärung: Fundamentaler Attributionsfehler**
> Unter dem fundamentalen Attributionsfehler bezeichnet man die Tendenz des Beobachters, den Einfluss des Handelnden auf bestimmte Ereignisse zu überschätzen und situative Einflussfaktoren zu vernachlässigen.

Dies lässt sich dadurch erklären, dass der Beurteiler offensichtlich einer Art „Internalitätsnorm" folgt, die ihn zu der Überzeugung führt, dass Menschen immer für ihre Handlungsergebnisse selbst verantwortlich sind. Zudem ist die Aufmerksamkeit des Beobachters auf den Handelnden als Aktionszentrum konzentriert. Die handelnde Person hebt sich gleichsam als Figur vor dem diffusen Hintergrund der situativen Kontextbedingungen ab, sodass der Beobachter wichtige Einflussfaktoren aus der Umgebung des Handelnden nicht bemerkt.

Während also der Beobachter die Tendenz besitzt, das beobachtete Verhalten als Folge der Persönlichkeitseigenschaften des Handelnden anzusehen, neigt der Handelnde selbst dazu, sein Verhalten durch situative Kontextbedingungen determiniert einzuschätzen. Dieser Akteur-Beobachter-Unterschied lässt sich einmal dadurch erklären, dass der Handelnde vor allem die Ereignisse um sich herum, also die situationalen Merkmale, wahrnimmt, der Beobachter dagegen sich auf die handelnde Person konzentriert. Hinzu kommt, dass Handelnder und Beobachter über unterschiedliche Informationen verfügen. So hat der Beobachter oftmals keine Informationen über die Vergangenheit des Handelnden und seine bisherigen Erfahrungen und stützt sich bei seinen Erklärungen auf das, was in der augenblicklichen Handlungssituation zu beobachten ist. Der Handelnde dagegen kann zur Interpretation seines Verhaltens frühere Erlebnisse und Erfahrungen hinzuziehen und dabei womöglich zu dem Schluss kommen, dass sein jetziges Verhalten weitgehend durch frühere *und* durch gegenwärtige Umwelteinflüsse determiniert ist.

Forschungen haben gezeigt, dass Attributionsunterschiede zwischen Handelndem und Beobachter verringert werden können, wenn es dem Beobachter gelingt, sich in den Handelnden hineinzuversetzen (Empathie). Damit erhöht sich nämlich die Wahrscheinlichkeit, Informationen über situative Einflussfaktoren zu gewinnen und zu einer Situationsattribution zu gelangen. Weiter kann der Handelnde sich selbst als Handlungszentrum beobachten, was die Wahrscheinlichkeit für Dispositionsattributionen erhöht. Zudem hat sich gezeigt, dass Erwartungen hinsichtlich eines bestimmten Handlungsresultats die beschriebenen Attributionstendenzen modifizieren können. Wenn erwartet wird, dass eine Handlung zu einem positiven Ergebnis führt, so schreibt sich der Handelnde mehr Verantwortung zu und folgt dem Konzept der internalen Attribution. Demgegenüber wird bei Erwartung eines negativen Ergebnisses die Tendenz zur Situationsattribution zunehmen. Der Beobachter dagegen führt ein in gleicher Situation erzieltes Handlungsergebnis im Falle eines erwarteten positiven Effekts weniger auf den Handelnden selbst zurück, d.h. die Tendenz zur Dispositionsattribution ist schwächer, sondern er macht eher situative Faktoren für das Handlungsergebnis verantwortlich.

Personen in kulturellen Überschneidungssituationen, die mit hoher Wahrscheinlichkeit über kurz oder lang erwartungswidrige Reaktionen ihrer fremdkulturellen Partner zu bewältigen haben, sind in hohem Maße darauf angewiesen, sich schnell einen zuverlässigen Eindruck von ihren Interaktionspartnern zu verschaffen, um deren Verhalten antizipieren zu können. Deshalb stehen sie im Mittelpunkt der Aufmerksamkeit des Handelnden, was den fundamentalen Attributionsfehler fördert. Der Handelnde wird nach Ähnlichkeiten und Gemeinsamkeiten zwischen dem beobachteten Partnerverhalten und seinen bisherigen Erfahrungen im Umgang mit Interaktionspartnern suchen und dabei prüfen, inwieweit das beobachtete Verhalten in sein Erfahrungsschema passt oder dem zuwiderläuft. So hat der interkulturell unvorbereitete Herr Schulte das Verhalten der französischen AG-Mitglieder und der beiden deutschen Kollegen, die aber schon lange in Frankreich leben, im Kontext des ersten AG-Treffens verglichen mit dem, was er aus ähnlichen internationalen wissenschaftlichen Versammlungen kennt. Dabei hat er erhebliche Abweichungen festgestellt. So vermisst er alles, was er als Grundvoraussetzung für eine ernsthafte wissenschaftliche Konferenz ansieht, wie das Einhalten der Arbeitszeiten, themenzentrierte Gespräche, Erfüllung der mit Annahme der Einladung einhergehenden Verpflichtung, ein Symposiumskonzept vorzubereiten und zu präsentieren sowie Beschlüsse in Bezug auf ein akzeptables Symposiumskonzept und Vorbereitungen für das ersten Symposion sowie eine eventuell erforderliche zweite AG-Sitzung. Da er keine vorherige interkulturelle Sensibilisierung erfahren hat und keine Kenntnisse bezüglich der wissenschaftlichen Arbeitsweise von wissenschaftlichen Fachkollegen in Frankreich besitzt, ist er auch nicht in der Lage, sich in seine französischen Kollegen und deren Ziele, Erwartungen und Gewohnheiten so hineinzuversetzen (Empathie), dass er daraus einen einigermaßen zutreffenden Eindruck von ihnen hätte gewinnen können, um zu verstehen, warum sie sich so und nicht, wie er es erwartet hatte, verhalten. Alles, was seine französischen Kollegen in ihrem Verhalten zeigen, lässt aus seiner Sicht nur den Schluss zu, dass sie an der Thematik und an der Entwicklung eines funktionsfähigen Symposiumskonzept nicht interessiert und auch nicht motiviert sind, mit ihm zusammenzuarbeiten. Das haben sie in ihrer Reaktion auf seinen Symposiumsvorschlag nun sehr deutlich zu erkennen gegeben. Deshalb schreibt Herr Schulte seinen Kollegen individuell (intrapersonal) und ihnen allen in gleicher Weise (kollektiv) Desinteresse an den Zielen und Zwecken des ersten AG-Treffens zu. Andere Attributionen (Kausalattributionen), wie Aufbau einer förderlichen Gruppenatmosphäre und Schaffung eines kreativen und innovativen Klimas zur Entwicklung eines von Konsens getragenen Symposiumskonzepts, hat er nicht zur Verfügung. Er weiß auch nicht, dass für Franzosen Personen und soziale Beziehungen Vorrang haben vor einer noch so effektiven Aufgabenerledigung, und dass dieses Verhalten dem „homme civilisé" (zivilisierter Mensch) als Leitbild der gesamten Gesellschaft entspricht, gekennzeichnet durch gute Umgangsformen, Taktgefühl und Höflichkeit.

Was im Fallbeispiel Herrn Schulte passiert, ist typisch für Personen in kulturellen Überschneidungssituationen, besonders wenn sie es mit ihnen wenig oder überhaupt nicht bekannten Personen zu tun haben: Sie attribuieren intrapersonal, unterliegen dem fundamentalen Attributionsfehler, da ihnen kulturspezifisch ausgeprägte Verhaltensregeln und Bezugsmaßstäbe unbekannt sind und sie davon ausgehen, dass ihre Interaktionspartner eigenverantwortlich handeln.

Die Bemerkungen von Herrn Pochet im Fallbeispiel, dass alle französischen Kollegen von Herrn Schulte mit der ersten AG-Sitzung sehr zufrieden waren, froh waren, Herrn Schulte kennengelernt zu haben und sich schon auf die Fortsetzung der AG-Arbeit freuen, hatten Herrn Schulte nicht zum Nachdenken über die Plausibilität seiner pauschalen Attribution „Desinteresse" verleitet. Die erlebten kognitiven Dissonanzen begleitet von negativen Emotionen werden ihn eher dazu verleiten, auch in diesen Bemerkungen und Bewertungen der ersten AG-Sitzung wiederum nur eine Bestätigung seiner negativen Attribution des Verhaltens seiner französischen Kollegen zu sehen: Die wollen sich nochmals einen schönen Ferientag auf Kosten der deutsch-französischen Gesellschaft in Paris machen.

Auch ein weiteres Gespräch mit Herrn Pochet oder den beiden deutschen AG-Teilnehmern mit Frankreich-Erfahrung hätte Herrn Schulte womöglich auch nicht viel weiter gebracht, wenn sie nicht mehr zu bieten gehabt hätten als: „Nun, die Franzosen brauchen eben zur Vorbereitung eines Symposiumskonzept etwas länger, als Sie gedacht haben." Auch eine solche Aussage lässt sich noch in seinem Attributionskonzept „Desinteresse", „keine Arbeitsmotivation" und „Bequemlichkeit" leicht unterbringen, mit der fatalen Konsequenz, sich nicht weiter an dem Projekt zu beteiligen. Dabei hätte für Herrn Schulte beim zweiten AG-Treffen womöglich ein interkultureller Lernprozess, mit dem Ziel interkulturellen Verstehens und Handelns, beginnen können.

3.4 Soziale Orientierung: Stereotype, Vorurteile, Stigmatisierung, Diskriminierung

Wie schon die bisherigen Ausführungen und besonders das Fallbeispiel „Vorbereitung deutsch-französischer wissenschaftlicher Symposien" mit Herrn Schulte in Paris gezeigt haben, ist es nicht einfach, sich in komplexen sozialen Handlungsfeldern mit kulturell bedingten kritischen Interaktions- und Überschneidungssituationen schnell und zugleich verlässlich orientieren zu können, um das Verhalten der Interaktionspartner zuverlässig zu antizipieren und entsprechend wirksam handeln zu können. Im Kern gelingt eine solche schnelle, soziale Orientierung nur, wenn man in der Lage ist, Komplexität zu reduzieren, und dies durchaus auch auf Kosten der Präzision und unter Inkaufnahme von unzulänglicher und fehlerhafter sozialer Eindrucksbildung. Zu den häufig aktivierten Mechanismen der Komplexitätsreduktion im Feld der sozialen Eindrucksbildung und Bewertung gehören Stereotype, Vorurteile und Stigmatisierung.

> **Begriffsklärung: Stereotype und Vorurteile**
>
> Mit *Stereotypen* bezeichnet man in der Sozialpsychologie starre, vereinfachende Schemata, verzerrende Koalitionen in Form von festgefahrenen und veränderungsresistenten Überzeugungen bezüglich der Merkmale von Mitgliedern bestimmter sozialer Kategorien (Gruppen, Nationen, Klassen, Geschlecht, Alter, Herkunft, Berufen etc. und sozialen Institutionen). Stereotype werden aktiviert, sobald Mitglieder der betreffenden Kategorie für den Beobachter handlungsrelevant werden. Sie dienen der schnellen Orientierung, Bewertung und Verhaltensvorhersage. Oft wird zwischen Autostereotypen, also auf die eigene Gruppe (z. B. Deutsche) bezogenen Stereotype, und Heterostereotype, auf andere Gruppen bezogen, z. B. Angehörige bestimmter Nationen (z. B. Franzosen), unterschieden. Stereotype werden oft auch als die kognitive Komponente von Vorurteilen bezeichnet.
>
> Unter *Vorurteilen* versteht die Sozialpsychologie ein Einstellungs- und Bewertungsmuster, das aus vorgefassten, emotional (zumeist negativ) gefärbten, gegenüber neuen Erfahrungen und Informationen vergleichsweise veränderungsresistenten, für allgemeingültig und wahrhaftig erachteten, generalisierten Urteilen über soziale Sachverhalte besteht. Vorurteile sind ein auf unzureichenden Kenntnissen und Erfahrungen beruhendes Vorverständnis, dessen Unzulänglichkeit nicht reflektiert und infrage gestellt wird.

Aufgrund dieser Begriffserklärung wird verständlich, warum Kulturstandards nicht als Stereotype bezeichnet werden können, weil sie völlig andere Funktionen erfüllen (s. S. 30).

Wenn auch immer wieder, besonders im Kontext von Völkerverständigung und Völkerfreundschaft, der Abbau von Vorurteilen und nationalen Stereotypen eingefordert wird, zeigen die Lebenswirklichkeit und sozialpsychologische Forschung, dass Vorurteile eine Reihe unverzichtbarer Funktionen erfüllen, weil sie zentrale Bedürfnisse des Menschen im sozialen Kontakt untereinander befriedigen, und das in einer immer komplexer werdenden diffusen sozialen Umwelt. Dies allein ist ein hinreichender Grund dafür, dass Vorurteile so außerordentlich veränderungsresistent sind. Weiterhin ist zu beachten, dass alle diese Prozesse nicht bewusstseinspflichtig sind, sondern gleichsam automatisch ablaufen. Nur unter extrem „günstigen" Bedingungen gelingt es, sie bewusst zu reflektieren und einer kognitiv-rationalen Kontrolle zu unterziehen. Der folgende Kasten enthält die wichtigsten Funktionen von Vorurteilen.

Funktionen von Vorurteilen

Durch relativ viele Untersuchungen gesichert ist die Tatsache, dass Vorurteile für den Vorurteilsträger eine Reihe wichtiger psychischer Funktionen erfüllen und deshalb nur schwer oder überhaupt nicht aufgegeben können. Zu den wesentlichen Funktionen gehören:
- *Orientierungsfunktion:* Vorurteile ermöglichen eine schnelle und präzise Orientierung in einer komplexen sozialen Umwelt. Personen und Objekte lassen sich leicht kategorisieren und bewerten. Man weiß schnell, woran man ist.
- *Anpassungsfunktion:* Vorurteile ermöglichen eine schnelle Anpassung an die jeweiligen (sozialen) Lebensbedingungen, z. B. die vorherrschende Meinung, Wert- und Normvorstellungen und Handlungsregeln. Mithilfe von Vorurteilen erreicht man so ein hohes Maß an „Belohnungen" (z. B. soziale Zuwendung) und eine Minimierung von „Bestrafungen" (z. B. Beschimpfungen, als Außenseiter abgestempelt zu werden).
- *Abwehrfunktion:* Vorurteile dienen dem Erhalt eines positiven Selbstbildes und der Abwehr von Schuldgefühlen, innerpsychischen Konflikten und von Selbstkritik. Vorurteile ermöglichen die Abwertung, Abwehr und Diskriminierung von Personen und Gruppen mit der Folge positiver Selbsteinschätzung.
- *Selbstdarstellungsfunktion:* Vorurteile, die sozial geteilte oder sogar sozial erwünschte Eigenschaften beinhalten, dienen der Selbstdarstellung vor der sozialen Umwelt und der Ausbildung eines positiven Eindrucks gegenüber anderen Personen.
- *Abgrenzungs- und Identitätsfunktion:* Vorurteile, die man mit anderen Personen teilt, fördern das Gefühl der Zusammengehörigkeit und gegenseitigen Sympathie. Sie erlauben eine klare Abgrenzung gegenüber negativ bewerteten Außengruppen und ermöglichen einen hohen Grad an Distinktion.
- *Steuerungs- und Rechtfertigungsfunktion:* Vorurteile dienen der Verhaltenssteuerung gegenüber bestimmten Personen, Objekten und Sachverhalten. Mithilfe von Vorurteilen lassen sich eigene Verhaltensweisen nachträglich dadurch rechtfertigen, dass man seine vorurteilsbehafteten sozialen Einstellungen dem ausgeführten Verhalten anpasst.

Bei der Begegnung von Menschen aus unterschiedlichen Kulturen besteht ein charakteristisches Merkmal gerade darin, dass häufiger als bei der Begegnung innerhalb der eigenen vertrauten Kultur erwartungswidrige Verhaltensweisen beim Partner beobachtet werden. Das geschieht nicht nur einmal und unter sehr spezifischen Bedingungen, sondern regelmäßig und in vielen verschiedenen Situationen. Es kommt gehäuft zu Missverständnissen in der Kommunikation und in der Bewertung von Verhaltensreaktionen sowie zu Interpretations- und Kooperationsproblemen, und das nicht aufgrund mangelhafter Fremdsprachenkenntnisse, wie das obige Fallbeispiel gezeigt hat. Die Ursachen dafür werden zwar in der Regel zunächst in Kompetenzmängeln seitens des Partners gesucht, doch führt dies auf Dauer nicht zum Erfolg. Es bleibt eine starke emotional empfundene Verunsicherung, und kognitiv kommt es zum Orientierungsverlust. Man weiß einfach nicht mehr, woran man ist, was man noch an Erklärungen erfinden und an Problemlösestrategien ausprobieren soll, denn nichts funktioniert mehr so, wie man es gewohnt ist. Hinzu kommt, dass vieles davon nicht bewusstseinspflichtig ist, sondern automatisch abläuft. Unter solchen durchaus als bedrohlich empfundenen Bedingungen sind stereotypisierende Bewertungen in Bezug auf den Partner und Vorurteile gegenüber den ihn auszeichnenden Merkmalen, wie Gruppen- und Nationenzugehörigkeit, Herkunft, Geschlecht, Alter, Sitten, Gebräuche und Eigenarten, außerordentlich nützlich. Sie dienen der Wiedergewinnung von Orientierungsklarheit und Handlungssicherheit. Auch die mit der Verunsicherung einhergehende Bedrohung des Selbstwertgefühls wird durch die Aktivierung vorurteilsbehafteter Einstellungen und Bewertungen gegenüber dem fremden Partner deutlich reduziert (Thomas, Kinast & Schroll-Machl, 2005).

In der psychologischen Vorurteilsforschung wird neuerdings davon ausgegangen, Vorurteile als eine bestimmte Kategorie sozialer Einstellung zu betrachten. Demnach sind Vorurteile verbindliche Stellungnahmen einem Gegenstand oder Sachverhalt gegenüber, ohne dass dem Vorurteilsträger die empirische sachliche Struktur des Gegenstands oder Sachverhalts ausreichend objektiv differenziert bekannt ist oder von ihm in seinem Urteil berücksichtigt wird. In diesem Zusammenhang werden als Gegenstand von Vorurteilen nicht nur negative Merkmale oder Eigenschaften, wie sie Völkern, ethnischen Gruppen oder irgendwelchen Minderheiten zugeschrieben werden, bezeichnet. Es werden auch die nur durch Minimalinformationen abgesicherten Urteile über andere Menschen, Objekte, Institutionen, Beziehungs- und Bedeutungszusammenhänge und die entsprechenden Zusammenhänge zwischen den kognitiven, emotionalen und verhaltensorientierten Aspekten sozialer Einstellungen so definiert.

Stereotype und Vorurteile werden in Abbildung 8 in Bezug auf typisiertes Wissen, stereotypisierte Gefühlsreaktion und stereotypisierte Verhaltensreaktionen mit Blick auf zwei recht unterschiedliche Kategorien nämlich Ausländer und Aufsteiger thematisiert.

Die *Stigmatisierung* kennzeichnet in der Sozialpsychologie die meist in negativer Weise vorgenommene Kennzeichnung einer Person oder einer persönlichen Eigenschaft auf der Grundlage eines Stereotyps. Dadurch werden persönliche Eigenschaften etikettiert und mit erwünschten Charaktereigenschaften in Verbindung gebracht. Aufgrund von Stigmatisierungen können ganz konkrete Formen der sozialen Diskriminierung allein in Bezug auf die Gruppenzugehörigkeit erfolgen. Dies zeigt sich beispielsweise darin, dass z. B. ältere Menschen, Personen mit Behinderung, Frauen und Angehörige ethnischer Minderheiten bei berufs-

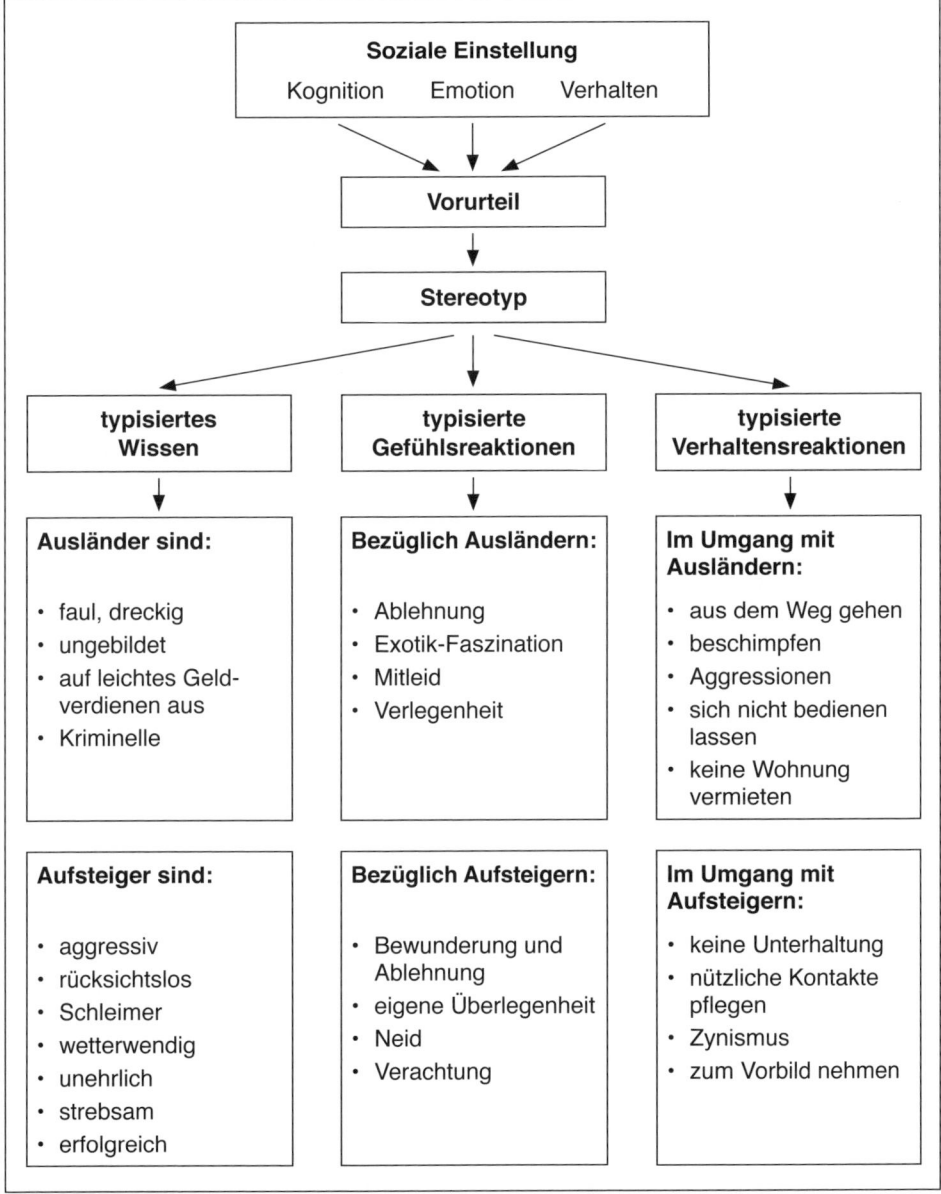

Abbildung 8: Vorurteile im Kontext von Einstellungen, Stereotypen und sozialem Verhalten (Thomas, 2013)

bezogenen Einstellungen, bei Beförderung und Entlohnung oder bei der Wohnungssuche deshalb benachteiligt werden, weil sie einer spezifischen sozialen Kategorie zugeordnet werden. Im Rahmen empirischer Forschungsarbeiten konnte nachgewiesen werden, dass Personen aufgrund ihres sprachlichen Akzents, ihres ausländischen Namens und ethnisch-traditioneller Kleidung oft gegenüber Deutschen benachteiligt werden (Klink & Wagner, 1999). Die Gründe dafür liefert die „Theorie der sozialen Identität", die im folgenden Abschnitt behandelt wird.

3.5 Theorie der sozialen Identität

Jeder Mensch lernt schon sehr früh in seiner biografischen Entwicklung, in welchem Land er lebt, und erfährt, welche Merkmale Menschen des eigenen Landes im Vergleich zu Menschen anderer Länder zugeschrieben werden. Im Alltagsleben spielt die Länderzugehörigkeit keine bedeutsame Rolle, selbst wenn man im beruflichen und privaten Alltag immer wieder auf Personen trifft, die offensichtlich anderer nationaler und ethnischer Herkunft sind. Sobald diese Personen aber als Hausnachbarn, Kunden, Arbeitskollegen, Kooperationspartner oder sogar als neue Familienmitglieder bedeutsam werden, also unausweichlich den eigenen Lebensraum mitbestimmen, wird der Vergleich zwischen eigener personaler und sozialer Identität wichtig. Der Art und Weise, wie der Handelnde sich selbst sieht, seine Stellung im sozialen Umfeld einordnet und bewertet, und dem, was die neuen Interaktionspartner darstellen, welche Merkmale, Eigenschaften und Gewohnheiten sie zeigen, wird immer mehr Bedeutung zugemessen. Dabei werden Stereotype und Vorurteile, verbunden mit Stigmatisierung und Diskriminierung zur sozialen Eindrucksbildung und Orientierung, aktiviert.

Dieser nun stattfindende Intergruppenvergleich folgt gemäß der „Theorie der sozialen Identität" bestimmten Regeln. Die Unterscheidung zwischen Eigen- und Fremdgruppenmitgliedern hat für das soziale Verhalten und die soziale Beurteilung erhebliche Konsequenzen. Zwischen Eigen- und Fremdgruppen finden soziale Vergleichsprozesse statt, die so organisiert werden, dass die eigene Gruppe zu positiven Vergleichsergebnissen kommt. Dies ist nur möglich, indem man sich deutlich von der Fremdgruppe und dessen Mitgliedern abhebt (soziale Distinktion). Um dies zu erreichen, besteht ein sehr wirksames Mittel darin, die wahrgenommenen Unterschiede oder die durch den Prozess der Diskriminierung zugunsten der eigenen Gruppe erzeugten Unterschiede deutlich zu betonen. Sozialpsychologische Studien haben in diesem Zusammenhang gezeigt, was auch im Alltag zu beobachten ist, nämlich dass Vorurteile und Stereotype gegenüber sozialen Gruppen nicht erst als Resultat vorhandener Konflikte entstehen, sondern gleichsam aus dem „Nichts", also schon bei minimalem Kontakt, auftreten (Tajfel, 1982). Zudem können Vorurteile auch dann bestehen bleiben, wenn die

Gruppenmitglieder sich gegenseitig näher kennenlernen und Gemeinsamkeiten aufweisen. Weiterhin ist zu berücksichtigen, dass in diesem Fall die oben beschriebenen wichtigen Funktionen die Vorurteile und Stereotype erfüllen, nicht nur in den individuellen sozialen Beziehungen, sondern auch in den Intergruppenbeziehungen wirksam werden.

Die Sozialpsychologen Tajfel und Turner (1986) konnten unter kontrollierten experimentellen Bedingungen nachweisen, dass bereits die Bildung von Gruppen aufgrund belangloser und völlig unbedeutender Merkmale (minimales Gruppenparadigma) zu einer deutlichen Bevorzugung der eigenen Gruppenmitglieder und einer Ablehnung der Mitglieder anderer Gruppen führt. Die von beiden Forschern entwickelte „Theorie der sozialen Identität" eignet sich zur Analyse der im Rahmen von Intergruppenbeziehungen stattfindenden Prozesse. Die Kernaussagen der Theorie lauten:

1. Es besteht eine grundsätzliche wahrnehmungspsychologische Tendenz zur Klassifikation von Reizen und Gegebenheiten. Insbesondere wird dabei der „Interklasseneffekt" wirksam, der zur sozialen Kategorisierung menschlicher Gruppen führt. Dabei werden die Mitglieder anderer Gruppen als sehr viel andersartiger eingeschätzt und entsprechend distanzierter behandelt als die Angehörigen der eigenen Gruppe.
2. Um eine positive Identität herzustellen bzw. zu erhalten, werden soziale Vergleiche zwischen der eigenen Gruppe und den fremden Gruppen durchgeführt.
3. Personen definieren sich nicht nur über das von ihnen entwickelte Selbstkonzept, sondern auch über ihre soziale Identität, die bestimmt wird von ihrer Zugehörigkeit zu einer bestimmten Gruppe.
4. Die subjektive Zugehörigkeit zu einer Gruppe (Selbstkategorisierung) erlaubt eine Ableitung positiver oder negativer Bewertungen der eigenen sozialen Identität in Abhängigkeit von der relativen Bewertung dieser (Bezugs-)Gruppe in der Gesellschaft.
5. Es besteht ein Bedürfnis nach positiver Selbstbewertung.
6. Das Streben nach positiver Distinktheit umschreibt das Bemühen, die eigene Person bzw. Gruppe positiv von anderen Vergleichsgruppen abzuheben. Um positive soziale Distinktheit herzustellen, wählen Gruppenmitglieder Strategien, die das Ziel haben, die eigene Gruppe in günstiger Weise von der Fremdgruppe unterscheiden zu können.

Nach der „Theorie der sozialen Identität" lässt sich jedes an einer Person beobachtete Verhalten als eher gruppentypisch oder als eher individuell determiniert klassifizieren. Fremdgruppenmitglieder werden auf dem Beurteilungskontinuum zwischen den Polen „eindeutig Individuum-typisches Verhalten" und „eindeutig gruppentypisches Verhalten" eher dem gruppentypischen Verhaltenspol zugeordnet. Damit wird das tatsächlich individuell determinierte Verhalten als gruppentypisch klassifiziert und damit „depersonalisiert". Es wird somit als gleichförmig und einheitlich wahrgenommen und bewertet. Man nimmt das Mitglied einer Fremdgruppe nicht mehr als eigenständiges Handlungszentrum wahr, sondern nur noch als Träger der (meist abgelehnten) Merkmale der Fremdgruppe. Wird also ein Ausländer als Mitglied einer Fremdgruppe wahrgenommen, die man deutlich von der eigenen Gruppe zu unterscheiden wünscht, so beobachtet man ihn eher unter einer einheitlichen sozialen und meist negativ bewerteten Kategorie. Die verschiedenen Fremdgruppenmitglieder werden untereinander austauschbar, da die individuellen Ausprägungen nicht erkannt werden und somit auch nicht in die Bewertung eingehen können. Die Folgen davon sind Stereotypisierung, Stigmatisierung und Depersonalisierung der Fremdgruppenmitglieder.

Der ausländische Partner wird nicht primär als aktiv handelndes Individuum mit sehr spezifischen und individuellen Eigenschaften, Zielen und Motiven wahrgenommen, sondern ausschließlich als Mitglied einer fremden Gruppe gesehen und als ein typischer Vertreter dieser Gruppe kategorisiert. Die Betonung der Unterschiede zwischen Eigen- und Fremdgruppe, verbunden mit der Gleichförmigkeit der auf Fremdgruppenmitglieder bezogenen Urteile innerhalb der eigenen Gruppe, die Depersonalisierung von Verhaltensweisen und deren Ursachenzuschreibungen bewirken eine stabile Stereotypisierung gegenüber der Fremdgruppe. Dies erhöht die Tendenz, ihr gegenüber Vorurteile auszubilden.

Abbildung 9 zeigt diese Zusammenhänge zwischen Eigengruppe- und Fremdgruppenbeurteilung in Bezug auf individuelles vs. gruppentypisches Verhalten und individuelle Variabilität vs. Gleichförmigkeit des Verhaltens.

Kommt es nun zu einer individuellen Begegnung mit einem Vertreter der Fremdgruppe und verläuft diese Begegnung trotz aller Vorurteile gegenüber der Fremdgruppe als Ganzes positiv, d.h. begleitet von akzeptierten, konsonanten Kognitionen, positiven Emotionen mit Sympathiewerten und erwünschten Verhaltensreaktionen, dann wird die Zielperson eher als untypischer Gruppenvertreter wahrgenommen und bewertet, als dass eine Veränderung der vorurteilsbehafteten Bewertung der gesamten Fremdgruppe vorgenommen wird. Ein deutscher Student, der ein halbes Jahr in den USA studiert hatte, wurde danach über seine Erfahrungen im Umgang mit Amerikanern interviewt und bemerkte dabei: „Amerikaner sind zwar sehr gesprächsfreudig, gehen auf einen zu, beginnen einen Smalltalk und tun so, als wären sie schnell mit einem befreundet. Will man sich dann aber mit ihnen verabreden und gemeinsam etwas unternehmen, wie das ja nun mal Freunde tun, dann stellt man fest, dass von echter Freundschaft und persönlicher Zugänglichkeit nichts mehr übrig bleibt. Das Ganze ist doch alles sehr oberflächlich." Auf die Frage des Interviewers: „Haben Sie denn in den USA überhaupt keine Freunde gefunden?", antwortete der Student: „Doch, einige amerikanische Freunde habe ich schon gefunden, aber das waren eigentlich gar keine echten Amerikaner."

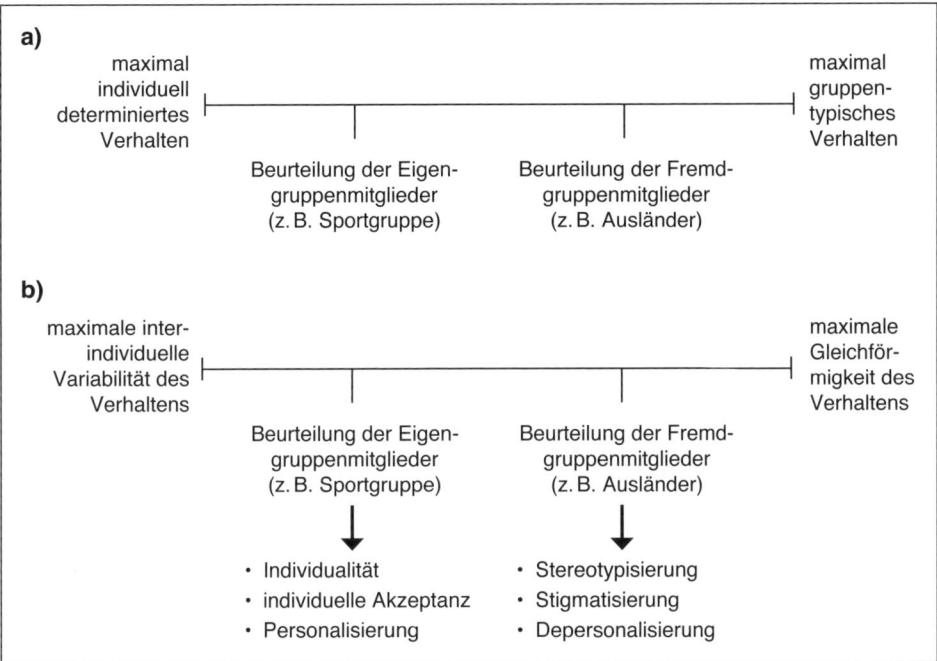

Abbildung 9: Eigen- und Fremdgruppenbeurteilung: a) individuelles vs. gruppentypisches Verhalten, b) individuelle Variabilität vs. Gleichförmigkeit des Verhaltens (Thomas, 2013)

3.6 Schemata-basierte Informationsverarbeitung

Im Zusammenhang mit der Darstellung der „Hypothesentheorie der sozialen Wahrnehmung" und dem Fallbeispiel mit Herrn Schulte in Paris war schon deutlich geworden, dass eine zielführende Interpretation des Verhaltens der Interaktionspartner und der Umwelt generell nur möglich ist, wenn es zu einem Zusammenwirken gegebener und wahrgenommener Situationsmerkmale und dem im Beobachter und Handelnden gespeicherten Erfahrungswissen kommt. Die Wahrnehmung und Bewertung von Geschehensabläufen in der sozialen Umwelt ist ein aktiver Prozess der handelnden Person. Das Verhalten der französischen Professoren wird von Herrn Schulte auf dem Hintergrund seiner Erfahrungen mit der Planung, dem Verlauf und den Ergebnissen nationaler und internationaler wissenschaftlicher Tagungen interpretiert und dadurch erst verständlich. Für die Entwicklung interkulturellen Verstehens und Handelns und der damit verbundenen Entwicklungen des Selbst-, Fremd- und vermuteten Fremdbildes ist es wichtig zu klären, wie relevantes Wissen im Gedächtnis organisiert ist, wie unter gegebenen situativen Bedingungen relevantes Wissen aktiviert wird und wie im

Gedächtnis gespeicherte allgemeine Wissensbestände durch Erfahrungen, zum Beispiel im Umgang mit fremdkulturell geprägten Partnern, verändert werden.

Das, was hier mit allgemeinem Wissensbestand bezeichnet wird, firmiert in der einschlägigen sozial- und kognitionspsychologischen Forschung unter dem Begriff „Schema". Darunter werden allgemeine Wissensstrukturen verstanden, denen ein relativ hoher Allgemeinheitsgrad zugemessen wird und die hierarchisch geordnet sind.

Nach Inhaltsbereichen unterscheidet man soziale Schemata, Rollen-, Personen-, Selbst- und Ereignisschemata. Die Personenschemata und die Ereignisschemata sind wohl zum Verständnis der in kulturellen Überschneidungssituationen stattfindenden Prozessverläufe die bedeutsamsten Schemata.

Begriffsklärung: Personen- und Ereignisschemata

Personenschemata: Personenschemata können sich auf die eigene Person (Selbstschema), auf einzelne individuelle Personen (Fremdschema), auf Mitglieder bestimmter Gruppen, z. B. Berufsgruppen, politische Gruppen, Gruppen bestimmter ethnischer und nationaler Zugehörigkeit, z. B. Franzosen, Gruppen, die durch äußere Merkmale gekennzeichnet sind, z. B. Hautfarbe, Haarfarbe, oder Gruppen geografischer Herkunft, z. B. Hochlandbewohner, Küstenbewohner, beziehen. Die Personenschemata bezogen auf Angehörige bestimmter Gruppen können Unterkategorien aufweisen, z. B. Schweizer werden unterteilt in Schweizer aus deutschsprachigen, französischsprachigen, italienischsprachigen Regionen.

Ereignisschemata: Ereignisschemata beziehen sich nicht auf einzelne Personen oder Gruppen, sondern auf die Abfolge von Ereignissen in Alltagssituationen, die oft auch mit dem Begriff „Skript" bezeichnet werden. In der sozialpsychologischen Literatur wird als klassisches Beispiel das „Restaurantskript" beschrieben. Dieses Skript bezeichnet alles das, was eine Person an allgemeinen Wissensbeständen in einem Skript über Restaurantbesuche, vom Betreten des Restaurants bis zum Bezahlen der Rechnung und dem Verlassen des Restaurants, abgespeichert hat. Es enthält also alles, was zum Bewältigen an Handlungen und Leistungen beim Besuch eines Restaurants erforderlich ist.

Wenn z. B. ein Deutscher in den USA ein Restaurant besucht, wird er schon im Eingangsbereich irritiert, denn in seinem deutschen Restaurantskript ist vermutlich abgespeichert, dass er sich seinen Platz im Restaurant selbst aussuchen kann, wohingegen in den USA der Gast am Eingang begrüßt, dann zu einem Tisch geleitet und dort platziert wird. In der Regel ist davon auszugehen, dass der Gast auf diesem angewiesenen Platz sitzen bleibt, wobei der Gast allerdings durchaus Wünsche äußern kann, einen anderen Platz einnehmen zu dürfen, was aber selten der Fall ist. Ein deutscher Gast wird diesen Empfang und die Platzzuweisung als Beeinträchtigung seiner gewohnten Wahlfreiheit empfinden. Der US-amerikanische Gast fühlt sich bei dieser Art des Empfangs aber als Gast angenommen, betreut, beachtet und respektiert. Im oben geschilderten Fallbeispiel mit Herrn Schulte hat dieser zum Verständnis und zur Bewertung des Verhaltens seiner französischen Kollegen während der ersten AG-Sitzung sein Arbeitsgruppenskript für wissenschaftliche Arbeitssitzungen aktiviert, in das seine Erfahrungen mit solchen Sitzungen eingeflossen sind und in dem weiterhin festgelegt ist, wie solche Sitzungen verlaufen und welche Verhaltensweisen und Arbeitsleistungen dabei von den Teilnehmern erwartet werden. Er wird auch Unterskripts auf einer unteren Abstraktionsebene aktiviert haben, z. B. das Einhalten von Vereinbarungen, Anfangs -und Endzeiten der Tagung, Verlauf der Vorstellungsrunde, Protokollerstellung, Präsentation der einzelnen Konzeptvorschläge etc.

Skripts sind eine außerordentlich ökonomische Form der Informationsspeicherung und erlauben eine schnelle Orientierung in komplexen Wahrnehmungs- und Handlungsfeldern, z. B. beim Restaurantbesuch oder bei wissenschaftlichen Arbeitstagungen. Bei der Bewältigung kultureller Überschneidungssituationen spielen sie deshalb eine wichtige Rolle, weil davon auszugehen ist, dass eine auf die fremdkulturellen Partner und die von ihnen gestalteten sozialen Situationen nicht vorbereitete Person zunächst ihr eigenes Skript aktiviert. Sie wird es nach häufiger erfahrenen Abweichungen, z. B. im Zuge kulturell bedingter kritischer Interaktionssituationen und erwartungswidriger Verhaltensreaktionen, zwar zunächst einmal beibehalten, aber mit Anmerkungen bezüglich kulturspezifischer Abweichungen versehen. Dies erklärt, warum viele Personen mit Auslandserfahrungen immer wieder betonen, dass sie zwar nie so recht verstanden haben, warum spezifische Interaktionssituationen mit fremdkulturellen Partnern so ganz anders als gewohnt verlaufen sind, dass sie sich aber mit der Zeit daran gewöhnt hatten und verstanden, damit umzugehen, obwohl sich auch noch nach Jahren immer gewisse Irritationen einstellten.

Mit den Personen- und Ereignisschemata verbunden sind meist immer auch Kausalschemata, mit denen der Handelnde versucht, die Ursachen für Verhaltensweisen und Ereignisse zu erschließen. Auch der Versuch, konsistente Einstellungssysteme herzustellen und Dissonanzen zu beseitigen (Gleichgewichtstheorien), und der Einsatz von Urteilsheuristiken als vereinfachende Entscheidungsregeln, die eine schnelle Urteilsbildung in komplexen Umgebungen ermöglichen, sind den Schemata allgemeiner Informationsverarbeitung zuzuordnen.

Die Aktivierung von Schemata hat Auswirkungen auf ein umfangreiches Spektrum an kognitiven Prozessen wie Enkodierung eingegangener Informationen, Beurteilung der Informationen, Schlussfolgerungen, Begründungen sowie Erinnern, Planung und Kontrolle sozialen Verhaltens. Für die Auswahl eines passenden Schemas aus einer großen Anzahl von Schemata ist die leichte Verfügbarkeit ausschlaggebend. Die Leichtigkeit der Abrufbarkeit von Schemata ist dann hoch, wenn die Person häufig das Schema benutzt und wenn seit seiner letzten Benutzung nur wenig Zeit verstrichen ist.

Schemata beeinflussen auch die Art und Weise, wie Informationen abgespeichert und erinnert werden. Besonders schemakonsistente Informationen werden sehr gut erinnert, wohingegen schemainkonsistente Informationen, also solche, die nicht im Schema enthalten sind, auch nicht rekonstruiert werden können. Diese schemainkonsistenten Informationen sind aber erwartungsdiskrepant. Sie ziehen deshalb die Aufmerksamkeit auf sich und werden mit anderen Informationen verbunden eine lange Zeit danach noch erinnert. Das Nachdenken über solche schemainkonsistenten Informationen erhöht die Wahrscheinlichkeit des späteren Erinnerns. So wird es Herrn Schulte ergehen, der nach seinen Erfahrungen während der ersten AG-Tagung noch lange und im Detail an die schemadiskrepanten Aktionen seiner französischen Kollegen denken wird.

Es gibt eine Reihe von Einflussfaktoren, die schemageleitete Informationsverarbeitung stark beeinflussen. So werden Personen, die durch Ablenkung oder hohe Komplexität der Aufgabenstellung über reduzierte Ressourcen der kognitiven Verarbeitung verfügen, dazu neigen, stereotyp Beurteilungen vorzunehmen und schemaspezifisch zu bewerten. Hinzu kommen der Schwierigkeitsgrad der Aufgabe und Zeitdruck, die beide eine schemaaffine Informationsverarbeitung fördern. Geringe Verarbeitungsmotivation erhöht ebenfalls eine schemageleitete Informationsverarbeitung. Schlechte Stimmung, hohe Motivation eine korrekte Entscheidung zu treffen, die Abhängigkeit von Personen, die Bedeutsamkeit von Situationen sowie erhöhte Angst vor falschen Urteilen reduzieren den Einfluss schemageleiteter Informationsverarbeitung und erhöhen die Bereitschaft zur Suche und Aufnahme neuer, individueller und situationsspezifischer Informationen.

Eine weitere wichtige Frage, besonders im Kontext der Bewältigung kultureller Überschneidungssituationen, ist die, wie sich Schemata verändern lassen. Tatsache ist, und durch viele wissenschaftliche Studien bestätigt, dass Schemata außerordentlich veränderungsresistent sind, weil sie aufgrund ihrer Ökonomiefunktion schnell, zuverlässig und effektiv Komplexität reduzieren, Orientierungsklarheit schaffen und Handlungsfähigkeit herzustellen ermöglichen. Eine Möglichkeit der Veränderung von Schemata besteht darin, beim Auftreten schemadiskrepanter Informationen entsprechend leichte Schemaänderungen vorzunehmen und so schrittweise zu immer weiterführenden Änderungen der Schemata zu gelangen. So könnte Herr Schulte nach Verarbeitung seiner kognitiven Dissonanzen dazu kommen, sein Schema für wissenschaftliche Arbeitstagungen in Bezug auf Zeitverlauf, Arbeitsplanung und Entscheidungsfindung etwas zu erweitern, wenn die Teilnehmer solcher Tagungen unterschiedlicher kultureller Herkunft sind und die Tagung in ihrem Verlauf von fremdkulturell geprägten Partnern dominiert wird. Eine weitere Veränderung ist dann möglich, wenn schemadiskrepante Informationen so überhand nehmen, dass zwar keine sinnvolle Informationsverarbeitung mit den alten Schemata mehr möglich ist, eine solche aber vom Handelnden gefordert wird. Eine abrupte Schemaänderung wird vermutlich nur im Kontext einer interkulturellen Coaching- und Trainingsbegleitung gelingen. Eine weitere wissenschaftlich schon etwas besser untersuchte Variante der Schemaverhinderung besteht darin, dass unter Beibehaltung des allgemeinen Schemas allmählich neue Subschemata ausgebildet werden. Im Fall von Herrn Schulte könnte er sein wissenschaftliches Arbeitsgruppenschema durch eine Veränderung des Subschemas „streng sachlich und zielorientiert diskutieren und arbeiten" an den vorgesehenen Aufgaben, im Hinblick auf Schaffung einer „angenehmen und vertrauensvollen Arbeitsatmosphäre" vornehmen. Damit würden dann die vielen Privatgespräche und das ausgedehnte Mittagessen in der ersten AG-Sitzung nicht mehr im Sinne von Desinteresse und mangelnder Arbeitsmotivation gewertet, sondern als Bestandteil der Erhöhung der Arbeitseffektivität und Kreativität der gesamten Arbeitsgruppe. Im Schema von Herrn Schulte zu wissenschaftlichen Arbeitsgruppen war die Herstellung einer guten und kreativen Arbeitsatmosphäre sicher auch vorgesehen, aber eher als selbstverständliches Resultat der sachbezogenen, zweckdienlichen Zusammenarbeit unter Kollegen und nicht als eine spezielle Aufgabe, für die man gesonderte Zeitabschnitte sowie Begegnungs- und Gesprächsräume einzuplanen hatte. Zukünftig würde Herr Schulte in der Zusammenarbeit mit französischen Kollegen dies wohl tolerieren und als spezifisches Subschema abspeichern, obwohl er nach wie vor der Meinung ist, dass dieses wenig zielführende Gerede plus ausgedehntem Mittagessen eigentlich unnötige Zeitverschwendung ist (Kunda, 1999).

3.7 Reaktionen auf interpersonale Interaktionen

3.7.1 Theorie der kognizierten Kontrolle

Personen sind grundsätzlich bestrebt, Ereignisse und Zustände in ihrer Umwelt kontrollieren zu können. Man spricht in diesem Zusammenhang auch von einer Kontrollmotivation, d. h. einer hoch generalisierten Wertungsdisposition zur Herstellung von Kontrolle über das eigene Tun und die erfolgreiche Beeinflussung des Handelns anderer sowie die Herstellung von Autonomie, Selbstwirksamkeit, Kompetenz und Selbstbestimmung.

Kognizierte Kontrolle besteht in der Überzeugung einer Person, dass sie in der Lage ist, von ihr erwünschte Ereignisse herbeiführen und unerwünschte vermeiden zu können. In kulturellen Überschneidungssituationen kommt es gehäuft zu erwartungswidrigen Reaktionen des Partners und erwartungswidrigen Gestaltungen des sozialen Umfelds. Die Folge sind Verunsicherung, Desorientierung, das Gefühl missverstanden zu werden, das Gefühl der bewusst herbeigeführten Kränkung, der Verärgerung und des drohenden Kontrollverlustes (vgl. Abb. 4 und 5 auf S. 49 und 50). Alles dies ist beispielsweise Herrn Schulte im Fallbeispiel passiert und hat sein Denken und Handeln nachhaltig und womöglich bis zum Abbruch der Zusammenarbeit bestimmt.

Die Theorie der kognitiven Kontrolle liefert überprüfbare Hypothesen und sozialpsychologisch gesicherte Erkenntnisse über die Prozesse des Zustandekommens kognizierter Kontrolle, ihrer Merkmale und Varianten, der Wiederherstellung kognizierter Kontrolle sowie den Auswirkungen von Kontrollverlust.

Die Theorie der kognizierten Kontrolle befasst sich einerseits mit affektiven, kognitiven und motivationalen Konsequenzen wahrgenommener Kontrolle und andererseits mit aktiven, kognitiven und motivationalen Reaktionen auf Kontrollverlust.

Wissenschaftliche Studien zu diesem Themenkomplex haben gezeigt, dass Personen bestrebt sind, Zustände und Ereignisse in sich selbst und in ihrer Umwelt kontrollieren, beeinflussen, vorhersagen und erklären zu können. Nimmt eine Person z. B. wahr, dass sie über Kontrollmöglichkeiten verfügt, reduziert dies den durch aversive Ereignisse hervorgerufenen Stress bzw. eliminiert ihn ganz. Bemerkt eine Person hingegen, dass sie bedeutsame Ereignisse oder Zustände und die damit verbundenen Konsequenzen nicht kontrollieren kann, beeinträchtigt dies ihr Erleben und Verhalten erheblich. Aktive und passive Reaktionen auf Kontrollverlust sowie die Intensitäten, Stabilität und Generalität der Reaktionen sind abhängig von der individuellen Bedeutsamkeit des nicht kontrollierbaren Ereignisses. Auch die Überzeugung, keine Kontrolle ausüben zu können, und die Art der Ursachen für den Kontrollverlust nicht zu verstehen beeinflussen die Reaktionen. Dabei spielen lebensgeschichtlich frühere Erfahrungen mit Kontrolle und Kontrollverlust eine einflussnehmende Rolle (vgl. Frey & Jonas, 2002).

Weiterhin wird unterschieden zwischen *internalen Kontrollüberzeugungen*, die sich darin zeigen, dass Personen Ereignisse auf sich selbst zurückführen, und *externalen Kontrollüberzeugungen*, d. h. dass andere Personen oder äußere Einflussfaktoren für die Ereignisse verantwortlich sind.

Bei sogenannten primären Kontrollwiederherstellungsversuchen werden Handlungen initiiert, von denen sich die handelnde Person verspricht, die erwarteten Ziele doch noch erreichen zu können. Bei den sekundären Kontrollwiederherstellungsversuchen spielen kognitive Umstrukturierungen, die retrospektive Suche nach Erklärungen für den Grund des Kontrollverlustes und die Suche nach inhaltlicher und zeitlicher Vorhersehbarkeit zur besseren Adaptation an zukünftige Ereignisse eine Rolle. So stellt Herr Schulte sein ausgearbeitetes Symposiumskonzept in der ersten AG-Sitzung komplett vor, obwohl er schon während des Vortrags das Desinteresse der französischen Kollegen bemerkt. Er geht auch noch höflich auf die aus seiner Sicht völlig überflüssige Frage des französischen Kollegen ein. Aber Erfolg hat er damit nicht. Sein Konzeptvorschlag regt zu keiner adäquaten Diskussion an.

Wenn die primären Kontrollwiederherstellungsversuche scheitern, werden sekundäre Kontrollwiederherstellungsversuche unternommen. Welche Kontrollwiederherstellungsstrategie gewählt wird, hängt davon ab, inwieweit die Umwelt als veränderbar angesehen wird. So können primäre und sekundäre Kontrollwiederherstellungsstrategien durchaus parallel erfolgen.

Weiterhin sind Vorhersagbarkeit und Erklärbarkeit einerseits und Beeinflussbarkeit und Umweltgegebenheiten andererseits von Bedeutung, denn beide sind die Voraussetzung dafür, dass Kontingenzen wahrgenommen werden und die Umwelt für als beeinflussbar angesehen wird.

Forschungen haben gezeigt, dass die Intensität der Kontrollmotivation individuell unterschiedlich ausgeprägt ist. Zur Erfassung der internen und externen Kontrollüberzeugungen als unabhängige Persönlichkeitsdimensionen stehen der Fragebogen zu Kompetenz- und Kontrollüberzeugungen (Krampen, 1991) sowie ein 10-Item-Verfahren zur Erfassung von Selbstwirksamkeit, verstanden als subjektive Überzeugung, kritische Anforderungssituationen aus eigener Kraft erfolgreich bewältigen zu können (Jerusalem & Schwarzer, 1999), zur Verfügung. Zudem konnte ein positiver Zusammenhang zwischen der wahrgenommenen Kontrollwiederherstellung und Wohlbefinden, Selbstwertgefühl und emotionaler Stabilität nachgewiesen werden. Weitere positive Effekte gibt es in Bezug auf Leistungsfaktoren wie Lernleistung, Berufserfolg und beruflichen Aufstieg. Für die Bewältigung kultureller Überschneidungssituationen ist die Beobachtung, dass Personen, die in der Lage waren, ein aversives, also unangenehmes, Ereignis, z. B. eine kulturell bedingte kritische Interaktionssituation, kontrollieren zu können, eine höhere Frustrationstoleranz, besserer Aufgabenleistungen und weniger Stresssymptome zeigen als Personen, denen dies nicht gelungen ist. Sekundäre Kontrollwahrnehmung, also die Anpassung an die Umweltbedingungen, fördert die Anwendung kognitiver Strategien bei der Wiederherstellung der Kontrollierbarkeit sowie die zeitliche und inhaltliche Vorhersehbarkeit aversiver, belastender Ereignisse.

Die nachträgliche Erklärbarkeit negativer Ereignisse kann sowohl positive als auch negative Auswirkungen auf das Wohlbefinden nach sich ziehen. Wenn die Erklärbarkeit eines unerwünschten Ereignisses auch generell dazu führt, dass die Umwelt wieder sinnvoll und geordnet erscheint und dass ein solches Ereignis in Zukunft vermieden werden kann, so hängt aber alles davon ab, wem die Kontrolle über das negative Ereignis zugeschrieben wird. Findet eine Selbstbeschuldigung statt, so sind das Wohlbefinden und die Erwartung, künftig Kontrolle ausüben zu können, erheblich verringert (vgl. Fritsche, Jonas & Frey, 2006).

Wird eine Selbstbeschuldigung vorgenommen, so führt das zu verringertem Wohlbefinden und einer verringerten Erwartung zukünftig Kontrolle ausüben zu können.

Es gibt Situationen, in denen objektiv unkontrollierbare Ereignisse vom Handelnden als kontrollierbar interpretiert werden, also eine illusionäre Kontrollerwartung stattfindet. Das ist meist dann der Fall, wenn der Handelnde massiv persönlich betroffen ist, mit der Situation vertraut ist, über vorheriges Wissen über die Erreichbarkeit erwünschter Resultate verfügt und sein Handeln stark erfolgsorientiert ist. Genau diese Bedingungen liegen bei den im Fallbeispiel „Der Bericht" (vgl. Tab. 5) handelnden Personen vor. Beide glauben, das Verhalten des Partners in ihrem Sinne kontrollieren zu können, was aber aus zwei Gründen illusorisch ist. Einerseits sind durch Prozesse der Enkulturation und beruflichen Sozialisation beim US-amerikanischen Vorgesetzten und auch beim griechischen Mitarbeiter unterschiedliche kulturelle Orientierungsmuster in Bezug auf das von ihnen als adäquat empfundene Verhalten im Kontext der Vorgesetzten-Mitarbeiter-Interaktion und deren Begründungen ausgeprägt und verinnerlicht worden. Andererseits sind diese das Handeln bestimmenden kulturellen Orientierungen bezüglich ihrer Wirksamkeit nicht mehr bewusstseinspflichtig. Die Interaktionsprozesse werden nach den gewohnten eigenkulturellen Orientierungsmustern gleichsam automatisch gesteuert, bewertet und kontrolliert.

Tabelle 5: Fallbeispiel: Der Bericht (Thomas, Kinast & Schroll-Machl, 2005, S. 45, Abdruck erfolgt mit freundlicher Genehmigung des Verlags Vandenhoeck & Ruprecht)

Verhalten	Attribution
Amerikaner: Wie lange brauchst du, um diesen Bericht zu beenden?	*Amerikaner:* Ich bitte ihn, sich zu beteiligen.
Grieche: Ich weiß nicht. Wie lange sollte ich brauchen?	*Grieche:* Sein Verhalten ergibt keinen Sinn. Er ist der Chef. Warum sagt er es mir nicht? *Amerikaner:* Er lehnt es ab, Verantwortung zu übernehmen. *Grieche:* Ich bat ihn um eine Anweisung.
Amerikaner: Du kannst selbst am besten einschätzen, wie lange es dauert.	*Amerikaner:* Ich zwinge ihn, Verantwortung für seine Handlungen zu übernehmen. *Grieche:* Was für ein Unsinn! Ich gebe ihm wohl besser eine Antwort.
Grieche: 10 Tage.	*Amerikaner:* Er ist unfähig, die Zeit richtig einzuschätzen; diese Schätzung ist völlig unrealistisch.

Tabelle 5: Fortsetzung

Verhalten	Attribution
Amerikaner: Besser 15. Bist du damit einverstanden, es in 15 Tagen zu tun?	*Amerikaner:* Ich biete ihm eine Abmachung an. *Grieche:* Das ist meine Anweisung: 15 Tage.
In Wirklichkeit braucht man für den Bericht 30 normale Arbeitstage. Also arbeitet der Grieche Tag und Nacht, benötigt aber am Ende des 15. Tages immer noch einen weiteren Tag.	
Amerikaner: Wo ist der Bericht?	*Amerikaner:* Ich vergewissere mich, dass er unsere Abmachung einhält. *Grieche:* Er will den Bericht haben.
Grieche: Er wird morgen fertig sein.	(Beide attribuieren, dass er noch nicht fertig ist.)
Amerikaner: Aber wir haben ausgemacht, er soll heute fertig sein.	*Amerikaner:* Ich muss ihm beibringen, Abmachungen einzuhalten. *Grieche:* Dieser dumme, inkompetente Chef! Nicht nur, dass er mir falsche Anweisungen gegeben hat, er würdigt noch nicht einmal, dass ich einen 30-Tage-Job in 16 Tagen erledigt habe.
Der Grieche reicht seine Kündigung ein.	Der Amerikaner ist überrascht. *Grieche:* Ich kann für so einen Menschen nicht arbeiten.

Tabelle 5 beinhaltet eine kritische Interaktionssituation zwischen einem US-amerikanischen Chef und seinem griechischen Mitarbeiter, der angewiesen wurde, einen Bericht zu erstellen. Hier sind die einzelnen Verhaltenssequenzen und das, was dabei auf beiden Seiten an Attributionen stattfindet, gegenübergestellt. Bemerkenswert ist, dass es sich bei beiden Personen um qualifizierte und durchaus motivierte Arbeitskräfte handelt. Der US-amerikanische Chef folgt den Leitlinien eines modernen auf Partizipation und Eigenverantwortlichkeit ausgerichteten Konzepts. Der griechischen Mitarbeiter weiß, dass er als qualifizierter und motivierter Mitarbeiter eigentlich blind, aber auf jeden Fall widerspruchslos, den Anweisungen seines Chefs Folge zu leisten hat. Die Qualität des von ihm erstellten Berichts wird auch nicht angezweifelt. Beide Personen handeln entsprechend ihren jeweiligen kulturellen Orientierungen. Der US-amerikanische Chef verfolgt konsequent einen leistungs- und handlungsorientierten, partizipativen und auf soziale Anerkennung ausgerichteten Führungsstil (Slate & Schroll-Machl, 2013). Der griechische Mitarbeiter folgt den Leitlinien einer auf die Gegenwart zentrierten, paternalistisch-hierarchischen Vorgesetzten-Untergebenden-Beziehung (Maurus, Weis & Thomas, 2014). Beide gewinnen mehr und mehr die Gewissheit, dass ein Kontrollverlust eingetreten ist. Weder primäre noch sekundäre Kontrollwiederherstellungsstrategien sind erfolgreich. Für beide sind externe Kontrollüberzeugungen, also die Vorstellung, dass der Partner für den Kontrollverlust verantwortlich ist, ausschlaggebend. Reaktanz bricht an einigen Stellen durch, führt aber nicht zur Entspannung. Der US-amerikanische Chef ist überrascht, weil er nicht wirklich versteht, was passiert ist und warum der griechische Mitarbeiter nicht auf seine Gesprächs- und Verhandlungsangebote eingeht. Der griechische Mitarbeiter kündigt, weil er die Anforderungen, die der US-amerikanische Chef an ihn stellt, aus seiner Sicht nicht gerechtfertigt sieht, er sich ihnen nicht gewachsen fühlt, den US-Amerikaner nicht als Chef anerkennen kann und zudem glaubt, unter dessen Leitung nicht die Leistungen erbringen zu können, die verlangt werden. Eine weitere Zusammenarbeit hätte womöglich beide Partner in den Zustand gelernter Hilflosigkeit versetzt und vermehrt Reaktanz hervorgerufen.

Als Reaktion auf einen immer wieder erlebten dauerhaften Kontrollverlust werden in der Psychologie zwei konträre Prozesse thematisiert, die sich in der „Theorie der gelernten Hilflosigkeit" und der „Theorie der psychologischen Reaktanz" wiederfinden.

3.7.2 Theorie der gelernten Hilflosigkeit

Die Theorie der gelernten Hilflosigkeit (Seligman, 1975) befasst sich mit Personen, die erfahren haben, dass zwischen ihrem Verhalten und dessen Ergebnissen kein Zusammenhang besteht. Sie können sich diese Situation im Nachhinein nicht erklären und auch nicht auf bestimmte situative Gegebenheiten zurückführen. So erleben sie einen massiven Kontrollverlust als Resultat gelernter Hilflosigkeit. In solchen Fällen kommt es zu drei Arten von Beeinträchtigungen: (1) Die Motivation, überhaupt Einfluss ausüben zu können, ist stark reduziert. (2) Die kognitive Fähigkeit, tatsächlich vorhandene Handlungs-Ergebnis-Kontingenzen lernen zu können, ist deutlich eingeschränkt und (3) kommt es zur Furcht, überhaupt etwas zu unternehmen und zu wagen, was durchaus in einer Depression münden kann.

Je stärker die Überzeugung verinnerlicht ist, in Zukunft keine Kontrolle ausüben zu können, je höher die Bedeutung des zu kontrollierenden Ereignisses ist und je eher die Person sich selbst als Ursache des wahrgenommenen Kontrollverlustes ansieht, umso belastender ist der Kontrollverlust für den Handelnden selbst. Die jeweiligen Zuschreibungen können auf den verschiedenen Dimensionen variieren: die Ursachen werden als in der Person liegend oder außerhalb angesiedelt angesehen, die Ursachen der Unbeeinflussbarkeit betreffen ein spezifisches Ereignis oder so gut wie alle auftretenden Ereignisse, bei denen Kontrolle angebracht wäre, und die Ursachen werden als zeitlich stabil oder veränderlich wahrgenommen. Bei internaler Attribution entwickelt sich eine personale Hilflosigkeit, und bei externaler Attribution stellt sich eine universelle Hilflosigkeit ein. Je mehr globale Ursachen der erlernten Hilflosigkeit zugeschrieben werden, umso umfassender wird sie generalisiert. Je stabiler die Ursachen sind, die der erlernten Hilflosigkeit zugeschrieben werden, umso stärker verfestigt sie sich und umso länger hält sie an. Die Stärke der erlebten Defizite hängt auch ab von der Sicherheit, mit der auch zukünftig Unkontrollierbarkeit erwartet wird, und von der Wichtigkeit der Handlungsergebnisse (vgl. auch Frey & Jonas, 2002).

Wenn bei Auslandsmitarbeitern in längeren, berufsbedingten Auslandseinsätzen immer wieder hohe Quoten vorzeitiger Abbrüche, Leistungsabfall und Burnout-Symptome festgestellt werden, so ist zu erwarten, dass hierfür Formen gelernter Hilflosigkeit als Reaktion auf dauerhaft unerfüllte Kontrollerwartungen und Kontrollvorhersagen verantwortlich sind.

3.7.3 Theorie der psychologischen Reaktanz

Während die Hilflosigkeitstheorie vorhersagt, dass Menschen nach chronischer Erfahrung von Non-Kontingenz zwischen Verhalten und den Ergebnissen des Verhaltens mit Hilflosigkeit reagieren, unterstellt die Reaktionstheorie das konträre Ergebnis, nämlich dass nicht mit Apathie, sondern mit Konfrontation reagiert wird.

Unter Reaktanz versteht man in der Psychologie einen motivationalen Zustand, eine eingeschränkte, bedrohte oder tatsächlich entzogene Freiheit, bestimmte, intendierte Verhaltensweisen ausführen zu können, wiederherzustellen. Dabei ist der Begriff „Freiheit", üblicherweise definiert als die Möglichkeit, zwischen zwei Verhaltensalternativen frei wählen zu können, höchst umstritten, weil ein solcher Fall nur selten vorkommt. In der Regel stehen nämlich mehrere Verhaltensalternativen zur Verfügung. Genau genommen entsteht Reaktanz dann, wenn der Handelnde den Eindruck hat, dass er die Kontrolle über die Ereignisse in der für ihn bedeutsamen Umwelt verliert (Dickenberger, Gniech & Grabitz, 1993).

In kulturellen Überschneidungssituationen, besonders dann, wenn kulturell bedingte kritische Interaktionen auftreten und zu bewältigen sind, kann man eine Abfolge von Empfindungen, Überlegungen, Urteilen und Verhaltensweisen beobachten, die durchaus als Merkmale empfundener Einschränkung der Handlungsfreiheit zu werten sind.

Die *erste Bearbeitungsvariante* kritischer Interaktionssituationen (vgl. Abb. 5 auf S. 50) zeigt genau dieses Abwehrverhalten. Das Gespür, die Vermutung oder die

Gewissheit, die Kontrolle über die als bedeutsam erachteten Elemente der relevanten Umwelt zu verlieren, z. B. Mangel an zutreffender Antizipation des Partnerverhaltens und Mangel an Möglichkeiten zur Gestaltung der Interaktionsbeziehungen, ineffektiver Einsatz von sozialen Ressourcen in der Kommunikation und Interaktionsprozessen, nicht mehr zu wissen, wie es weitergehen soll und was man noch tun kann, um verstanden und akzeptiert zu werden, immer hilfloser zu werden, weil nichts mehr so läuft wie erwartet, sondern alles irgendwie anders, unerwartet, unvorhersehbar und vermeintlich ohne Sinn und Verstand vor sich geht, ist typisch für die Herausforderung in kulturellen Überschneidungssituationen und erzeugt unabdingbar Reaktanz. Dieser motivationale Befindlichkeitszustand ist häufig bei Personen anzutreffen, die unvorbereitet in einen beruflich bedingten Auslandseinsatz geschickt werden. Im Fallbeispiel erlebt Herr Schulte den Verlauf der ersten AG-Sitzung in Paris als eine massive Einschränkung seiner Handlungs- und Einflussmöglichkeiten, also seiner Selbstwirksamkeitserwartungen. Er hat das Gefühl, nicht mehr mit dabei zu sein und mit seinem Engagement den anderen sogar lästig zu werden. Seine negative Attribution gegenüber den französischen Kollegen, seine Unmutsäußerungen gegenüber Herrn Pochet und die Absicht seine Mitarbeit völlig aufzukündigen entstehen aus dem Bedürfnis, sich gegen das seine Wahlfreiheit beschränkende Verhalten der französischen Partner zu wehren: „Das kann man mit mir nicht machen! Das lasse ich mir nicht gefallen!"

Die psychologische Reaktanztheorie geht von folgenden Annahmen aus:

Handelnden Personen wird grundsätzlich gewisse Wahlfreiheit bezüglich der Ausführung von Handlungsweisen zugestanden bzw. sie sehen solche für sich in bestimmten Situationen als legitim an und nehmen sie in Anspruch. Bemerkt der Handelnde, dass diese ihm zustehende Wahlfreiheit eingeschränkt wird, entsteht Reaktanz in Form des motivationalen Zustands, die bedrohte oder verloren gegangene Wahlfreiheit wiederzugewinnen bzw. wieder Kontrolle über das für ihn relevante Umfeld zu besitzen. Wenn die Wahlfreiheit für das Erreichung der mit dem Handeln intendierten Ziele für den Handelnden sehr wichtig ist, der als legitim betrachtete Freiheitsspielraum sehr eingeschränkt ist und die Freiheitseinschränkung besonders massiv und forciert erfolgt, ist Reaktanz, also das Bedürfnis nach Wiederherstellung der Wahlfreiheit bzw. Kontrolle über das Geschehen, besonders stark ausgeprägt. Die Reaktanzmotivation ist bei einzelnen Individuen unterschiedlich stark ausgeprägt:

- *Direkte Freiheitswiederherstellung:* Der Handelnde hat zwar die freiheitseinschränkenden Aufforderungen und Anordnungen registriert, kümmert sich aber nicht darum, sondern nimmt sich weiter die Wahlfreiheit, die er für legitim hält.
- *Indirekte Freiheitswiederherstellung:* Der Handelnde führt ein anderes, aber vergleichbares Verhalten, das der Verhaltenseinschränkung nicht unterliegt, aus, um seine Ziele zu erreichen.

- *Aggressionen:* Aggressive Reaktionen auf Freiheitseinschränkungen können Freiheitswiederherstellung zur Folge haben oder der Erregungsabfuhr, z. B. nach einem Wutausbruch, dienen.
- *Attraktivitätsänderungen:* Die Wiederherstellung der Wahlfreiheit wird dadurch erreicht, dass die Bedeutsamkeit der bedrohten Verhaltensweise herabgestuft wird zugunsten einer weniger oder überhaupt nicht bedrohten Alternative.

Es gibt individuelle Unterschiede bezüglich der Bereitschaft zur Aktivierung psychologischer Reaktanz. Personen mit hohen Reaktanzwerten sind eher dominant, individualistisch, wenig tolerant, unabhängig, narzisstisch und selbstsicher. Sie neigen zu internalen Kontrollüberzeugungen und tendieren dazu, Handlungen auszuführen, ohne die Konsequenzen zu berücksichtigen (Dickenberger, 2006). Menschen, die ihre Erfolge und Misserfolge im Leben eher äußeren Einflüssen zuschreiben, also external orientiert sind und weniger durch sie selbst errungen ansehen, reagieren auf Kontrollverlust durch äußere Faktoren stärker mit Reaktanz. Internal orientierte Personen zeigen demgegenüber erhöhte Reaktanzwerte, wenn sie den Eindruck haben, dass der Kontrollverlust durch eine Person verursacht wurde.

In kulturell bedingten kritischen Interaktionssituationen besteht, wie bereits berichtet, die Tendenz zur intrapersonalen Attribution, also die Ursache für das Fehlverhalten wird nicht durch äußere Umstände, sondern von der handelnden Person selbst verursacht angesehen und so dem Interaktionspartner angelastet. Genau das passiert Herrn Schulte im Fallbeispiel mit der Konsequenz des Abbruchs der Interaktionen und der weiteren Zusammenarbeit. Damit gelingt es ihm, die gewünschte Kontrolle und Selbstwirksamkeit wiederherzustellen.

In der *zweiten Bearbeitungsvariante*, die in Abbildung 5 dargestellt ist (Anpassung/Gewöhnung), wird nicht der Interaktionspartner in den Mittelpunkt gestellt, sondern es werden personenabhängige Erklärungen zur Hilfe genommen: „Die sind nun mal so!", und passende Reaktionsalternativen gesucht: „Anpassungsleistungen erbringen", „Einsatz passender Handlungsroutinen" und „Da muss man durch!", was zur Aufrechterhaltung der Kontrolle über die relevanten Ereignisse in der Handlungssituation und zur Wiederherstellung von Wahlfreiheit führt, wenn auch in angepasster bzw. eingeschränkter Weise.

In der *dritten Bearbeitungsvariante* interkulturell bedingter Handlungsstörungen aus Abbildung 5 (Akzeptanz/Innovation) wird dieser Weg der Wiedergewinnung von Kontrolle und Wahlfreiheit noch weiter ausdifferenziert und in qualitativer Hinsicht vertieft. Hier geht es nicht mehr um die Wiederherstellung eines früheren, gut kontrollierten Befindlichkeitszustands und zufriedenstellender Wahlfreiheit, sondern um die Schaffung neuer Handlungsoptionen. Dies gelingt dann, wenn der Interaktionspartner nicht mehr als Verursacher des eigenen Kontrollverlustes und der Wahlfreiheit angesehen und behandelt wird, sondern als eine Ressource zur „Entwicklung neuer, erfolgreicher und zufriedenstellender Handlungsroutinen", die beiden Partnern zugute kommt.

3.8 Theorie des überlegten Handelns

In der Psychologie wird Handeln als eine spezifische Art menschlichen Verhaltens bezeichnet, die sich dadurch auszeichnet, dass sie intentional, zielorientiert, kontrolliert, geplant und meist bewusst ausgeführt wird. Dabei setzt sich der Handelnde mit sozialen Situationen und Kontexten auseinander, wobei einerseits von der Person ausgehende intrapersonale Phänomene, wie Einstellungen, Urteilsprozesse, soziale Wahrnehmung, Kognitionen und Emotionen, und andererseits extrapersonale Phänomene, wie soziale Situationen, Interaktionen und Kommunikation zwischen einzelnen Personen sowie in und zwischen Gruppen, sich wechselseitig beeinflussen. Handlungstheorien erheben deshalb den Anspruch, Zusammenhänge und kausale Funktionen zwischen psychischen Phänomenen, die das wahrnehmbare Verhalten steuern, zu erklären. Menschliches Handeln ist deshalb ein sozialer Vorgang, weil er durch soziale Kontexte, Regeln und Normen beeinflusst, gestaltet und kontrolliert wird. Zudem ergeben sich daraus Konsequenzen für den Handelnden und andere Personen.

Beim Handeln in kulturellen Überschneidungssituationen kann man davon ausgehen, dass sie von Intentionen gesteuert werden, z. B. der Intention, die Handlung auszuführen oder sie zu unterlassen. Der intentionale Aspekt der Handlung wird beeinflusst von der Einstellung des Handelnden bezüglich der Ziele der Handlung und einer sozialen bzw. individuellen Normkomponente. Nach der *Theorie des überlegten Handelns* wird die Einstellungskomponente davon bestimmt, ob die handelnde Person den Handlungsvollzug positiv oder negativ bewertet (Frey, Stahlberg & Gollwitzer, 1993). Die Normkomponente ist bestimmt vom subjektiv empfundenen sozialen Umgebungsdruck. Nach der Theorie wird eine Handlung dann ausgeführt, wenn die Person sie positiv bewertet und wenn sie zugleich davon überzeugt ist, dass wichtige Personen, Personengruppen oder Institutionen die Handlung ebenfalls positiv bewerten.

Im Fallbeispiel hätte Herr Schulte schon in der ersten AG-Sitzung in Paris die Bitte von Herrn Pochet, er möge sein Symposiumskonzept vorstellen, durchaus ausschlagen können, denn er war da schon sehr enttäuscht vom Verhalten seiner französischen Kollegen. Er hatte aber einerseits viel Arbeit in die Ausarbeitung des Konzepts investiert und war andererseits überzeugt, damit einen innovativen Vorschlag vorlegen zu können. Zudem war er der festen Überzeugung, dass auch andere Wissenschaftler seine Arbeit positiv bewerten würden. Entscheidend ist nun für die Einstellungskomponente die Auftretenswahrscheinlichkeit möglicher Konsequenzen. Hierbei kommt das Erwartungs-Wert-Prinzip zum Tragen, aus dem zu folgern ist, dass von mehreren zur Verfügung stehenden Handlungsalternativen immer diejenige gewählt wird, die den höchsten Erwartungswert hat. Dabei ist der Erwartungswert eines Handelnden die Summe der Werte der von der Person berücksichtigten Folgen der Handlung. Hier spielt also der subjektiv erwartete Nutzen der Entscheidung unter Risikobedingungen eine Rolle. Kurz gesagt: Personen handeln so, wie sie glauben, dass es zu dem führt oder dazu beiträgt, was sie sich wünschen (Reisenzein, 2006). Genau das passiert auch bei Herrn Schulte, denn er ist überzeugt, dass sein Symposiumskonzept zu dem passt, was verlangt wird, und dass es ihm mit seinem Vortrag gelingt, die anwesenden wissenschaftlichen Kollegen vom Wert seines Konzepts zu überzeugen. Als diese aber nicht so positiv reagieren, wie er das erwartet hatte, attribuiert Herr Schulte bei seinen französischen Kollegen völliges Desinteresse an dem gesamten Projekt. Er gewinnt so den Eindruck, dass sie seinen Vorschlag grundsätzlich nicht zu würdigen bereit sind. Aus seiner Sicht handelt er sehr konsequent und überlegt. Seine französischen Kollegen gehen aber bei der Einschätzung der Ziele und der Zwecke der ersten AG-Sitzung von völlig anderen Voraussetzungen aus. Ihnen geht es darum, einander kennenzulernen bzw. wieder zu begegnen und eine angenehme, von gegenseitigem Vertrauen und Wertschätzung getragene Gruppenatmosphäre zu schaffen und das als Grundlage für die zukünftige Zusammenarbeit. Unter diesen Leitlinien handeln auch sie konsequent und überlegt, indem sie die leistungsorientierten Darlegungen von Herrn Schulte zu einem Symposiumskonzept zunächst ertragen und über sich ergehen lassen. Nach Aufforderung und Druck von Herrn Pochet stellen sie eine allgemeine und unverfängliche Frage an Herrn Schulte und sorgen dann dafür, dass alle diese voreilig eingebrachten Leistungsaspekte in den Hintergrund treten, weil aus ihrer Sicht der Prozess der Arbeitsgruppenentwicklung noch nicht so weit gediehen ist. Über ein passendes Symposiumskonzept muss noch diskutiert, verhandelt und entschieden werden. Das Verhalten der französische Wissenschaftler kann auch noch dadurch erklärt werden, dass sie sich schon von früher her kennen, sich also ganz anders als Herr Schulte als Mitglied einer Gruppe empfinden. Nach der oben schon angesprochenen Theorie der sozialen Identität (Tajfel, 1978) orientiert sich menschliches Handeln an den situativen Umständen. Diese variieren auf dem Kontinuum zwischen stark individuum-orientiert und stark intergruppen-orientiert. Herrn Schultes Handeln ist an dem orientiert, was er selbst für richtig und geboten hält (subjektive Norm), wohingegen die französischen Kollegen eher als Mitglieder einer wieder reaktivierten sozialen Gruppe (soziale Norm) handeln. Beide Parteien, Herr Schulte in der Minderheitsposition, die französischen Kollegen zusammen mit den beiden in Deutschland und Frankreich beheimateten Kollegen in der Mehrheitsposition, verhalten sich gemäß ihren Intentionen und Gewohnheiten, die nicht der willentlichen Kontrolle unterliegen. Dies erschwert in erheblichem Maße die Chance, dass neue unvorhergesehene Ereignisse zur Überprüfung und gegebenenfalls Änderung der Intentionen, der Einstellungen und der subjektiven Normen führen.

3.9 Selbstwahrnehmung

Die Theorie der *Selbstaufmerksamkeit* geht von der Voraussetzung aus, dass Einstellungen, Intentionen, subjektive Normen und ihre Auswirkungen auf das Handeln reflektiert werden, also ein Prozess der Selbstaufmerksamkeit stattfindet. Die Selbstaufmerksamkeitstheorie befasst sich genau mit den Prozessen, die entstehen, wenn der Handelnde seine Aufmerksamkeit auf sich selbst richtet und sich so als Objekt sieht.

> **Begriffsklärung: Selbstkonzept und Selbstwertgefühl**
>
> Das *Selbstkonzept* enthält die Summe der Einschätzungen einer Person über sich selbst.
>
> Das *Selbstwertgefühl* resultiert aus den positiven und negativen Selbstbewertungen.
>
> Zu unterscheiden ist ein verfestigtes, habituelles Selbstwertgefühl von einem situationsspezifischen Zustand des Selbstwertgefühls, in dem die durch situative Bedingungen aktivierten subjektiven Bewertungen des Selbstwertes repräsentiert sind. Das Selbstwertgefühl entwickelt sich aufgrund der Selbstwahrnehmung, der sozialen Vergleichsprozesse und den sozialen Rückmeldungen.

Die Selbstkonzeptthematik und Aspekte des Selbstkonzepts beziehen sich vornehmlich auf das subjektive Wohlbefinden hinsichtlich der physischen und psychischen Gesundheit sowie auf das Leistungs- und das Sozialverhalten. Die Selbstwertthematik, die Selbstwahrnehmung sowie die Beschäftigung mit dem Selbstkonzept sind für das interkulturelle Verstehen und Handeln deshalb so wichtig, weil die Konfrontation und Bewältigung kultureller Überschneidungssituationen sowohl die Selbstwahrnehmung wie das Selbstkonzept herausfordern. Das betrifft vor allem die Erfahrung, die Beurteilung und den Umgang mit kulturell bedingten kritischen Interaktionssituationen, die irritieren und durch die drohender Kontrollverlust provoziert wird.

Nach der Theorie der Selbstaufmerksamkeit bewirkt Selbstaufmerksamkeit zunächst eine Intensivierung aller Aspekte, die eine erhöhte Aufmerksamkeit hervorrufen. Dem Handelnden wird die Diskrepanz zwischen den eigenen Intentionen und Zielen einerseits und den tatsächlich beobachteten eigenen Leistungsresultaten andererseits bewusst. Diese Diskrepanz aktiviert eine Motivation, das Handeln den Intentionen und Zielen anzupassen, also die Diskrepanzen zu reduzieren und die das eigene Selbst bedrohenden Informationen, Situationen und Ereignisse so zu interpretieren, dass ihr Bedrohungspotenzial auf ein beherrschbares Niveau reduziert wird. Den Selbstwert bedrohende Ereignisse, wie kulturell bedingte kritische Interaktionssituationen, aktivieren im Handelnden Abwehrreaktionen. Hinzu kommt die Tendenz, die Selbstaufmerksamkeit zu reduzieren oder, wenn die Person ihre Aufmerksamkeit weder auf positive Selbstaspekte richten noch die Diskrepanzen anderweitig reduzieren kann, zu versuchen, jegliche Selbstzentrierung zu vermeiden.

Genau dieses Verhalten zeigt Herr Schulte im Fallbeispiel. Das Verhalten der französischen Wissenschaftler führt dazu, dass Herr Schulte sich in seinem Selbstwert als wissenschaftlich international erfahrener sowie bereitwilliger und qualifizierter Mitarbeiter in der Arbeitsgruppe bedroht fühlt. Nun könnte er nach Ursachen für das Verhalten der französischen Kollegen forschen, ihr Verhalten genauer beobachten und zum Beispiel Herrn Pochet oder die beiden in Deutschland und in Frankreich beheimateten Kollegen nach der Präsentation um Rat fragen. So wäre es ihm möglich, seine Bewertung der Gesamtsituation und des Verhaltens seiner französischen Kollegen einer kritischen Reflexion zu unterziehen oder nach Interpretations- und Erklärungsalternativen zu suchen. Stattdessen konzentriert er sich darauf, sich selbst als den einzig fleißigen, engagierten und ziel- und aufgabenorientierten wissenschaftlichen Experten (alles positive Aspekte seines Selbstwertes als Wissenschaftler) darzustellen. Dies geschieht alles auf dem Hintergrund der vernichtenden Beurteilung seiner französischen Kollegen als desinteressierte, leistungsunwillige Hedonisten. So interpretiert er die von den französischen Kollegen ausgehenden, seinen eigenen Selbstwert bedrohenden Informationen und Verhaltensweisen als Zeichen für deren grundsätzliches Desinteresse, an der Entwicklung eines Symposiumskonzepts mitzuarbeiten.

Eine weitere für kompetentes interkulturelles Handeln bedeutsame Erkenntnis aus der Selbstaufmerksamkeitstheorie ist die experimentell gesicherte Tatsache, dass eine selbstzentrierte Aufmerksamkeit dazu führt, dass der Handelnde sich der latenten Diskrepanz zwischen der eigenen Perspektive und der Perspektiven, die im sozialen Umfeld gelten, bewusst wird. Da das Abweichen der eigenen Perspektive von der fremden Perspektive dem Handelnden oft nicht bewusst wird, entsteht die Gefahr, dass er die eigene Betrachtungsweise als die allgemein gültige überschätzt. Dieses Defizit kann durch die auf sich selbst gerichtete Aufmerksamkeit vermieden werden, weil dabei mit der eigenen Perspektive wahrgenommen und die Verschiedenheit zu anderen Perspektiven anerkannt wird. Der Betrachtung des eigenen Selbst liegt nämlich die Fähigkeit zur Perspektivenübernahme zugrunde. Nach der Theorie der Selbstaufmerksamkeit kommt es dann, wenn eine Person in bestimmten Situationen nicht in der Lage ist, sich selbst als Objekt wahrzunehmen, zum Verfall der Differenzierung zwischen eigener und fremder Perspektive. Wird aber die Selbstbetrachtung begünstigt, baut sich auch der Egoismus in der Wahrnehmung und Bewertung von Verhaltensweisen ab. Hinzu kommt die Fähigkeit zur Perspektivenübernahme, die normalerweise bis zur späten Kindheit entwickelt ist, und es gelingt die Anerkennung und der Umgang mit der Verschiedenheit von Perspektiven (vgl. Wicklund & Frey, 1993).

Alle diese Erkenntnisse zur Wirkung von Selbstaufmerksamkeit, Egozentrismus, Abbau von Egozentrismus, der Fähigkeit zur Perspektivenübernahme und der situationsspezifischen, tatsächlich vollzogenen Perspektivenübernahme, spielen eine wichtige Rolle im Zusammenhang mit interkulturellen Trainings zur Entwicklung interkultureller Handlungskompetenz:
- Allgemeine interkulturelle Trainings zur Sensibilisierung für die Wirkung kulturspezifischer Orientierungssysteme auf Wahrnehmen, Denken, Urteilen, Empfinden und Handeln müssen die Trainees dazu befähigen, stärker als es üblicherweise erforderlich ist, die eigene Person als Objekt wahrzunehmen. Nur so werden sie befähigt, die Perspektive anderer handelnder Subjekte im Interaktionsfeld wahrnehmen zu können.
- Kulturspezifische interkulturelle Trainings zur Vorbereitung auf den Auslandseinsatz in einer spezifischen Kultur haben die Aufgabe, die Trainees darauf vorzubereiten, dass ihre eigene Perspektive, aktiviert durch erhöhte Selbstaufmerksamkeit, nur eine Spielart vieler möglicher Perspektiven ist. Hinzukommen muss die Vermittlung kulturspezifischer Perspektiven, zum Beispiel in Form der jeweiligen Kulturstandards aus deutscher Sicht, die es ihnen erlauben, kulturadäquate Interpretationen und Bewertungen des Verhaltens ihrer ausländischen Partner vorzunehmen.
- Die zentralen Leistungen zur Entwicklung interkultureller Handlungskompetenz sind Empathie, verstanden als kognitives Verstehen und emotional-affektives Nachempfinden der Beweggründe des Handelns der fremdkulturellen Partner, verbunden mit der Aktivierung der Selbstaufmerksamkeit zentriert auf das eigene kulturspezifische Orientierungssystem und die Aktivierung eines entsprechenden Perspektivenwechsels.

3.10 Selbstdarstellung und Impression Management

In den bisherigen Ausführungen war von Selbstbild, Selbstwahrnehmung, Selbstkonzept und Selbstzentrierung die Rede, was zeigt, dass diese Themen zentrale Bedeutung für das menschliche Leben haben. Menschen sind nicht nur auf das angewiesen, was sie von sich wahrnehmen und denken. Sie sind auch in der Lage, ihr Bild von der eigenen Person aufrechtzuerhalten und zu verbessern, um auf diese Weise ihren Selbstwert zu verteidigen und zu erhöhen. Gewöhnlich sind sie dazu auf ihre Interaktionspartner angewiesen, denen sie sich in ihrem Selbstkonzept präsentieren. Diese Darstellung der eigenen Person, verbunden mit ihren Eigenschaften, geschieht in aller Regel auf sehr selbstdienliche Weise. Das eigene Selbst schädigende Selbstpräsentationen kommen zwar vor, sind aber äußerst selten. Jeder versucht sich möglichst günstig darzustellen, und das entsprechend den Erfordernissen der Situation und der Person an die sich die Selbstdarstellung richtet (vgl. Mummendey, 2006).

> **Begriffsklärung: Selbstdarstellung**
>
> Die Selbstdarstellung umfasst alle Bereiche des menschlichen Verhaltens und Erlebens wie Fähigkeiten, Fertigkeiten, Einstellungen, Sprache, Kleidung, Gestik, Mimik, Aussprache, Interessen, Vorlieben etc. Von zentraler Bedeutung ist, dass Menschen versuchen, immer und zu jeder Zeit den Eindruck, den sie auf andere Personen ausüben, zu kontrollieren und einen positiven Eindruck bei anderen zu hinterlassen (Mummendey, 2009).

Die positive Selbstpräsentation ist wichtig, weil sie Dominanzverhalten fordert und die Wahrscheinlichkeit, unbeachtet zu bleiben oder abgewiesen zu werden, reduziert. Zudem erwerben Personen durch einen positiven Eindruck, besonders wenn er nachhaltig ist, eine soziale Ressource, über deren Einsatz sozialer Einfluss ausgeübt werden kann. Deshalb ist die mit der Selbstpräsentation und besonders mit gezielter Impression-Management-Technik erzielte Wirkung auch ein Mittel zur Ausübung sozialer Macht.

Impression Management dient weiterhin dem Aufbau und der Stabilisierung von Identität und erfüllt eine die Emotionen regulierende Funktion. Das alles gelingt aber nur, wenn der Handelnde bei der Formung des Selbstbildes darauf achtet, dass er dabei die Perspektive des Interaktionspartners berücksichtigt.

Wenn eine Person sich in ganz bestimmter Weise präsentiert, steuert sie dabei nicht nur die Wahrnehmung ihrer Interaktionspartner und das, was diese über sie denken und wie sie sie einordnen und bewerten. Vielmehr übt die vom Individuum veranlasste Einschätzung durch Rückmeldungen seitens der beeinflussenden Interaktionspartner wiederum einen erheblichen Einfluss auf das Selbstkonzept der sich darstellenden Person aus.

Der Handelnde, der einen positiven Eindruck beim Interaktionspartner erreichen will, steht unweigerlich mit ihm in einem interdependenten Beziehungsverhältnis.

Die in der Forschungsliteratur immer wieder als gut bestätigt aufgeführten positiv wirkenden Formen des Impression Managements umfassen folgende Handlungen (nach Mummendey, 2006, S. 53):
- Man weist auf eigene Vorzüge hin.
- Durch Selbstzuschreibungen von Leistungen und Titel wird auf erhöhte Ansprüche verwiesen.
- Man streicht eigene Kompetenz und eigenes Expertentum heraus.
- Man beurteilt andere so, dass man positiv abschneidet.
- Man erhöht seinen Selbstwert.
- Man präsentiert sich vorbildlich, glaubwürdig, vertrauenswürdig oder attraktiv.
- Man wertet sich über Kontakte mit bedeutsamen Personen, Gruppen und Ergebnissen auf.

- Man betont die eigene Bedeutung mithilfe von Kleidung und Statussymbolen.
- Man biedert sich an und schmeichelt sich ein.

Von negativen Formen des Impression Management spricht man dann, wenn jemand sich zunächst bewusst ungünstig präsentiert, sich selbst herabsetzt und seine Leistungen relativiert, wobei damit auf indirektem Wege durchaus ein positiver Effekt bezüglich der Selbstdarstellung intendiert ist. Formen dieser negativen Selbstdarstellung sind (nach Mummendey, 2006, S. 53):
- Man stellt sich als beeinträchtigt dar und negiert somit die Verantwortung für mögliche Misserfolge.
- Man reagiert mit verbaler Untertreibung.
- Man stellt sich als hilfsbedürftig dar.
- Man bedroht andere und schüchtert sie ein.
- Man wertet andere ab.

Werden die eigenen Handlungen negativ bewertet oder gerät man in schwierige Situationen, so können mit folgenden Taktiken positive Eindrücke erzeugt werden (nach Mummendey, 2006, S. 53):
1. Man entschuldigt sich für seinen Fehler.
2. Man streitet den Sachverhalt ab.
3. Man leugnet die eigene Verantwortung.
4. Man rechtfertigt sich.
5. Man spricht anderen das Recht ab, negativ zu urteilen.

In Gesellschaften, in denen das Individuum im Mittelpunkt der Sozialisation, Erziehung und Ausbildung steht und in denen Selbstverwirklichung der individuellen Persönlichkeit primäre Bedeutung zugeschrieben wird, spielen im Kontext der Selbstdarstellung und des Impression Management die Präsentation der eigenen Leistungsfähigkeit und Leistungsbereitschaft sowie die Bewältigung von Aufgabenstellungen eine wichtige Rolle. Für den beruflichen Erfolg ist in diesen Gesellschaften eine moderate, klare und sachorientierte Darstellung der eigenen Leistungen wichtig. Sie wird akzeptiert und von der sozialen Umwelt erwartet.

Bei der Präsentation von Erfolgen und eigenen Leistungen besteht eine deutliche Tendenz, sie intrapersonal zu attribuieren, also der eigenen Person zuzuschreiben, wohingegen negative Ereignisse und Misserfolge deutlich häufiger extrapersonal attribuiert werden. Bei der Präsentation von Leistungen, die Fähigkeiten erfordern, werden ebenfalls gehäuft selbstwertdienliche Attribuierungen vorgenommen. Diese Tendenzen werden noch verstärkt, wenn eine bedeutsame Öffentlichkeit vorhanden ist.

Die Selbstdarstellungsforschung hat sich verstärkt mit der Aufklärung entsprechender Prozesse in Organisationen befasst und hier besonders das Verhältnis von Führer und Geführten untersucht. Impression-Management-Techniken einer erfolgreichen Führungskraft müssen sich an den Merkmalen orientieren, die die Geführten einem effizienten Führer zuschreiben und die er dann glaubhaft repräsentieren muss. Solche Merkmale sind: Die in der Arbeitsgruppe vorherrschenden Normen und Ziele beachten, auf das Bild, dass die Gruppenmitglieder von einer Führerpersönlichkeit haben, Rücksicht nehmen, bei führungsthematischen Handlungen auf die Reaktionen der Gruppenmitglieder achten.

Für die Bewältigung kultureller Überschneidungssituationen und den Umgang mit kulturell bedingten kritischen Interaktionssituationen ist von besonderer Bedeutung, dass entsprechend der Selbstdarstellungstheorie der Blick geschärft wird für die Prozesse der sozialen Wechselwirkungen, die zwischen der Person, die Selbstdarstellung betreibt, und den Akteuren, die beeindruckt werden sollen, stattfinden. Die sich selbst positiv darstellende Person antizipiert die Erwartungen der „Wirklichkeit", richtet ihre Selbstdarstellung entsprechend ein, erfährt die Reaktionen der „Wirklichkeit" auf ihre Selbstdarstellung und zieht daraus entsprechende Schlüsse für ihre zukünftige Selbstdarstellung.

Genau diese interdependenten Prozesse führen in interkulturellen Interaktionssituationen zu erheblichen Problemen, weil der Selbstdarsteller nur schwer die Erwartungen der fremdkulturellen „Öffentlichkeit" zutreffend einzuschätzen vermag und die erzeugten Reaktionen der „Öffentlichkeit" unzutreffend interpretiert. Diese Problematik wird häufig beschrieben im Kontext zum Beispiel der Zusammenarbeit zwischen deutschen Fach- und Führungskräften und US-amerikanischen und asiatischen Kollegen und Mitarbeitern (Thomas, 2014b).

In deutsch-US-amerikanischen Projektgruppen sind die deutschen Führungskräfte und Gruppenmitglieder irritiert, weil die US-amerikanischen Mitarbeiter ständig Zwischenergebnisse zu präsentieren wünschen und Feedback einfordern, statt kontinuierlich an den ihnen übertragenen Aufgaben zu arbeiten. Die Deutschen haben den Eindruck, dass ihre US-amerikanischen Kollegen und Mitarbeiter lediglich leistungsbezogenes Impression Management betreiben und nur daran interessiert sind, jede Problemlösungsidee, die ihnen gerade so einfällt, als eigene Leistung vor der Gruppe und dem Chef zu präsentieren. Sie wollen dabei auch noch von allen besonders gelobt zu werden, ohne dass es dafür nachvollziehbare Gründe gibt.

Die US-amerikanischen Teammitglieder sind irritiert, weil der deutsche Chef und ihre deutschen Kollegen lange schweigen und nur vor sich hinarbeiten, ohne ihnen etwas über ihre Zwischenresultate mitzuteilen und mit ihnen zu diskutieren. Sie fragen sich, ob die Deutschen überhaupt am Projekt arbeiten oder nur auf die Ideen ihrer US-amerikanischen Kollegen warten, womöglich um sie dann öffentlich als eigene Leistungen zu präsentieren.

In beiden Fällen stimmt zwar die Beobachtung, aber die Attributionen sind falsch. Dadurch entstehen Irritationen, entsteht Kontrollverlust und Verdächtigungen kommen auf. US-Amerikaner sind es besonders in Teams gewohnt, ständig über den Arbeits- und Projektverlauf miteinander zu sprechen. Sie machen einander Vorschläge, weisen auf Ideen und Lösungsmöglichkeiten hin, geben auch unaufgefordert Informationen weiter, wenn sie glauben, der Kollege hätte einen Gewinn davon. Sie möchten zudem ihre eigene Leistung sozial bestätigt bzw. abgesichert haben. Ein langes, abgeschiedenes, still und ohne Unterbrechung Vor-sich-hin-Arbeiten, womöglich noch hinter geschlossenen Türen, wie das Deutsche als produktiv und erfolgversprechend und als Zeichen von Arbeitseinsatz und Arbeitsmotivation ansehen, halten US-amerikanische Fach- und Führungskräfte nicht aus. Sie sind besonders in Arbeitsteams völlig andere Kommunikations- und Interaktionsaktivitäten gewohnt, und benötigen diese auch zum produktiven Arbeiten. Was Deutsche als unnötige und übertriebene leistungsthematische Selbstdarstellung interpretieren und attribuieren, ist für US-Amerikaner ein normales Kommunikationsgeschehen am Arbeitsplatz. Das dient der Schaffung und Aufrechterhaltung einer positiven Arbeitsatmosphäre und hat mit leistungsbezogenem Impression Management nichts zu tun.

Für deutsche Fach- und Führungskräfte ist es eine Selbstverständlichkeit, ihren beruflichen Status, ihre beruflichen Arbeitsleistungen und gegebenenfalls ihren Karriereweg in aller Öffentlichkeit zu präsentieren, z. B. dann, wenn sie sich auf eine ausgeschriebene Stelle als neuer Chef bewerben oder sich als Berater im Auslandseinsatz vorstellen und sich den neuen Mitarbeitern und Kollegen bekannt machen. Dabei betreiben sie Impression Management, denn sie möchten einen guten und fachlich kompetenten Eindruck hinterlassen. Die ausländischen Partner sollen wissen, mit wem sie es nun zukünftig zu tun haben und was sie von ihrer neuen Führungskraft erwarten können. In asiatischen Ländern, in denen die soziale Norm vorherrscht, sein „Gesicht" und das der Gruppenmitglieder zu wahren und dem auch Gewicht zu geben, ist es Sitte und gehört zum guten Ton, sich mit der Präsentation eigener Leistungen und einem ausgeprägten leistungsbezogenem Impression Management zurückzuhalten. Petzold, Ringel und Thomas (2005) beschreiben dies folgendermaßen:

> Das Gesicht kann auf verschiedene Weise gewahrt bzw. dem anderen „gegeben" werden. Eigene Emotionen werden hinter einem Lächeln „versteckt" und emotionale Äußerungen gegenüber anderen Personen abgeschwächt. Man stellt sich selbst als unfähig hin, um einen anderen nicht durch explizites Lob in Verlegenheit zu bringen. Man folgt der Etikette und entschuldigt sich bescheiden mit der für die entsprechende Gelegenheit geeigneten Entschuldigungsformel, sollte man die Etikette einmal verletzt haben. Teil der Etikette sind klare Vorstellungen über angemessenes Verhalten von Männern, Frauen, Studenten, Kindern etc. Die Einhaltung der Etikette ermöglicht, dass man sich in der Gesellschaft frei und ohne die Angst zu haben, durch unangemessenes Verhalten sich und andere zu beschämen, bewegen kann. Die Praxis des Gesichtwahrens und -gebens wird weiterhin von einer impliziten Kommunikationsweise unterstützt. Man versucht, die Gefühle und Bedürfnisse des Gesprächspartners zu erahnen und seine subtilen, nonverbalen Signale zu deuten. Aussagen werden gern mehrdeutig formuliert. Bittet man um Hilfe,

so schildert man sein Problem und bricht den Satz dann ab, sodass der andere auf die (implizite) Bitte eingehen oder sie ignorieren kann. So kann der Bittende sein Gesicht wahren, auch wenn das Gegenüber nicht auf seinen Wunsch eingeht. Schweigen, als Inbegriff der mehrdeutigen Kommunikation, gilt in Japan als Tugend. (S. 47–48)

Die hier geschilderte soziale Verhaltensnorm prägt besonders die Zusammenarbeit in Gruppen. Für deutsche Fach- und Führungskräfte ist das ständige Sich-Zurücknehmen, sich als unfähig hinzustellen, Stolz und Freude auf die eigenen erreichten Leistungen zu verbergen, sich als unbedeutender Teil und nur als Lernender in der Arbeitsgruppe zu etikettieren sowie mehrdeutige Äußerungen zu bevorzugen, unverständlich, irritierend und wird oft als eine unangebrachte und mehrdeutige Form der Selbstpräsentation empfunden. Es entsteht so bei Deutschen der Eindruck, der asiatische Partner möchte gerade durch diese Art der leistungsbezogenen Selbstverleugnung besondere Komplimente bezüglich seiner Leistungen provozieren (fishing for compliments). Vielleicht, so wird gemutmaßt, könnte er damit auch etwas verbergen und kaschieren wollen, was nicht so leicht zu entdecken ist. Beides beruht auf Fehlattributionen hinsichtlich der dem Verhalten der asiatischen Partner zugrunde liegenden Intentionen und hat für die Zusammenarbeit in Arbeitsgruppen und die Beziehungen zwischen Führer und Geführten erhebliche negative Folgen (Thomas, 2014a).

4 Entwicklung des Fremdverstehens

Während aus den Darlegungen des vorhergehenden Kapitels die Schwierigkeiten bei der Entwicklung eines angemessenen Selbstbildes, Fremdbildes und vermuteten Fremdbildes in kulturellen Überschneidungssituationen deutlich geworden sind und psychologische, vornehmlich sozialpsychologische, Theorien zu ihrer Erklärung und Ausdifferenzierung herangezogen wurden, geht es in diesem Kapitel um die Entwicklung eines Verständnisses für die Denkweise und das Verhalten fremdkultureller Interaktionspartner als zentraler Teil der Schlüsselkompetenz „Interkulturelles Handeln".

4.1 Fallbeispiele zum interkulturellen Verstehen

Wie schon im Abschnitt 1.3 dargelegt, besteht das Verstehen eines Sachverhalts und eines Vorgangs vornehmlich darin, Bedeutungszusammenhänge zu erkennen und einordnen zu können. Wenn es dabei, wie in kulturellen Überschneidungssituationen und bei der Behandlung kulturell bedingter kritischer Interaktionssituationen, um menschliches Verhalten und Handeln geht, sind das Erfassen und kulturadäquate Deuten der Motive, Intentionen, bedeutungshaltiger Zeichen und Symbole, das Hineinversetzen (Empathie) in das Denken und Empfinden ausländischer Partner sowie das Erkennen der Interdependenzen zwischen dem eigenen Ich und seinen Wirkungen auf den anderen und umgekehrt grundlegende Voraussetzungen zum Fremdverstehen. Bei der Bearbeitung der beiden folgenden Fallbeispiele kann man nicht nur etwas über die Schwierigkeiten auf dem Weg zum Fremdverstehen lernen, sondern auch über die Möglichkeiten, die überlegtes Handeln bietet, sich eine fundierte Grundlage zum Fremdverstehen zu verschaffen.

4.1.1 Die Errichtung einer Fertigungshalle in Thailand

Situationsschilderung

Das Management eines mittelständigen deutschen Unternehmens hat sich entschlossen, einen Produktionsstandort in Thailand zu eröffnen. Durch einen thailändischen Mittelsmann wird dem Unternehmen ein Grundstück etwa 50 km außerhalb Bangkoks an einer sechsspurigen Autobahntrasse, die den Flughafen mit der Innenstadt verbindet, zum Kauf angeboten. Die Firma erwirbt das Grundstück und beabsichtigt dort eine Produktionshalle von 1.000 qm zu errichten. Wegen der besonders schweren Maschinen, die zudem noch vibrationsfrei installiert werden müssen, sind umfangreiche Erd- und Fundamentierungsarbeiten erforderlich.

Der deutsche Manager, Herr Pütter, der die Bauarbeiten begleiten und leiten soll, hat an einem interkulturellen Sensibilisierungstraining teilgenommen, in dem ihm die Bedeutung von kulturell bedingten Einflussfaktoren auf das Denken, Empfinden und Handeln der Menschen und insbesondere die Problematik interkultureller Zusammenarbeit vermittelt wurde. Anhand einschlägiger Literatur über die Geschichte, Kultur, Religion (Therawada-Buddhismus) hat er sich auf seinen Auslandseinsatz in Thailand vorbereitet. So weiß er, dass die Thais ein sehr enges Verhältnis zur Natur pflegen und in einer kosmologischen Gesamtschau auch sich selbst als Teil der Natur empfinden. Die Natur ist nicht leblos, sondern beseelt von guten und bösen Geistern, die in Bäumen, Flüssen, Bergen, Hügeln, Wälder, Steinen usw. wohnen. Ihnen muss man Opfer bringen, um sie zu besänftigen und ihr Wohlwollen zu erlangen, und man darf sie auf keinen Fall in ihren jeweiligen Zuständen stören.

Herr Pütter weiß, dass durch den Bau der Fabrikationshalle und durch die umfangreichen Fundamentierungen nach Auffassung der Thais die Wohnungen der Erdgeister zerstört werden und sie, falls man ihnen keine adäquaten Ersatzwohnungen anbietet, schädliche Einflüsse auf das Bauvorhaben und das Leben der daran beteiligten Menschen ausüben können und werden. Aus diesem Wissen heraus sucht er, bevor der erste Spatenstich erfolgt, den Rat eines ortskundigen buddhistischen Mönches, um zu erfahren, wie er vorgehen sollte, um keine „bösen" Überraschungen zu erleben.

Schließlich errichtet er am Rande des Grundstücks, in einer dafür geeigneten Ecke unter Schatten spendenden Bäumen, ein traditionelles thailändisches Geisterhaus, in dem vom Augenblick der ersten Baumaßnahme an täglich Opfergaben in Form von Blumen, Früchten und Reis dargebracht werden, frisches Wasser hingestellt wird und alles nach traditionellen Regeln daran gesetzt wird, die Erdgeister zu bewegen, dort Platz zu nehmen, sich häuslich einzurichten und sich wohl zu fühlen. So sind dann die irdische und die überirdische Welt wieder im Gleichgewicht.

Nachdem Herr Pütter mit den Bauleuten Richtfest nach deutscher Tradition gefeiert hat, erfährt er, dass die thailändischen Handwerker und Bauunternehmer, die das Gebäude errichtet haben, überrascht und überglücklich darüber waren, dass der deutsche Manager mit der Errichtung des Geisterhauses so sehr für das Wohlergehen seiner thailändischen Mitarbeiter gesorgt hat, dass sie mit besonderer Freude und Motivation auf dieser Baustelle gearbeitet haben. Die entsprechenden thailändischen Subunternehmer waren sehr überrascht von dem Arbeitseinsatz ihrer Mitarbeiter. Keiner der bisherigen ausländischen Bauherrn, so wird ihm berichtet, habe auch nur einen einzigen Gedanken darauf verschwendet, dieser thailändischen Tradition der Geisterverehrung Folge zu leisten. Selbst vorsichtige Hinweise seitens der Bauunternehmer wären nur auf Unverständnis und Ablehnung gestoßen.

Man habe auf den Baustellen der Ausländer immer mit Widerwillen gearbeitet, aber noch viel mehr mit Angst vor den Folgen, die von den aus ihrer Ruhe gebrachten Erdgeistern ausgehen könnten.

Herr Pütter freut sich über diese positive Reaktion und nimmt sich vor, zukünftig bei allen Auslandseinsätzen nicht nur auf die materiellen und technischen Notwendigkeiten zu achten, sondern sich auch um die spirituellen Aspekte zu kümmern, die sein Handeln in einer fremden Kultur berühren.

Interpretationen

Es ist nicht bekannt, ob Herr Pütter von sich aus, vorbereitend für den Auslandseinsatz in Thailand, das interkulturelle Sensibilisierungstraining besucht hat oder von seiner Firmenleitung dorthin geschickt wurde. Er hat jedenfalls das Training erfolgreich abgeschlossen und so viele Anregungen zum interkulturellen Lernen mitbekommen, dass er sich weitere Literatur zur Geschichte, Kultur und Religion der Menschen in Thailand besorgt und diese bearbeitet hat.

Herr Pütter zeichnet sich zweifellos durch eine erstaunliche Lernmotivation aus, und das in Bezug auf Themenbereiche, die augenscheinlich nichts mit seinen fachspezifischen Qualifikationen als Bauingenieur zu tun haben. Interessant ist auch, dass er sein durch Selbststudium erworbenes Wissen über das kosmologisch orientierte Menschen- und Weltbild der Thais, in dem der Glaube an eine von Geistern beseelte Natur eine wichtige Rolle spielt, nicht einfach als exotische Besonderheit zur Kenntnis nimmt, sondern in Bezug auf die Konsequenzen für sein Bauvorhaben in Betracht zieht.

Von dem, was in der Situationsschilderung über Herrn Pütter zu erfahren ist, scheint er offen zu sein für Neues, auch sehr Ungewöhnliches, die Lebensgewohnheiten anderer Menschen zu respektieren und um eine zufriedenstellende Zusammenarbeit mit den beteiligten thailändischen Bauarbeitern bemüht zu sein. Über die religiöse Orientierung von Herrn Pütter ist nichts bekannt, obwohl es im Fallbeispiel genau darum geht, nämlich auf religiöse Überzeugungen der Einheimischen nicht nur Rücksicht zu nehmen, sondern sie mit in die Bauplanung und -ausführung einzubeziehen.

Das ist keine Selbstverständlichkeit denn:
1. Womöglich wäre ihm die Bedeutung der thailändischen Geisterverehrung in Bezug auf sein Bauvorhaben gar nicht aufgefallen.
2. Er wäre auf die Thematik hingewiesen worden, hätte sie aber ignorieren können.
3. Er hätte entsprechend seiner eigenen religiösen Orientierung reagieren können:
    a) Aus Sicht eines Atheisten ist das, was die einheimischen Bauleute auf der Baustelle bewegt, Spinnerei.

b) Aus Sicht eines strenggläubigen Christen ist das „Götzendienst" oder vormoderner Geisterglaube, in jedem Fall aber etwas Verwerfliches.
c) Aus Sicht eines aufgeklärten, modernen, säkularen Menschen ist das alles eine unnötige Ressourcenverschwendung.
d) Aus Sicht eines Christen und Humanisten, mit dem zentralen Gebot der Nächstenliebe, ist es durchaus geboten, alles zu tun, um die thailändischen Mitarbeiter abzusichern, ihnen also sichere Arbeitsplätze zur Verfügung zu stellen. Das kann aber durchaus mehr und anderes bedeuten, als Sicherheitshelme zu verteilen und die Baugerüste nach den in Deutschland gültigen Sicherheitsnormen zu stabilisieren.

Der hier geschilderte Fall ist ein Beispiel für die gelungene Balance zwischen Technik und Kultur in dem Sinne, dass dann, wenn Einsatz und Anwendung von Technik kulturelle Orientierungen und Überzeugungen tangieren, eine Schnittstelle entsteht, die der Beachtung und Bearbeitung bedarf, um nachhaltige Störung und Verunsicherung zu vermeiden. Bauarbeiter zu beschäftigen, die Angst haben auf Baustellen ohne Geisterhaus zu arbeiten, weil sie überzeugt sind, dass die Erdgeister gestört werden und sich dafür rächen, erhöht sicherlich das Risiko für Arbeitsunfälle. Dabei spielt es im Nachhinein keine große Rolle, ob man Arbeitsunfälle als unvermeidbar, als Zufallsereignisse, als durch Nachlässigkeit und Unaufmerksamkeit oder durch die Rache der in ihrer Ruhe gestörten Erdgeister verursacht erklärt. In der Situationsschilderung finden sich keine Hinweise darauf, wer für die Errichtung des Geisterhauses und dessen dauerhafte Pflege aufkommt.

Von zentraler Bedeutung für das Thema Fremdverstehen ist die Beobachtung, dass Herr Pütter mehrere Schritte zur Entwicklung und zum Einsatz interkultureller Kompetenz durchläuft:
1. Er bereitet sich auf den Auslandseinsatz durch den Besuch eines interkulturellen Sensibilisierungstrainings vor.
2. Er vertieft sich in die Denk- und Handlungsweisen der einheimischen Partner, mit denen er es auf seiner Baustelle in Thailand zu tun hat.
3. Er holt schon im Anfangsstadium des Bauprojekts Expertenrat bei einem buddhistischen Mönch vor Ort ein.
4. Er verbucht all das für ihn so Fremde und Ungewöhnliche, das er über das Denken, Empfinden und Handeln der Thais erfährt, nicht als unvermeidbares exotisches Beiwerk, sondern stellt eine sehr konkrete Verbindung her zu dem, was er als verantwortlicher Bauingenieur zu leisten und zu verantworten hat: Errichten einer Fertigungshalle gemäß den Bauplänen, und das in einem bestimmten Zeitraum und unter Einhaltung der Kostenkalkulation sowie die Schaffung von sicheren und zufriedenstellenden Arbeitsbedingungen für die thailändischen Bauarbeiter, auf deren Leistungsfähigkeit und Leistungsbereitschaft er unbedingt angewiesen ist.
5. Das Resultat und die Rückmeldungen der Bauarbeiter anlässlich des Richtfestes zeigen, dass er auch im Sinne der ausländischen Partner richtig gehandelt hat.

6. Er leitet aus dem positiven Feedback Konsequenzen für zukünftige Auslandseinsätze ab: Balance herstellen zwischen den technisch-materiellen Erfordernissen und Notwendigkeiten und den von diesen betroffenen geistig-spirituellen Belangen der am Projekt beteiligten Personen.

4.1.2 Der indonesische Handwerker

Situationsschilderung

Nach einem langjährigen Aufenthalt in Indonesien ist Frau Hacker zu der Meinung gelangt, dass man die indonesische Mentalität nie ganz erfassen wird: „Die Denkweise wird man sicherlich nachvollziehen können, man kommt bis zu einem gewissen Punkt, aber dann kommen Situationen, da geht es nicht mehr weiter. Da merkt man, dass die Jalousien herunterklappen und dann entfernt man sich am besten, weil man an so einem Punkt nicht mehr weiter kommt."

Sie erzählt von ihren Erfahrungen im Zusammenhang mit dem Bau ihres Hauses Folgendes: „In der Küche sollte ein Waschbecken installiert werden, und das ist etwas schwierig hier. Schließlich hatte ich jemanden gefunden, der sagte, er könne das. Ich hatte alles mit ihm abgesprochen und ihm auch gesagt, er solle darauf achten, dass die Wand gerade gemauert wird und nicht so krumm und schief.

Na ja, er würde alles ordentlich machen, sagte er.

Nachdem er ein Stück gemauert hatte, sah ich aber schon, wie krumm die Wand wurde.

Ich habe ihn schon ganz vorsichtig darauf angesprochen, denn aus Erfahrung weiß ich, wie schwierig es ist, mit Indonesiern umzugehen. Man kann Dinge nie direkt ansprechen, sondern muss immer um den heißen Brei herumreden.

Doch er sagte, das wäre kein Problem, wenn er das hinterher verputzen würde. Dann wäre das gerade. Er machte also weiter und kam irgendwie zu der Stelle, wo die Waschmaschine darunter geschoben werden sollte. Nun fing er an, gerade an der Stelle einer Mauer hochzuziehen.

Ich habe gefragt, ob er auch daran denken würde, dass die Waschmaschine hier hinein müsste.

Ach ja, das hätte er vergessen, entgegnete er.

Gut, dann hat er das wieder geändert, er hatte aber schon die Wand angepickt und die Fließen auf dem Boden beschädigt.

Ich erzähle das alles so ausführlich, damit sie sehen, wie lange ich gebraucht habe, um nachher ein bisschen zu explodieren.

Die Arbeit schritt also weiter fort, und es kam die Stelle, wo hier oben das Waschbecken eingesetzt werden sollte, d. h. da musste ein Loch gebrochen werden. Er mauerte also die obere Platte und ich sehe, wie er so die Betondinger rein zieht, aber es ist kein Loch für das Waschbecken vorhanden. Dann kam mein Mann nach Hause und ich habe ihm gesagt, schau doch bitte mal, muss das nicht da irgendwie rein? Ja, sicher, meinte er. Also haben wir dann den Handwerker daraufhin angesprochen.

Ja, das habe er vergessen, antwortete er.

Da habe ich immer noch nichts gesagt, noch gar nichts und habe versucht, ganz ruhig zu bleiben.

Dann hatte er hinterher noch einen Schrank installiert und da musste er an den Seiten so Verblendungen anbringen. Das war natürlich von außen eine glatt polierte Fläche und von innen eine andere, nicht so fein bearbeitete, denn dort wurden ja nur Schrauben eingesetzt. Ich habe ihm das an einer Stelle gezeigt und das ist auch wunderschön geworden und an der anderen Stelle hat er es dann genau falsch herum gemacht, also einfach durch diese glatte Oberfläche gebohrt, die eigentlich nach außen musste.

Da konnte ich mich nicht mehr zurückhalten und habe gesagt, ich wäre so enttäuscht, ich fände die Arbeit so schlecht, ich müsste ihm das jetzt mal sagen.

Doch das hätte ich besser nicht tun sollen. Ich sah wie er in der Reaktion ganz anders wurde und dann fing er an zu lachen, das ist hier offenbar die Reaktion. Es war plötzlich eine Atmosphäre zum Schneiden.

Meine Mädchen [die Hausmädchen] kuschten nur noch. Sie waren ganz nervös, verließen ganz schnell die Bildfläche und versuchten, bloß nichts mitzubekommen.

Er selbst schien verloren und unter starkem Stress zu stehen. Dann verschwand er plötzlich und ward nicht mehr gesehen.

Es war sehr unangenehm und keiner konnte mit der Situation fertigwerden. Und das alles, weil ich bloß einfach böse wurde. Alles lief schief, alles lief verkehrt, und doch hätte ich das nicht tun sollen, das ist doch grotesk!"

Interpretationen

Interpretationen aus deutscher Perspektive für das Verhalten des indonesischen Handwerkers:
- Der Arbeiter hat einen ganz anderen Qualitätsanspruch, er kann die Maßstäbe der Deutschen, dass alles so perfekt und akkurat sein muss, überhaupt nicht verstehen. Er ist deshalb wütend und fühlt sich ungerecht behandelt.

- Der Arbeiter schämt sich, weil er den Ansprüchen der momentan so hoch im Kurs stehenden westlichen Kultur nicht gerecht werden kann. Zudem ist die lange Kolonialzeit noch nicht vergessen. Der Arbeiter kann es nicht ertragen, von Europäern kritisiert zu werden.
- Er ist es nicht gewohnt, dass ihm der Arbeitgeber in seine Arbeit hineinredet. Indonesier sind mit einem wesentlich niedrigeren Qualitätsstandard zufrieden.
- Der indonesische Arbeiter konnte es nicht ertragen, von einer Frau und dazu noch vor anderen Frauen (Öffentlichkeit) kritisiert zu werden. Das verträgt sich nicht mit seiner Rolle als Mann in einem muslimischen Staat.

Interpretationen aus deutscher Perspektive für das Verhalten von Frau Hacker:
- Frau Hacker weiß aus Erfahrung, wie empfindlich Indonesier sind und ist deshalb sehr vorsichtig mit ihrer Kritik.
- Frau Hacker hat sich mit ihrer berechtigten Kritik wirklich genug zurückgehalten. Sie hat recht damit, ihren Unmut schließlich darzulegen.
- Schlimm, wenn die deutsche Gründlichkeit im Ausland zuschlägt. Menschen in anderen Ländern konzentrieren sich mehr auf wichtigere Dinge im Leben und weniger auf Perfektion. Der Handwerker konnte deshalb die Ansprüche seiner Auftraggeberin nicht nachvollziehen.
- Indonesier sind wie Kinder, sie brauchen mehr Führung. Frau Hacker war deshalb in ihrer Rolle als Auftraggeberin zu unbestimmt.

Interpretationen aus indonesischer Perspektive für das Verhalten des indonesischen Handwerkers:
- Der Handwerker hatte seit Beginn der Arbeit Zweifel, ob er die Arbeit den Ansprüchen des Auftraggebers entsprechend erledigen könne. Aus folgenden Gründen erwähnte er die Zweifel jedoch nicht: Er wollte nicht, dass Frau Hacker enttäuscht wird, es beschämt ihn, seine Zweifel einzugestehen, er wollte die Aufgabe probieren und etwas dazulernen, und schließlich wollte er das Jobangebot nicht verlieren.
- Während des Arbeitsprozesses erkennt der Handwerker, dass die Ansprüche seine Fähigkeiten übertreffen. In der Position des Arbeitnehmers konnte er dies Frau Hacker allerdings nicht erklären und hielt das auch nicht für notwendig. Frau Hacker konnte sich ja selbst aufgrund seiner Fehler und seiner nonverbalen Reaktionen davon überzeugen.
- Für den Handwerker ist nicht seine Fähigkeiten entscheidend, sondern der Wille, Frau Hacker zu helfen. Zunächst muss Frau Hacker diese Tatsache anerkennen und ihn die Arbeit auf seine Weise erledigen lassen. So wie das nun gelaufen ist, wird er aber nervös und ärgerlich und die Arbeitsqualität nimmt immer weiter ab.
- Für den Handwerker ist entscheidend, dass Frau Hacker einen höheren sozialen Status hat als er selbst. Das gibt ihm ein Gefühl der Unsicherheit und Minderwertigkeit. Er hat Angst, Fehler zu begehen und kann nicht angemessen arbeiten.

- Der Handwerker hat bereits verstanden, dass Frau Hacker mit seiner Leistung nicht zufrieden ist. Da sie allerdings das Arbeitsverhältnis aufrechterhält, geht er von einem „gegenseitigen Verstehen" aus und bemüht sich, die für ihn unrealistische Aufgabe zu erfüllen.
- Der Handwerker respektiert Frau Hackers Bemühungen, ihn nicht mit Verachtung zu strafen als Zeichen des Vertrauens.
- Nach dem Wutausbruch von Frau Hacker ist der Handwerker betroffen, da er sich getäuscht und hintergangen fühlt. Aus einer Sicht erscheint das gegenseitige Verstehen instabil, denn er wird in Verlegenheit gebracht, und das vor anderen Personen, die ihn deshalb wohl verachten werden.

Interpretation aus indonesischer Perspektive für das Verhalten von Frau Hacker:
- Frau Hacker betrachtet das Arbeitsverhältnis zwischen ihr und dem indonesischen Handwerkers als einen reibungslosen Prozess. Sie vertraute ihm und seinen Fähigkeiten. Sie vergisst allerdings, auf seinen indirekten Stil zu achten.
- Frau Hacker ist enttäuscht über die Erfahrung, dass der Handwerker seine Arbeit nicht so gut erledigen kann, wie er das zu Beginn versprochen hatte.
- Frau Hacker erkennt nicht, dass für den Handwerker nicht allein die Arbeit im Mittelpunkt steht. Die menschliche Beziehung ist für ihn genauso wichtig.
- Frau Hacker erkennt nicht, dass die Situation und ihre nonverbalen Signale den Handwerker erschüttern und verärgern. Sie scheint unfähig, eine unterstützende Atmosphäre aufbauen zu können.
- Frau Hacker beachtet nicht, dass hier eine Begegnung zwischen zwei sozialen Klassen stattfindet.
- Frau Hacker übt sich zwar in Geduld, hält aber ihre hohen Ansprüche an die Arbeitsqualität aufrecht.
- Frau Hacker will die zwischenmenschliche Beziehung zwischen beiden nicht zerstören, da sie weiß, dass dann auch ihre Bemühungen, die Handwerkerarbeiten zu Ende zu bringen, erfolglos beendet wären.
- Frau Hacker ist enttäuscht, da sie sich hintergangen fühlt. Sie hat zudem den Eindruck, dass der Handwerker ihre Geduld und ihr Verständnis bezüglich der Qualitätsmängel in der Arbeitsausführung überstrapaziert und als reine Selbstverständlichkeit betrachtet.

4.2 Probleme und Möglichkeiten des interkulturellen Verstehens

In den beiden Fallbeispielen waren zwei Deutsche in Interaktion mit ausländischen asiatischen Partnern zu beobachten, die sich beide bemühten ihre Ziele zu erreichen, und das unter den Bedingungen einer zufriedenstellenden Zusammenarbeit. Herrn Pütter gelingt das weitaus besser als Frau Hacker. Beide verfügen durchaus über interkulturelle Erfahrungen.

Frau Hacker lebt schon seit Jahren in Indonesien und beschäftigte immer schon indonesisches Hauspersonal und Handwerker. Sie hat aber selbst nach all den Jahren die erstaunliche Erfahrung gemacht, dass man die „indonesische Mentalität nie ganz erfassen wird", denn „man kommt bis zu einem gewissen Punkt, aber dann kommen Situationen, da geht es nicht mehr weiter ... und dann entfernt man sich am besten ...". Sie berichtet von einer Sequenz kritischer Interaktionssituationen, die sie im Bewusstsein der spezifischen Denkweise indonesischer Partner, hier ihres Handwerkers für den Einbau der Küchenenrichtung, lange durchsteht und dann doch entgegen ihrer Erfahrungen und Überzeugungen nicht mit „... dann entfernt man sich am besten" beendet. Vielmehr äußert sie nach einiger Zeit des Ertragens der sie belastenden kognitiven Dissonanzen zwischen ihren Qualitätsansprüchen und dem, was ihr indonesischer Handwerker liefert, relativ plötzlich ihm gegenüber klar, deutlich, direkt und unmissverständlich ihre Enttäuschung über seine miserable handwerkliche Arbeit. Zudem bringt sie dies auch noch so zum Ausdruck, dass ihr indonesisches Hauspersonal (Öffentlichkeit) alles mitbekommt.

Im Nachhinein ist ihr klar, dass dies falsch war und sie zum Wohle aller anders, besonnener, überlegter, die Konsequenzen bedenkend, hätte handeln müssen. So hätte sie nach Besichtigung der falsch angebrachten Platten am besten überhaupt nichts zu der unbefriedigenden Arbeitsleistung gesagt, sondern die Arbeit für diesen Tag beendet und den Handwerker für den nächsten Tag zur Weiterarbeit bestellt und ihn beauftragt, neue polierte Bretter zu besorgen und dort anzubringen, wo sie hingehören.

Immer wieder schimmert in dem Bericht durch, dass sie über interkulturelle Erfahrungen und ein gewisses Maß an interkultureller Kompetenz verfügt. Die in der Interpretation des Geschehens aus deutscher und indonesischer Perspektive geschilderten perzeptiven, kognitiven, emotionalen und aktionalen/volitionalen Aspekte werden ihr selbst nur zum Teil bewusst geworden sein. Ihr Erfahrungswissen hat somit nicht ausgereicht, auf alle diese Details aufmerksam zu werden, zu reflektieren und zur Handlungssteuerung zu verwenden. Auf dem Weg bis zum Ende der Zusammenarbeit hat der Handwerker ihr zu viel an kulturspezifischer Akzeptanz und Rücksichtnahme abverlangt, und das trotz langjähriger Erfahrungen im Umgang mit Indonesiern in unterschiedlichen Interaktionsfeldern. Immer wieder einmal brechen das eigenkulturelle Verständnis und die auf den Lernergebnissen der eigenen Sozialisation (Enkulturation) und Biografiegeschichte aufbauenden, langjährigen Erfahrungen dazu, wie Arbeitsvorgänge, problem- und aufgabenspezifische Lösungswege effizient zu bewältigen sind, durch. Es gelingt ihr relativ oft, diese Irritationen wegzustecken oder sie zu nutzen, um vorsichtig auf Montagefehler hinzuweisen und Verbesserungsvorschläge anzubringen, ohne dass für den indonesischen Handwerker ein Gesichtsverlust eintritt. Ob dies beim Handwerker tatsächlich ankommt und ob er daraus Konsequenzen zieht, kann sie nur schwer oder überhaupt nicht beurteilen. Der

Handwerker spricht mit ihr nicht darüber, er bekennt zwar hier und da, etwas vergessen zu haben und verspricht den Fehler zu beheben. Eine Diskussion und Aussprache findet aber nicht statt. Sie scheint auch zu wenig geschult zu sein, seine nonverbalen Signale wahrzunehmen und kulturspezifisch zu interpretieren. Aus den für sie wahrnehmbaren Reaktionen schließt sie, dass der Handwerker sich überhaupt nicht um eine Qualitätsverbesserung bemüht, sondern einfach unüberlegt und blind vor sich hin arbeitet. Schließlich reißt ihr trotz besseren Wissens und selbstkritischer Reflexionen der Geduldsfaden, weil die im Verlauf der Montagearbeiten kumulierten kognitiven Dissonanzen anders nicht mehr zu ertragen sind.

Nun provoziert sie gerade eine Diskussion über Ansprüche, Versprechungen und realisierte Handwerksarbeit, die aber wiederum nicht zu Stande kommt denn: „Dann verschwand er plötzlich und ward nicht mehr gesehen." Für Deutsche ist es selbstverständlich, Divergenzen, Konflikte und auftretende Probleme zwar in freundschaftlichem Ton, aber durchaus direkt anzusprechen und im Dialog mit allen beteiligten Personen zu klären. Dem liegt die unausgesprochene Überzeugung zugrunde, dass jeder Mensch Fehler machen kann, jeder etwas missverstanden haben kann oder mit einer Aufgabe überfordert ist, und dass Konflikte selbstverständlich sind, angesprochen, diskutiert und im Dialog bereinigt werden. Dieser „Diskussions-/Redekultur" steht eine von Asiaten bevorzugte und praktizierte „Schweigekultur" gegenüber. Das absolute Gebot der Gesichtswahrung und der Vermeidung des Gesichtsverlustes um jeden Preis gebietet es, Fehler, Pannen, Missverständnisse, Überforderungen und Konflikte untereinander zu verschweigen, zu ignorieren, zu überspielen, zu überdecken und „bis zum Gehtnichtmehr" zu verleugnen. Man hofft, dass sich die Probleme im Verlauf der Zeit von selbst erledigen, und wenn das nicht der Fall ist, werden verdeckte Signale, indirekte Rede und Personen mit einem Vermittlungsauftrag eingesetzt. Alles, was dabei an intransparenten Initiativen zur Problemklärung und Problemlösung unternommen wird, bleibt in der Regel Außenstehenden, z. B. deutschen Interaktionspartnern, verborgen und führt bei ihnen, wie auch bei Frau Hacker, zu der festen Überzeugung, dass man die indonesische Mentalität nie ganz erfassen wird.

Eine weitere in seinen Auswirkungen nicht zu unterschätzende Belastung für Frau Hacker besteht darin, dass sie den Eindruck gewinnt, nur sie bemühe sich um ein kulturadäquates Verhalten, um Verständnis für die ihr doch so fremden Sitten, Gebräuche und Gewohnheiten des Handwerkers. Demgegenüber räumt ihr Handwerker zwar kurz und knapp nicht mehr zu kaschierende Fehlleistungen ein, sonst aber arbeitet er einfach wie bisher weiter, ohne zu erkennen zu geben, dass er sich um ein Verständnis für ihre Qualitätsansprüche und deren praktische Umsetzung bemüht und daraus Konsequenzen zieht.

Das andere Fallbeispiel, in dem Herr Pütter in Thailand eine kulturelle Überschneidungssituation zu bewältigen hat, bietet lernpsychologisch völlig andere

Einblicke in die Problemlagen und Möglichkeiten ihrer Bewältigung im Zusammenhang mit interkulturellem Verstehen. Es ist ein Beispiel gelungener interkultureller Zusammenarbeit, in der alle beteiligten Personen ihre Ziele erreichen und dies in einer für alle zufriedenstellenden Weise. Herr Pütter bekommt den Auftrag zur Errichtung einer Fertigungshalle in Thailand zu einem Zeitpunkt, zu dem er keine Vorstellung davon hat, was ihn als Bauingenieur in diesem Land erwartet. Deshalb absolviert er zunächst ein interkulturelles Training, das ihm erste Einblicke in die Bedeutung kultureller Einflussfaktoren auf das Denken, Empfinden und Handeln der Menschen vermittelt, mit denen er es in Thailand zu tun hat. Dadurch gewinnt er ein Verständnis für die Bedeutung kulturell bedingter kritischer Interaktionssituationen, die sich aus technischen Vorgängen und ihren Einflüssen auf kulturelle Traditionen, Sitten und Gebräuche, also kulturelle Orientierungssysteme der Einheimischen, ergeben können. Das Training liefert also die Grundlage dafür, dass er nun aktiv auf die Suche nach Informationen über Geschichte, Kultur, Religion etc. der Menschen geht, mit denen er es konkret bei seinem Auslandseinsatz zu tun bekommt. Diese einschlägigen Quellen studiert er nicht einfach allgemein zur Wissensbereicherung oder zum Abbau eigener Unsicherheiten, sondern offensichtlich sehr gezielt immer in Bezug auf seinen konkreten Arbeitsauftrag als Bauingenieur, den Bau einer Fertigungshalle hinzubekommen. Diese Voraussetzungen ermöglichen es ihm, die Bedeutung der durch die Fundamentierungsarbeiten aus ihrer Ruhe gebrachten Erdgeister ansatzweise zu verstehen. Was ihm an Verständnis über die nachhaltigen Konsequenzen der positiven wie negativen Einflüsse dieser Erdgeister und die Bedeutung, ihnen eine Wohnung anzubieten, um sie zu besänftigen, noch fehlt, holt er sich „vor Ort" in einem Beratungsgespräch mit einem buddhistischen Mönch. Nun weiß er, was zu tun ist und wie die aus der Schnittstelle zwischen Technik und Kultur erwachsenden Probleme in Thailand am besten zu lösen sind. Der Bau und die Versorgung des Geisterhauses bewirken, dass er seinen Bauauftrag in Thailand planmäßig und für alle zufriedenstellend abwickeln kann.

An einer entscheidenden Stelle stellt Herr Pütter die Wirksamkeit der Erdgeister nicht infrage, diskutiert auch nicht den Sinn und Zweck eines Geisterhauses. Er folgt einfach den traditionellen Selbstverständlichkeiten und Gewohnheiten der Thais und erhält dafür angstfreie und motivierte Bauarbeiter auf seiner Baustelle, die sich freuen, bei einem so interkulturell kompetenten Chef arbeiten zu können. Das ist eine Erfolgsgeschichte gelungenen interkulturellen Handelns, die nicht selbstverständlich ist. Sie kommt vielmehr nur dadurch zustande, weil Herr Pütter lernmotiviert ist, eine grundsätzliche Wertschätzung gegenüber den kulturellen Besonderheiten der Bewohner seines Einsatzlandes aufbringt, sich Schritt für Schritt in die Sitten, Gebräuche und kulturellen Gewohnheiten der Thais einarbeitet und dabei nicht nur das Augenscheinliche erfasst, sondern immer auch nach den kulturspezifischen Begründungen sucht.

4.3 Interkulturelle Lernmotivation

Die Fallbeispiele in Kapitel 4.1 haben demonstriert, wie groß die Bedeutung interkultureller Lernmotivation zur Entwicklung interkulturellen Verstehens und zum kulturadäquaten Handeln ist. Deutsche Fach- und Führungskräfte bereiten sich berufs-, fach- und auftragsspezifisch auf ihrer Auslandsreisen vor, denn sie werden als Fachexperten zu den ausländischen Partnern geschickt und diese erwarten von ihnen eine hohe fachspezifische Kompetenz. Um diese fachlichen Kompetenzen verbunden mit sozialer, Team- und Führungskompetenz optimal zum Einsatz bringen zu können, um so die gesetzten Ziele zu erreichen, ist ein angemessenes Maß an interkultureller Handlungskompetenz erforderlich. Ist das nicht gegeben, besteht die Gefahr, dass aufgrund hoher Prozessverluste die tatsächlich erbrachten Leistungen deutlich unter dem prinzipiell erreichbaren Niveau verbleiben. Häufige Irritationen, Angst vor Kontrollverlust, das Gefühl, den Partner in seinen Handlungsweisen nicht zu verstehen und von unerwarteten Reaktionen überrascht zu werden, führen auch bei hoch qualifiziertem Personal zu psychischen und physischen Belastungen im Auslandseinsatz. Dies minimiert womöglich deren Leistungen soweit, dass im Stammhaus ein Fax wie das folgende eingeht (alle Namen sind anonymisiert):

> From: SPOT Lit. Nigeria
> 1/30/2008 12:00
> Subject: Departure of labeler specialist technician
> To: MOP-Company, Germany
>
> Dear Mr. Muller!
> Thanks very much for your assistance. We have concluded plans for Mr. Fleck to leave Nigeria tomorrow. We think it is no use for him to continue to stay. As regard the question of his coming back for the commissioning, we will very much prefer to have another specialist from Germany who is better exposed and tolerant, and can work with people of other cultures whilst transfering knowledge. Such a person should have not only knowledge of mechanical but also software given that we will be commissioning.
> If you do not have a substitute to Mr. Fleck, then you can forget sending him back, our own men will start up the lines.
> I will like you to send me please the terms of agreement for these supplier specialist visits.
>
> Thanks.

Eine so direkt und eindeutig vorgetragene Bewertung der interkulturellen Inkompetenz einer technischen Fachkraft aus dem Hause eines deutschen Lieferanten ist selten. Eine nähere Darlegung der einzelnen Aspekte, die zur Aufkündigung der Zusammenarbeit geführt haben, fehlt zwar, aber die vom nigerianischen Partner vollzogenen Konsequenzen lassen auf gravierendes Fehlverhalten schließen. Der deutsche Lieferant musste nun einiges an Reparaturarbeit leisten, um den nigerianischen Kunden nicht zu verlieren.

Die lernpsychologische Forschung geht davon aus, dass Erfahrungsbildung das zentrale Merkmal aller Lernprozesse darstellt. Resultate der Lernprozesse sind der Neuerwerb oder die Veränderung psychischer Dispositionen, also von Verhaltens- und Handlungsmöglichkeiten. Die Lernmotivation ist als eine energetisierende Funktion in Bezug auf angestrebte Ziele und Zielzustände aufzufassen. Unterschieden wird zwischen einer aktuellen Lernmotivation, gerichtet auf einen aktuellen, konkreten, situationsspezifischen Zustand, intendierte Ziele zu erreichen, und einer habituellen Lernmotivation, die sich darin zeigt, dass eine Person häufig, gewohnheitsmäßig und in vielen unterschiedlichen Situationen motiviert ist, etwas zu lernen.

Ein Zustand aktueller Lernmotivation wird womöglich im Kontext einer kulturell bedingten kritischen Interaktionssituation dann angeregt, wenn der Handelnde nicht mit Ignoranz, Dominanz und Aversion reagiert, sondern nach Gründen für das unerwartete Verhalten seines ausländischen Partners fragt und nach Informationen sucht, um zukünftig besser auf solche Situationen vorbereitet zu sein.

Einen Zustand habitueller Lernmotivation zeigt Herr Pütter im Fallbeispiel der Fertigungshalle in Thailand, denn er gibt sich nicht mit dem zufrieden, was das interkulturelle Sensibilisierungstraining ihm an Einsichten vermittelt hat, sondern sucht immer weiter nach Informationen und Hinweisen, die es ihm ermöglichen, Denk- und Handlungsweisen seiner thailändischen Partner zu verstehen. Der einmal begonnene Lernprozess wird also weiter fortgesetzt.

Weiterhin wird unterschieden zwischen intrinsischer und extrinsischer Lernmotivation. Intrinsische Lernmotivation liegt dann vor, wenn die Lernhandlung selbst im Zentrum der Aufmerksamkeit steht und der Lerngegenstand, die Aufgabenstellung sowie Schwierigkeitsgrad, Neuigkeitsgrad und Erfolgsaussichten mit positiven Erlebniszuständen verbunden sind. Bei der extrinsischen Lernmotivation stehen die positiven oder die zu vermeidenden negativen Konsequenzen einer Lernhandlung im Vordergrund. Herr Pütter hätte das interkulturelle Sensibilisierungstraining nur deshalb absolvieren können, um seinem Arbeitgeber den Nachweis zu erbringen, dass er für das Bauvorhaben in Thailand interkulturell vorbereitet ist. Tatsächlich aber hat ihn das Training neugierig gemacht und bewogen, das begonnene interkulturelle Training selbst weiterzuführen, um mehr über Geschichte, Kultur und Religion der Thais zu lernen. Extrinsische Lernmotivation ist häufig verbreitet und zeigt sich in interkulturellen Trainings besonders dann, wenn die Trainees von einem interkulturellen Training allein die Vermittlung konkreter Handlungsanweisungen zur Bewältigung spezifischer Situationen erwarten, also rezeptartige Handlungsanweisungen einfordern, anstatt bereit zu sein, sich auf eine Art „Lernen zu lernen" einzulassen. Ein Training, das bei ihnen ein eigenständiges Weiterlernen anregt, würde es ihnen ermöglichen, Verfahren und Techniken kennenzulernen und einzuüben, die es erlauben, sich schnell, fundiert und effektiv in ein spezifisches kulturelles Orientierungssystem und seine handlungsrelevanten Wirkungen einzuarbeiten. Dies wird im interkulturellen Lernzirkel als „Metakontextualisierung" bezeichnet (vgl. Kap. 4.4.2, S. 134).

Die aus der lern- und motivationspsychologischen Forschung abgeleiteten Erkenntnisse sind zu ergänzen durch Ergebnisse aus Theorien der Zielpsychologie (z. B. Oettingen & Gollwitzer, 2009). Beim interkulturellen Handeln geht es vornehmlich um das Zielstreben, also die inhaltlichen und strukturellen Merkmale des Erfolgs bei der Zielrealisierung.

Zielsetzungen können sich auf die nahe Zukunft oder die ferne Zukunft richten. Da die Entwicklung interkultureller Handlungskompetenz sich in der Regel über längere Zeiträume erstreckt, ist es wichtig, immer wieder kurzfristige Ziele zu setzen, um so eine vermehrte Leistungsrückmeldung zu erreichen, was den Erfolg im Zielstreben deutlich erhöht. Dies kann gelingen, wenn man nicht versucht, alles auf einmal zu erreichen, sondern die Aufmerksamkeit auf konkrete kulturell bedingte kritische Interaktionssituationen lenkt und versucht, diese im Nachhinein zu reflektieren und nach alternativen Lösungen sucht. Dies kann geschehen durch Diskussionen mit Personen, die mit der Zielkultur vertraut sind oder auf der Basis relevanter Fachlektüre. Dazu sollte das zu erreichende Ziel positiv formuliert werden, weil dann der erzielte Erfolg auch als positives Ereignis wahrgenommen wird. So könnte eine deutsche Fachkraft in Kulturen, in denen die Personorientierung stärker als die Sachorientierung das Handeln der Menschen bestimmt, einen Mitarbeiter etwas mehr loben, als es seiner tatsächlich erbrachten Leistung entspricht, und auf diese Weise bei ihm einen höheren Grad an Arbeitszufriedenheit erreichen, was mit hoher Wahrscheinlichkeit eine Steigerung seiner Leistungsfähigkeit zur Folge hätte.

Es macht einen Unterschied, ob der Handelnde geneigt ist, sich vornehmlich Leistungsziele anstatt Lernziele zu setzen. Das Setzen von Leistungszielen erschwert die Verarbeitung von Misserfolgen, was zusätzliche Kraftanstrengungen erfordert, wohingegen das Setzen von Lernzielen bei auftretenden Misserfolgen dazu anregt, alternative Handlungsstrategien zu entwickeln und zu erproben.

Die intrinsische Lernmotivation, oder zielpsychologisch ausgedrückt, die intrinsische Selbstregulation, die durch das Bedürfnis nach Autonomie, Kompetenz und soziale Integration angeregt wird und mit Zielen wie Kreativität und kognitiver Flexibilität verbunden ist, begünstigt einerseits die Verarbeitung relevanter Informationen und andererseits die Misserfolgsbewältigung.

Forschungen zur Zielpsychologie haben gezeigt, dass schwierig zu erreichende Ziele dann eher erreicht werden, wenn Vorsätze gefasst werden.

Vorsätze sind Verknüpfungen zwischen vorweggenommenen situativen Ereignissen und zielgerichtetem Handeln. Mit Vorsätzen wird die Konzentration des Handelnden von sich selbst weg auf die Umwelt gerichtet. So erfährt die gedankliche Repräsentation der Situation eine erhöhte Aktivierung, und entsprechende Stimuli sind leichter zugänglich. Vorsätze schaffen starke assoziative Verbindungen zwischen den gedanklichen Repräsentationen und situativen Aspekten und zielgerichtetem Handeln, was zur Automatisierung der Handlungsinitiierung führt. Mit Vorsätzen werden zudem Probleme reduziert, die mit der erfolgreichen Erledigung iniziierter Handlungen zu tun haben. Es entsteht so ein Schutz gegen Ablenkung und unerwünschten Gewohnheitshandlungen, z. B. Stereotypisierung und Vorurteile gegenüber Randgruppenmitgliedern (vgl. Oettingen & Gollwitzer, 2009).

Ein Vorbereitungstraining für den Arbeitseinsatz in einer spezifischen Kultur, das auf die Bearbeitung kulturell bedingter kritischer Interaktionssituationen in Verbindung mit der Vermittlung handlungsrelevanter Kulturstandards aus der jeweiligen Sicht aufbaut, schafft die Grundlage für die Entwicklung passender und angemessener Vorsätze für den Umgang mit fremdkulturell sozialisierten Partnern. In der konkreten Interaktionssituation zwischen so geschulten deutschen Fachkräften und ausländischen Partnern passiert dann genau das, was im Zitat in Bezug auf die Verknüpfung zwischen antizipierten situativen Stimuli und zielgerichtetem Verhalten thematisiert wird. Weitere Erläuterungen dazu finden sich im folgenden Kapitel 4.4 und im Kapitel 7.4.

4.4 Interkulturelles Lernen und Lernstrategien

Lernen ist eine zentrale Fähigkeit menschlichen, aber auch tierischen Lebens, und war und ist ein bedeutsamer Gegenstand psychologischer Forschung (Hasselhorn & Gold, 2013). Ein gemeinsames Merkmal aller menschlichen Lernvorgänge besteht darin, dass sie auf Erfahrungsbildung abzielt. Es kommt zum Neuerwerb, zur Anpassung an veränderte Bedingungen und zur Veränderung psychischer Dispositionen. Interkulturelles Lernen ist so betrachtet geeignet, Denk- und Verhaltensweisen sowie Fähigkeiten und Fertigkeiten zu erwerben, die es gestatten, sich an kulturelle Überschneidungssituationen adäquat anzupassen und sie zu gestalten.

4.4.1 Definition interkulturellen Lernens

Begriffsklärung: Interkulturelles Lernen

Interkulturelles Lernen findet statt, wenn eine Person bestrebt ist, im Umgang mit Menschen einer anderen Kultur deren spezifisches Orientierungssystem der Wahrnehmung, des Denkens, Wertens und Handelns zu verstehen, in das eigenkulturelle Orientierungssystem zu integrieren und auf ihr Denken und Handeln in fremdkulturellen Handlungsfeldern anzuwenden. Interkulturelles Lernen bedingt neben dem Verstehen fremdkultureller Orientierungssysteme eine Reflexion des

> eigenkulturellen Orientierungssystems. Interkulturelles Lernen ist dann erfolgreich, wenn eine handlungswirksame Synthese zwischen kulturdivergenten Orientierungssystemen (Kulturstandards) erreicht ist, was erfolgreiches Handeln in der eigenen und der fremden Kultur erlaubt.

Im Einzelnen ist damit eine Reihe von Annahmen verbunden: So vollzieht sich interkulturelles Lernen in kulturellen Überschneidungssituationen. Es findet entweder in der direkten Erfahrung im Umgang mit Repräsentanten und Produkten der fremden Kultur statt oder es kann sich in Form vermittelter indirekter Erfahrungen vollziehen. Interkulturelles Lernen evoziert das Gewahrwerden sowohl fremdkultureller Merkmale (in Form fremder Kulturstandards) als auch eigenkultureller Merkmale (in Form eigener Kulturstandards), die immer schon als implizite Einflussfaktoren handlungswirksam waren. Dabei bedeutet „Gewahrwerden" noch keineswegs Verstehen. Erfolgreiches interkulturelles Lernen setzt voraus, dass die Veränderungen im Wahrnehmen, Denken, Empfinden und Handeln so beschaffen sind, dass sie den jeweiligen Anforderungen kultureller Überschneidenssituationen und den Erwartungen der verschieden sozialisierten Interaktionspartner entsprechen.

Interkulturelles Lernen ist dann erfolgreich, wenn es zu einem interkulturellen Verstehen führt, das einerseits die Kenntnisse über fremde Kulturstandards aus der Eigensicht und ihre handlungssteuernden Wirkungen umfasst und andererseits in der Fähigkeit zum Wahrnehmen, Denken, Urteilen und Empfinden in Kontexten des fremdkulturellen Orientierungssystems besteht. Erfolgreiches interkulturelles Lernen und ein hohes Maß an interkulturellem Verstehen sind die Voraussetzungen zum Aufbau interkultureller Handlungskompetenz, definiert als die Fähigkeit des Handelnden, beide Orientierungssysteme in einer aufeinander abgestimmten Weise zur effektiven Handlungssteuerung in kulturellen Überschneidungssituationen zum Einsatz zu bringen.

4.4.2 Möglichkeiten interkulturellen Lernens

Es gibt sehr unterschiedliche Möglichkeiten zum interkulturellen Lernen. Interkulturelles Lernen kann als Lernhandlung bewusst intendiert, geplant, reflektiert, durchgeführt und kontrolliert werden, z. B. im Zuge einer Ausbildungs- und Trainingsveranstaltung zur interkulturellen Sensibilisierung oder zur Entwicklung interkultureller Handlungskompetenz für den Auslandseinsatz generell oder in Bezug auf eine spezifische Land/Kultur. Interkulturelles Lernen kann auch im Verlauf der Lebensbiografie einen zentralen Platz einnehmen und sich im Verlauf eines jahrelangen, beschwerlichen Lebenswegs ereignen, z. B. bei Flucht, Vertreibung und Asylsuche in anderen Ländern/Kulturen und einer dabei erzwungenen oder freiwilligen Akkulturation und Integration. Die psychologische Akkulturationsforschung hat sich mit den dabei stattfindenden Lernprozessen ausgiebig beschäftigt (Berry, 2006; Weidemann, 2007), besonders im Zusammenhang mit der Untersuchung von Enkulturations-, Akkulturations- und Sozialisationsprozessen sowie Formen des interkulturellen Lernens in formalen, nonformalen und informellen Lernwelten (Hesse, 2007).

Begriffsklärung: Enkulturation, Akkulturation, Sozialisation

- *Enkulturation:* „Die Gesamtheit bewusster und unbewusster Lern- und Anpassungsprozesse, durch die das menschliche Individuum im Zuge des Hineinwachsens in eine Gesellschaft die wesentlichen Elemente der zugehörigen Kultur übernimmt und folglich zu einer soziokulturellen Persönlichkeit heranreift. Durch Internalisierung werden die gelernten kulturellen Elemente (Sprache, weltanschauliche Orientierungen, Wert- und Normsysteme, Verhaltensmuster und Fertigkeiten) zu Selbstverständlichkeiten des individuellen Empfindens und des alltäglichen Verhaltens." (Hesse, 2007, S. 194 f.)
- „*Akkulturation* bezeichnet den Prozess der Veränderung von Gruppen oder Individuen durch Kontakte mit ihnen bisher nicht vertrauten Kulturen, wobei die kulturellen Prägungen und Wirkmächtigkeiten auf die Psyche der Personen aus der Herkunftskultur einerseits und der Aufnahmekultur andererseits für die Veränderungsprozesse von zentraler Bedeutung sind." (Hesse, 2007, S. 195)
- „*Sozialisation* bezeichnet den sozialen Lernprozess eines Menschen in Abhängigkeit von und in Auseinandersetzung mit der sozialen und materiellen Umwelt und den Anlagen und der Konstitution einer Person. Unter Sozialisation versteht man zumeist den Prozess der Persönlichkeitskonstituierung. Sozialisationsagenten sind Eltern, Lehrer und Peergroups." (Hesse, 2007, S. 195 f.)

Formen des Lernens nach Hesse (2007)

- „*Formales Lernen* ist institutionell geprägt und planmäßig organisiert. Formale Bildung ist an Bildungs- und Ausbildungseinrichtungen – Schulen oder Hochschulen – gebunden und führt zu anerkannten Abschlüssen und Qualifikationen." (S. 197)
- „*Nonformales Lernen* findet außerhalb der Hauptsysteme der allgemeinen und beruflichen Bildung statt und führt in der Regel nicht zum Erwerb eines anerkannten Abschlusses. Nonformale Bildung ist jede organisierte und systematische Bildungsaktivität außerhalb des Rahmens des formalen Systems, die darauf abzielt, besonderen Gruppen in der Bevölkerung – Erwachsenen wie Kindern – ausgewählte Lernformen zur Verfügung zu stellen." (S. 198)
- „*Informelles Lernen* umfasst die – zumeist – zufälligen Lernprozesse, die im täglichen Leben stattfinden. Informelle Bildung ist der lebenslange Prozess, in dem jede Person Wissen, Können, Einstellungen und Einsichten gewinnt, sowohl aus der täglichen Erfahrung als auch aus der Konfrontation mit der Umwelt: zuhause, bei der Arbeit, beim Spiel, durch das Beispiel und die Haltung der Familienmitglieder und Freunde, auf Reisen, durch das Lesen von Zeitungen und Büchern sowie durch Radio hören und das Anschauen von Kinofilmen oder Fernsehsendungen und die Nutzung verfügbarer digitaler Medien." (S. 199)

Jeder Mensch durchläuft lebenslang Phasen der Enkulturation, der Sozialisation, des nonformalen und informellen Lernens. Viele durchlaufen mehr oder weniger lange Phase des formalen Lernens, z. B. in vorschulischen Einrichtungen, in Schule und Berufsausbildung. Informelles Lernen und nonformales Lernen gehören ebenfalls zum Lebensalltag. Je nachdem, auf welchem Qualitätsniveau und mit welchem Differenzierungsgrad diese Lernprozesse durchlaufen werden, bildet sich die Persönlichkeit aus und entwickelt sich lebenslang weiter.

Im Zuge der Internationalisierung und Globalisierung spielen Phasen der Akkulturation eine immer größere Rolle. In diesem Zusammenhang ist das von dem amerikanischen Psychologen Bennett (1993) entwickelte Modell interkultureller Sensibilität interessant, dass ein Kontinuum zunehmender Komplexität im Umgang mit kultureller Differenz beschreibt und den Lernprozess in zwei Phasen aufteilt: erstens ethnozentrische Stadien und zweitens ethnorelative Stadien.

> **Modell interkultureller Sensibilität nach Bennett (1993)**
>
> 1. *Ethnozentrische Stadien:*
>   a) Das *Leugnen* kultureller Differenzen bzw. die Abgrenzung von kulturellen Unterschieden und Lebenswelten.
>   b) Die aktive *Abwehr* kultureller Differenzen, da sie als bedrohlich und identitätsgefährdend wahrgenommen werden.
>   c) Die *Minimierung* der Bedeutsamkeit kultureller Unterschiede durch Hervorhebung kultureller Gemeinsamkeiten oder durch ihre Einordnung und Unterordnung in das eigenkulturelle Orientierungssystem.
>
> 2. *Ethnorelative Stadien:*
>   a) Die *Akzeptanz*, dass die Maßstäbe anderer Kulturen ebenso bedeutsam sind wie die der eigenen Kultur und dass kulturell bedingte Verhaltensunterschiede und ebenso unterschiedliche Werte beachtet und akzeptiert werden.
>   b) Die *Anpassung* bedeutet eine Erweiterung des eigenkulturellen Orientierungssystems in Bezug auf multiple kulturelle Bezüge als Bestandteil der eigenen Identität.
>   c) *Integration* bedeute, dass es dem Handelnden gelingt, unterschiedliche kulturelle Rahmenbedingungen für das eigene situationsadäquate Handeln zu reflektieren und flexibel einzusetzen. Ergänzend zu diesem Stufenkonzept interkultureller Sensibilität wurde ein individuelles Messinstrument entwickelt, mit dem es möglich sein soll, den jeweils erreichten Ausprägungsgrad an Sensibilität auf den einzelnen Stufen zu bestimmen.

Aus der Beobachtung von Lernfortschritten im Rahmen des Erwerbs von Wissen über fremde Kulturen und der Aneignung spezifischer interkultureller Kompetenzen eignen sich auch Stufenmodelle interkulturellen Lernens der Art, wie sie beispielsweise von Winter (1988) entwickelt wurden:

1. Interkulturelles Lernen im Sinne der Aneignung von Orientierungswissen über eine fremde Kultur (Kultur- und Landeskunde).
2. Interkulturelles Lernen als Erfassen kulturfremder Orientierungssysteme mit ihren spezifischen Normen, Einstellungen, Überzeugungen, Werthaltungen und speziellen handlungswirksamen Kulturstandards.
3. Interkulturelles Lernen als Fähigkeit zur Koordination kulturdivergierender Handlungsschemata, sodass z. B. ein eigenständiges, erfolgreiches und zufriedenstellendes Management kultureller Überschneidungssituationen möglich wird.
4. Interkulturelles Lernen als eine generelle Fähigkeit zum Kulturlernen und Kulturverstehen, was sich zum Beispiel darin zeigt, dass jemand über hochgradig generalisiertes Handlungswissen verfügt, das ihn in die Lage versetzt, sich in jeder fremden Kultur schnell und effektiv zurechtzufinden.

Das Erreichen der Stufe 3 mit Übergängen zu Stufe 4 bietet die Gewähr dafür, dass interkulturelle Handlungskompetenz auf hohem Niveau möglich ist. Forschungen haben gezeigt, dass dazu die Konzeption des „situierten Lernens" und der „situierten Kognition" optimale Bedingungen bietet. Ausgangspunkt ist die Tatsache, dass Wissen nicht einfach nur passiv übernommen und rezipiert, sondern immer aktiv konstruiert wird. Situiertes Lernen hat deshalb immer an den sachlichen und sozialen Erfahrungen des Lerners anzuknüpfen. Wenn Wissensbestände in den vertrauten Erfahrungsraum des lernenden Individuums eingebettet, also situiert werden, entsteht aktiv einsetzbares Wissen. Damit wird sogenanntes „träges", nur angelerntes Wissen, das aber dann nicht aktivierbar ist, wenn es benötigt wird, vermieden.

Als für die Entwicklung interkultureller Handlungskompetenz geeignetes Instrument hat sich in diesem Zusammenhang der interkulturelle Lernzirkel (vgl. Kammhuber, 2000) erwiesen. Zur Vorbereitung deutscher Fach- und Führungskräfte auf die Zusammenarbeit mit ausländischen Partnern werden authentische, kulturbedingte kritische Interaktionssituationen präsentiert und entsprechend den Phasen des Lernzirkels (vgl. Abb. 7 auf S. 56) bearbeitet. Die kritischen Interaktionssituationen werden gewonnen auf der Basis von Interviews mit deutschen Fach- und Führungskräften im Auslandseinsatz über alltägliche und immer wiederkehrend erlebte erwartungswidrige Reaktionen ihrer Partner im Zielland. Die Interpretationsalternativen und die Reflexionen der multiplen Handlungsperspektiven und Handlungsfolgen werden auf der Basis der Beurteilungen durch Experten vorgenommen, die mit der Herkunftskultur ebenso vertraut sind wie mit der Zielkultur. Das, was in Abbildung 7 mit Metakontextualisierung bezeichnet wird und vom Lernenden erreicht werden soll, entspricht der Stufe 4 des Konzepts von Winter. Die Lernwirksamkeit dessen, was der Lernzirkel vom Lernenden verlangt, zeigt sich darin, dass beim Beobachten und Erleben einer unerwarteten Verhaltensreaktion des fremdkulturellen Partners neben der erlebten Fremdheit eine wenn auch noch recht diffuse Art von Bekanntheit erfahren wird, und Wissensbestände aus entsprechender zielkulturspezifischer Lektüre oder aus Gruppentrainings aktiviert und zur Situationsklärung und -bearbeitung verfügbar sind.

Zur Bearbeitung der im interkulturellen Lernzirkel dargebotenen Lernmaterialien eignet sich sehr gut das Konzept des selbstentdeckenden und selbstgesteuerten sowie selbstregulierten Lernens. Beim *selbstentdeckenden Lernen* handelte sich um eine didaktische Methode, die sowohl in Gruppen- wie in Einzeltrainings angewandt werden kann. So werden dem Lernenden zwar mehrere kulturspezifische Erklärungen für das unerwartete Verhalten der fremdkulturellen Partner in den präsentierten kritischen Interaktionssituationen angeboten, doch wird er aufgefordert, sich vor dem Lesen der Erläuterungen selbst Gedanken über mögliche kulturspezifische Gründe für das Verhalten zu machen. Darüber hinaus wird er angeregt, Lösungsmöglichkeiten für die kulturell bedingten Interaktionsprobleme zu entwerfen, diese dann mit den Vorgaben zu vergleichen und so ein eigenständiges Bild von den kulturell passenden Handlungsoptionen zu entwerfen. Dabei ist es wichtig, dass Beobachtungen, Überlegungen, Bewertung und Lösungsvorschläge schriftlich festgehalten und immer wieder neu reflektiert werden.

Beim *selbstregulierten Lernen* geht es um das Zusammenwirken kognitiver, metakognitiver und motivationaler Aspekte beim Lernen, womit intendierte Ziele und definierte Ergebnisse erreicht und optimiert werden sollen, so wie es beim interkulturellen Lernen gefordert ist. Lernrelevante kognitive, affektive und handlungsbezogene Prozesse sind den persönlichen Zielen anzupassen, was im Rahmen einer Vorbereitungs-, Handlungs- und Selbstreflexionsphase geschieht. Dabei wird die Vorbereitungsphase bestimmt von einer differenzierten Aufgabenanalyse, einer dezidierten Planung der Lern- und selbstregulatorischen Subprozesse sowie der bereits vorhandenen oder noch zu entwickelnden Lernmotivation. Die Handlungsphase beinhaltet die Beschäftigung mit dem Lernmaterial, verbunden mit Selbstkontroll- und Selbstbeobachtungsprozessen. Die Selbstreflexionsphase enthält Reflexions- und Bewertungsprozesse, die sich auf die Lernhandlungen, den Selbstregulationszyklus, zukünftige Lernhandlungen, motivationale und emotionale Bedingungen und Voraussetzungen sowie auf die Modifikation intendierter Ziele beziehen.

Alle diese, für das interkulturelle Lernen mit dem Ziel des interkulturellen Verstehens und Handelns wichtigen Prozesse sollten aber nicht durch vorschnelles Urteilen und einseitiges, im kulturell Vertrauten verhaftetem Bewerten abgekürzt bzw. überlagert werden. Die folgenden Regeln sind deshalb beachtenswert, weil sie einerseits einen Raum schaffen zum kompetenten Handeln in der konkreten Begegnungssituation und zugleich Raum geben zu erneutem, erweitertem und optimiertem Weiterlernen.

Da in konkreten kulturellen Überschneidungssituationen eine schnelle Reaktion erwartet und erzwungen wird, drängt sich der automatische Bewertungsprozess mit seinen eigenkulturellen Determinanten in den Vordergrund. Es werden Stereotype, domänenspezifische Skripts und Vorurteile aktiviert, was zwar ein schnelles Reagieren ermöglicht, aber keine Zeit lässt für die Entwicklung und den Einsatz kulturadäquater Bewertungen und Reaktionsweisen. Hier können die folgenden sechs Regeln durchaus auch in Form von Selbstkommandos nützlich sein.

> **6 Regeln zur Schaffung von kompetentem Handeln in interkulturellen Begegnungssituationen**
> 1. Stopp des automatischen Bewertungsprozesses!
> 2. Präzisierung der Irritation: Was irritiert mich eigentlich?
> 3. Einflussfaktoren isolieren nach situativ oder individuell bedingt!
> 4. Thematisierung der eigenen Erwartungen!
> 5. Eigenkulturelle Standards reflektieren!
> 6. Nach passenden fremdkulturellen Standards suchen!

Sehr wichtig ist das „Stopp den automatischen Bewertungsprozess" als internes Selbstkommando, um eine verzögerte Reaktion zu erreichen und eine nachträgliche Reflexion des Geschehens zu ermöglichen. So kann daraus ein Lerngewinn entstehen.

4.4.3 Lernstrategien

Die lernpsychologische Forschung hat sich intensiv mit Lernstrategien befasst (Weinstein & Mayer, 1986). Unter Lernstrategien werden primär Kognitionen und Handlungen verstanden, die der Lernende zum Erwerb von Wissen verwendet, z. B. Wiederholungs-, Elaborations- und Organisationsstrategien. Neben den kognitiven Lernstrategien werden noch affektive, metakognitive und ressourcenbezogene Lernstrategien unterschieden:
- *Kognitive Lernstrategien* sind verhaltensbezogen und dienen primär dem Wissenserwerb und der Informationsverarbeitung. So dienen Wiederholungsstrategien dazu, Informationen im Langzeitgedächtnis abrufbereit zu speichern.
- *Affektive Lernstrategien* ermöglichen dem Lernenden, beim Lernen aktivierte emotionale und motivationale Prozesse zu regulieren. Sie spielen besonders beim Prozess des selbstregulierten Lernens in der Vorbereitungsphase, der aktiven Lernphase und der Nachbereitungsphase eine wichtige Rolle. Unterschieden wird dabei zwischen Ressourcenstrategien, volitionalen Strategien und selbstbilderhaltenden Strategien.
  - Die *Ressourcenstrategien* konzentrieren sich auf die lernzentrierte Bereitstellung von materiellen, medialen, zeitlichen und sozialen Ressourcen. So wird der Lernende dafür sorgen, dass er alle wichtigen Lernmaterialien verfügbar hat und die Lernumgebung ein angenehmes und störungsfreies Lernen ermöglicht.

- *Volitionale Strategien* zielen darauf ab, emotionale und motivationale Vorgänge so zu kontrollieren, dass Aufmerksamkeit, Konzentration und Anstrengung erhalten bleiben. So wird der Lernende sich in der Vorbereitungsphase auf die aus seiner Sicht positiv bewerteten Lernergebnisse und damit verbundene Belohnungen einstellen. Eine Reaktivierung dieser Einstellung während des Lernprozesses, besonders dann, wenn unerwartete Störungen, Hindernisse und ein Abfall der Lernleistung beobachtet werden, hilft ihm die Lernmotivation aufrechtzuerhalten.
- *Selbstbilderhaltende Strategien* werden eingesetzt zur Beibehaltung eines positiven Selbstbildes nach Misserfolgen. So können im Zuge der Kausalattribution für Misserfolge statt eigene mangelhafte Fähigkeiten der zu hohe Schwierigkeitsgrad der Aufgabe oder widrige externe Umstände im Verlauf des Lernprozesses verantwortlich gemacht werden.

- Der Einsatz von *Elaborationsstrategien* ermöglicht es, neue Informationen in schon vorhandene Wissensbestände einzuordnen und damit zu verknüpfen.
- *Organisationsstrategien* dienen der sinnvollen Struktur des Lernstoffs.
- *Metakognitive Strategien* dienen als übergeordnete Lernstrategien zur Planung, Kontrolle, Regulation und Bewertung eigener Lernprozesse. Mit gestiegenen Anforderungen des Lernens und anspruchsvolleren Lernzielen werden metakognitive Strategien immer wichtiger.
- *Ressourcenbezogene Lernstrategien* bilden neben den kognitiven und metakognitiven Lernstrategien eine weitere Kategorie. Sie dienen der Organisation des eigenen Lernens und der entsprechenden Rahmenbedingungen, zum Beispiel der Regulation der Aufmerksamkeit und Anstrengung sowie der Gestaltung passender sachlicher und personaler Lernumgebungen.

4.4.4 Soziales Lernen im Kontext interkulturellen Lernens

Interkulturelles Lernen wird, wie schon häufiger erwähnt, sehr oft dann angeregt und in Gang gesetzt, wenn der Handelnde in einer kulturellen Überschneidungssituation immer wieder mit unerwarteten Reaktionen seiner Partner aus ihm fremder, unterschiedlicher kultureller Herkunft konfrontiert wird. Er ist irritiert, verliert die Kontrolle und weiß nicht mehr, wie er sich verhalten soll. Wenn er solche Situationen aufgrund seiner Lebenssituation und beruflichen Anforderungen nicht einfach meiden kann, sondern weiß und erfährt, dass sie immer wieder eintreten, dann wird er versuchen, sie zukünftig zur eigenen Zufriedenheit zu meistern. Das bedeutet zu lernen, die Ursache für die Irritationen zu erkunden, zu verstehen und angemessene Verhaltensreaktionen einzuüben. Schon allein die Befolgung des „Stopp den automatischen Bewertungsprozess" erfordert ein intensives Lernen und Einüben entsprechender Verhaltensprozesse. Interkulturelles Lernen, so lässt sich folgern, findet immer in sozialen Kontexten statt und ist bestimmt von komplexen Interaktionsprozessen zwischen Personen.

Die Erforschung des sozialen Lernens hat in der Psychologie eine lange Tradition und ist eng verknüpft mit dem Namen des Sozialpsychologen Bandura (1977) und seiner „sozial-kognitiven Lerntheorie", verbunden mit seinen Forschungen zum Modelllernen.

Nach Bandura hat der Mensch die Fähigkeit, Wissen und Fertigkeiten auf der Grundlage von Modelllernen zu erwerben. Modelllernen umfasst inhaltlich nicht nur die Vermittlung von Verhaltensweisen, sondern auch den Aufbau kognitiver Kompetenzen und das Erlernen allgemein gültiger Regeln. Mit dem von Bandura eingeführten Begriff der symbolischen Modellierung ist gemeint, dass eine Beeinflussung direkt durch eine anwesende Person erfolgen kann oder aber indirekt in Form eines Modells in den Massenmedien oder wenn ein Mensch kein Verhalten vorführt, sondern Verhaltensinstruktionen gibt. Mit zunehmender Komplexität der modellierenden Aktivität wird die verbale Modellierung immer weniger erfolgreich. Das, was man z. B. in Rollenspielsituationen mit fremdkulturell geprägten Partnern beobachtend sofort ganzheitlich erfasst, wäre allein mit Sprache nicht zu vermitteln (vgl. Jonas & Brömer, 2010).

Grundlage der sozial-kognitiven Lerntheorie sind weiterhin drei das menschliche Verhalten auszeichnende Leistungen:
1. *Vorausschauendes Denken* ermöglicht es, Intentionen und zukünftige Zielzustände sowie vermutete Konsequenzen des Handelns kognitiv zu repräsentieren.
2. *Kognitive und sprachliche Repräsentation* externer Ereignisse durch *Symbolisierung*.
3. *Selbstreflexion* ermöglicht das Nachdenken über die Realitätsangemessenheit der eigenen Gedanken und die Verhaltenskontrolle. Hierbei spielen Urteile über die eigene Wahrnehmung von Selbstwirksamkeit eine wichtige Rolle.

Alle diese Prozesse sind wichtige Voraussetzungen zum interkulturellen Lernen und Verstehen und zum effektiven Einsatz selbstregulierten Handelns in kulturellen Überschneidungssituationen.

Die *Selbstregulation* hängt wiederum von verschiedenen Faktoren ab (Jonas & Fichter, 2006):
- *Selbstbeobachtung:* Der Handelnde in einer kulturellen Überschneidungssituation muss in der Lage sein, sich ein zutreffendes Bild der eigenen Fähigkeiten und Fertigkeiten zu machen. Zudem muss er die Kontextbedingungen berücksichtigen können, unter denen eine interkulturell kompetente Verhaltensreaktion möglich ist. Hierzu liefert Frau Hacker im Fallbeispiel „Der indonesische Handwerker" differenziertes Anschauungsmaterial, denn sie zeigt eine erstaunliche Kompetenz bezüglich ihrer Selbstbeobachtung.
- *Verhaltensstandards:* Die selbst gesetzten Standards müssen im Prinzip erreichbar sein. Sind sie zu hoch angesetzt und damit unrealistisch, werden die Ziele nicht erreicht und Enttäuschung und Frustration sind die Folgen. Sind

die Ziele zu niedrig angesetzt, kommt es zur Unterforderung, was eine Abnahme der Lern- und Leistungsmotivation bewirkt.
- *Selbstbezogene Reaktionen* sind Eigenlob nach Erfolgen und Selbstkritik nach Misserfolgen. So reagiert auch Frau Hacker mit Selbstkritik, nachdem der Handwerker einfach verschwunden ist und sich nicht mehr blicken lässt. Für sie hat der Vorgang den Charakter einer unbefriedigend verlaufenden Folge von Handlungen mit entsprechenden negativen psychischen Konsequenzen: Selbstzweifel, Unwohlsein, Versagenszuschreibungen.
- *Wahrgenommene Selbstsicherheit*, die sich in der individuellen Überzeugung äußert, in der Lage zu sein, eine Handlung zielgerecht ausführen zu können. Die Selbstsicherheit ist eine wichtige Grundlage für die Lernmotivation. Eine hohe Selbstsicherheit verbunden mit einer positiven Ergebniserwartung erhöht die Wahrscheinlichkeit, ein Lernziel sicher zu erreichen.

Die *Selbstwirksamkeitserwartungen* werden beeinflusst von:
- *Bewältigungserfahrungen:* Die als erfolgreich erfahrene Bewältigung einer Lernaufgabe erhöht die Selbstwirksamkeitserwartung, bei Misserfolgserfahrungen wird die Selbstwirksamkeitserwartung reduziert.
- *Stellvertretende Erfahrung:* Die eigene Selbstwirksamkeitserwartung wird auch dann positiv beeinflusst, wenn der Lernende Modelle beobachtet, wie sie eine Lernaufgabe bewältigen.
- *Verbale Informationsvermittlung:* Rückmeldungen über die erbrachten Leistungen durch andere Personen und Leistungsvergleichsrückmeldungen bezüglich anerkannter sozialer Standards erzeugen in hohem Maße Beurteilungssicherheit und haben positive oder negative Einflüsse auf die Selbstwirksamkeitserwartungen.
- *Physiologische und affektive Zustände:* Bei einer erfolgreichen Bewältigung kultureller Überschneidungssituationen sind auch physiologische und affektive Zuständen zu beachten. Das zeigt sich auch im Fallbeispiel von Frau Hacker, die nach den vielen vergeblichen Bemühungen des Handwerkers, eine akzeptable Arbeitsqualität zu erreichen, die Geduld verliert, enttäuscht, gestresst und ermüdet ist. Wenn dann der Handelnde diese Zustände als Zeichen geringer Selbstwirksamkeit interpretiert, sinkt bei zukünftigen Leistungs- und Lernaufgaben die Selbstwirksamkeitserwartung deutlich ab und die leistungsbezogene Handlung bzw. der Lernvorgang werden eventuell abgebrochen.

Übrig bleibt dann die von deutschen Fach- und Führungskräften oft geäußerte Überzeugung: „Ja, man kann mit den Einheimischen schon Geschäfte machen, aber wirklich verstanden habe ich deren Denken und Verhalten nicht. Zu Anfang habe ich es versucht, auch das Gespräch mit ihnen gesucht und auch viel mit erfahrenen deutschen Kollegen gesprochen, aber allmählich habe ich es aufgegeben. Man kommt einfach nicht an die Menschen heran. Man erfährt nie, was wirklich in ihnen vorgeht."

Daraus die Schlussfolgerung zu ziehen, sich auf das Abwickeln domänenspezifischer z. B. technisch-administrativer Vorgänge zu konzentrieren, bietet eine Art Selbstschutz vor dem völligen Verlust einer stabilen und erfolgreichen Selbstwirksamkeit und von Selbstwirksamkeitserwartungen.

4.4.5 Interkulturelles Lernen im individuellen Lebenslauf

Wenn von interkulturellem Lernen die Rede ist, denkt man gewöhnlich an Lernen aus und mit Erfahrungen im Zusammenhang mit Auslandseinsätzen oder mit Begegnungen und der Zusammenarbeit mit ausländischen Partnern in Deutschland, also an einer Art von „learning by doing". Wer aber interkulturelle Handlungskompetenz erwerben will, wird schnell merken, dass dies ohne gezieltes Training nicht möglich ist. Wie bereits erwähnt, lernt man Menschen unterschiedlicher kultureller Herkunft im Verlauf einer länger dauernden Zusammenarbeit zwar besser kennen, man gewöhnt sich an ihre unerwarteten Einstellungen, Ansichten und Verhaltensweisen, man stellt sich auf all das irgendwie ein. Ein Verständnis für ihre Art der Wahrnehmung von Personen und Ereignissen, ihre Art des Denkens und Urteilen, der Bedeutung ihrer emotionalen Reaktionen und ihrer Handlungsintentionen und -strategien entwickelt sich so im günstigsten Fall aber nur in Ansätzen. Zudem wird auf diesem Wege keine Reflexion der Handlungswirksamkeit eigener Kulturstandards und deren Wirkungen auf den fremdkulturell geprägten Partner aktiviert. Es wird auch kein vertieftes Verständnis für die komplexen Interdependenzen unterschiedlicher kultureller Orientierungssysteme und somit für die Herausforderungen, die sich in einer kulturellen Überschneidungssituation ergeben, erzeugt.

Zur Entwicklung interkultureller Handlungskompetenz auf hohem Niveau ist zwar ein interkulturelles Sensibilisierungstraining unerlässlich, das auf das Leben und Arbeiten in einer spezifischen Kultur vorbereitet und auf ein spezifisches Handlungsfeld ausgerichtet ist (vgl. Kap. 8). Dabei zeigt sich aber immer wieder, dass die erreichbaren Lernfortschritte bezüglich vertiefender und handlungswirksamer Einsichten und Verstehensprozesse umso höher und intensiver sind, je mehr der Lernende schon vorher, im Verlauf seiner biografischen Entwicklung, mit kulturellen Überschneidungssituationen konfrontiert wurde und zu deren Bewältigung angeregt und gezwungen war.

Die Abbildung 6 auf Seite 52 zeigt beispielhaft Möglichkeiten personspezifischer, ausbildungsspezifischer und berufsspezifischer interkultureller Erfahrungsbildungen. Mit zunehmender Internationalisierung und Globalisierung wird es wohl niemanden mehr geben, der nicht mehrere der hier aufgeführten interkulturellen Erfahrungsmöglichkeiten durchlaufen hat. Empirische Untersuchungen bestätigen, dass solche Erfahrungen nachhaltige kognitive und emotionale Wirkungen erzeugen und entsprechende Gedächtnisspuren hinterlassen (Thomas, Chang & Abt, 2007). Dies trifft zu für interkulturelle Begegnungen im Rahmen des nonformalen Lernens, bei denen Jugendlichen und jungen Erwachsenen im Kontext interkultureller Jugendbegegnungs- und Austauschprogramme interkulturelle Erlebnis-, Lern- und Handlungsfelder geboten werden. Weiterhin ist auch der Bereich des formalen Lernens im Rahmen von Schule und Ausbildung relevant, sofern Schule und Ausbildung als interkulturelle Lernfelder erschlossen und genutzt werden. Es reicht es nicht aus zu glauben, dass sich aus gemischt-kulturell zusammengesetzten Klassen und Schülergruppen wie von selbst interkulturelle Lernfelder ergeben. Interkulturelle Lern- und Handlungsmöglichkeiten müssen im formalen Lernkontext gezielt initiiert und gefördert werden, wenn sie ihr interkulturelles Erfahrungspotenzial ausschöpfen sollen (IJAB – Fachstelle für Internationale Jugendarbeit der Bundesrepublik Deutschland, 2012). Weiterhin ist zu erwarten, dass diese in der individuellen Lebensbiografie schon früh erworbenen interkulturellen Erfahrungen und Lernanregungen in Trainings zur Entwicklung interkultureller Kompetenz aktiviert werden und so als Erfahrungsmaterial zur Verfügung stehen. Was das bedeutet, wenn es sich um situierte Trainings im Sinne des in Abbildung 7 dargestellten Lernzirkels handelt, ist in Bezug auf kulturell bedingte kritische Interaktionssituationen, deren Deutungen, Bewertungen und der Erarbeitung entsprechender Lösungsstrategien leicht nachzuvollziehen.

4.5 Perspektivenübernahme

Begriffsklärung: Perspektivenübernahme

Mit Perspektivenübernahme bezeichnet man in der Psychologie die Fähigkeit eines Menschen, einen Gegenstand, ein Ereignis oder eine Person aus dem Blickwinkel eines anderen Menschen, der sich vom eigenen Blickwinkel unterscheidet, bewusst einzunehmen. Perspektivenübernahme setzt die grundsätzliche Bereitschaft zum Perspektivenwechsel voraus.

Die eigene, eingefahrene, gewohnte und in der alltäglichen Praxis als erfolgreich und nützlich erfahrene Perspektive in Bezug auf Objekte, Personen und Situationen zu wechseln, bedarf einer besonderen Motivation und Anstrengung und ist zudem risikobehaftet. Eigenes soll zugunsten von noch nicht klar absehbarem Neuen und Andersartigen verlassen werden, und dazu soll es noch zur Übernahme der Perspektive eines anderen Menschen kommen. Allerdings entwickeln kulturelle Überschneidungssituationen mit häufig erlebten erwartungswidrigen Reaktionen des fremdkulturell geprägten Partners einen hohen Aufforderungscharakter etwas zu tun, um die Irritationen im interpersonalen Interaktionsgeschehen zu beseitigen. Hier bietet es sich an zu versuchen, über und mithilfe von Perspektivenübernahme ein Verständnis für die unerwarteten Verhaltensweisen des Partners zu gewinnen. Dabei wird in der Regel der eigene Blickwinkel nicht verändert. So könnte eine deutsche Fachkraft, die einen verantwortlichen einheimischen Mitarbeiter dabei ertappt, dass er bei der Auszahlung der Gehälter an die Arbeiter etwas für sich abgezweigt hat, anstatt ihn sofort wegen Betrugs anzuzeigen und ihn zu entlassen, versuchen, sich in dessen finanzielle und soziale Situation hineinzuversetzen, um seine Beweggründe für das Fehlverhalten näher zu erkunden.

4.5.1 Fallbeispiel: Die Unterschlagung

Situationsschilderung

Eine international tätige Nichtregierungsorganisation (NGO) mit Sitz in Berlin führt im Rahmen eines Projekts der Entwicklungszusammenarbeit in Afrika Brunnenbohrungen durch. Ausführung und Verwaltung der Arbeiten liegen in der Verantwortung einheimischer afrikanischer Fachkräfte. Bei einer im Abstand von fünf Jahren durchgeführten Buchprüfung wird festgestellt, dass in den letzten Jahren jährlich 5.000 € ohne Belege der Hauptkasse entnommen wurden. Eine Sonderprüfung dieses Vorgangs ergibt, dass der Leiter der Zweigstelle in Nigeria das Geld unterschlagen hat, um damit seinem Sohn ein Studium in den USA zu ermöglichen. Die deutsche Zentrale der NGO in Berlin entscheidet entsprechend den üblichen Regeln, diesen nigerianischen Mitarbeiter sofort zu entlassen und eine Neubesetzung der Stelle vorzunehmen. Dies erweist sich aber als schwierig, weil sich so schnell keine einheimische Fachkraft finden lässt, die Erfahrungen mit der Verwaltung solcher Entwicklungsprojekte besitzt, und die zudem noch über entsprechende lokale Kontakte und ausgedehnte soziale Netzwerke verfügt, die für eine erfolgreiche Verwaltungsarbeit in Nigeria erforderlich sind. Die Arbeiten vor Ort müssen zunächst eingestellt werden, und niemand weiß so recht, wie es nun weitergehen soll.

Interpretation

Wenn jemand in verantwortlicher Position über Jahre hinweg seinen Arbeitgeber betrügt, indem er Geld entwendet und sich damit ungerechtfertigt bereichert, ist eine Entlassung die übliche und gut nachvollziehbare Konsequenz.

Als Alternative zur sofortigen Entlassung bietet sich allerdings an, mit dem Betroffenen ein Gespräch über seine Beweggründe zu führen. Dabei könnte sich herausstellen, dass er unter erheblichem sozialem Druck seitens der Familie stand. Alle wussten, dass er es zu etwas gebracht hatte, gutes Geld verdiente und alle wollten davon profitieren. Er war aus Stammestradition und/oder religiösen Gründen verpflichtet, sein Gehalt zu zwei Dritteln an seine nicht so gut gestellten Familienmitglieder abzugeben. So blieben ihm selbst keine finanziellen Ressourcen seinem Sohn eine gute Ausbildung im Ausland zu finanzieren. Von den der

Firmenkasse entnommenen Geldern, so hoffte er, würde niemand etwas erfahren und vier Jahre lang war das auch nicht aufgefallen. Sein Sohn hatte zudem inzwischen ein Technikstudium in den USA erfolgreich abgeschlossen.

In dem so entstandenen Loyalitätskonflikt zwischen den aus seiner Sicht durchaus berechtigten Forderungen seiner Familie nach Unterstützungsleistung und seinen Verpflichtungen gegenüber der Zukunftssicherung für seinen Sohn einerseits sowie der Ehrlichkeit gegenüber seinem Arbeitgeber andererseits, hat er sich für die aus der Familientradition heraus ergebenen Verantwortlichkeiten entschieden.

Wer in der Lage ist, diese Perspektive der „Veruntreuung" von Geldern nachzuvollziehen und zu übernehmen, kommt schnell auf die Idee, statt eine Entlassung eines fachlich und sozial für das Brunnenbohr-Projekt gut qualifizierten Mitarbeiters vorzunehmen, mit ihm ein realistisches Programm zur Rückzahlung des veruntreuten Geldes zu erarbeiten und ihn weiter zu beschäftigen.

Die Vorteile dieses Vorgehens liegen auf der Hand. Der Mitarbeiter erfährt, dass auch sein Arbeitgeber ein gewisses Verständnis für die Beweggründe für sein Verhalten aufbringt und sich mit ihm gemeinsam um eine für beide Seiten akzeptable und realisierbare Problemlösung bemüht, obwohl sein Verhalten eine Kündigung rechtfertigen würde. Die NGO erspart sich so eine Einstellung und Einarbeitung eines neuen Mitarbeiters. Zudem kann niemand garantieren, dass ein neuer Mitarbeiter nicht auch nach einiger Zeit in einen Loyalitätskonflikt gerät und sich dann womöglich auch gegen seinen Arbeitgeber entscheidet.

Um eine solche Problemlösung überhaupt in Erwägung zu ziehen, bedarf es der Fähigkeit und Bereitschaft zur Übernahme der Perspektive des afrikanischen Mitarbeiters und des Wissens um die Relevanz und den hohen moralischen Wert der Sorge um das Wohlergehen der eigenen Familie, des Stammes und der Clan-Angehörigen. Um zu dieser Einsicht zu gelangen, ist ein hohes Maß an Dezentrierung, also des Sich-Lösens von der als einzig richtig erscheinenden, nämlich der eigenen kulturellen Sichtweise gefordert. Auch ein gewisses Maß an Empathie, als emotionale Reaktion aufgrund eines Verständnisses des Befindlichkeitszustands des afrikanischen Mitarbeiters, wird erforderlich sein.

Perspektivenübernahmefähigkeit und ein Mindestmaß an dispositionaler Empathie sind zur Bewältigung kultureller Überschneidungssituationen besonders dann erforderlich, wenn sie sehr komplex sind, wie im geschilderten Fallbeispiel, und wenn zur befriedigenden Problemlösung für alle beteiligten Personen ein hoher psychischer Aufwand erforderlich ist.

4.5.2 Formen und Bedeutung von Perspektivenübernahme

Die psychologische Beschäftigung mit Perspektivenübernahme erfolgt meist im Zusammenhang mit den Themen prosozialer Motivation und sozialer und moralischer Kompetenz (Galinsky & Moskowitz, 2000). Die psychologischen

Forschungen bestimmen Perspektivenübernahme als einen grundlegenden Prozess der Personenwahrnehmung. Diese Fähigkeit ist mit etwa 9 Jahren entwickelt, weil dann in der Regel auch die Fähigkeit zur Selbst-Fremd-Differenzierung abgeschlossen ist. In kulturellen Überschneidungssituationen sowie in der Alltagspraxis neigen Personen selten dazu, von dieser Fähigkeit Gebrauch zu machen, um ihre Chancen zu erhöhen, das erwartungswidrige Verhalten ihrer Partner zu verstehen und antizipieren zu können. Besonders dann, wenn Irritationen, Verunsicherungen und Kontrollverlust drohen oder erahnt werden, verhält man sich sicherheitshalber eher egozentrisch. Wer allerdings das oben beschriebene Selbstkommando „Halte erst einmal inne! Stopp den automatischen Bewertungsprozess!" befolgt, erhöht seine Chancen zur Perspektivenübernahme.

Im Zusammenhang mit Perspektivenübernahme wird unterschieden zwischen *gegenständlicher* Perspektivenübernahme, die auf das Verstehen des Interaktionsgegenstandes, zum Beispiel das unterschlagene Geld im Fallbeispiel, bereits vereinbarten Verhandlungsbestandteile oder das unzulänglich bearbeitete Werkstück abzielt. Die *emotionale* Perspektivenübernahme stellt den Versuch dar, die mit den interpersonalen Beziehungen verbundenen Empfindungen des Partners zu verstehen. Die *konzeptuelle* Perspektivenübernahme bezeichnet den soziokulturellen Kontext, in den das Verhalten des Partners eingebunden ist. Layes (2007, S. 136) folgert auf der Basis dieser drei Aspekte der Beziehungsübernahme für interkulturelle Lernprozesse: „… im Zuge interkultureller Lernprozesse muss man erstens lernen, für andere Situationsangebote rezeptiver zu werden als für die, auf die man üblicherweise fokussiert, man muss zweitens lernen, auf diese Weise neu entstehende Situationen auf eine neue Art zu konzeptualisieren und drittens diese neuen Konzepte wieder in ziel- und beziehungsorientiertes Handeln zu übersetzen."

Für das Verständnis des Zustandekommens von Perspektivenübernahme im Kontext kultureller Überschneidungssituationen ist der Einsatz dieser Fähigkeit speziell in konflikthaften Interaktionssituationen zu beachten. Mit einem durch die Erfahrung erwartungswidrigen Verhaltens entstehenden Konflikts sinkt der Aufforderungscharakter zur Perspektivenübernahme, mit der Folge, dass nur noch konfliktrelevante Aspekte im Zentrum der Aufmerksamkeit stehen. Dabei spielt es keine Rolle, ob ein Konflikt intrapersonal oder interpersonal abläuft. Offensichtlich lässt die Beschäftigung mit den konfliktrelevanten Aspekten nicht mehr genug Kapazität für die Befassung mit Perspektivenübernahme übrig. Durch die Konzentration des Handelnden ausschließlich auf die konfliktrelevanten Prozesse im Umgang mit der Zielperson kommt es zur verzerrten Personwahrnehmung, was wiederum Einfluss nimmt auf die Entstehung von Fremdbildern (vgl. Steins, 2006).

Das Thema Perspektivenübernahme ist auch im Kontext prosozialer Motivation relevant, und zwar erleichtert Perspektivenübernahme zweifellos, die Bedürfnisse anderer Personen zu erkennen, was wiederum eine wichtige Voraussetzung zur realistischen Einschätzung der weiteren Verhaltensschritte der Person ist. Für das interkulturelle Verstehen und Handeln ist eine ausgeprägte Fähigkeit zur Perspektivenübernahme in Verbindung mit Empathiefähigkeit eine wichtige Grundlage und unverzichtbare Bedingung zur Bildung positiver sozialer Beziehungen zu Personen im Kontext kultureller Überschneidungssituationen. Da die Entwicklung und Ausprägung beider Fähigkeiten bereits in der frühen Kindheit erfolgt, ist es nicht verwunderlich, dass nicht jede Fach- und Führungskraft für Auslandseinsätze geeignet ist. Auch mit noch so wirksamen interkulturellen Trainings wird es nicht immer gelingen diese Fähigkeiten in ausreichendem Maße zu entwickeln, um erfolgreich kulturelle Überschneidungssituationen zu managen. Es ist aber auch beachtenswert, dass Perspektivenübernahme und Empathiefähigkeit schon relativ früh entwickelt und gefestigt werden. Dies wiederum begründet, warum bei interkulturellen Trainings, Supervisions- und Coaching-Interventionen auf die Weiterentwicklung beider Fähigkeiten geachtet werden sollte. Die Entwicklung dieser Fähigkeiten gelingt relativ erfolgreich bei Culture-Assimilator-/Sensitizer-Trainings. Dies sind Trainings nach dem Konzept des situierten Lernens (Lernzirkelmodell) und im Rahmen praxisnaher interkultureller Fallstudien und Rollenspielszenarien mit Video-Feedback, wie sie als Teil interaktionsorientierter Trainings gebräuchlich sind (Kinast, 2007; Fowler & Blohm, 2004).

4.6 Gemeinsame Wissenskonstruktion

Jeder Mensch entwickelt aufgrund seiner Einzigartigkeit, seiner ganz individuellen Biografie, Lern- und Sozialisations-, aber auch Lebensgeschichte, seiner individuellen Überzeugungen, Vorlieben, Sensibilitäten, Motive, Stimmungslagen, Befindlichkeiten etc. spezifisches Wissen, das sich von dem anderer Menschen unterscheidet. Es gibt zwar im Wissensbestand mehrerer Personen auch identische oder sehr ähnliche Wissensbestände, aber immer dann, wenn eine Kooperation mit anderen Personen oder mit mehreren Personen und Gruppen angestrebt und zur Zielerreichung erforderlich ist, bedarf es eines Aushandlungsprozesses, damit ein ausreichendes Maß an geteiltem Wissen entsteht. Gerade dieser Prozess ist für das gegenseitige Verständnis zwischen Partnern in kulturellen Überschneidungssituationen mit dem Ziel, erwünschte Ergebnisse mithilfe von Kooperation zu erreichen, unerlässlich. Die Bedingungsfaktoren und Prozesse, die gemeinsame Wissenskonstruktionen beeinflussen, sind Gegenstand sozialpsychologischer Forschungen, wobei sich die einschlägigen Forschungen auf Prozessabläufe in Gruppen und gruppeninterne Wissenskonstruktionen beziehen (Kopp & Mandl, 2006). Für das Handeln in kulturellen Überschneidungssituationen lässt sich aus diesen Forschungen dann Nutzen ziehen, wenn man davon ausgeht, dass immer mindestens zwei Personen, meist aber mehrere Personen, unterschiedlicher kultureller Herkunft miteinander interagieren, gemeinsame Normen und Überzeugungen besitzen, ein Wir-Gefühl füreinander entwickeln, unter ihnen eine Rollendifferenzierung stattfindet und ein gemeinsames Ziel zu erreichen angestrebt wird. Diese sozialpsychologisch relevanten Kriterien für die Existenz einer Gruppe lassen sich in den bisher präsentierten Fallbeispielen durchaus finden, wenn die Art und Weise, wie diese Kriterien entwickelt wurden und in Erscheinung treten, kulturspezifisch unterschiedlich wahrgenommen werden. Im Vergleich zu monokulturellen Gruppen verfügen plurikulturelle Gruppen sicher über eine sehr viel geringere Anzahl an geteiltem Wissen, und es bedarf erheblich größerer Anstrengungen, gemeinsame Wissensstrukturen zu entwickeln. Für die gemeinsame Wissenskonstruktion ist es wichtig, dass die Gruppenmitglieder sensibel dafür sind, gerade die ungeteilten Informationen in die Gruppe einzubringen, was allerdings voraussetzt, dass sie Wissen über unterschiedliche Informationen besitzen, was als Metawissen bezeichnet wird. Interkulturelle Sensibilisierungstrainings, in denen die Trainingsteilnehmer lernen, sich des eigenen kulturspezifischen Orientierungssystems bewusst zu werden und sich deren handlungssteuernde Wirkungen vergegenwärtigen können, im Vergleich zu den Wirkungen der fremdkulturellen Orientierungssysteme ihrer Partner, sind in der Lage, ein solches Metawissen aufzubauen.

Das Objektwissen jeder Person in der Gruppe, also das individuelle Gedächtnis, und das Metawissen über das Objektwissen kann sich auf das eigene Wissen, aber auch auf das anderer Personen beziehen. Das Objektwissen anderer Personen entsteht dadurch, dass die einzelnen Gedächtnissysteme der Personen untereinander über transaktive, wissensbezogene Prozesse ausgetauscht und miteinander verbunden werden (Brauner, 2003).

> Die Individuen haben damit über dieses transaktive Wissenssystem in der Kooperation nicht nur Zugriff auf die eigenen Gedächtnisinhalte, sondern auch auf die Gedächtnisinhalte ihrer Gruppenmitglieder. Diese können damit als externe Speicher dienen. Transaktive Wissenssysteme entstehen u. a. durch soziale Wahrnehmung und soziale Interaktion: Informationen über eine andere Person werden in einer Situation verbal wie non-verbal aufgenommen, zu einer kognitiven Repräsentation enkodiert, im Gedächtnis gespeichert und bei Bedarf abgerufen. Zentraler Bezugspunkt stellt dabei die Kommunikation zwischen den Gruppenmitgliedern dar, die ihre gespeicherten Informationen austauschen und teilen. Für die Entstehung transaktiver Wissenssysteme ist Zeit eine wesentliche Voraussetzung. Nur, wenn Gruppenmitglieder über einen länger anhaltenden Zeitraum miteinander interagieren und kooperieren, entsteht bei den Einzelnen Wissen über die Expertise der anderen. Dieses Wissen wirkt sich positiv auf die gemeinsame Wissenskonstruktion aus. (Kopp & Mandl, 2006, S. 506).

Die Entwicklung transaktiver Wissenssysteme im Kontext gemischtkultureller Gruppen erfordert noch mehr Zeit als bei monokulturell zusammengesetzten Gruppen. Deshalb ist es wichtig, Maßnahmen zum beschleunigten Aufbau eines transaktiven Wissenssystems zu ergreifen, und die Qualität des transaktiven Wissenssystems zu sichern. Geeignet sind dazu einmal die Aktualisierung des

Metawissens und die Aufteilung von Informationen auf der Basis des individuellen Objektswissens. Selbstoffenbarungen der Gruppenmitglieder bezüglich ihrer jeweiligen Expertise, gezielte Informationsstrategien und Perspektivenübernahme sind für eine zügige Entwicklung transaktiver Wissenssysteme unerlässlich.

Forschungen haben zudem gezeigt, dass nicht nur bestimmte Strategien des Wissenserwerbs trainiert werden sollten. Generell bringt das *gemeinsame Training* einer Arbeitsgruppe an einer Aufgabe einen erheblichen Vorteil für die Entwicklung von transaktiven Wissenssystemen. Gemeinsames Training ermöglicht ein gemeinsames Enkodieren wichtiger Informationen. Dieses gemeinsame Enkodieren ermöglicht durch die Anhäufung unterschiedlicher Informationen situations- und einzelfallübergreifendes Metawissen zu produzieren (vgl. Brauner, 2003).

Das ist ein Beleg für die Bedeutung interkultureller Trainings und hier besonders gemischtkulturell zusammengesetzter Trainingsgruppen bzw. interkultureller Trainings für Arbeitsgruppenmitglieder unterschiedlicher kultureller Herkunft, die für einen längeren Zeitraum zusammenarbeiten müssen (vgl. Zeutschel, 2003, S. 461–476).

5 Entwicklung und Wirkungen interpersonaler Interaktionsprozesse in interkulturellen Kontexten

Interkulturelles Verstehen und interkulturelles Handeln sind aus psychologischer Sicht Prozesse, die sich im Kontext interpersonaler Interaktionsvorgänge abspielen, bei denen die beteiligten Akteure im Verlauf ihrer lebensbiografischen Entwicklung unterschiedliche Enkulturations- und Sozialisationserfahrungen gemacht und deren handlungswirksame Determinanten verinnerlicht haben. Ihre soziale Wahrnehmung, ihre Beurteilung und Bewertung von Personen, deren Handlungen und sozialen Ereignisse, ihre soziale Motivation, ihre Emotionen und handlungssteuernden Intentionen, Planungen und Bewertungen sind geprägt von dem, was sie erfahren und verinnerlicht haben. All dies wird in interkulturellen Begegnungssituationen wiederum zum Aufbau von Erwartungshaltungen, zur Interpretation und zur Bewertung der interpersonalen Vorgänge aktiviert und eingesetzt. Die Folgen sind erwartungskonträre Erfahrungen, verbunden mit Irritationen und Verunsicherung bis hin zu drohendem Orientierungsverlust.

5.1 Grundlegende Prozesse sozialer Interaktion

5.1.1 Kontingenzstrukturen sozialer Interaktion

In Gruppen, zu denen auch als kleinste Einheit die Dyade, also die Beziehung zwischen nur zwei Personen gehört, können sich unterschiedliche Strukturen ausbilden, die das Verhalten der Gruppenmitglieder nachhaltig bestimmen. So wurde von Jones und Gerard (1967) das soziale Kontingenzmodell zur Unterscheidung von vier verschiedenen Grundstrukturen in der Dyade entwickelt. Die beiden Forscher gehen davon aus, dass jede Interaktion zwischen zwei Personen in der Regel durch innere und äußere Faktoren reguliert wird. So kann eine Person aus einem inneren Bedürfnis heraus an eine andere Person eine Frage stellen. Sie kann zu der gleichen Frage aber auch von außen, z. B. durch einen Lehrer, angeregt worden sein. Die Antwort des Partners kann zunächst als eine Reaktion auf die gestellte Frage betrachtet werden, sie hängt aber auch von inneren Faktoren ab wie der Einstellung zum Fragenden, seinem vorhandenen Bildungsniveau und Kenntnisstand oder zum Gegenstand der Frage. Je nachdem, wie stark das Verhalten der Interaktionspartner von den relativen Anteilen innerer und äußerer Faktoren determiniert ist, unterscheiden Jones und Gerard vier Grundstrukturen der Interaktionsbeziehungen in Dyaden: Pseudokontingenz, asymmetrische Kontingenz, reaktive Kontingenz und wechselseitige Kontingenz (vgl. Abb. 10):

1. *Pseudokontingenz:* Das Verhalten der Interaktionspartner wird ausschließlich durch innere Faktoren determiniert. Eigene, subjektive Pläne bestimmen das gezeigte Verhalten, und lediglich die zeitliche Strukturierung der Verhaltenseinheiten ist von sozialen Reizen abhängig, z. B. wenn ein Partner erst zu sprechen beginnt, wenn der andere zu sprechen aufgehört hat. Pseudokontingente Beziehungen bestehen beispielsweise zwischen zwei Schauspielern, die im Rahmen der ihnen vorgeschriebenen und auswendig gelernten Rollen miteinander interagieren. Bei stark ritualisierten und formalisierten Handlungen liegen pseudokontingente Beziehungen ebenso vor wie bei Personen, die unfähig oder nicht bereit sind, einander zuzuhören und aufeinander einzugehen und stattdessen aneinander vorbeireden. Genau dies passiert in interkulturellen Begegnungssituationen dann relativ häufig, wenn die beiden Partner einander nicht verstehen und aneinander vorbeireden, obwohl sie zur Verständigung eine gemeinsame Sprache nutzen.
2. *Asymmetrische Kontingenz:* In diesem Fall ist das Verhalten des einen Partners durch innere und das des anderen durch äußere Faktoren determiniert. Ein Partner richtet sich nach seinen eigenen Plänen und wird deshalb von den Reaktionen des anderen kaum beeinflusst, wohingegen die andere Person ihr Verhalten ausschließlich nach ihrem Partner ausrichtet. Asymmetrische Beziehungsstrukturen treten auf, wenn ein Partner keine eigenen Handlungspläne und -absichten verfolgt oder nicht im Stande ist, sie gegenüber anderen durchzusetzen. Ein solches Verhalten kann auftreten, wenn neue, bisher unbekannte und schwer vorhersehbare Situationen zu bewältigen sind, wenn der Handelnde über zu wenige Informationen verfügt und ihm die Orientierung fehlt oder wenn so große Machtunterschiede in der Interaktion bestehen, dass ein Partner dem anderen seinen Willen aufzwingen kann. Asymmetrische Kontingenzen können auch daraus resultieren, dass ein Partner unverändert an seinen vorgefassten Plänen festhält und zu unbeweglich ist, um auf den anderen Partner einzugehen. In diesem Fall kommt es entweder zum Abbruch der Beziehungen oder, falls dies aus sozialen Gründen nicht möglich ist, zu asymmetrischen Kontingenzen.
Was hier geschildert wird, geschieht in interkulturellen Begegnungssituationen besonders dann, wenn eine der beiden Partner aufgrund seines Status über ein hohes Maß an legitimer Macht verfügt und aufgrund seiner fachlichen Kompetenz und seiner Selbstwirksamkeitserwartungen in Bezug auf die Gestaltung der sozialen Interaktionssituation an seinen Plänen und Gewohnheiten festhält ohne auf seinen Partner und dessen Interessen und Bedürfnisse einzugehen, z. B. eine deutsche Fach- und Führungskraft gegenüber einheimischen Mitarbeitern in einem Entwicklungsprojekt.
3. *Reaktive Kontingenz:* In diesem Fall reagieren beide Partner aufeinander, ohne dabei eigene Pläne zu verfolgen. Dies kann in einer privaten Form zu reflexartigen Reaktionsmustern führen, wie man sie vornehmlich bei Kindern beobachten kann. Erstbegegnungen im interkulturellen Kontext weisen in der

Regel einen hohen Grad an Komplexität auf. Verbunden mit mangelnder Fremdsprachenkenntnis ist in solchen Situationen oft keine ausreichende verbalen Verständigung möglich, und Formen reaktiver Kontingenz bieten wahrscheinlich die einzige Möglichkeit in Kontakt zu bleiben.
4. *Wechselseitige Kontingenz:* Innere und äußere Faktoren determinieren das Verhalten beider Partner. Wechselseitige Kontingenz ist der komplexeste, aber wohl

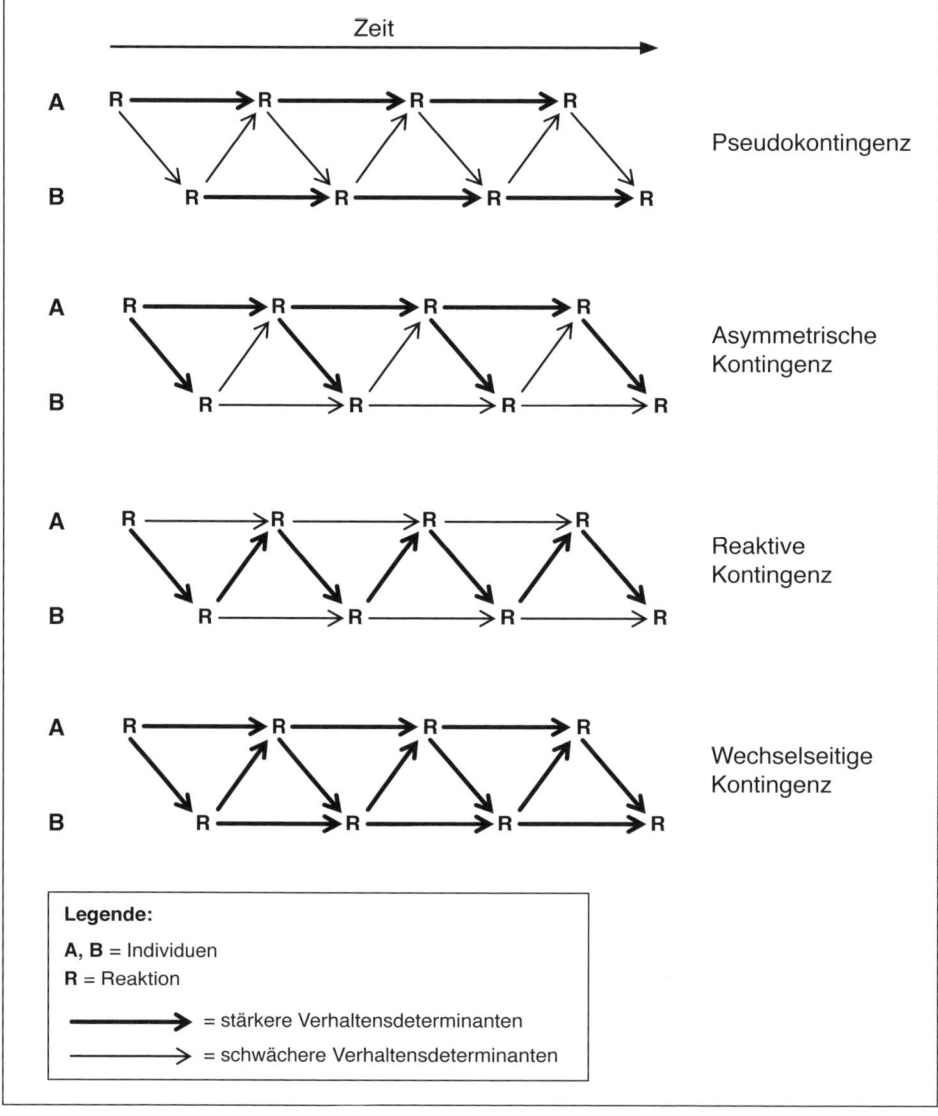

Abbildung 10: Grundstrukturen der Interaktionssequenzen in Dyaden (nach Jones & Gerard, 1967, S. 507)

auch häufigste Interaktionstyp. Beide Partner handeln planmäßig und situationsangepasst, wobei jeder seine Ziele verwirklichen möchte, aber unter Berücksichtigung der Reaktionen seines Partners. Besonders dann, wenn ein Ziel nur in Zusammenarbeit mit anderen Personen erreicht werden kann, ist die Herstellung wechselseitiger Kontingenz nötig, da sonst mindestens ein Partner sein Ziel nicht erreicht und die Interaktion unbefriedigend verläuft. Unter den Bedingungen kultureller Überschneidungssituationen wäre dieser Interaktionstyp sicherlich der angemessenste, effektivste und zufriedenstellendste, aber zugleich auch der anspruchsvollste. Tatsächlich gelingt wechselseitige Kontingenz aber nur, wenn beide Partner ein so hohes Maß an interkultureller Handlungskompetenz entwickelt haben, dass sie sich aufeinander einstellen, die Reaktionen des anderen angemessen antizipieren, seine Intentionen und Beweggründe verstehen und dementsprechend reagieren können.

Unter den Bedingungen kultureller Überschneidungssituationen können prinzipiell alle vier Kontingenzformen auftreten. Wenn die Partner in einer interkulturellen Begegnung ihr Interaktionsverhalten nahezu ausschließlich nach ihren verinnerlichten eigenkulturellen Gewohnheiten und Verhaltensnormen ausrichten, z. B. der deutsche Chef rollengemäß Anweisungen gibt und der ausländische Mitarbeiter es gewohnt ist, Chefanweisungen kommentarlos, gleichsam blind auszuführen, dann entspricht dieses Verhalten aufgrund der Dominanzfaktoren und entsprechend ritualisierten und formalisierten Handlungen dem Typ der Pseudokontingenz. Selbst Vertragsverhandlungen können entsprechend dem Interaktionstyp der Pseudokontingenz verlaufen, wenn beide Parteien allein ihre festgelegten Ziele verfolgen und das mit kulturspezifisch verankerten Methoden der Verhandlungsführung, die dem jeweiligen Partner nicht vertraut sind und die er nicht versteht. Ein zufriedenstellendes Verhandeln, ein beide Seiten berücksichtigendes Aushandeln sowie ein nachhaltig wirksamer Vertragsabschluss können so nicht zustande kommen.

In den Fällen, in denen ein Partner seine fachliche Expertise oder seine Ressourcenüberlegenheit gegenüber seinem Verhandlungspartner ausspielt und deshalb ein asymmetrisches Kontingenzverhältnis hergestellt wird, weil dieser auf die Zusammenarbeit angewiesen ist, wird wohl eine Vertragsvereinbarung zustande kommen. Die einseitige Dominanz wird aber die weitere Zusammenarbeit belasten, zur Unzufriedenheit, zu verminderter Leistungsbereitschaft und zu fragilen Beziehungsverhältnissen führen.

Die Form des reaktiven Kontingents wird im Kontext interkulturellen Handelns wohl keine oder nur sehr selten eine Rolle spielen, weil Handeln das Aktivieren und Verfolgen eigener Pläne voraussetzt. Es können sich aber unter ungünstigen Umständen Interaktionssituationen einstellen, in denen ein geordnetes, geplantes und kontrolliertes eigenes Handeln zusammenbricht und nicht mehr möglich ist. Ein sofortiger Abbruch der Interaktion, also ein „aus dem Felde gehen" ist dann womöglich auch nicht opportun, da dies mit unkalkulierbaren Folgewirkungen und zu hohen Kosten verbunden ist und sich somit allmählich Formen reaktiver Kontingenz einstellen.

Das Fallbeispiel „Der Bericht" (Tab. 5 auf S. 100) zeigt verschiedene Varianten von Kontingenz, beginnend mit einer wechselseitigen Kontingenz und endend mit einer Form von reaktiver Kontingenz, bei der sich zumindest beim griechischen Mitarbeiter der Eindruck verfestigt, dass in der Interaktion nichts mehr so recht zusammengeht. Das Fallbeispiel illustriert auch recht anschaulich und nachvollziehbar unterschiedliche Attributionen getragen von kulturspezifischen Divergenzen einerseits für Formen der partizipativen Zusammenarbeit aufseiten des US-amerikanischen Chefs und andererseits eines paternalistisch-hierarchischen Verständnisses aufseiten des griechischen Mitarbeiters.

Die wechselseitige Kontingenz ist die Art der Interaktion in kulturellen Überschneidungssituationen, die anzustreben ist, wenn eine für beide Seiten erfolgreiche und zufriedenstellende Kooperation erreicht werden soll. Sie setzt aber ein gewisses Maß an interkultureller Handlungskompetenz voraus, da ein Verständnis für die Intentionen und Handlungspläne des Partners gefordert ist.

Die Behandlung der Kontingenzstrukturen sozialer Interaktion hat deutlich werden lassen, dass durch innerpsychische Bedingungen (z. B. Gewohnheiten, Erwartungen, Fähigkeiten etc.) oder durch äußere und innere Zwänge (Traditionen, Normen, Gesetze und Regeln) von den Partnern bestimmte Interaktionsstrukturen angestrebt werden, in denen die gruppendynamischen Prozesse abzulaufen haben und ihre Wirkungen nach innen (z. B. Zufriedenheit der Mitglieder) und nach außen (z. B. Kompromiss gefunden, Entscheidung getroffen) entfalten sollten.

5.1.2 Verbale und nonverbale Kommunikation

Die psychologische Forschung betrachtet Kommunikation als den wichtigsten Bestandteil der sozialen Interaktion. Ohne die Fähigkeit miteinander zu kommunizieren, sich mithilfe von Sprache sowie Zeichen und Symbolen verständigen zu können, wäre ein Zusammenleben und überhaupt ein Überleben nicht möglich. Insofern spielt die Erforschung der Bedingungen, Verlaufsprozesse und Wirkungen der Kommunikation im Prozess der sozialen Interaktion in der psychologischen Forschung eine zentrale Rolle. Es geht dabei zunächst einmal um Informationsaustausch, aber darüber hinaus auch um motivationale, emotionale und soziale Prozesse als Einfluss nehmende Faktoren. Weit verbreitet und recht populär ist das „Vier-Seiten-Modell der Kommunikation" von Schulz von Thun (1998a, 1998b), in dem er aufbauend auf dem Kommunikationsmodell von Watzlawick, Beavin und Jackson (2000) die vier zentralen Bedeutungen der kommunizierten Botschaft benennt (vgl. folgender Kasten).

> **Vier Bedeutungen einer Nachricht nach Schulz von Thun (1998a)**
> 1. Die Darstellung des Sachinhalts, über den der Sender informiert.
> 2. Die subjektive Information, also das, was der Sender über sich selbst vermittelt (Selbstoffenbarung).
> 3. Aussagen darüber, was der Sender vom Empfänger erhält (Beziehungsaussage).
> 4. Hinweise bezüglich einer Instruktion, wozu der Sender den Empfänger veranlassen will (Appellfunktion).

Kommunikation funktioniert dann gut, also führt zu einer schnellen und verlässlichen Verständigung, wenn Kommunikationsbarrieren vermieden und Regeln für die Übermittlung von Botschaften beachtet werden, nämlich:
1. Die Nachricht sollte nachvollziehbar sein.
2. Die Nachricht sollte kurz und gut verständlich wie möglich formuliert sein.
3. Die übermittelten Informationen sollten durchstrukturiert sein.
4. Der Informationskanal sollte der Komplexität der Inhalte entsprechen, also Komplexes sollte eher schriftlich vermittelt werden.
5. Wichtige Informationen sollten wiederholt werden.

Die Kommunikation zwischen dem Sender einer Botschaft und dem Empfänger verläuft, wie sozialpsychologische Forschungen gezeigt haben, in Form von vier Modellen, was im Prinzip auch für die Kommunikation zwischen Personen unterschiedlicher kultureller Herkunft gilt:
- *Kodier-Dekodier-Modell:* Der Sender will etwas vermitteln, kodiert die Botschaft als Nachricht, vermittelt die Botschaft über ein Medium und versendet sie über einen Kanal. Sein Gegenüber empfängt die Nachricht, dekodiert sie, antwortet auf sie und gibt eine Rückmeldung. Dabei kann die Nachricht verbal oder nonverbal, schriftlich oder mündlich oder elektronisch übermittelt sein.
- *Intentionalitätsmodell:* Zur erfolgreichen Kommunikation gehört der Austausch von kommunizierten Intentionen. Nach der Dekodierung des Sinns der Botschaft versucht der Empfänger, die Intentionen des Gegenübers zu erschließen, um die Botschaft vollständig verstehen zu können.
- *Modell der Perspektivenübernahme:* Eine erfolgreiche Kommunikation ist nur möglich, wenn es dem Sender gelingt, die Perspektive des Empfängers zu übernehmen. Mithilfe der wechselseitigen Übernahme der Perspektiven können Sender und Empfänger ein „gemeinsames Wissen" aufbauen, das die Verständigung erleichtert, wobei Empathie wiederum den Perspektivenübernahmeprozess erleichtert.
- *Dialogmodell:* In diesem Modell liegt der Schwerpunkt auf der verbalen Interaktion, wobei die vier bereits oben besprochenen Bedeutungsebenen der verbal vermittelten Botschaft betont werden: Sachebene, Ausdrucksebene, Beziehungsebene und Appellebene.

Sozialpsychologische Forschungen haben gezeigt, dass die Art und Qualität der interpersonalen Beziehungen im Kommunikationsprozess durch nonverbales Ausdrucksverhalten gesteuert und beeinflusst werden. Neben linguistischen Merkmalen wie Wahl der Sprache, Thematik, Sprachstil, Wortwahl, Syntax und Argumentationsstruktur sind noch paralinguistische Merkmale der Stimme wie Tonhöhe, Stimmklang, Melodieverlauf und Lautstärke; die Sprechweisen wie Sprechton, Pausen, Verlegenheitslaute, Störungen im Sprachfluss und die Gesprächssteuerung sowie Gesprächseröffnung, Gesprächsbeendigung, Sprecherwechsel, Unterbrechungen und die Feedback-Signale zu beachten. Zusätzlich zu den verbal vermittelten Inhalten der Botschaft, den linguistischen und paralinguistischen Merkmalen sprachlicher Kommunikation kommen die wichtigsten personengebundenen, individuell gestalteten Ausdrucksformen nonverbaler Kommunikation: (1) Blickkontakt, (2) Mimik, (3) Körpersprache, (4) Gestik, (5) Taktilität, (6) Olfaktorik und (7) Kommunikation durch körperliche Distanz zum Kommunikationspartner (personaler Raum). Auch die Art und Weise, wie in einem Gesprächskontext die vermittelten Sachverhalte platziert, betont, wiederholt, verknüpft und durch weitere sachbezogene Elemente angereichert werden, können Hinweisgeber nonverbal vermittelter Informationen sein.

Das Forscherteam um Ekman u. a. (1972) konnte in einer Vielzahl kulturvergleichender Experimente nachweisen, dass den Grundemotionen wie Überraschung, Furcht, Ärger, Abscheu, Freude und Traurigkeit jeweils ganz bestimmte mimische Konstellationen entsprechen. So wird zum Beispiel Überraschung dadurch ausgedrückt, dass man die Augenbrauen nach oben zieht, die Augenlider weit öffnet und die Stirn runzelt. Eine bestimmte Gefühlsregung ruft aber nicht automatisch einen entsprechenden Gesichtsausdruck hervor, sondern nur dann, wenn die sozialen Kontextbedingungen dies erlauben und sinnvoll erscheinen lassen. Eine Emotion wird dann nicht durch mimisches Ausdrucksverhalten begleitet, wenn dadurch zum Beispiel soziale Normen verletzt werden. Mimische Reaktionen auf Abscheu und Ekel werden unterdrückt, wenn die Gefahr besteht, dass Höflichkeitsnormen verletzt und wichtige soziale Beziehungen gestört werden. Eine Emotion wird oft nur dann mimisch ausgedrückt, wenn eine andere Person vorhanden ist, für die dieser Ausdruck Informationswert besitzt. Personen, denen ein freudiges Ereignis widerfahren ist, tendieren dazu, häufiger zu lächeln, wenn sie in Gesellschaft sind, als wenn sie das Eintreten des freudigen Ereignisses allein erleben. Da Menschen in der Lage sind, ihre Mimik in großem Ausmaß zu kontrollieren, können sie durch eine Veränderung des Gesichtsausdrucks Emotionen kommunizieren, die tatsächlich nicht vorhanden sind, wie zum Beispiel durch Lächeln Erschrecken überspringen oder Freude vortäuschen. Die Untersuchungen zum mimischen Ausdruck von Emotionen haben auch gezeigt, dass Menschen eine universelle, also von kulturspezifischen Unterschieden relativ unbeeinflusste Fähigkeit zur Interpretation mimischen Ausdrucksverhaltens besitzen (Wallbott, 2003).

Mit der Internationalisierung und Globalisierung hat die interkulturelle Kommunikation, also der verbale und nonverbale Austausch von Botschaften zwischen Menschen unterschiedlicher kultureller Herkunft immer mehr an Bedeutung gewonnen. Zugleich haben durch die explosionsartige Entwicklung aller Varianten der Informationstechnologie die Möglichkeiten des Informationsaustauschs über komplexe Sachverhalte auch über große Entfernungen hinweg extrem zugenommen. Die medienvermittelten kommunikativen Akte sind heute vermutlich weitaus häufiger verbreitet als die direkte interpersonale „Face-to-face"-Kommunikation. Auf welche Art und Weise die oben genannten vier Varianten der kommunizierten Botschaft eingesetzt werden, ist nicht nur von individuellen Vorlieben und Gewohnheiten abhängig, sondern unterliegt auch kollektiv geteilten Regeln. Dies wird also bestimmt von dem, was das jeweilige kulturelle Orientierungssystem und die im kommunikativen Handeln wirksam werdenden Kulturstandards vom Sender und Empfänger der Botschaft fordern. So können spezifische kulturelle Orientierungssysteme vorschreiben, dass bestimmte Inhalte nicht verbal, sondern nur nonverbal kommuniziert werden dürfen bzw. kommuniziert werden sollten, wenn man sich gemäß der jeweils geltenden sozialen Etikette verhalten möchte.

5.1.3 Fallbeispiel: Die Vortragseröffnung

Situationsschilderung

Eine deutsche Universität lädt den chinesischen Professor Dr. Wang Hongji zum Gastvortrag ein. An dem Vortrag nehmen über 100 Zuhörer teil. Herr Wang hält den Vortrag in deutscher Sprache:

„Sehr geehrter Herr Direktor, sehr verehrte Kolleginnen und Kollegen, sehr geschätzte Damen und Herren!

Sie geben mir zu viel Ehre! Sicher werden meine Ausführungen über Psychologie interkulturellen Handelns Sie langweilen. Sie wissen alle schon so viel über dieses Thema. Wir in China fangen erst an, uns in das, was Sie alles schon erdacht und erforscht haben, einzuarbeiten. Soviel Bedeutsames haben wir bereits aus der Fachliteratur durch Sie alle vermittelt bekommen. Und nun geben Sie mir noch die Gelegenheit und Ehre, von Ihnen zu lernen.

Die wissenschaftliche Beschäftigung mit den so bedeutsamen Fragen der Kulturunterschiede und der interkulturelle Psychologie ist in meinem Land unterentwickelt, wenn auch schon eine ganze Reihe meiner Kollegen die Kultur-Standardkonzeption, die Sie hier entwickelt haben, übernommen haben und darauf aufbauen.

Auch das Interesse an interkulturellen Trainings ist noch nicht groß. Zu viele Wirtschaftsfachleute in meinem Land sind der Überzeugung, dass allein die Deutschen sich auf unsere chinesische Kultur einstellen sollen, wenn sie in China Geschäfte machen wollen. Sie sehen nicht, dass auch sie selbst sich auf die Zusammenarbeit mit Deutschen vorbereiten müssen. Ich glaube aber das ist nur eine Frage der Zeit und der wirtschaftlichen Entwicklung, bis die Sensibilität für interkulturelle Trainings zunehmen wird. Deutsche kommen ja nach China um Geschäfte zu machen. Aber welcher Chinese geht schon nach Deutschland um Geschäfte zu machen? So ist die Bereitschaft, sich vorzubereiten doch sehr einseitig.

Auch unsere wissenschaftlichen Arbeiten gehen nur langsam voran. Natürlich können wir Trainingsverfahren aus Europa nicht einfach kopieren. Wir müssen sie an die Mentalität der chinesischen Geschäftsleute anpassen oder besser noch eigene, chinatypische Trainingsverfahren entwickeln und erproben. Dazu stehen aber viel zu wenige Forschungsmittel zur Verfügung.

So bin ich voller Dankbarkeit, dass Sie mich nach Deutschland eingeladen haben. So kann ich viel lernen. Sie haben hier von mir zu Recht Brot erwartet, doch nur Steine kann ich Ihnen bieten. Meine Kenntnisse dessen, was Sie interessiert, sind viel zu lückenhaft und weit hinter dem zurück, was Sie schon wissen. Nach unserer Auffassung könnte man die Beschäftigung mit der interkulturellen Thematik gut mit einer alten chinesischen Kriegsweisheit begründen: Nur wer sich selbst und den Gegner gut kennt, kann in 1.000 Schlachten siegreich sein! Abgewandelt auf psychologische Aspekte der im Zusammenhang von Globalisierung und Internationalisierung entstehenden interkulturellen Probleme könnte der Satz lauten: Nur wer den ausländischen Partner und sich selbst gut kennt, kann in 1.000 Verhandlungen (Begegnungen) erfolgreich sein.

Nun will ich damit beginnen von meinem in Ihren Augen sicher sehr unzulänglichen Forschungsarbeiten zur interkulturellen Thematik zu berichten."

Interpretation aus der Perspektive deutscher Zuhörer

Die deutschen Zuhörer sind etwas irritiert. Die Universität hatte Professor Wang Hognji als einen der wichtigsten Professoren auf dem Gebiet der kulturvergleichenden psychologischen Forschung in China, mit weltweiter Reputation angekündigt und nun eröffnete er seinen Vortrag mit einer ausführlichen Darlegung seiner wissenschaftlichen Unzulänglichkeiten. Selbst in Bezug auf sein Vortragsthema behauptet er, die Zuhörer im Saal wüssten davon mehr zu berichten als er. Das kann doch wohl nicht ernst gemeint sein! Entweder er ist ein Experte auf seinem Forschungsgebiet, wie angekündigt, dann soll er im Vortrag seine Kenntnisse unter Beweis stellen oder er ist ein Scharlatan und befürchtet, dass seine wissenschaftlichen Schwächen im Vortrag zutage treten könnten und baut dieser Blamage vor, indem er bewusst schon zu Anfang die Erwartungen seiner Zuhörer zu reduzieren versucht. Vielleicht ist er auch selbstunsicher, stellt sich als unfähiger dar, als er es in Wirklichkeit ist, um dann im Verlauf seines Vortrags besondere Wertschätzung zu erlangen (fishing for compliments).

Die deutschen Zuhörer jedenfalls sind nach dieser Vorrede ihm gegenüber kritisch eingestellt, denn wer sich über seine wissenschaftlichen Arbeiten so undurchsichtig, alles relativierend und eher abwertend äußert, hat wohl etwas zu verbergen, und das ist wahrscheinlich tatsächlich seine fachliche Unfähigkeit. Womöglich steht er aber auch unter politischem Druck und handelt als eine Art Beauftragter staatlicher chinesischer Behörden.

Mit all diesen Vorbehalten und ungeklärten Fragen belastet, wird Herr Wang es schwer haben, mit einem fachlich noch so guten Vortrag bei seinen deutschen Zuhörer einen positiven Eindruck zu hinterlassen.

Interpretation aus chinesischer Perspektive

Jeder gebildete Mensch in China weiß, wie er sich gemäß der chinesischen Etikette in der Öffentlichkeit, insbesondere wenn er als Gast auftritt, und das noch im Ausland, zu verhalten hat. Als Vortragender hat man sich in Bescheidenheit und Zurückhaltung dem Publikum gegenüber zu äußern. Die wissenschaftlichen Leistungen sind zu relativieren und bekommen ihre Wertschätzung nur im Kontext kollektiv erbrachter Anstrengungen und Erfolge. Der Redner muss, will er sein eigenes Gesicht wahren, alles daran setzen, den Zuhörern Gesicht zu geben. Selbst wenn alle wissen, dass er der bestinformierte Fachwissenschaftler auf seinem Gebiet ist, verlangt es die Etikette, dass er das weitreichende Wissen seiner Zuhörer bezüglich der Vortragsthematik herausstellt. Nur so kann er seine Seriosität als Wissenschaftler unter Beweis stellen. Zudem stellt er eine harmonische Beziehung zum Publikum her und verschafft sich Anerkennung und Aufmerksamkeit für seinen Vortrag. Die chinesischen Zuhörer wissen sofort, dass alles, was er in seinem Eröffnungsvortrag an Botschaften vermittelt, nicht wortwörtlich zu nehmen ist, sondern allein dem Gesichtgeben, Gesichtwahren und der Einhaltung der Etikette dienen.

Mit einer solchen Vorrede gewinnt er bei chinesischen Zuhörern Vertrauen, und bei deutschen Zuhörern breitet sich eher Misstrauen aus (Thomas, Schenk & Heisel, 2014).

Interpretation aus kommunikationspsychologischer Perspektive

Herr Wang sendet Botschaften an seine deutschen Zuhörer, und zwar dergestalt, wie das in China für solche Vortragssituationen üblich ist. Seine verbalen Nachrichten sind bestimmt von kulturspezifischen Regeln, die situations- und handlungsspezifisch umgesetzt werden müssen:

- Herstellen einer positiven Beziehung zu den Zuhörern. Indem er ihre Kenntnisse und ihr Wissen bezüglich des Themas besonders hervorhebt, gibt er ihnen Gesicht.
- Indem er seine eigenen Leistungen und fachlichen Kenntnisse übergebührlich schmälert, stellt er sich als bescheidener Wissenschaftler dar, der seine Leistungen nur im Kontext kollektiver Arbeitsbeziehungen erbringen konnte. So hat er vor allen Zuhörern sein Gesicht gewahrt, weil dieses Verhalten dem eines gebildeten Wissenschaftlers entspricht.
- Das Hervorheben der weit entwickelten wissenschaftlichen Leistungen in Deutschland im Vergleich zum niedrigen Forschungsstand in China dient der Herstellung eines harmonischen Gleichgewichts, indem er seine Machtposition als Redner vor seinen Zuhörern relativiert und minimiert.
- Die bei den deutschen Zuhörern erreichte Wirkung widerspricht vollständig dem, was Herr Wang beabsichtigte. Nicht Neugier und Aufgeschlossenheit für das, was er zu sagen hat, und die Herstellung eines harmonischen und gegenseitig wertschätzenden Beziehungsverhältnis zwischen ihm und den deutschen Zuhörern ist die Folge, sondern Verwunderung, Irritation, Ablehnung und Misstrauen.
- Herr Wang trifft mit keiner seiner Botschaften die Erwartungen seiner deutschen Zuhörer. Allenfalls seine Bemerkungen zu der im Vergleich zu Deutschland noch gering entwickelten Forschung in China sind kompatibel mit dem, was die deutschen Zuhörer über das Forschungsniveau in China wissen. Aber selbst diese Bemerkung wird ihm im Gesamtkontext seiner Einleitungsrede nicht vorbehaltlos abgenommen und akzeptiert.

Dieses Fallbeispiel zeigt sehr anschaulich, was passieren kann wenn Kommunikationspartner Botschaften aussenden, die überhaupt nicht zu dem passen, was vom Partner erwartet wird; wenn sie also völlig aus dem Bereich der erwarteten Informationen herausfallen, z.B. wenn ein Vortragender zu wenig zum Thema spricht und zu viel von sich, seinen Hobbys, seiner Familie und seinen beruflichen Erfahrungen erzählt, oder wenn, wie im Fallbeispiel, die mit den Botschaften von Herrn Wang verbundenen Intentionen von seinen deutschen Zuhörern überhaupt nicht erschlossen werden können, weil ihnen dazu das kulturspezifische Wissen fehlt. Obwohl Herr Wang seinen Vortrag in deutscher Sprache hält, also über eine längere Zeit hindurch Deutsch gelernt hat und sich dabei vermutlich zwangsläufig auch mit der deutschen Kultur vertraut gemacht hat, ist er nicht in der Lage, auch nur ansatzweise die Perspektive seiner deutschen Zuhörer zu übernehmen und seine Eröffnungsrede dementsprechend zu strukturieren und zu formulieren.

Die Worte werden verstanden, aber das, was sie zum Ausdruck bringen sollen, also was vom Sender intendiert ist, wird nicht nur nicht verstanden und als noch zu Klärendes festgehalten, sondern sofort auf dem Hintergrund des eigenkulturellen Orientierungssystems bewertet und so völlig missinterpretiert. Damit ist das „vernichtende" Urteil gefällt und der Vorgang abgeschlossen.

Ein durchaus möglicher, von dem Kommunikationsgeschehen ausgehender Aufforderungscharakter, nach alternativen Erklärungen zu suchen, Perspektivenübernahme zu betreiben oder eine Vielfalt möglicher Intentionen zu erkunden, kann gar nicht erst aktiviert werden.

5.1.4 Fallbeispiel: Erfolglose Verhandlungen

Situationsschilderung

„Die Firma von Herrn Bühler produzierte Baumaschinen im asiatischen Raum. Hauptabnehmer ihrer Produkte in Thailand ist eine staatliche Organisation. In einem wichtigen Meeting mit dem thailändischen Verantwortlichen der staatlichen Organisation, Herrn Puangsuwan, geht es um den Verkauf von Baumaschinen von Seiten der Deutschen an die Thais. Es nehmen Herr Bühler sowie zwei seiner deutschen Kollegen und Herr Puangsuwan an dem Treffen teil. Zur Verwunderung der Deutschen erzählt Herr Puangsuwan anfangs lange von einem Studentenwohnheim, welches seine Frau vor kurzem gebaut hätte, allerdings müsse es noch eingerichtet werden. So fehlten vor allem noch Möbel und Gardinen. Herr Bühler versteht die Relevanz dieser Erzählungen nicht und versucht immer wieder auf das eigentliche Anliegen zu sprechen zu kommen, aber Herr Puangsuwan lässt sich von seinen Berichten nicht abbringen. Schließlich geht das Meeting zu Ende, ohne dass inhaltlich über den Verkauf von Baumaschinen gesprochen wurde. Die Deutschen sind ratlos und verstehen nicht was das Ganze sollte" (Grotzke, Kleff & Thomas, 2008, S. 93)[2].

Interpretation aus deutscher Perspektive

Wenn man sich zu Verhandlungen über den Verkauf von Baumaschinen trifft, dann ist es international üblich, dass bei solchen Treffen Diskussionen über die Details der Qualität und des Preises von Baumaschinen sowie die Einarbeitung einheimischer Fachkräfte zur Bedienung der Baumaschinen geführt werden. Hinzu kommen eventuell noch zu klärende Probleme transport- und lieferspezifischer, finanzierungsspezifischer, steuerrechtlicher oder zollspezifischer Art. Es ist auch für deutsche Verkäufer im Ausland wichtig auf Themen einzugehen, die vom Kunden in die Diskussion eingebracht werden, um auf diese Weise Interesse an den persönlichen Belangen des Kunden zu zeigen. Wenn aber wie in diesem Fall so nebensächliche Berichte wie das Interesse der Frau von Herrn Puangsuwan am Bau eines Studentenwohnheims die Oberhand gewinnen und überhaupt nicht mehr über den Verkauf von Baumaschinen gesprochen wird, dann ist es verständlich, dass die deutschen Verhandlungspartner ratlos zurück-

---
2 Fallbeispiel aus Grotzke, Kleff und Thomas (2008). Der Abdruck erfolgt mit freundlicher Genehmigung des Verlags Vandenhoeck & Ruprecht.

bleiben und nicht verstehen, warum die thailändischen Partner überhaupt mit ihnen verhandeln. Möglicherweise war die thailändische Verhandlungsdelegation nach den Maßstäben thailändischer Behörden nicht mit den richtigen Personen besetzt und so mussten die thailändischen Partner versuchen, irgendwie gesichtswahrend, die Verhandlungen ohne Ergebnis zu beenden. Vielleicht ist es in Thailand üblich, dass solche wichtigen Verhandlungen eine gewisse Vorlaufzeit benötigen, weil man sich erst mit den jeweiligen Verhandlungspartnern vertraut machen will, und das gelingt am ehesten, indem man nicht über den eigentlichen Verhandlungsgegenstand, sondern über ein anderes unverfängliches Thema miteinander diskutiert. Herr Puangsuwan möchte bei den deutschen Verhandlungspartnern einen besonders guten Eindruck hinterlassen und erwähnt deshalb das Bauprojekt Studentenwohnheim, für das sich seine Frau besonders engagiert.

Interpretation aus thailändischer Perspektive

Zur üblichen Geschäftspraxis in Thailand gehört es auch, dass man als Verhandlungspartner kleine Extraleistungen erbringt. Herr Puangsuwan ist ein gewiefter Geschäftsmann und versucht die Deutschen dazu zu bewegen, dass sie sich an der Finanzierung des Wohnheims, für das seine Frau sich engagiert, beteiligen. Da er Einfluss auf den Kauf von Baumaschinen von ausländischen Partnern hat und sicher weiß, dass die deutschen Lieferanten in Konkurrenz mit anderen Baumaschinenherstellern stehen, versucht er hier einen Vorteil für sich und seine Frau herauszuschlagen.

„,Kleine Gefälligkeiten beleben das Geschäft!' Indirekt gibt hier Herr Puangsuwan den Deutschen zu verstehen, dass sie ihre Baumaschinen dann doch besser an ihn verkaufen können, wenn sie zu finanziellen Extraleistungen bereit sind" (Grotzke, Kleff & Thomas, 2008, S. 95).

Interpretation aus kommunikationspsychologischer Perspektive

Der hier für die Geschäftsverhandlungen der deutschen Lieferanten mit thailändischen Kunden auf thailändischer Seite wirksame Kulturstandard lautet „indirekte Kommunikation".

„Ein wichtiges Werkzeug zur Erhaltung der sozialen Harmonie ist es, indirekt über Sachverhalte zu reden. Unter Deutschen kommuniziert man dann besonders gut, wenn der Sprecher direkt und ohne Umschweife auf den Sachverhalt zu sprechen kommt und es ihm gelingt, diesen möglichst klar auszudrücken. In Thailand liegt dagegen viel mehr Verantwortung beim Empfänger der Botschaft, denn er muss nicht nur das gesprochene Wort, sondern auch eine Reihe von Kontextfaktoren wie den Zeitpunkt einer Aussage, nonverbale Signale oder Gesprächspausen als wichtige Informationsquellen berücksichtigen, um die Botschaft zu verstehen.

In Thailand wird der Sender einer Botschaft sein Anliegen also nicht direkt ansprechen: Informationen werden nur Stück für Stück verbalisiert, d. h., der Sender gibt zunächst nur einen Teil seiner Botschaft weiter oder wird sogar sehr lange Zeit scheinbar am Thema vorbeireden und Smalltalk betreiben. Der Gesprächspartner muss hier geduldig die Teilinformation aufnehmen und deuten. Seine Aufgabe ist es, seine ebenfalls indirekten Reaktionen und Nachfragen danach auszurichten. So können Botschaften auf Umwegen übertragen werden, ohne sie voll auszusprechen. Dies gilt nicht nur für die private Kommunikation, sondern auch im geschäftlichen Bereich. Verbale Zustimmung muss in Thailand deshalb keineswegs bedeuten, dass der Sender tatsächlich einverstanden ist. Nonverbale Signale oder Umgebungsfaktoren können ein ‚Ja' relativieren.

Indirekte Kommunikation dient der Beziehungspflege und damit der Aufrechterhaltung der sozialen Harmonie. Thais vermeiden es unter allen Umständen, konflikthaltige Inhalte offen zu kommunizieren! Problematischen Themen werden sie sich nur sehr indirekt und behutsam nähern. Indem vermieden wird, über potenziell konflikthaltige Inhalte zu kommunizieren, wird der harmonische Verlauf von Interaktionen gesichert. Zentrales Ziel ist es hierbei, weder dem Empfänger noch dem Sender der Botschaft das Gesicht zu nehmen, um so ein friedliches Nebeneinander im Familienkreis und über Hierarchiegrenzen hinweg zu ermöglichen" (Grotzke, Kleff & Thomas, 2008, S. 97–98).

Weitere Informationen zur vertiefenden Analyse verbaler und nonverbaler Kommunikation im Kontext interkulturellen Verstehens und Handelns finden sich in folgenden Publikationen: Thomas (2015); Six, Gleich und Gimmler (2007); Trommsdorff und Kornadt (2007a, 2007b; insbesondere die Beiträge von Helfrich, 2007, und Lin-Huber, 2007); Bierhoff und Frey (2006).

5.2 Sozialer Vergleich

5.2.1 Theorie der sozialen Vergleichsprozesse

Soziale Vergleichsprozesse sind für die Entwicklung einer gefestigten individuellen und sozialen Identität von zentraler Bedeutung. Personen vergleichen sich in Bezug auf Meinungen, Einstellungen, Werte, Leistungen, Fähigkeiten und Problemen mit anderen Personen, um subjektive Unsicherheiten in der Beurteilung dieser Aspekte zu beseitigen. So finden von der frühen Kindheit an über das gesamte Leben hinweg Vergleiche der eigenen Leistungen, Fähigkeiten, Fertigkeiten, Meinungen und Ansichten mit denen anderer vergleichbarer Personen statt. Die Auswahl der Vergleichspersonen und der Situationen, in denen Vergleiche vorgenommen werden, sind bedeutsame Determinanten, wobei die Ähnlichkeit der Vergleichspersonen besonders wichtig ist. Durch die Betonung von Ähnlichkeit kommt es zu Assimilationseffekten, wohingegen die Betonung von

Unähnlichkeit zu Kontrasteffekten führt, was die Unterschiedlichkeit zwischen Zielpersonen und den eigenen Vergleichsstandards noch weiter verstärkt. Solche Vergleiche sind dann besonders wichtig und aktuell, wenn dem Individuum die Überprüfung der eigenen Fähigkeiten und Meinungen wichtig ist. Das trifft natürlich für das Handeln in kulturellen Überschneidungssituationen besonders bei berufs- oder ausbildungsbedingten Auslandseinsätzen zu.

Die Überprüfung der Stimmigkeit von Meinungen und Leistungen (Realitätstest) kann entweder nach „objektiven" Kriterien erfolgen, z. B. durch physikalische Leistungsmessungen im Sport oder durch soziale Kriterien wie die Entscheidung von Bewertungsrichtern beim Turnen und Eiskunstlauf. Aber selbst physikalische Leistungsmessungen müssen zwangsläufig nach sozialen und subjektiven Kriterien interpretiert werden, wenn sie im Realitätstest zum Vergleich herangezogen werden. Insofern erfolgt jeder Vergleich immer auf der Grundlage sozialer Bestimmungsleistungen.

Eine Reihe experimenteller sozialpsychologischer Forschungen zeigt, dass eine abweichende Meinung anderer Personen soziale Vergleichsprozesse auslöst, die auch beim Vorhandensein „objektiver Kriterien" die Urteilsbildung beeinflussen:

> Wenn die Diskrepanz zwischen einem objektiven Kriterium (z. B. eine eindeutig bestimmbaren Streckenlänge) und den sozialen Kriterium (z. B. die Aussagen einer Minderheit von anderen Personen) zu groß wird, steigt die Wahrscheinlichkeit, dass das soziale Kriterium entscheidend an Bedeutung gewinnt und das Urteil entsprechend dem Konformitätsdruck gefällt wird. Die Gründe können in einem mangelnden Vertrauen der Person in die eigenen Urteile liegen sowie in dem Wunsch nach Annäherung an das Gruppenurteil, um von der Gruppe belohnt zu werden und Bestrafung zu vermeiden. (Frey, Dauenheimer, Parge & Haisch, 1993, S. 90)

Nach der von Festinger (1954) entwickelten „Theorie der sozialen Vergleichsprozesse" werden Personen bemüht sein, die Diskrepanzen, die zwischen der eigenen Einschätzung von Meinungen und Fähigkeiten und der anderer relevanter Gruppenmitglieder entstanden sind, zu minimieren. Dies kann auf sehr unterschiedlichen Wegen erfolgen. Die Suche nach Vergleichsinformationen zur genauen Bewertung der eigenen Merkmale ist das Ziel. Hierzu werden Personen mit ähnlichen Ausprägungen in den relevanten Attributen herangezogen. Die Person versucht also, mithilfe sozialer Vergleiche eine zuverlässige Kategorisierung und Bestimmung des eigenen Standorts im kognitiven Kategoriensystem zu erreichen. Dies wird dann gut gelingen, wenn in das subjektive Urteil viele Informationen über die Position anderer Personen einbezogen werden. Es ist demnach effektiver, Vergleiche in alle Richtungen vorzunehmen, also Informationen über Personen zu suchen, die ähnliche, aber auch unähnliche Einstellungen vertreten und Fähigkeiten und Fertigkeiten besitzen. Das Bedürfnis nach strukturierter Zeit, Ordnung und Klarheit tritt besonders dann in den Vordergrund, wenn neue und unbekannte Situationen auftreten.

Genau das ist in interkulturellen Begegnungssituationen und den häufigen irritierenden Erfahrungen mit erwartungswidrigen Reaktionen und Situationsgestaltungen seitens der Partner der Fall. Eine darauf interkulturell vorbereitete Person wird sich bezüglich der Bestimmung des eigenen Standards davon so schnell nicht aus der Ruhe bringen lassen. Sie wird versuchen, unter Beibehaltung ihres stabilen Kategoriensystems dies eventuell etwas zu erweitern, und zwar um Wissen und Einsichten bezüglich der kulturspezifischen Faktoren (z. B. Kulturstandards), die ihr Verhalten steuern.

Forschungsergebnisse zeigen, dass Personen nicht nur durch soziale Vergleiche eine exakte Selbstbestimmung anstreben, sondern auch danach trachten, ihre Bedürfnisse nach vorteilhafter Selbstbewertung (Selbstwertschutz und Selbstwerterhöhung) zu befriedigen.

Es kann vorkommen, dass Personen häufig mit erwartungswidrigen Partnerreaktionen konfrontiert sind und dabei die Erfahrung machen, dass eine Verbesserung der eigenen Fähigkeiten nicht möglich erscheint oder geforderte Veränderungen nicht erwünscht sind. Zudem können Selbstwert und Selbstwirksamkeit massiv bedroht werden, und es entsteht zunehmend das Gefühl der Irritation und Hilflosigkeit. Zur Bewältigung solcher Situationen gibt es eine Reihe mehr oder weniger effektiver Reaktionsmöglichkeiten, den unbefriedigenden Zustand zu verbessern:

- *Wechsel der Vergleichspersonen:* Personen, deren Selbstwert massiv bedroht ist, neigen dazu, den „Vergleich nach unten" zum Erhalt ihres Selbstwertes zu nutzen. Beim Vergleich von Leistungen werden dann Personen bevorzugt, die noch schlechtere Leistungen erbringen als man selbst. Dazu können auch vorgestellte fiktive Personen dienen. Ein Manager könnte zum Beispiel dann, wenn er merkt, dass es ihm trotz intensiver Bemühungen nicht gelingt, seinen fremdkulturellen Partner zu verstehen und er deshalb an seiner Menschenkenntnis zweifelt, sich vorstellen, wie es wohl seinen Kollegen in einer ähnlichen Situation ergehen würden, dass diese den Auslandseinsatz womöglich vorzeitig beenden oder auf der ganzen Linie versagen würden. Hat sich der Manager für ein interkulturelles Training interessiert, aber vom Chef keine Chance bekommen es wahrzunehmen, kann er die Bedrohung seines Selbstwertes auch so verhindern, dass er diese ihm verwehrte Chance zur kulturellen Vorbereitung auf den Auslandseinsatz aktiviert und seinem Chef die Schuld zuschiebt.
- *Wechsel der Vergleichsdimensionen:* Um den Selbstwert zu schützen, wechselt die Person auf andere Vergleichsdimensionen, zum Beispiel: Meine sportlichen Leistungen sind zwar nicht so gut wie die der Vergleichspersonen, dafür bin ich aber ein fairer Sportler. Das gelingt aber nur dann, wenn Fairplay eine wichtige und sozial anerkannte Dimension ist. So können denn deutsche Fach- und Führungskräfte, denen es nicht gelingt, sich mit ihren Partnern im Ausland zu verständigen, auf ihr überlegenes fachspezifisches Wissen und Können zurückgreifen, um ihren Selbstwert zu schützen.

- *Abwertung von Vergleichspersonen:* Wenn die bisher beschriebenen Abwehrstrategien gegen eine Bedrohung des Selbstwertes nichts bewirken, kann es zur Abwertung der Vergleichspersonen kommen. Ein Beispiel wäre, wenn ein deutscher Manager erkennt, dass sein einheimischer Kollege gegenüber den einheimischen Mitarbeitern hervorragende Führungsleistungen erbringt und dadurch sein eigener Selbstwert auf dieser wichtigen Dimension Führungskompetenz bedroht ist. Er könnte dann die moralische Integrität seines Kollegen in Zweifel ziehen, wenn für ihn klar ist, dass die Mitarbeiter nicht frei entscheiden können, sondern ihr Job allein vom Wohlwollen ihres Chefs abhängig ist.
- *Vermeidung des Vergleichs:* Wenn bei einem Vergleich negative Konsequenzen antizipiert werden, ist die Vermeidung des Vergleichs eine sinnvolle Lösung des Problems. Die Vermeidung des Vergleichs ist dann wichtiger als das Bedürfnis nach Selbstbewertung. So könnten deutsche Fach- und Führungskräfte das einleuchtende Argument benutzen, dass die kulturellen Unterschiede so stark ausgeprägt sind, also die kulturelle Distanz so hoch ist, dass ein Vergleich überhaupt nicht möglich ist.
- *Vergleich mit sogenannten „Super-Copern" (Experten):* Einen Vergleich mit Personen, die dem angestrebten, aber wohl nicht erreichbaren Idealzustand entsprechen, stellen Personen an, die in ihnen unbekannten Situationen nicht wissen, ob ihre emotionalen Reaktionen angemessen sind, und sich deshalb mit Personen vergleichen, die sich in einem ähnlichen Zustand befindet. So könnten sich deutsche Manager in gehäuft auftretenden kulturell bedingten kritischen Interaktionssituationen mit kulturerfahrenen Managern vergleichen, weil sie sich nur so, eben über „Super-Coper", aber zugleich auch Leidensgenossen, Informationen zur exakten Selbstbewertung verschaffen können.

Es wurde beobachtet und experimentell untersucht, dass soziale Vergleichsprozesse nicht nur in Bezug auf Leistung und Meinungen erfolgen, sondern auch in Bezug auf die Angemessenheit emotionaler Reaktionen. In Situationen mit einem hohen Bedrohungspotenzial neigen Personen dazu, sich mit anderen Personen, die sich in einer ähnlichen Lage befinden, zu vergleichen. Die Tatsache, dass deutsche Expatriates sich besonders zu Beginn eines Auslandseinsatzes in ihren sozialen Netzwerken gerne mit anderen Deutschen, aber auch mit Expatriates anderer Nationen, vergleichen, ist so gut zu erklären. Personen vergleichen ihre aktuellen Fähigkeiten, Leistungen und Meinungen mit vergangenen, und zwar immer im Sinne einer subjektiven Verbesserung. Dies ist besonders dann der Fall, wenn die Lebensumstände sich stark verändern, wenn die Lebenslage mit negativen affektiven Qualitäten verbunden ist und wenn eine Motivation nach Neuorientierung entsteht. Genau diese Rahmenbedingungen können besonders im Anfangsstadium von Auslandseinsätzen gegeben sein, müssen es aber nicht zwangsläufig. Die überwiegende Mehrheit deutscher Fach- und Führungskräfte geht mit dem Bewusstsein in einen Auslandseinsatz, dass sie Vertreter einer weltweit anerkannten Industrie- und Wirtschaftsnation sind, ihre deutsche international agierende Firma oder Organisation vertreten, sowie erfahrene und in ihrem beruflichen Bereich ausgewiesene Fachkräfte sind, ausgestattet mit einem gefestigten und gesicherten Selbstbewusstsein. Solche Vergleiche zur Stabilisierung ihres Selbstwertes werden sie deshalb nicht eingehen und auch nicht benötigen. Falls solche selbstwertschützenden Vergleiche mit einheimischen Partnern dennoch aktiviert werden, bieten sich effektive Strategien der Abwertung der Vergleichspersonen und des Wechsels der Vergleichsdimensionen an.

Es kann allerdings zu einem Vergleich mit anderen deutschen Fach- und Führungskräften oder anderen internationalem Personal im Auslandseinsatz in Bezug auf die Fähigkeit zum effektiven Management kultureller Überschneidungssituationen und zur produktiven Verarbeitung von Fremdheit kommen. Auch die eigenen Fähigkeiten zum produktiven Umgang mit kultureller Diversität und der damit verbundenen Ambiguitätstoleranz können sich im sozialen Vergleich als defizitär erweisen. Soziale Vergleiche drängen sich auch auf im Erleben gehäuft auftretender, erwartungswidriger Reaktionsweisen der ausländischen Partner und ihrer Art im Umgang mit Personen, Problemen und Situationen, aber auch in der Bewertung von Fähigkeiten, Fertigkeiten, Leistungen und Emotionen. Solche Vergleiche werden aber in der Regel nicht zu einer Bedrohung des eigenen Selbstwertes führen, weil kulturell bedingte Andersartigkeit antizipiert und womöglich auch akzeptiert wird. Noch einen Schritt weiter könnten kulturelle Unterschiede einer wertschätzenden Beurteilung unterzogen werden und dann als Voraussetzung zum Erreichen kultureller Synergieeffekte wahrgenommen und gefördert werden, ohne dass damit eine Selbstwertbedrohung einhergeht, sondern eher eine Selbstwertbereicherung verbunden ist.

Ein weiterer Aspekt ist im Zusammenhang mit Prozessen des sozialen Vergleichs zu erwähnen. Vieles, was an Fähigkeiten, Fertigkeiten, Leistungen, Meinungen etc. im Verlauf der lebensbiografischen Entwicklung zum Gegenstand des sozialen Vergleichs zur Gewinnung einer realistischen Selbstwertbeurteilung herangezogen wurde, ist inzwischen zur unhinterfragten, nicht mehr bewusstseinspflichtigen Selbstverständlichkeit geworden. In der Konfrontation mit erwartungswidrigen Verhaltensweisen, Bewertungen, Norm- und Wertvorstellungen, Emotionen und Intentionen der ausländischen Partner werden diese Selbstverständlichkeiten eventuell erneut aktiviert und über soziale Vergleichsprozesse zur Disposition gestellt. Sich daraus ergebende dauerhafte Belastungen des psychischen Wohlbefindens sind womöglich die Folge. Andererseits wird aber auch durch die Reflexion der Ergebnisse sozialer Vergleiche die Sensibilität für die Handlungswirksamkeit der eigenen kulturellen Orientierungen (Kulturstandards) gestärkt und geschärft.

Die dauerhafte Konfrontation mit kulturell bedingten erwartungswidrigen Handlungsweisen und mit als fremdartig empfundenen Weisen der Situationsgestaltung und die damit ausgelösten sozialen Vergleichsprozesse können auch zu einer Verfestigung, Verstetigung und Veränderungsresistenz einmal konstruierter Selbstwertüberzeugungen führen. Alles, was der fremdkulturell sozialisierte Partner an Fähigkeiten, Fertigkeiten, Leistungen, Handlungsweisen, Wert- und Normvorstellungen bietet, wird dann rigoros abgelehnt, abgewertet und gemieden. Es entwickelt sich daraus eine Betonung der eigenen Überlegenheit, was die Entwicklung stark ausgeprägter Formen ethnozentrischer Grundüberzeugungen befördert und keinen Raum mehr lässt zum interkulturellen Lernen.

5.2.2 Fallbeispiel: Konfliktbearbeitung

Situationsschilderung

Herr Winter ist seit gut einem Jahr Gastdozent für Wirtschaftswissenschaften an einer staatlichen Universität in Malaysia. Er berichtet aus seinen alltäglichen Erfahrungen mit seinen Studenten und Kollegen Folgendes:

Ich bin immer davon ausgegangen, dass ich mit dem, was ich in über 30 Jahren Lebens- und Lerngeschichte in meiner Familie, in den von mir besuchten Schulen, in der Universität sowie im Umgang mit Freunden und der Beobachtung des Verhaltens anderer Menschen erfahren und verinnerlicht habe, ausreicht um mit jedem Menschen auf der Welt irgendwie zurechtzukommen. Bestärkt wurde ich darin durch eine Lebensweisheit, die mir schon meine Eltern einschärften: „Für alles findet sich eine Lösung, man muss aber daran arbeiten!" Aber mit Suchen und Finden kommt man oft nicht so ohne Weiteres zu einem passenden Ergebnis, denn Problemlösungen liegen eben nicht einfach auf der Straße und man muss sie nur noch aufheben und anwenden. Jede Problemlage hat ihre Besonderheit und deshalb sind wirksame Lösungen eben das Resultat sorgfältiger Analyse-, Diagnose- und bei sozial bedingten Problemlagen auch Aushandlungs- und soziale Bestimmungsprozesse. Die Überzeugung, dass es für alles eine Lösung gibt, dass man sie erarbeiten muss und dies im Dialog, im Gespräch mit allen beteiligten Personen, hat mich immer fasziniert und angespornt, dies immer wieder zu erproben. Gelegenheiten zum Erzielen von Problemlösungen boten sich mir genug, angefangen im Umgang mit meinen Geschwistern, den Spielkameraden, als Klassen- und Schulsprecher, im Sportverein und bei Praktika im Rahmen der Migrantenbetreuung, in verschiedenen studentischen Gruppen an der Universität und schließlich in meinem Betrieb. Ich geriet immer schnell in die Funktion einer Art Ombudsmannes, an den man sich wendet, wenn man selbst mit Problemen und ihren Lösungen nicht mehr weiterkommt. Ohne dass mir dies so recht bewusst wurde, hatte ich wohl eine Fähigkeit entwickelt, streitende Partner an einen Tisch zu bringen und sie zu ermutigen, an nachhaltigen Lösungen ihrer Problemlagen zu arbeiten.

Das Bewusstsein, diese Fähigkeit im Vergleich zu anderen in einem ungewöhnlichen Maße entwickelt zu haben, gab mir Zuversicht, Vertrauen und den Mut selbst jeder Problemlage gewachsen zu sein. Das hat mein Leben so lange geprägt, bis ich hier in Malaysia die Stelle des Dozenten an der hiesigen Universität übernahm und mich in diese neue Aufgabe einarbeitete. Ich wollte es erst nicht glauben, aber ich komme hier mit meiner Art, Problemlagen zu bearbeiten, überhaupt nicht zurecht. Wenn zum Beispiel ein Student die von mir vorgeschriebenen Aufgaben nicht oder wiederholt nur unzulänglich erfüllt, ist das zweifellos ein Zeichen dafür, dass ein Leistungsproblem vorliegt, das der Bearbeitung bedarf. Es gilt zu erkennen, ob der Student überfordert ist oder ob er die Aufgabenstellung nicht verstanden hat oder ob er sich wegen familiärer oder finanzieller Belastungen nicht so recht auf die Studienarbeiten konzentrieren kann oder ob er zur Bestreitung der Studienkosten einer Nebentätigkeit nachgeht und damit keine ausreichende Zeit zum Lernen und Bearbeiten der Aufgaben verfügbar hat. Also spreche ich den Studenten darauf an. Vorsichtig, sachlich, an den offensichtlich vorliegenden Tatsachen orientiert, biete ich ihm an, sich an der erforderlichen Problemanalyse zu beteiligen mit dem Ziel, mit mir zusammen eine Problemlösung zu erarbeiten. Aber die einheimischen Studenten reagieren immer nur mit Schweigen. Sie gehen mit keinem Wort auf meine Angebote ein. Sie sagen und tun einfach nichts. Ich renne immer vor eine Wand des Schweigens und der Verweigerung jeglichen Dialogs in Richtung einer Problemlösung.

Das passiert auch im Unterricht. In meinem Fach der Betriebswirtschaftslehre wie auch in anderen wissenschaftlichen Disziplinen gibt es immer Themen, die im akademischen Kontext kontrovers diskutiert werden. Es gehört zu einem guten Studienangebot, das solche kontroversen Ansichten und Interpretationen nicht nur vorgestellt, sondern auch so diskutiert werden, dass die Studierenden die Chance haben, sich eine eigene Meinung zu bilden und damit selbstständig eine Problemlösung zu erarbeiten. Aber auch hier versagen meine Fähigkeiten; kontroverse und problemlöseorientierte Diskussionen kommen überhaupt nicht zustande. Das macht mich richtig hilflos und lässt mich an meiner doch so gut entwickelten Problemlösefähigkeit zweifeln. Diese Entwicklung stellt alle meine bisherigen positiv verlaufenen Erfahrungen infrage, verunsichert mich, schränkt meine Selbstwirksamkeitserwartungen gewaltig ein und macht mich allmählich gegenüber meinen Studenten wütend und aggressiv. Es kommt dann der Verdacht auf, die Studenten wollten gar nicht wirklich studieren, sondern an der Universität auf Kosten ihrer Eltern nur eine schöne Zeit verbringen. Da dieses geschilderte Verhalten aber keinen Einzelfall darstellt, sondern durchgängig immer wieder zu beobachten ist, muss diese Erklärung als unzutreffend verworfen werden. Allmählich verstärkt sich bei mir die Überzeugung: Ich muss hier weg!

Interpretation aus deutscher Perspektive

Der Dozent befolgt drei schon früh in seinem Leben durch das Beispiel seiner Eltern verinnerlichte Leitlinien des Umgangs mit Problemen: (1) Für Probleme gibt es immer eine Lösung. (2) Die Lösung muss erarbeitet werden. (3) Zur Erarbeitung der Lösung muss man mit den beteiligten Personen ins Gespräch kommen. Der Dozent entwickelt im Vergleich zu den ihm wichtigen Personen in seiner sozialen Umwelt eine hohe Fertigkeit und Kompetenz zur Lösung von Problemlagen und macht so in immer wieder wechselnden sozialen Kontexten die Erfahrung, dass anhand dieser Leitlinien erfolgreiche Problemlösungen zu entwickeln sind und diese auch auf soziale Akzeptanz bei den beteiligten Personen stoßen.

Nun ist er als fachlich qualifizierter und ausgewiesener Dozent in Malaysia tätig und erlebt, dass ihm Studenten im Vergleich zu den bisher von ihm unterrichteten deutschen Studenten und im Vergleich zu allen bisher erlebten positiv verlaufenen Problemlösungsversuchen nicht folgen, sich verweigern und auf seine Gesprächsangebote nicht eingehen. Er erlebt eine Niederlage nach der anderen.

Zudem bekommt er keine Hinweise darauf, warum die Studenten sich verweigern, nicht diskutieren, sondern schweigen. Ihm fehlen im neuen Umfeld in Malaysia Vergleichsmöglichkeiten in Bezug auf problemlose Verfahren. Selbst ein Gespräch mit anderen deutschen und ausländischen Dozenten würde ihm nicht weiterhelfen, weil er nichts anderes zu hören bekäme als: „Das ist hier nun mal so!" Könnte er einen malaiischen Kollegen befragen, bekäme er vielleicht zu hören: „Ich verstehe nicht, was Sie von den Studenten eigentlich verlangen, die sind doch alle so fleißig!", oder „Das was Sie mir schildern, ist für mich ein weiterer Beleg für das, was ich schon immer gesagt habe: Ausländer sind eben nicht fähig, meine Kultur zu verstehen!" Beide Antworten würden ihm aber nicht weiterhelfen.

Wenn Probleme akut werden und eine Intensität annehmen, dass sie besprochen werden müssen, und eine Lösung gefunden werden muss, sind auch in Deutschland Schweigen, Verschweigen sowie Vermeiden von öffentlicher Aussprache durchaus geläufige Reaktionen, besonders wenn die Problemursachen im Versagen, in Minderleistungen oder durch Unaufmerksamkeit bedingt sind und die verursachenden Personen sich ihrer öffentlich gewordenen Schwäche schämen. Dies alles ist Herrn Winter wohl durchaus bekannt, aber hier in Malaysia empfindet er das Verhalten seiner Studenten als sehr befremdlich. Er hat den Eindruck, dass etwas anderes dahintersteckt als das, was er von zu Hause her schon kennt. Tatsächlich ist in Malaysia der Kulturstandard „Indirektheit" in jeglicher Art von Kommunikation von zentraler Bedeutung.

Interpretation aus malaiischer Perspektive

„In Malaysia ist es verbreitet, sich taktvoll und zurückhaltend zu verhalten. Selbstbeherrschtes und gelassenes Auftreten sind in Malaysia geschätzt und eröffnen zudem Möglichkeiten, das Gesicht zu wahren. Die Kommunikation in Malaysia ist personzentriert und dient zu einem erheblichen Teil dazu, Beziehungen zu pflegen. Unangemessene Wahrheiten wie zum Beispiel Kritik, Ablehnung oder

Forderungen könnten eine Beziehung aus dem Gleichgewicht bringen und die Harmonie stören. Deshalb wird in Malaysia Wert auf indirekte Kommunikation gelegt. Persönliche Gefühle, Gedanken und Absichten werden deshalb kaum nach außen getragen viel mehr kommen bestimmte Rituale und formale Verhaltensweisen als indirekte Kommunikationssignale zur Anwendung.

Indirekte Kommunikation wird in Malaysia angewandt, wenn man etwas fordert, um etwas bittet oder Kritik übt. Außerdem kommuniziert man indirekt, wenn man etwas ablehnt, eine Meinung äußert, die der des Gesprächspartners widerspricht, schlechte Nachrichten überbringt oder jemanden verwarnt. Ein Mitarbeiter wird somit seinem Chef nicht direkt sagen, dass er dessen Bitte nicht erfüllen kann, diese schlechte Nachricht übermittelt er ihm indirekt. Auch direktes Fragen vor anderen wird vermieden, gilt als unhöflich, da es die Kompetenz des anderen in Frage stellt und zum Gesichtsverlust führen kann. Darum ist es für die erfolgreiche Bewältigung von Problemen wichtig, sich in den Interaktionspartner hineinversetzen zu können und nach indirekten Hinweisen und Andeutungen zu suchen und diese als solche zu erkennen. Nur so ist es möglich, aufkommende zwischenmenschliche Schwierigkeiten frühzeitig zu identifizieren und zu entschärfen. Somit liegt in Malaysia ein großer Teil der Verantwortung für das Gelingen von Kommunikation bei dem Empfänger einer Botschaft.

Kommunikation in Malaysia erfolgt über vorsichtiges Herantasten und Antizipieren dem ‚Pingpongprinzip'. Stück für Stück werden die zu vermittelnden Informationen verbalisiert. Der Sender gibt zunächst nur einen Teil seiner Botschaft Preis. Der Empfänger nimmt diesen Hinweis auf, deutet ihn und überprüft die Richtigkeit seiner Interpretation. Dabei greift er auf indirekte Anspielungen und Fragen zurück, die nun das Gegenüber, also der Sender der ursprünglichen Botschaft, erahnen und entschlüsseln muss. So kann es einige Male zwischen Sender und Empfänger hin- und her gehen. Der Kommunikationsprozesse endet, wenn sich beide komplett verstanden haben. Auf diese Weise können Botschaften übertragen werden, ohne jedoch direkt und vollständig ausgesprochen werden zu müssen" (Kautz, Bier & Thomas, 2006, S. 86–88)[3].

Was hier für Malaysia beschrieben wird, gilt grundsätzlich für alle asiatischen Kulturen, denn der Anstand, die Höflichkeit und die Etikette erfordern von jedem, besonders von solchen, die in gehobenen Positionen tätig sind, und von Führungskräften, dass sie bei jeder zwischenmenschlichen Interaktion immer dem Kulturstandard des „Gesichtwahrens", des „Gesichtgebens" und des absoluten „Vermeidens von Gesichtsverlust" folgen. Das aber bedeutet in der verbalen Kommunikation, sowohl als Sender als auch Empfänger von Botschaften eine hohe Kompetenz aufweisen zu müssen, Nachrichten auf indirekte Weise zu pla-

---

[3] Abschnitt aus Kautz, Bier und Thomas (2006). Der Abdruck erfolgt mit freundlicher Genehmigung des Verlags Vandenhoeck & Ruprecht.

zieren und eine hochgradige Sensibilität dafür zu haben, empfangene Informationen bezüglich ihres indirekten Gehalts zu interpretieren sowie darauf zu achten, warum hier und da etwas nicht gesagt wird (Schweigen), obwohl die Nachricht und die Gesamtsituation eigentlich eine (klare) Aussage erfordern würde.

Konsequenzen

Auf den ersten Blick könnte es so aussehen, als wären zur Problemlösung in Malaysia gegenteilige Kompetenzen gefordert als in Deutschland. Das, was Herr Winter für sich im Vergleich mit anderen als eine hervorragend ausgebildete Fähigkeit zur Lösung sozialer, zwischenmenschlicher Probleme entwickelt hat, beinhaltet Initiativen, z. B. alle beteiligten Personen zusammenzubringen und zur Problemanalyse zu motivieren und die Moderation von Prozessen zum Beispiel den Austausch von Argumenten so zu steuern, dass Chancen zur Problemlösung bestehen, die dann als Ergebnis der Anstrengung aller beteiligten Personen empfunden werden. Alles das sind im Kern Leistungen, die als Resultat kommunikativer Kompetenz, also der Initiierung, Gestaltung und Moderation verbaler kommunikativer Prozesse anzusehen sind. Genau diese Kompetenz wird aber in Malaysia offensichtlich zur Problemlösung nicht benötigt, sondern etwas anderes, nämlich das Erkennen indirekter Botschaften wie Schweigen, wenn „endlich" etwas zu sagen wäre, und Aussagen, die eine weitergehende Interpretation erfordern als das, was sie wortwörtlich beinhalten. Herr Winter wird mit der Lösung dieser Probleme in Malaysia alleingelassen, denn ein Expertengespräch oder ein entsprechendes kulturspezifisches Kommunikationstraining steht ihm nicht zur Verfügung.

Andererseits hat Herr Winter sicherlich Fähigkeiten entwickelt, die ihm helfen könnten, in einer kulturadäquaten Weise mit den genannten Problemen umzugehen. Seine bewährte Kompetenz, Problemlösungen herbeizuführen, hat sicherlich seine Sensibilität geschärft, Personen, die als Problemverursacher identifiziert und benannt sind, nicht weiter zu demütigen und zu erniedrigen, sondern sie vielmehr zu motivieren, sich aktiv an der Entwicklung von Problemlösungen zu beteiligen. Zudem wird er eine ausgeprägte Fähigkeit besitzen, Personen mit unterschiedlichen Ansichten zu verstehen, zu respektieren und zugleich, falls erforderlich, zur Umdeutung und Veränderung ihrer Ansichten zu bewegen und z. B. eine Problemlage auch aus einem anderen Blickwinkel heraus zu betrachten (Perspektivenwechsel und Ambiguitätstoleranz). Er wird auch in der Lage sein, kognitiv und emotional spannungsgeladene interaktive Situationen zu erkennen und zu entschärfen. Auch seine ausgeprägte Fähigkeit und seine Erfahrungen mit der Analyse von Problemursachen als Voraussetzung zur Problemlösung sind hier erwähnenswert. Alle in seiner eigenen Kultur erworbenen Fähigkeiten, Fertigkeiten und Erfahrungen im Umgang mit zwischenmenschlichen Problemen und ihren Lösungen sind in Malaysia zu aktivieren und unter

Berücksichtigung des Kulturstandards „Indirektheit" in der Kommunikation einzusetzen.

Herr Winter könnte zum Beispiel seinen leistungsschwachen Studenten bitten, für ihn eine leicht erfüllbare Aufgabe zu erledigen. Damit würde er dem Studenten „Gesicht geben" und ihm auf indirekte Weise signalisieren, dass er ihn für leistungsfähig hält. Er könnte dann diese Gelegenheit nutzen, mit ihm über seine Lebenslage, seine Studienzufriedenheit und seine Studienleistungen persönlich zu sprechen, um ihm damit, wiederum auf indirektem Wege, seine Unterstützung anbieten.

Kontroverse Ansichten zu wissenschaftlichen Themen könnte er den Studenten diktieren und sie beauftragen, diese Thesen entweder alleine oder in Kleingruppen zu begründen, gegeneinander abzuwägen und neue Ansichten zu generieren. Die Gruppensprecher könnten dann die in der Gruppe, also im geschützten Raum, erarbeiteten Ergebnisse im Seminar, also in aller Öffentlichkeit, als Gruppenbeschluss vortragen. Die Lernziele würden so erreicht, aber auf einem in Bezug auf das „Gesichtwahren" weniger riskantem Weg.

Dieses Fallbeispiel zeigt für interkulturelles Verstehen und interkulturelles Lernen noch einen weiteren wichtigen Aspekt. Für Herrn Winkler entwickelt sich die Verstehens- und Handlungsproblematik im Umgang mit seinen malaiischen Studenten nicht plötzlich, sondern erst allmählich im Verlauf vielfältiger Überlegungen und Versuche, mit dem Schweigen, der Passivität, dem Zurückweichen seiner Studenten vor Konfrontationen und kontroversen Diskussionen klarzukommen. Die Erfahrung, dass er in Malaysia mit seiner erprobten Expertise, zur Lösung von Problemen beizutragen, nicht vorankommt, entwickelt sich für ihn zu einer krisenhaften Erfahrung, mit der er aber allein gelassen wird. Niemand kann ihm helfen, der malaiischen Kultur angemessene Wege zu einer für alle beteiligten Personen verständnisvollen Kommunikation und effektiven Problemlösung zu entwickeln. In Kapitel 8 wird der Verlauf des Einsatzes verschiedener Formen interkultureller Trainings behandelt und dabei gefordert, während des Auslandseinsatzes interkulturelle Begleittrainings zur Entwicklung interkultureller Reflexions- und Attributskompetenz sowie zur arbeitsspezifischen Lern- und Handlungskompetenz anzubieten. Genau ein solches Training hätte Herrn Winter sicherlich geholfen, seine bereits vor dem Einsatz in Malaysia hoch entwickelte Problemlösekompetenz so weiterzuentwickeln, dass er sie auch im Umgang mit Studenten in Malaysia erfolgreich hätte zur Wirkung bringen können. In interkulturellen Vorbereitungs- und Orientierungstrainings kann man zwar auf die Handlungswirksamkeit des Kulturstandards „Indirektheit" verbunden mit dem hohen Wert, dem Gesichtwahren in Malaysia zukommt, hinweisen und durch die Bearbeitung kritischer Interaktionssituationen im Rahmen authentischer Fallbeispiele ein Verständnis für die so entstehenden, kulturell bedingten kommunikativen und interaktiven Probleme vermitteln. Zur wirksamen Bewältigung der von Herrn Winter erfahrenen komplexen Kommunikations- und Interaktionsprobleme ist aber der Erwerb einer spezifischen interkulturellen Handlungskompetenz erforderlich, und genau dazu sind die eigenen Erfahrungen im Umgang mit Malaien im Alltags- und Berufsleben unerlässlich.

5.3 Gerechtigkeit

In der internationalen Zusammenarbeit zwischen Menschen, aber auch zwischen Nationen, spielen Fragen der gerechten Ressourcenverteilung und des gerechten Umgangs miteinander eine wichtige Rolle. Oft ist es schwierig, eine von allen beteiligten Personen und Institutionen als gerecht angesehene Entscheidung zu treffen und zu festigen. Ein Entwicklungsexperte, der in einem Land tätig ist, das Entwicklung benötigt, und der seinen Arbeitsauftrag als „Hilfe zur Selbsthilfe" für die dort lebenden Menschen ansieht, setzt voraus, dass seine Partner und die Menschen, die von seiner Arbeit profitieren, motiviert sind, auf den geschaffenen Grundlagen aufbauend, weiterhin „sich selbst" um Entwicklung und Wohlstand zu bemühen und dafür zu arbeiten. Seine Partner könnten seine Arbeitsleistung aber auch als eine gerechte Wiedergutmachung für erwiesenes Unrecht, das ihren Vorfahren während der Kolonialzeit oder einer jahrhundertelangen Versklavung widerfahren ist ansehen, entgegennehmen und weitere Gratifikationen einfordern. Die Verteilung von Ressourcen und die Umsetzung von Entscheidungen werden oftmals nicht von allen beteiligten Personen positiv beurteilt. Wer das Gefühl hat, im sozialen Vergleich mit anderen zu kurz gekommen zu sein, wird sich ungerecht behandelt fühlen und entsprechend reagieren, zum Beispiel die Entscheidung nicht akzeptieren, rebellieren, sich beschweren, sabotieren oder sich in irgendeiner Form rächen (vgl. Lerner, 1977).

Das Thema Gerechtigkeit und damit verbundene Fairness sind jedenfalls für das zwischenmenschliche Zusammenleben im makro- wie im mikrosozialen Kontext so bedeutsam, dass sie zum Gegenstand sozialpsychologischer Forschungen und Theoriebildung geworden sind (Klendauer, Streicher, Jonas & Frey 2006; Müller & Hassebrauck, 1993).

5.3.1 Entwicklung von Gerechtigkeitsvorstellungen und die Prinzipien distributiver Gerechtigkeit

Seit den Forschungsarbeiten von Jean Piaget (1954, 1966) zur Entwicklung des moralischen Urteils beim Kind und seinen Befunden, dass zwischen dem 10. bis 15. Lebensjahr entsprechende Denkstrukturen ausgebildet werden, gewann das Thema in der Entwicklungspsychologie und der Sozialpsychologie immer mehr an Bedeutung. Besonders bekannt und viel diskutiert wurde das auf den Arbeiten von Piaget aufbauende Stufenkonzept der Entwicklung moralischen

Handelns (Kohlberg 1984) mit den ersten drei Stufen, die einen interpersonale Deutungsraum erfassen, und den weiteren drei Stufen, die einem transpersonalen sozialen Deutungsraum zuzuordnen sind. Kohlbergs Modell beschreibt die folgenden sechs Stufen der Entwicklung des moralischen Urteils.

> **Stufenmodell der moralischen Entwicklung nach Kohlberg (aus Trudewind, 2006, S. 520)**
>
> - Stufe 1: Orientierung an Strafe und Gehorsam. Strafvermeidung und Unterordnung unter die Autorität sind handlungsleitende Werte.
> - Stufe 2: Instrumentell relativistische Orientierung. Was richtig ist, bestimmt sich nach den eigenen Bedürfnissen.
> - Stufe 3: Orientierung an Verpflichtungen gegenüber Primärgruppen und persönlich bekannten Personen und deren Billigung oder Missbilligung.
> - Stufe 4: Orientierung an den Normen und Gesetzen übergreifender Systeme, deren Erfüllung oberstes Gebot wird.
> - Stufe 5: Verständnis für übergreifende Systeme als Gesellschaftsvertrag, dessen Normen und Gesetze nach Kriterien von Gerechtigkeit und Fairness verändert werden können.
> - Stufe 6: Orientierung an allgemein gültigen ethischen Prinzipien (z. B. Kants kategorischer Imperativ, goldene Regel, Unverletzlichkeit der menschlichen Würde).

Die Bemühungen der Kulturvergleichenden Psychologie die universelle Gültigkeit dieses Stufensystems zu belegen, führten zu der Erkenntnis, dass

> die ersten drei Stufen, die auf dem interpersonalen Niveau liegen, transkulturell gültig zu sein scheinen, dass aber die Stufen vier und die folgenden anders, mithin kulturspezifisch strukturiert sind oder sein können. Das liegt vor allem an dem im Kohlbergsschema auf Stufe vier explizit entwickelten Gesetzes -und Gesellschaftsbegriff, der für westliche industrialisierte Demokratien charakteristisch ist. In Afrika aber auch in China, basiert jedoch auch die Gesellschaft auf Konzepten, die relational sind und daher eher eine Verallgemeinerung der Beziehungen als einen formalen Rechtsbegriff enthalten. Auch Konflikte werden dort eher interpersonal, z. B. durch Einigung und Mediation, als transpersonal z. B. vor Gericht geklärt (Eckensberger 2007, S. 509).

> **Aufteilungsprinzipien**
>
> - Das *Beitragsprinzip*, das die Aufteilung von Ressourcen davon abhängig macht, was die beteiligten Personen jeweils vorher geleistet, aufgewandt und investiert haben: Wer mehr geleistet hat, bekommt gerechterweise auch mehr.
> - Das *Gleichheitsprinzip* ist nicht an vorher erbrachte Leistungen oder sonstige persönliche Kriterien gebunden, denn jeder bekommt gerechterweise den gleichen Anteil.
> - Das *Bedürfnisprinzip* berücksichtigt die Bedürftigkeit, in die Personen durch unverschuldete Notlage geraten sind, und teilt den Bedürftigen gerechterweise mehr zu als Personen, die nicht unbedingt eine Zuteilung benötigen.

Forschungen belegen, dass in überwiegend wirtschaftlich- und wettbewerbsorientierten sozialen Beziehungen das Beitragsprinzip bevorzugt wird, wohingegen in solidaritäts- und kooperativ orientierten sozialen Beziehungen das Gleichheitsprinzip, sowie in intimitätsorientierten, persönlichen Beziehungen die Verteilung nach dem Bedürfnisprinzip bevorzugt wird. Es ist zu erwarten, dass diese unterschiedlichen Aufteilungsprinzipien in ähnlicher Weise auch in Gesellschaften mit unterschiedlichen kulturellen Orientierungssystemen wirksam werden, dass z. B. in individualistischen Kulturen das Beitragsprinzip, in kollektivistischen Kulturen das Gleichheits- bzw. Bedürfnisprinzip vorherrscht. Hinzu kommen womöglich noch weitere Aufteilungsprinzipien, bei denen neben Leistung und Bedürftigkeit auch Alter, Geschlecht und Herkunft, verbunden mit Status und Position, als bedeutsame Kriterien für distributive Gerechtigkeit angesehen werden.

Inwieweit die Verteilung von Ressourcen als gerecht angesehen wird, hängt auch ab von den Bedingungen, unter denen die Aufteilung erfolgt. Zu unterscheiden sind dabei prozedurale, interpersonale und informationale Bedingungen für Gerechtigkeit. Prozedurale Gerechtigkeit (Verfahrensgerechtigkeit) fördert die Bereitschaft von Individuen, sich für ihre Gruppe zu engagieren, auch wenn dies auf eigene Kosten geschieht. Dazu gehört auch, sich an Gruppenregeln und Vereinbarungen zu halten sowie dauerhaft in der Gruppe zu verbleiben. In einer Projektgruppe würden sich die einzelnen Projektmitarbeiter umso stärker für die Gruppe und damit das Projekt an sich einsetzen, je prozedural gerechter es in dieser Gruppe zugeht. Dadurch steigt auch die Verbundenheit zur Organisation. In Bezug auf Autoritäten gilt ebenfalls: Je gerechter deren Verhalten wahrgenommen wird, desto mehr Unterstützung und Akzeptanz erhalten sie und desto wahrscheinlicher werden sich die Betroffenen in Zukunft an die aufgestellten Regeln halten (vgl. Klendauer, Streicher, Jonas & Frey, 2006, S. 193).

Wird hingegen ein Verhalten als ungerecht wahrgenommen, können Schuldgefühle, Resignation bis hin zu Stressreaktionen die Folge sein. Äußern kann sich dies z. B. durch passiven Widerstand bis hin zu Sabotage, schlechter Arbeitsleistung, erhöhtem Diebstahl und Fehlzeiten. Die Schlussfolgerung lautet, dass prinzipiell alle Verteilungs- und Entscheidungsprozesse nach Fairnessprinzipien zu gestalten sind (Klendauer, Streicher, Jonas & Frey 2006, S. 193f.).

5.3.2 Prozedurale Gerechtigkeit

Wie bereits im vorherigen Abschnitt angedeutet, spielt die prozedurale Gerechtigkeit als Bedingungsfaktor eine bedeutsame Rolle, denn die Prozesse, die zu Ergebnissen führen, müssen als fair und gerecht wahrgenommen werden, um zu einem positiven Gesamturteil zu kommen. Wird der Entscheidungsprozess als fair wahrgenommen, steigt die Wahrscheinlichkeit, auch nachteilige und als unerwünscht wahrgenommene Ergebnisse zu akzeptieren. Dies zeigt sich zum Beispiel darin, dass Personen, die bei einer Abstimmung deutlich überstimmt werden, das Resultat akzeptieren und entsprechend dem Mehrheitsbeschluss handeln. Zentrale Kriterien für als fair wahrgenommene Prozesse sind in Tabelle 6 dargestellt.

Tabelle 6: Kriterien für faire Prozesse (Klendauer, Streicher, Jonas & Frey, 2006, S. 189)

Stimme („voice")	Die Betroffenen haben die Möglichkeit, ihren Standpunkt und ihre Argumente den Entscheidungsträgern zu präsentieren.
Regel der Konsistenz	Entscheidungsprozesse sind konsistent in Bezug auf verschiedene Personen und über den Zeitverlauf hinweg.
Regel der Unvoreingenommenheit (Neutralität)	Die Entscheidung wird nicht durch persönliches Selbstinteresse oder Voreingenommenheit der Entscheidungsträger beeinflusst.
Regel der Akkuratheit	Akkurate, d. h. korrekte und genaue Informationen werden gesammelt und bei der Entscheidungsfindung angemessen berücksichtigt.
Regel der Korrigierbarkeit	Es ist die Möglichkeit gegeben, Entscheidungen ändern zu können (etwa in Form von Beschwerdeverfahren).
Regel der Repräsentativität	Bedürfnisse und Meinungen aller betroffenen Parteien werden berücksichtigt.
Regel der Ethik	Der Entscheidungsprozess ist kompatibel mit persönlichen Wertvorstellungen der Betroffenen bzw. mit fundamentalen moralischen und ethischen Werten.

Im Zusammenhang mit interkulturellem Verstehen und Handeln im Auslandseinsatz sind Forschungen speziell zur organisationalen Gerechtigkeit interessant. Bei der organisationalen Gerechtigkeit geht es um die Feststellung, wie die Ressourcen unter den Mitarbeitern in einer Organisation verteilt werden. Organisationale Gerechtigkeit liegt dann vor, wenn die vorhandenen Ressourcen proportional zum individuellen Aufwand für die Organisation verteilt werden. Dabei spielen die Prozesse, die zur Verteilung der Ressourcen führen, eine wichtige Rolle, denn sie müssen als gerecht und fair angesehen werden (Prozessgerechtigkeit). Voraussetzung ist, dass man seine Meinung in Bezug auf die Verteilung bekunden kann, dass die Entscheidungsprozesse über Personen und Zeitpunkte hinweg konsistent verlaufen und dass die Interessen aller beteiligten Personen gleichermaßen berücksichtigt werden. Die Prozessgerechtigkeit hängt einerseits zusammen mit der interaktiven Gerechtigkeit, worunter der faire persönliche Umgang der Mitarbeiter untereinander zu verstehen ist, und andererseits mit der informationalen Gerechtigkeit, die sich darin zeigt, dass getroffene Entscheidungen adäquat begründet werden. Wenn man der Frage nachgeht, warum Fairness und Gerechtigkeit in Organisationen (organisationale Gerechtigkeit) so wichtig erscheinen, bieten sich drei Konzepte an:

- *Das instrumentelle Konzept:* Es besagt, dass faire Entscheidungsprozesse das individuelle Eigeninteresse des Individuums stärken und für alle vorteilhafte Ergebnisse erzielt werden.
- *Das relationale Konzept:* Es postuliert, dass ein Mitarbeiter, der fair behandelt wird, in der Gruppe und in der Organisationen respektiert und geschätzt wird und so seine Bedürfnisse nach positiver Bewertung und Identität befriedigt werden.
- *Das wertorientierte Konzept:* Dieses Konzept betont die Tatsache, dass Menschen sich in ihrem Verhalten und bei ihren Entscheidungen nach allgemeinen moralischen Verhaltensregeln richten, z. B. aufgrund religiöser oder humaner Prinzipien.

Betrachtet man die Forschungsarbeiten zur Gerechtigkeitsthematik unter interkulturellen Aspekten, ist zu beachten, dass die empirischen Arbeiten fast ausschließlich an Stichproben aus westlichen Industriegesellschaften erhoben wurden, damit stark auf das Individuum zentriert sind und einer leistungs- und wettbewerbsorientierten Beeinflussung unterliegen. In vielen Gesellschaften weltweit wird über Fairness und Gerechtigkeit im zwischenmenschlichen Zusammenleben und im organisationalen Kontext zwar auch nachgedacht, diskutiert und gestritten. Dabei sind aber für eine faire Verteilung und faire Entscheidungen nicht prozedurale, interpersonale und informationale Gerechtigkeit und deren Verlaufsmerkmale und individuellen Wirkungen sowie organisationale Gerechtigkeit bedeutsam. Vielmehr spielen Ansehen, Autorität, Position, Status und Kontinuität des Entscheiders und Zuteilers von Ressourcen, in Verbindung mit tradierten, kulturspezifischen Regeln, Werte und Normen, Sitten und Gebräuche des Zusammenlebens in Familien, Gruppen, Stämmen, Clans, Kasten und sonstige soziale Gemeinschaften, die entscheidende Rolle.

Die folgenden Fallbeispiele zeigen, welche Konsequenzen sich daraus für Expatriates in Bezug auf die Fairness- und Gerechtigkeitsthematik ergeben können.

5.3.3 Fallbeispiel: Arbeiten im Projektteam

Situationsschilderung

Frau Frank ist als qualifizierte Sachbearbeiterin mit Teamführungserfahrung in einem deutsch-indischen Versicherungsunternehmen in Delhi tätig. Der indische Leiter ihrer Abteilung erklärt ihr, dass ein neues Serviceprojekt erarbeitet werden muss, was viel zusätzliche Arbeit bereitet. Er bildet dafür ein Team, bestehend aus vier indischen Kollegen aus unterschiedlichen Abteilungen. Er bestimmt, dass

Frau Frank das Team leitet und akzeptiert, dass sie aus ihrer eigenen Abteilung einen qualifizierten indischen Mitarbeiter hinzuziehen will. Da die Arbeit an diesem Projekt nur außerhalb der regulären Arbeitszeit erledigt werden kann, werden alle daran beteiligten Teammitarbeiter zusätzlich entlohnt, entsprechend ihrer üblichen Bezahlung.

Bei den anberaumten Teamsitzungen werden viele Ideen eingebracht, ausgiebig diskutiert und Projektpläne entwickelt, wobei Frau Frank aber feststellen muss, dass nur sie und ihr indischer Kollege aus ihrer Abteilung wirklich zielgerichtete und umsetzbare Beiträge zur Projektrealisierung einbringen. Manchmal sind auch nicht alle Teammitglieder anwesend, fehlen unentschuldigt oder entschuldigt, weil familiäre Beanspruchungen dazwischen kommen.

Allmählich wird die Zeit zur Präsentation der Resultate der Arbeitsgruppe knapp und Frau Frank verteilt an jedes Gruppenmitglied bestimmte Aufgaben, die in einer festgelegten Zeit zu erledigen sind. Aber keiner der indischen Teammitglieder liefert ein zufriedenstellendes Ergebnis ab und niemand hält den gesetzten Zeitrahmen ein. Damit überhaupt eine Ergebnispräsentation stattfinden kann, erledigen im Endeffekt Frau Frank und ihr indischer Kollege alle erforderlichen Arbeiten alleine. Frau Frank ist enttäuscht und wütend über dieses Verhalten. Sie versteht das Verhalten der indischen Teammitglieder nicht.

Interpretation aus deutscher Perspektive

Frau Frank hat sich gefreut, dass sie von ihrem indischen Chef die Teamleitung übertragen bekommen hat und dass diese zusätzliche Arbeitsleistung für alle auch gesondert entlohnt wird. Sie geht davon aus, dass alle im Team davon profitieren und sich entsprechend anstrengen und auch motiviert sind, die anstehenden Arbeiten pünktlich und sachgerecht zu erledigen. Genau das aber passiert nicht, denn die indischen Teammitglieder strengen sich nicht an, leisten keine qualifizierte Arbeit und überlassen alles Frau Frank und dem indischen Mitarbeiter aus ihrer Abteilung. Das empfindet sie als ungerecht, zumal die indischen Kollegen auch noch ebenso wie sie entlohnt werden, obwohl diese zum Gelingen der Teamarbeit so gut wie nichts beigetragen haben. Sie fragt sich, ob die vom indischen Abteilungsleiter in das Team beorderten indischen Teammitarbeiter womöglich unqualifiziert sind oder Nebenjobs oder spezifische familiäre Verpflichtungen haben, die es ihnen eigentlich nicht erlauben, aktiv an der Teamarbeit mitzuwirken, sich fachlich zu engagieren und mitzuarbeiten, denn für die erhaltene Bezahlung haben sie ja bereits in der Vergangenheit zu unterschiedlichen Zeiten Leistungen erbracht.

Interpretation aus indischer Sicht

Der indische Abteilungsleiter sieht in der zusätzlich entlohnten Teamarbeit eine Chance, Mitarbeiter, die ihm bisher unbezahlte Gefälligkeiten erwiesen haben, zu entlohnen und sie sich für die Zukunft gewogen zu machen. Deshalb denkt er nicht daran, die Teammitglieder nach fachlichen Gesichtspunkten auszusuchen, sondern beordert sie nach persönlichen Vorlieben und Verpflichtungen ihm gegenüber in das Team. Den indischen Teammitgliedern ist das bewusst und sie sehen keinerlei Anlass, sich in dem Team fachlich zu engagieren und mitzuarbeiten, denn für die erhaltene Bezahlung haben sie ja bereits in der Vergangenheit zu unterschiedlichen Zeiten Leistungen erbracht.

Konsequenzen

Das Thema Verteilungsgerechtigkeit kennt Frau Frank aufgrund ihrer bisherigen beruflichen Erfahrungen sehr gut. Aufgrund dem von ihr und ihrem indischen Kollegen erbrachten Input ist sie mit dem Output unzufrieden, nachdem sie gesehen hat, dass die indischen Teammitglieder keine relevanten Inputleistungen erbracht haben, aber dieselbe Entlohnung erhalten wie sie. Aus ihrer Sicht bereichern sich die indischen Teammitglieder auf ihre Kosten. Sie findet dafür keine Begründung und würde sie auch durch noch so intensives Nachfragen nicht erhalten. Der „implizite Deal" zwischen dem indischen Abteilungsleiter und den indischen Teammitgliedern, das Projekt zur „Schuldentilgung" zu nutzen, bleibt verborgen. Niemand wird darüber sprechen. Frau Frank wird wohl zu dem „voreiligen" und unzutreffenden, aus ihrer Sicht aber gerechtfertigten Schluss kommen, dass die indischen Mitarbeiter für die im Team zu erbringenden fachlichen Leistungen unqualifiziert sind. Oder sie haben womöglich an der Teamarbeit unter ihrer Leitung kein Interesse oder zeichnen sich grundsätzlich durch Faulheit, Trägheit und geringe Belastbarkeit aus. Sie könnte aber auch auf die Idee kommen, das Ganze sei vom Abteilungsleiter deshalb indiziert worden, um ihr eine Niederlage als Teamleiterin zu bereiten, weil sie ihm als unangenehme Konkurrentin erscheint.

5.3.4 Fallbeispiel: Die Handouts

Situationsschilderung

Herr Thomas arbeitet freiwillig und ehrenamtlich für eine deutsche Entwicklungshilfeorganisation in Indien. Es geht um die Qualifizierung von pädagogischem Leitungspersonal in indischen Schulinternaten für Kinder aus sehr armen Familien der Kastenlosen, der Unberührbaren (Dalits), in Südindien. An einem Montagmittag ist ein Workshop angesetzt, zu dem 30 Fachkräfte aus unterschiedlichen Schulinternaten aus den vier südindischen Bundesstaaten anreisen. Zur Einstimmung auf die Workshoparbeit sollen die Teilnehmer ein fünfseitiges Handout zur Bearbeitung überreicht bekommen. Am Samstag vor dem Workshoptermin stellt Herr Thomas fest, dass zwei Seiten des Handouts noch nicht abgeschrieben und zum Druck fertiggemacht sind. Da die dafür zuständigen Sekretariatskräfte bereits die Büros verlassen haben und ins Wochenende gefahren sind, erledigt er die Schreibarbeiten selbst und druckt auch die Handouts aus, heftet sie und legt sie im Konferenzraum auf die Plätze der Tagungsteilnehmer.

Als er am Montagvormittag im Büro auftaucht, bemerkt er sofort die gedrückte Stimmung des Sekretariatspersonals und vermutet, dass diese sich wegen des Versehens schämen. Er ergreift das Wort und erklärt, dass er sowieso an diesem Wochenende nichts unternehmen wollte und deshalb schon mal die Handouts fertiggestellt hat. Sie sollten sich um ihn keine Sorgen machen. Die Stimmung wird daraufhin aber nicht besser, sondern eher noch schlechter, denn alle sitzen mit gesenkten Köpfen an ihren Arbeitsplätzen und tun so, als sei er überhaupt nicht anwesend.

Als er dem indischen Workshopleiter begegnet, fragt dieser, was er denn außerhalb der Arbeitszeit im Büro zu tun gehabt hätte und wieso er auch noch Arbeit erledigt hätte, für die er nicht zuständig sei. Herr Thomas erklärt ihm den Vorgang und erhält vom Abteilungsleiter daraufhin als Antwort nur ein schroffes „Lassen Sie das in Zukunft sein!"

Herr Thomas ist erstaunt, irritiert und enttäuscht, denn auch dem Workshopleiter musste klar gewesen sein, dass ohne seine Zusatzarbeiten die Handouts zum Workshopbeginn nicht fertig geworden wären und sich dadurch alles verzögert hätte.

Herr Thomas fühlt sich ungerecht behandelt, seine umsichtige und zielführende Arbeitsleistung wird nicht gelobt, sondern getadelt. Das hat er so bisher noch nicht erlebt und findet für dieses Verhalten auch keine Erklärung.

Interpretation aus deutscher Perspektive

Herr Thomas fühlt sich für das Gelingen des Workshops mitverantwortlich. Er geht davon aus, dass seine Leistung, die dazu dient den planmäßigen Beginn und Verlauf des Workshops zu garantieren, gewürdigt wird. Stattdessen handelt er sich einen Tadel ein.

Interpretation aus indischer Perspektive

„In Indien herrscht eine detaillierte Rollenverteilung für alle Lebensbereiche. Am auffälligsten spiegelt sich diese Rollenverteilung im Kastensystem wider. Neben vier Oberkasten gibt es mehr als 3.000 Subkasten, Jatis = Geburt genannt. Ein Jati ist die soziale Statusgruppe, in die eine Person hineingeboren wird. Die Jati bezeichnet meist entweder den Herkunftsort des Clans oder eine Berufsgruppe; sie besitzt daher einen spezifischen Namen, enthält bestimmte soziale und rituelle Gebote und kennzeichnet einen ökonomischen Status. Um zu erkennen, welcher Jati die eine Person angehört, braucht man nur ihren Familiennamen zu wissen und schon kann man sie in ein soziales Schubfach einordnen. … Die vom

Kastensystem auferlegten Rollen werden genau und bereitwillig eingehalten, da die Erfüllung des Dharma (Kastenpflicht) das höchste religiöse Gebot darstellt. Verhält man sich gemäß seines Dharma, kann man auf eine Wiedergeburt nach einer höheren Kaste hoffen. Ein indischer Arbeiter erledigt gemäß seiner Rolle nur das, was ihm aufgetragen wird. Selbstständiges Arbeiten und eigene Ideen sind nicht seine Aufgabe; er würde damit Rollenvorschriften verletzen, denn seine Aufgabe ist es, die Befehle des Höhergestellten zu befolgen. Auch höhere Angestellte tun nur das, was ihr Chef ausdrücklich verlangt. Gehorsam gegenüber der Autorität ist wichtiger als eigene Initiative. Aufgaben müssen also mit genauer Anweisung delegiert werden, die zugehörige Verantwortung verbleibt jedoch beim Vorgesetzten. Die Ausführung niedriger Arbeiten ist für Angehörige einer höheren Kaste eine schwere Verfehlung. Hand- und Kopfarbeit sind daher kaum in einem Beruf zu vereinen, denn Bildung und Denken sind meist Höherkastigen vorbehalten" (Saure, Tillmanns & Thomas, 2006, S. 72–73).[4]

Das hier geschilderte Verhalten lässt sich sehr gut mit der Handlungswirksamkeit des Kulturstandards „Rollenkonformität" beschreiben (Mitterer, Mimler & Thomas, 2013, S. 43–53). Rollenkonformität ist im Hinduismus verankert und spielt auch im Leben von Großfamilien eine entscheidende Rolle. Nach hinduistischer Auffassung sind die mit der jeweiligen Kaste verbundenen Rollen vorgegeben und müssen bedingungslos eingehalten werden. Nur so kann der Einzelne den Kreislauf der Wiedergeburten irgendwann durchbrechen und Erlösung finden. Die Ausführung bestimmter Tätigkeiten durch Personen, die dafür aufgrund ihrer Kaste und der damit verpflichtend einzuhaltenden Rollen, nicht zuständig sind, wird als Verfehlung angesehen und setzt den Status der Person herab. Genau das ist Herrn Thomas im hier vorliegenden Fallbeispiel passiert. Herr Thomas gehört zwar keiner Kaste an, hat aber Arbeiten ausgeführt, die seinem Status nicht entsprechen und für die Personen mit niedrigerem Status zuständig waren. Er hatte diesen nicht nur die übertragene Arbeit abgenommen, sondern sie auch noch beschämt. Er selbst hat dadurch so sehr an Autorität und Ansehen verloren, dass er möglicherweise zukünftig nicht mehr in der Lage sein wird, Anweisungen zu geben, die dann auch befolgt werden. Wie sollen denn die Mitarbeiter ihn zukünftig als Führungskraft respektieren und seinen Anweisungen folgen, wenn er sich herablässt, solch primitive Arbeiten selbst zu erledigen?

Aus indischer Perspektive ist das eigenmächtige, nach indischer Tradition unbefugte Erledigen von Arbeiten, für die anderen Mitarbeiter der Entwicklungshilfeorganisation zuständig sind, selbst dann nicht zu rechtfertigen, wenn es tatsächlich dem Gelingen des Workshops gedient hat. Für die indischen Mitarbeiter war klar, dass am Montagmorgen noch Zeit gewesen wäre, die Arbeiten pünktlich zu erledigen.

---

4 Abschnitt aus Saure, Tillmanns und Thomas (2006). Der Abdruck erfolgt mit freundlicher Genehmigung des Bautz Verlags.

Konsequenzen

Wer als ausländische Fach- und Führungskraft in Indien erfolgreich tätig sein will, muss die kastenspezifischen Gebote und Verbote beachten, um seine Führungsposition zu erhalten, seine Mitarbeiter zur Zusammenarbeit zu motivieren und sie nicht vor den Kopf zu stoßen. Missverständnisse aufgrund vermeintlicher Ungerechtigkeiten in Bezug auf die hier thematisierten unterschiedlichen Konzepte von Gerechtigkeit lassen sich oft durch die Wirksamkeit der traditionellen kastenspezifischen Status- und Rollenvorschriften erklären.

5.3.5 Handlungsrelevante Schlussfolgerungen

Jede deutsche Fach- und Führungskraft im Auslandseinsatz hat kulturspezifisch geprägte, individuelle Vorstellungen davon, wie im beruflichen und privaten Bereich ein gerechter Umgang miteinander auszusehen hat. Das, was jemand als gerechte Ressourcenverteilung empfindet und als gerechten Umgang miteinander, ist das Resultat eines Entwicklungsprozesses als Persönlichkeit (Sozialisation) und als Mitglied verschiedener Gruppen und Organisationen. Jeder hat Gerechtigkeitserwartungen bezüglich seines privaten, beruflichen und ihm organisationalen Umfeldes internalisiert und aktiviert sie zur gegebenen Zeit. Diese Gerechtigkeitsvorstellungen und -erwartungen sind im Alltagsleben zwar nicht mehr bewusstseinspflichtig. Wenn Sie aber nicht erfüllt werden, entstehen kognitive Dissonanzen, die zu Irritationen führen und zur Wiederherstellung kognitiver Konsonanz drängen. Wenn in Gruppen und Organisationen immer wieder gegen Formen der distributiven, prozeduralen und organisationalen Gerechtigkeitsvorstellungen der Mitglieder verstoßen wird, entsteht bei vielen das Gefühl, ausgenutzt sowie ungerecht behandelt zu werden. Infolgedessen wird das Gruppen- und Betriebsklima immer schlechter, bis es schließlich zu passivem Widerstand, Fehlzeiten, Leistungsminderung und Kündigungen kommt. Erst wenn solche gravierenden Entscheidungen anstehen, wird manchem Gruppen- und Organisationsmitglied bewusst, dass der Grund für die Entwicklung des schlechten Betriebsklimas in unerfüllten Gerechtigkeitserwartungen zu suchen ist. Die beiden Fallbeispiele zeigen, wie schwer es für Expatriates in einem spezifischen Zielland mit seinen kulturellen Werten, Normen, sozialen Strukturen, Status- und Rollenvorschriften und tradierten Verhaltensvorschriften, z. B. im Rahmen des Kastensystems, ist, die Verletzung von Gerechtigkeitserwartungen zu durchschauen und entstandene kognitive Dissonanz zu reduzieren.

Ein erster Schritt in Richtung auf interkulturelles Verstehen wäre dann getan, wenn der Expatriate sich seiner eigenen Gerechtigkeitsvorstellungen und Gerechtigkeitserwartungen in relevanten Interaktions-, Gruppen- und Organisationskontexten bewusst wird und er diese mit dem vergleicht, was er am Verhalten seiner Partner im Einsatzland an kulturspezifischen Ausprägungen in Bezug auf distributive, prozedurale und organisationale Gerechtigkeit beobachtet. Das

Resultat eines solchen Vergleichs muss nicht darin bestehen, seine eigenen Gerechtigkeitsvorstellungen aufzugeben und sich den vorgefundenen komplett anzupassen. Nachhaltig wirksamer wird es sein, das bisher als selbstverständlich für sich in Anspruch genommene Gerechtigkeitskonzept zu erweitern.

5.4 Soziale Interdependenz

Interdependenz, also die wechselseitige Abhängigkeit der Menschen untereinander, ist ein wesentliches Element des menschlichen Erlebens und Handels. In jedem kommunikativen Akt und in jeder Interaktion und Kooperation werden Strukturmerkmale sozialer Interdependenz aktiviert und spielen so eine handlungsrelevante Rolle. Die Theorie der sozialen Interdependenz ist wesentlich bestimmt von den Ergebnissen der Forschungsarbeiten von Thibaut und Kelley (1959; Kelley & Thibaut, 1978).

5.4.1 Psychodynamische Aspekte des Interdependenzprozesses

Alle Menschen sind bestrebt, in der Interaktion mit anderen Personen möglichst positive Ergebnisse zu erzielen. Um dieses Ziel zu erreichen und um festzustellen, ob ein Ergebnis als positiv oder negativ zu bewerten ist, ist eine Reihe von Faktoren zu berücksichtigen, wie Belohnung, Kosten, und erzielte Ergebnisse, die alle einer subjektiven Bewertung unterliegen. Als Belohnung werden alle Befriedigungen und Gratifikationen verstanden, die eine Person aus der wechselseitigen Interaktion mit relevanten Partnern erhält. Hinzu kommen als bewertungsrelevante Faktoren die entstandenen Kosten, die das Ausüben einer befriedigenden Interaktion hemmen sowie alle mit der Interaktion verbundenen negativen Konsequenzen. Das Ergebnis, das aus einer Interaktion zu ziehen ist, ergibt sich aus der Differenz von Belohnung und Kosten.

Für die Gesamtbewertung der Interaktion und seiner Ergebnisse sind zwei weitere Faktoren bedeutsam, nämlich das Vergleichsniveau und das Vergleichsniveau für Alternativen. Das Vergleichsniveau bildet sich im Verlauf der Erfahrungen mit Interaktionsprozessen und der dabei selbst erzielten Ergebnisse sowie der bei anderen Personen beobachteten Ergebnisse aus. Es repräsentiert das Ergebnisniveau, von dem der Handelnde glaubt, dass es ihm zusteht und dass er ein Anrecht darauf hat. Das Vergleichsniveau für Alternativen zeigt die bestmögliche Alternative an, die verfügbar ist, wenn man die aktuelle Interaktion abbricht. So wird unter gewissen Umständen eine wenig zufriedenstellende interaktive Beziehung aufrechterhalten, wenn keine bessere Alternative verfügbar ist.

In Bezug auf die Zufriedenheit mit der Interaktion sind noch zwei weitere Faktoren zu berücksichtigen: (1) Die *Beziehungsabhängigkeit*, worunter die speziellen Investitionen verstanden werden, die verloren gehen, wenn eine Interaktion beendet wird und deshalb eine Interaktion kostspielig machen. (2) Das *Beziehungscommitment,* worunter man das subjektive Erleben der Beziehungsabhängigkeit, verbunden mit einer Tendenz zur Langzeitorientierung gegenüber der Aufrechterhaltung einer Beziehung in Verbindung mit einer psychologischen Bindung an die Beziehung versteht.

Die Ergebnisse, die aus einer Interaktion gezogen werden können, sind zudem abhängig von einer *reflexiven Kontrolle*, also dem Ausmaß, in dem die Ergebnisse durch das eigene Verhalten beeinflusst sind, von einer *Schicksalskontrolle*, also dem Ausmaß, in dem das Ergebnis durch das Verhalten des Interaktionspartners abhängig ist, und von einer *Verhaltenskontrolle*, also dem Ausmaß, in dem die Ergebnisqualität vom Verhalten beider Personen abhängt.

5.4.2 Strukturmerkmale der Interdependenz

Interdependenzstrukturen bestimmen einerseits, wie ein Individuum durch sein Verhalten seiner eigenen Handlungsergebnisse und die seines Partners beeinflusst wird, und wie andererseits seine eigenen Ergebnisse durch das Handeln anderer Personen beeinflusst werden. Situation und Handeln der Akteure bestimmen also das interaktive, interdependente Geschehen. Diese wechselseitigen Abhängigkeiten interagierender Personen sind also zu analysieren, um Handlungsentscheidungen und deren dabei erzielte Ergebnisse verstehen und prognostizieren zu können. Wenn hier über *Ergebnisse* gesprochen wird, sind darunter die subjektiv registrierten Resultate aus Aufwand und Ertrag einer Interaktion gemeint. Aus interdependenztheoretischer Sicht ist es wichtig festzustellen, welche Art von Kontrolle die Interaktionspartner über ihre eigenen Ergebnisse und die ihrer Interaktionspartner haben. Drei Kontrollvarianten sind feststellbar:
1. *Akteurkontrolle:* Die Ergebnisse sind allein das Resultat der eigenen Aktivitäten des Akteurs.
2. *Partnerkontrolle:* Die eigenen Ergebnisse ergeben sich aus dem Handeln des Partners.
3. *Gemeinsame Kontrolle:* Die Ergebnisse sind das Resultat des interaktiven Handelns der Partner.

Je mehr die handelnde Person in der Lage ist, ihre Ergebnisse selbst zu kontrollieren (Akteurkontrolle), umso unabhängiger ist sie und umso mehr Macht kann sie über andere ausüben.

Das jeweilige Interdependenzverhalten in Verbindung mit situativen Merkmalen bestimmt die strukturellen Aspekte von Interdependenz. So lassen sich sechs Merkmale von Interdependenz unterscheiden (Athenstaedt, Van Lange & Rusbult, 2006, S. 479–480):
1. das Ausmaß der Abhängigkeit,
2. die wechselseitige Abhängigkeit,
3. die Basis der Abhängigkeit (Partnerkontrolle oder gemeinsame Kontrolle),

4. die Korrespondenz der Ergebnisse (Verhaltens führt für *beide Akteure* zu positiven oder negativen Ergebnissen),
5. die Festgelegtheit der Handlungsabfolge (Ausmaß der vorherigen Festlegung der Handlungsabfolge),
6. das Informationsausmaß der Interaktionspartner (viele oder wenige Informationen bzw. Möglichkeiten der Informationsbeschaffung).

5.4.3 Fallbeispiel: Der Produktionsstopp

Situationsschilderung

Herr Peters arbeitet als Vertriebsleiter in einem großen deutschen Unternehmen in Griechenland. Sein Unternehmen produziert vor Ort Maschinenteile, die in die umliegenden Mittelmeerländer verkauft werden. Für die reibungslose Belieferung der Kunden ist er allein zuständig. Er arbeitet aber eng zusammen mit Herrn Alexandridis, dem Leiter der Produktionsabteilung. Sie kennen sich gut und sind perfekt aufeinander abgestimmt, was Produktion und Vertrieb der Maschinen betrifft.

Nun kommt es aber immer wieder vor, dass eine Maschine ausfällt oder schadhafte Teile ausstößt und deshalb abgeschaltet werden muss. Das hat immer Konsequenzen für die pünktliche Auslieferung der Maschinen an die Kunden. Deshalb ist es wichtig, dass Herr Peters sofort nach Ausfall einer Maschine informiert wird. Aber Herr Alexandridis informiert nicht ihn als erstes, sondern den Geschäftsführer Herrn Dimitrakopoulos, und es dauert dann eine geraume Zeit bis dieser ihn über den Störfall in Kenntnis setzt. Herr Peters hat Herrn Alexandridis immer wieder gebeten und aufgefordert, erst ihn und dann den Geschäftsführer von einem Maschinenstillstand zu informieren oder beide zugleich. Herr Alexandridis sagt das zwar immer zu, doch beim nächsten Störfall informiert er wieder nicht ihn, sondern zunächst den Geschäftsführer. Herr Peters hat durch diese Zeitverzögerungen immer viel zusätzliche Arbeit, denn den Kunden muss ein neuer Liefertermin mitgeteilt werden und er muss sich wegen Verzögerungen bei ihnen gebührend entschuldigen.

Herr Peters ist verärgert, weil die Informationsweitergabe über den Geschäftsführer läuft, was unnötig ist, denn der weiß auch nichts anderes an, als was er selbst schon längst hätte in Gang setzen können. Er versteht auch das Verhalten von Herrn Alexandridis nicht, da sie doch täglich miteinander zu tun haben und reibungslos kooperieren.

Interpretation aus deutscher Perspektive

Für Herrn Peters ist klar, dass in einem gut funktionierenden Betrieb ein reger und effizienter Informationsaustausch stattfinden muss. Dies gilt besonders dann, wenn unvorhersehbare Ereignisse wie Störungen im Produktionsablauf, Unfälle

u. Ä. auftreten. Dann ist es wichtig, zunächst diejenigen zu informieren, die schnell professionelle Hilfe bieten können, und dann kann man die Geschäftsleitung in Kenntnis setzen, damit diese unterstützend tätig wird.

Hier in Griechenland aber erfährt er nun, dass die Information des Vorgesetzten und die Entgegennahme seiner Entscheidung vor allem anderen Priorität hat. Selbstverständlich stellt er Vermutungen an bezüglich der Gründe:
- Herr Alexandridis ist ein entscheidungsschwacher Mensch, der sich nicht traut, in unerwarteten, neuen Situationen selbstständig zu handeln, sondern erst die Erlaubnis des Chefs einholt.
- Seine Angst, eigene Entscheidungen zu treffen, ist bedingt durch die ihm anerzogene Autoritätshörigkeit, verbunden mit einem Mangel an Eigenverantwortlichkeit, und das selbst in der Position des Produktionsleiters.
- Herr Alexandridis ist nur in seinem eng begrenzten Feld der Ablaufprozesse bei der Maschinenproduktion kompetent, aber mit allem anderen, was darüber hinaus an Anforderungen auf ihn zukommt, überfordert.
- Herr Alexandridis glaubt, dass derjenige, der eine betriebsrelevante Information besitzt, solange sie nicht auch anderen bekannt ist, im Vorteil ist. Jetzt, nach der Maschinenpanne, kann er und kein anderer seinen Chef über die Neuigkeit informieren und erwartet dafür und wegen seiner Umsicht gelobt zu werden. Hätte er erst Herrn Peters informiert, wäre diese Chance vertan worden.

Aber alles, was Herr Peters sich auch an Erklärungen und Begründungen für das unverständliche Verhalten von Herrn Alexandridis ausdenkt, befriedigt ihn nicht so recht.

Interpretation aus griechischer Perspektive

Herr Alexandridis ist in Griechenland aufgewachsen und sozialisiert worden. Zu den kulturspezifischen Werten und Normen gehört es, die im sozialen Miteinander vorherrschenden Hierarchien zu beachten:

> Griechische Vorgesetzte haben einen eher autoritären Führungsstil, tragen mehr und alleinige Verantwortung und treffen alle Entscheidungen, die die Firma betreffen. Daneben wird den Mitarbeitern eine zurückhaltendere Rolle eingeräumt: Sie nehmen die Anweisungen von oben entgegen, führen sie aus und gehen anschließend davon aus, ihre Arbeit gut zu machen, solange sie nichts Gegenteiliges hören. Dies mag für den einen oder anderen deutschen Angestellten in Griechenland schwierig sein, da er den aus Deutschland gewohnten größeren Handlungsspielraum und die Übernahme von Verantwortung im Kleinen vermisst. Viele deutsche Führungskräfte berichten, dass sie den Eindruck hätten, ihre Mitarbeiter zeigten keinerlei Eigeninitiative. ... Grundsätzlich wird Führungskräften eine große Kompetenz zugeschrieben, die ihnen die alleinige Entscheidungsmacht zuspielt. Fehlt dem Vorgesetzten Fachwissen in einem Themenfeld, erläutern ihm die Mitarbeiter das Thema, die Entscheidung bleibt jedoch in seiner Hand. Diese Entscheidungen werden meist als richtig hingenommen (Maurus, Weis & Thomas, 2014, S. 70–71).

Konsequenzen

Die Forderung von Herrn Peters an Herrn Alexandridis, ihn bei einem erforderlichen Maschienenstopp sofort zu informieren, damit im Vertrieb schnell kundenorientiert reagiert werden kann, bringt Herrn Alexandridis nicht nur in Verlegenheit, sondern in eine Dilemmasituation, die für ihn nicht zu lösen ist, denn: Herr Alexandridis arbeitet in und für eine griechische Firma in der, wie üblich, eine streng einzuhaltende und zu respektierende Hierarchie besteht. Das gilt insbesondere für die Weitergabe und den Umgang mit wichtigen Informationen.

In einem so gravierenden Fall wie plötzlich auftretendem Maschinen- und Produktionsstillstand kann Herr Alexandridis schon gar nicht eigenständig handeln (informieren und entscheiden), denn Handlungsentscheidungen zu treffen, gehört allein in den Aufgabenbereich des Geschäftsführers.

Würde Herr Alexandridis entgegen den kulturellen Traditionen, Vorschriften und womöglich Gewohnheiten in der Firma (Firmenkultur) in einem so brenzligen Fall eigenständig entscheiden, also erst Herrn Peters und dann den Geschäftsführer zu informieren, könnte er sich eine Abmahnung einhandeln.

Ein Vertrauensbruch gegenüber Herrn Peters und eine Störung in dem bislang so guten Beziehungsverhältnis ist für Herrn Alexandridis zwar schmerzlich, aber ein Traditionsbruch in Bezug auf Informationsweitergabe und Respekt vor den Hierarchen würde für Herrn Alexandridis weit schwerwiegendere Konsequenzen haben.

Wenn es Herrn Alexandridis gelänge, Herrn Peters diese Zusammenhänge zu erklären, könnten beide für zukünftige Produktionsstillstände eine neue und für alle befriedige Strategie der Informationsweitergabe entwickeln und erproben.

5.4.4 Fallbeispiel: Ein neuer Auftrag

Situationsschilderung

Herr Bergmann wurde vor einem Jahr von seiner deutschen Firma nach Griechenland entsandt. Dort ist er als kaufmännischer Leiter u. a. für die Wartung des Gebäudes zuständig. Kurz vor Beginn seiner Tätigkeit in dieser Firma wurde dem für die Gebäudewartung zuständigen Handwerksbetrieb gekündigt und mit einem anderen Betrieb ein Fünfjahresvertrag vereinbart. Nun fällt kurz vor Weihnachten und vielen weiteren Feiertagen die Heizung aus, und Herr Bergmann bittet, so schnell wie möglich jemanden zur Behebung des Schadens zu schicken. Am nächsten Tag stellt sich Herr Theodoridis bei ihm als neuer Techniker vor. Herr Bergmann erklärt ihm, wie wichtig es ist, mit den Reparaturarbeiten schnell voranzukommen. Aber anstatt sich sofort an die Arbeit zu machen, erklärte dieser Herrn Bergmann erst einmal, was seine nächsten Arbeitsschritte sind, wie lange er heute arbeiten will und welche Ersatzteile bestellt werden müssen. Herr Bergmann hat großen Zeitdruck, denn der Jahresabschluss steht bevor, und er versucht höflich, das Gespräch mit Herrn Theodoridis abzukürzen, da er findet, dieser müsse selbst wissen, was zu tun sei. Am nächsten Morgen sowie an den übrigen Tagen, an denen Herr Theodoridis an der Heizung arbeitet, steht dieser wieder vor seiner Tür. Die Besprechungen dauern bis zu 45 Minuten täglich, da Herrn Theodoridis Fragen sich auch auf private Themen beziehen, zum Beispiel wie Herr Bergmann plane, Weihnachten zu feiern. Herr Bergmann ist verzweifelt, denn er hat den Eindruck, dass bereits am ersten Tag alles besprochen worden sei. Es gelingt zwar mit Ach und Krach, die Heizung fristgerecht zum Laufen zu bringen, aber viele Nacharbeiten sind noch erforderlich. Herr Bergmann versteht das Ganze nicht, denn er ist ein zügiges Abarbeiten gewohnt (nach Maurus, Weis & Thomas, 2014, S. 90).

Interpretation aus deutscher Perspektive

Die Reparatur einer Heizung ist für Herrn Bergmann, obwohl das in seinen Verantwortungsbereich fällt, nicht gerade ein so zentrales Thema, dass darüber lange mit dem Heizungsmonteur gesprochen werden muss. Es könnte zwar sein, dass Herr Theodoridis früher einmal schlechte Erfahrungen mit Auftraggebern gemacht hat, denen er nicht überall die erforderlichen Arbeitsschritte berichtete und die sich dann über seine hohe Abrechnung beschwerten. Herr Theodoridis sucht aber die Gespräche mit Herrn Bergmann auszudehnen, indem er viele Themen anschneidet, die nichts mit seinen Reparaturarbeiten zu tun haben. Vielleicht, so mutmaßt Herr Bergmann, sucht er deshalb das Gespräch mit ihm, um nachher ein stattliches Trinkgeld von ihm bekommen, obwohl er doch wissen müsste, dass Firmen keine Trinkgelder zahlen und damit auch Herrn Bergmann die Hände gebunden sind. Alles, was ihm zu möglichen Gründen für Herrn Theodoridis Verhalten einfällt, überzeugt ihn nicht so recht.

Interpretation aus griechischer Perspektive

Zwischenmenschliche Beziehungen im Privatleben sowie im Berufsleben haben für Griechen oberste Priorität:

> Enge und stabile Beziehungen werden sowohl im privaten als auch im beruflichen Kontext als wichtiger und verlässlicher eingeschätzt als Verträge oder Absprachen. ... Viele Deutsche berichten, dass sie anfangs von ihren griechischen Kollegen über private Themen ausgefragt wurden, was sie als neugierig und aufdringlich empfanden. Für sie ist es ungewohnt, dass Themen wie Familie oder private Unternehmungen auch bei Geschäftskontakten ein normales Thema sind, da sie die Gelegenheit bieten, das Gegenüber kennenzulernen und so wichtige Beziehungen aufzubauen. ... Hinzu kommt, dass mündlicher Kommunikation gegenüber schriftlicher oft der Vorrang gegeben wird, da bei dieser

mehr Interaktion stattfinden kann. ... Auf der anderen Seite besteht bei nicht personalisierten Geschäftsbeziehungen, die mit unpersönlich bleibenden Vertretern von Firmen und Behörden oder anderen Fremden eingegangen werden, die Gefahr, dass die getroffenen Vereinbarungen als nicht so bedeutend empfunden werden wie die aus einer personalisierten Verbindung entstandenen (Maurus, Weis & Thomas, 2014, S. 36–37).

5.4.5 Konsequenzen aus den Fallbeispielen aus Sicht sozialer Interdependenz

In beiden Fallbeispielen spielen einerseits Interdependenz und Interdependenzstrukturen zum Gelingen oder Misslingen der Zusammenarbeit zwischen deutschen und griechischen Geschäftspartnern eine wichtige Rolle, und zum anderen zeigt sich, wie Missverständnisse in Bezug auf Verläufe und Ergebnisse von Interdependenzen mangels interkulturellen Verstehens wirksam werden. Alle interagierenden Personen versuchen positive Ergebnisse aus den entstandenen Beziehungen zu ziehen.

Herr Peters und Herr Alexandridis arbeiten im Alltag eng zusammen und erreichen positive Ergebnisse durch wechselseitige Abhängigkeit (Beziehungsabhängigkeit). Würde Herr Alexandridis als Produktionsleiter nicht dafür sorgen, dass Herr Peters die Maschinenteile zu dem Zeitpunkt geliefert bekommt, zu dem er sie für seine Kunden benötigt, würde über kurz oder lang der Kundenstamm verlorengehen, das Unternehmen würde dann „auf Halde" produzieren, eventuell Kurzarbeit machen oder müsste den Betrieb ganz einstellen. Beide wären dann gezwungen, sich eine neue Arbeitsstelle zu suchen. Es besteht zwischen ihnen ein Beziehungscommitment, denn der Bedeutung dieses reibungslosen Ineinandergreifens von Produktion und Vertrieb und der damit verbundenen gegenseitigen Abhängigkeit der Unternehmensteile sowie der damit einhergehenden personalen Abhängigkeit sind sich beide sicher bewusst.

Interdependenztheoretisch ausgedrückt besteht ein hohes Maß an *funktionaler* Abhängigkeit, an *wechselseitiger* Abhängigkeit und *gemeinsamer Ergebniskontrolle*. Eine starke Korrespondenz der Ergebnisse zeigt sich darin, dass die von Herrn Peters erzielten Ergebnisse von der pünktlichen Lieferung von Herrn Alexandridis abhängen, und dass Herr Alexandridis weiter eine gleichbleibende oder gesteigerte Anzahl an Motorenteilen produzieren kann, hängt ab vom Vertriebsergebnis des Herrn Peters. Offensichtlich sind im Alltagsablauf die Handlungsabfolgen, wer was wann zur Verfügung stellt und weiterreicht, festgelegt. Da beide Personen schon einige Zeit zusammenarbeiten, eine fachlich hochwertige Ausbildung (Maschinenbau und Marketing/Vertrieb) besitzen sowie über Praxiserfahrung verfügen, ist das *Informationsmaß*, was den Alltagsbetrieb angeht, sicher sehr hoch.

Alles könnte so reibungslos weiterlaufen, wenn nicht ab und zu eine Maschine ausfiele. Diese Notfallsituation unterbricht die alltägliche Routine, in der die

Interdependenz zwischen Herrn Peters und Herrn Alexandridis abläuft. Herr Peters erwartet, dass alles so weiterläuft wie bisher, d. h. für ihn: Herr Alexandridis informiert ihn sofort nach dem Maschinenausfall und über den Zeitpunkt, zu dem die Anlage wieder angefahren werden kann. Dann kann er seine Kunden frühzeitig über Verzögerungen informieren oder herausfinden, ob für die Kundenbelieferung noch ein gewisser zeitlicher Spielraum vorhanden ist.

Für Notfälle besteht im Unternehmen traditionell oder in der speziellen Absprache zwischen Herrn Alexandridis und dem Geschäftsführer eine geänderte Handlungsabfolge: Erst wird der Geschäftsführer informiert und um Rat gefragt, was zu tun ist, und dann erst kommt die Information über den Störfall über den Geschäftsführer an Herrn Peters. Es gibt somit eine festgelegte Reihenfolge der Handlungsabläufe, die kulturspezifisch begründet und in der griechischen Hierarchieorientierung verankert ist. Herr Alexandridis handelt zwar nicht effizient im Sinne der Bereinigung der Folgeschäden des Maschinenausfalls, aber durchaus kulturadäquat, entsprechend den Regeln der Firmenkultur. Zwischen ihm und Herrn Peters ist aber das *Informationsausmaß* ungleich verteilt. Herr Peters weiß nichts davon, dass bei Notfällen immer als Erstes der Geschäftsführer informiert werden muss und auf seine Anweisungen zu warten ist, bevor die erforderlichen Problemlöseschritte begonnen werden können. Herr Peters respektiert sicher den Geschäftsführer, hält ihn womöglich auch fachlich für kompetent, weiß aber auch, dass bei Maschinenstillstand nicht erst lange informiert und diskutiert werden darf, sondern sofort produktionstechnisch und vertriebstechnisch professionell gehandelt werden muss, was im vorliegenden Fall nicht passiert.

Weil Herr Peters die hierarchisch organisierten Informations- und Entscheidungswege, die im Betriebsalltag ebenso wie bei Notfällen einzuhalten sind, nicht kennt, wird er aus seiner Sicht verständlicherweise die Gründe für die verzögerte Informationsweitergabe personal attribuieren, d. h. Herrn Alexandridis fachliche Unfähigkeit, mangelnde Vertrauenswürdigkeit, Unaufmerksamkeit und Desinteresse an einer schnellen Schadensregulierung vorwerfen. Was für Herrn Alexandridis eine Selbstverständlichkeit ist, wird von Herrn Peters eindeutig als Versagen bewertet. Da diese Prozesse nicht bewusstseinspflichtig sind und beide nichts über die Handlungswirksamkeit des deutschen Kulturstandards „Sachorientierung" und des griechischen Kulturstandards „Hierarchieorientierung" wissen, entsteht ein Interaktionsproblem mit negativen Auswirkungen auf die Ergebnisse, die beide aus der Interaktion ziehen.

Im Fallbeispiel von Herrn Bergmann ergibt sich eine *gemeinsame Ergebniskontrolle* dadurch, dass Herr Bergmann zunächst auf die fachliche Arbeit von Herrn Theodoridis zur Reparatur der Heizung angewiesen ist und Herr Theodoridis aus ökonomischen Gründen den Auftrag gerne ausführt. In Bezug auf die Bewertung der Interaktionsergebnisse besteht für Herrn Bergmann eher ein *Vergleichsniveau für Alternativen*, denn er könnte sich nach einem anderen Handwerker umsehen, der preiswerter und zuverlässiger arbeitet. Herr Bergmann ist sich bewusst, dass er sich Herrn Theodoridis gegenüber in einer Machtposition befindet. Es besteht eine *Korrespondenz der Ergebnisse,* denn die Zusammenarbeit führt für beide zu einem positiven oder für beide zu einem negativen Ergebnis. Die Reihenfolge der Handlungen ist in groben Zügen festgelegt: Herr Bergmann erteilt den Auftrag zur Reparatur der Heizung, und Herr Theodoridis nimmt den Auftrag an und führt ihn sachkundig aus, bis die Heizung wieder läuft.

Das Interaktionsproblem besteht darin, dass Herr Theodoridis aus Sicht von Herrn Bergmann ständig mit unnötigen Fragen, Vorschlägen und Erzählungen aus seinem persönlichen Leben an ihn herantritt und unnötige Fragen stellt. Das ist für ihn eine nicht zu akzeptierende Zeitverschwendung, zudem er aus beruflichen Gründen zeitlich sehr unter Druck steht. Obwohl er Herrn Theodoridis das alles deutlich zu verstehen gibt, lässt der nicht locker und redet immer viel und lange jeden Tag auf ihn ein. Herrn Bergmann ist klar, dass Herr Theodoridis auf seine Kosten Zeit schindet, denn er wird sicher auch die Redezeit als Arbeitszeit abrechnen. Herr Theodoridis merkt schon, dass Herr Bergmann nicht so, wie er es gewohnt ist und von ihm gewünscht wird, auf seine Redeangebote eingeht, aber ohne eine gute zwischenmenschliche Beziehung, die Sicherheit vermittelt und zur Entwicklung gegenseitigen Vertrauens führt, kann man aus seiner Sicht doch nicht dauerhaft zusammenarbeiten und er möchte doch, dass Herr Bergmann ihn in Zukunft als zuverlässigen und vertrauenswürdigen Handwerker weiter beschäftigt.

Herr Thedoridis nimmt Nachteile für seine Ergebnisse in der aktuellen Interaktion mit Herrn Bergmann in Kauf, denn er merkt, dass ihm seine Nachfragen und seine Berichte sowie privaten Erzählungen auf die Nerven gehen. Er handelt entsprechend des Konzepts der *Motivationstransformation,* denn nicht das unmittelbar erreichbare Interaktionsergebnis steht für ihn im Mittelpunkt, sondern das Erreichen einer langfristigen, stabilen und zuverlässigen Zusammenarbeit mit Herrn Bergmann zum Erhalt der Geschäftsbeziehungen.

Herrn Peters bleiben aus Unkenntnis die Handlungswirksamkeit des griechischen Kulturstandards „Beziehungsorientierung" und die auf eine für Griechen so wichtige langfristige positive Interaktionsbeziehung zielenden Kognitionen und Emotionen als Determinanten der Motivationstransformation bei Herrn Theodoridis verborgen.

> Motivationstransformation kann eine geänderte Wahrnehmung bestimmter situativer Interdependenzmuster bedingen, die dazu führt, dass Personen auf Basis von weiterreichenden Interaktionszielen handeln (z. B. Verfolgung längerfristiger Ziele, Berücksichtigung der Ergebnisse von Interaktionspartnern) und nicht nur das unmittelbare Eigeninteresse in den Vordergrund stellen (Athenstaedt, Van Lange & Rusbult, 2006, S. 484).

In der Interaktion zwischen Personen unterschiedlicher kultureller Herkunft sind den hier beschriebenen Determinanten der Interdependenz von den Interaktionsstrukturen bis zur Motivationstransformation besondere Beachtung zu schenken. Wie die beiden Fallbeispiele zeigen, beeinflussen kulturspezifische Determinanten zum einen die Interaktionsprozesse zwischen den handelnden Personen selbst, die Interpretation der Situation, die Feststellung und Bewertung des Ergebnisses und zum anderen das Verhalten der beteiligten Personen in Bezug auf alle relevanten Merkmale der Interdependenz maßgeblich.

5.5 Macht und soziale Dominanz

Das Ausüben von Macht und das von Dominanz sind im alltäglichen Umgang der Menschen miteinander vertraute und oft eingesetzte Methoden, um eigene Ziele, Meinungen, Einstellungen und Vorstellungen durchzusetzen sowie das Denken und Handeln anderer im eigenen Sinne wirksam zu beeinflussen. Jeder kennt genügend Beispiele von Machtausübung und dominantem Auftreten und Verhalten. Der Einsatz von Macht und Dominanz kann sehr direkt und für den Betroffenen sofort spürbar erfolgen, aber auch subtil, zunächst unbemerkt und eventuell erst langfristig wirksam werden. Macht und Dominanz erfolgen im Umgang zwischen einzelnen Menschen, in Gruppen und zwischen Gruppen sowie in und zwischen Organisationen, gesellschaftlichen Gruppierungen und Nationen.

In der Begegnung und Kooperation zwischen Menschen unterschiedlicher kultureller Herkunft spielt Macht ebenfalls eine wichtige Rolle. Grundsätzlich kann man davon ausgehen, dass die Machtquellen, die Machtmittel, die Machtausübung und die Legitimation von Macht kulturspezifisch determiniert sind. Zum interkulturellen Verstehen und Handeln bedarf es der Fähigkeiten, einerseits zu erkennen, wer wie auf wen, warum und mit welchem Recht Macht ausübt bzw. was damit bewirkt wird, und andererseits nachvollziehen zu können, wie Machtausübung in berufsbedingten Auslandseinsätzen von den fremdkulturellen Partnern rezipiert wird. Fach- und Führungskräfte in berufsbedingten Auslandseinsätzen, z. B. im Bereich der Wirtschaft, aber auch der Forschung und Lehre, üben Macht auf ihre fremdkulturellen Partner aus, sind sie selbst von Machtausübung durch ihre Partner betroffen und beobachten machtmotiviertes Verhalten zwischen Personen im Gastland. So wird ein deutscher Betriebsleiter alle seine Macht- und Einflussmöglichkeiten aufbieten, um seine brasilianischen Mitarbeiter dazu zu bringen, bei der Qualitätskontrolle eine Nullfehler-Toleranz zu erreichen. Der deutsche Gastdozent an einer chinesischen Hochschule wird alle Machtmittel einsetzen, um zu erreichen, dass seine Studenten nicht nur traditionellerweise das auswendig lernen, was er ihnen vermittelt, sondern dass sie den vermittelten Stoff eigenständig bearbeiten, um sich so eine fundierte und begründbare eigene Meinung zu bilden, weil seiner Überzeugung nach nur so kreative und innovative wissenschaftliche Resultate erzielt werden können.

5.5.1 Theoretische Konzepte zum Thema Macht

Begriffsklärungen

- *Macht:* Sozialpsychologisch wird Macht definiert als eine asymmetrische Relation zwischen einem Machthaber und einem Beherrschten. Das Ziel des Machthabers besteht darin, das Verhalten und Erleben des Beherrschten zu kontrollieren und gegen Widerstand zu verändern.
- *Soziale Dominanz:* Sozialpsychologisch und persönlichkeitspsychologisch betrachtet ist soziale Dominanz das Streben einer Person nach einer Machtposition gegenüber anderen und innerhalb einer Bezugsgruppe. Dominanz kann durchaus als eine fest verankerte und ausgeprägte Persönlichkeitseigenschaft angesehen werden, die immer dann wirksam wird, wenn sich im sozialen Kontext Gelegenheiten bieten, dominant aufzutreten und keinen Widerspruch duldend Macht auf andere auszuüben.

Für die sozialpsychologische Analyse der Ausübung von Macht lassen sich folgende bedeutsamen Stufen des Machthandelns beschreiben:
1. Beim Machtausübenden muss ein Machtmotiv als hoch generalisierte Wertungsdisposition vorhanden sein, das unter entsprechenden sozialen Bedingungen eine Machtmotivation anregt, aus der heraus Verhaltensweisen zur Beeinflussung anderer Personen aktiviert werden. Dies kann schon dadurch geschehen, dass jeder Mensch nach Erfüllung eigener Bedürfnisse und Wünsche strebt und dass er dabei auf die Mithilfe anderer Personen angewiesen ist, die selbst aber andere Ziele verfolgen. Er muss die für ihn nützlichen Personen also dahingehend beeinflussen, dass sie seinen Wünschen entsprechend handeln.
2. Der Machausübende muss der Zielperson zu erkennen geben, welches Verhalten er von ihr erwartet.
3. Zur Durchsetzung der Macht wird auf Machtquellen zurückgegriffen, die von milden Einflussmitteln, z. B. Überredung, bis hin zu Zwang und Bestrafung, z. B. Folter, reichen können.
4. Beim Einsatz der Machtquellen lassen sich persönliche und institutionelle Machtquellen unterscheiden.
5. Lässt die Zielperson erkennen, dass sie Widerstand leistet, so muss der Machtmotivierte seine Machtquellen danach beurteilen, ob sie überhaupt wirksam sein können und welche er mit Aussicht auf Erfolg unter Berücksichtigung der Machtbasen der Zielperson effektiv einsetzen kann.
6. Dem Einsatz eigener Machtquellen können Hemmungen entgegenstehen, wie z. B. Furcht vor Gegenmacht des anderen, Furcht vor der Machtausübung, weil damit das Idealbild des eigenen Ichs bedroht wird, zu geringes Selbstvertrauen, zu hohe nachträgliche Kosten der Machtausübung, wenn z. B. gegen ethische Grundsätze verstoßen wird, der Machtausübung entgegenstehende institutionelle Normen u. Ä.

7. Die Reaktion der Zielperson hängt ab von deren Motivlage, ihren Erfahrungen im Umgang mit eigener und fremder Macht, ihren eigenen Machtquellen und ihrer Fähigkeit, Gegenmacht auszuüben.

Allgemein lässt sich feststellen, dass Machthandeln dann besonders erfolgreich ist, wenn ein starkes Machtmotiv, gepaart mit sozial akzeptierten Machtmitteln, auf eine Zielperson trifft, die für sich aus der Interaktion keine Nachteile, evtl. sogar einen Gewinn erwartet und die weder bereit noch fähig ist, Gegenmacht auszuüben. Eine solche Situation ergibt sich in Auslandseinsätzen für deutsche Fach- und Führungskräfte dann, wenn sie z. B. als Experten für den Aufbau und die Einrichtung von Maschinen von ausländischen Kunden angefordert werden und beauftragt sind, das einheimische Personal in die technischen Details einzuarbeiten.

Tabelle 7 enthält eine Zusammenstellung machttheoretischer Ansätze unterteilt nach vier verschiedenen machtrelevanten Systemen (nach Witte, 2002):
1. *Individualsystem:* die Einzelperson steht im Zentrum der Aufmerksamkeit,
2. *Mikrosystem:* eine kleine überschaubare Einheit (Dyade, Kleingruppe) steht im Mittelpunkt,
3. *Mesosystem:* eine mittlere Institution (Familie, Schule, Verein) steht im Zentrum,
4. *Makrosystem:* Organisationen, Gesellschaftssysteme, Staatssysteme, Nationen stehen im Mittelpunkt.

Tabelle 7: Systemische Auswahl von machttheoretischen Ansätzen (nach Witte, 2002, S. 218)

Sub-system	System			
	Individualsystem	Mikrosystem	Mesosystem	Makrosystem
affektiv	Motivansätze sozialer Macht und Kontrolle	sozial-emotionale Aspekte	Macht-Distanz-Reduktionstheorie	imperiale Motivkonstellation
kognitiv	Ansätze zu Mitteln potenzieller Macht	Macht durch Gestaltung der Mitteilung	intraorganisatorische Beeinflussungsmittel	Kommunikationstheorie der Macht
konativ	Handlungsfähigkeiten zur Ausübung sozialer Macht (Machiavellismus)	Formen der direkten Beeinflussung	Führungsverhalten und Situation	Typen gesellschaftlichen Einflusses

Theoretische Konzepte im Rahmen des Individualsystems

Diese Konzepte befassen sich vornehmlich mit den inneren Prozessen des Machtausübenden. So können Menschen mehr oder weniger machtmotiviert sein, je nachdem welche handlungsrelevante Bedeutung Macht für ein Individuum als Motiv und demnach als generalisierte Wertungsdisposition in der sozialen Interaktion hat. Neben den oben beschriebenen Stufen des Machthandels sind auch die einer hochgradig machtmotivierten Person zur Verfügung stehenden Machtmittel zu berücksichtigen: Macht zu belohnen, Macht zu bestrafen, legitime Macht, Identifikationsmacht, Expertenmacht und Informationsmacht.

Der „Beherrschte" erlebt die Macht des „Herrschenden" zur Belohnung und zur Identifikation als von ihm internal kontrollierbar, weil sie mit der eigenen Beziehung zum Machthaber oder von der Erledigung der Aufgabe abhängen. Hingegen werden legitime Macht, Experten- und Zwangsmacht als willkürlich angesehen und als external unkontrollierbar angesehen (vgl. Witte 2006, S. 632 f.).

Es gibt aber auch Personen, die keine Machtmotivation aufweisen, und sich gut durchsetzen können. Diese verhalten sich sozusagen „quasi-automatisch" entsprechend ihrer verfügbaren individuellen Handlungskompetenzen (vgl. Witte 2006, S. 633).

Der Beherrschte ist dem Machtausübenden allerdings keineswegs hilflos ausgeliefert, denn er kann geeignete Mittel zur Gegenmacht und des Widerstandes gegen eine als ungerechtfertigt angesehene Machtausübung und einer damit verbundenen Einschränkung des eigenen Handlungs- und Freiheitsspielraums einsetzen (Reaktanz). Dazu stehen ihm folgende Verhaltensweisen zu verfügen:
- Der Schwächere kann sich zunächst der Macht beugen und dadurch Gegenmacht ausüben, indem er versucht, den Mächtigen allmählich so zu beeinflussen, dass dieser bei der Erreichung seine Ziele immer mehr auf seine Mitarbeit und sein Entgegenkommen angewiesen ist.
- Der Schwächere vergrößert die Attraktivität der ihm zur Verfügung stehenden alternativen Handlungsmöglichkeiten, z. B. dadurch, dass er sich Möglichkeiten verschafft, anderen attraktiven Gruppen beizutreten oder mit anderen mächtigen Personen zu kooperieren.
- Der Schwächere entwickelt Fähigkeiten und eignet sich Fertigkeiten an, die seinen Wert für den Mächtigen erhöhen, sodass dieser immer abhängiger von ihm wird.
- Der Schwächere reduziert die Wirkungen von Bestrafungen, die er für unerwünschtes Verhalten erhält, indem er ihnen ausweicht oder sie ignoriert.
- Der Schwächere übertreibt die Wirkungen empfangener Bestrafungen, um an das Gewissen des Mächtigen und die Einhaltung sozialer Normen zu appellieren.
- Der Schwächere vermindert den Wert der Belohnungen, die ihm vom Mächtigen gewährt werden, um dadurch höhere Belohnungswerte zu erreichen.
- Der Schwächere betont dem Stärkeren gegenüber die eigenen Fähigkeiten und Fertigkeiten und weckt somit beim Stärkeren das Bedürfnis, sich dieser Res-

sourcen zu bedienen, wodurch es ihm gelingen kann, die asymmetrische Kontingenzbeziehung allmählich in eine symmetrische zu verwandeln.
- Der Schwächere baut Sympathiebeziehungen auf, durch die er den Stärkeren von sich abhängig macht, ihm Bestrafungen erschwert und von ihm immer mehr Belohnungen erhält.

Die Bedingungen und die Intensität, mit dem der Einsatz von Gegenmacht erfolgt, versucht die Theorie der psychologischen Reaktanz (Brehm & Brehm, 1981) zu erklären (vgl. Kap. 3.7).

Spezielle theoretische Konzepte im Rahmen des Individualsystems sind also:
- Motivationsansätze sozialer Macht,
- Konzepte zur Entwicklung und zum Einsatz von Machtmitteln,
- Konzepte bezüglich der Vorgehensweise bei der Machtausübung (Machiavellistische Persönlichkeit).

Theoretische Konzepte im Rahmen des Mikrosystems

Diese Konzepte untersuchen die Wirkung von Macht und sozialem Einfluss in kleinen Gruppen wie Familie, Freunde, Paarbeziehungen, Arbeitsgruppen etc. Die Wirkung von Macht und Einflussnahme ist unter solchen sozialen Bedingungen am höchsten, wenn eine positive emotionale Beziehung zwischen den Personen besteht und wenn die zur Veränderung des Verhaltens gewährten Argumente von vielen Mitgliedern der Kleingruppe geteilt werden.

Als wirksame Beeinflussungstechniken seitens des Machthabers erweisen sich:
1. Seine *Glaubwürdigkeit*, die er vorher erworben haben muss. Sie führt beim Beherrschten zu einer Verinnerlichung.
2. Seine *Attraktivität*, die beim Beherrschten dazu führte, dass dieser sich mit ihm und seinen Meinungen und Ansichten so identifiziert, dass er zum Vorbild und Idol wird.
3. Seine eingesetzten *Machtmittel,* besonders Belohnung und Bestrafung, die beim Beherrschten zur Nachgiebigkeit führen.

In kleinen Gruppen entsteht häufig das Gefühl, gemeinsame Handlungen den individuellen Bedürfnissen der einzelnen Gruppenmitglieder vorzuziehen. Demgemäß wird dann versucht, Verhaltenskontrolle auszuüben sowie im Kontext von Schicksalskontrolle auf die bevorzugte eigene Tätigkeit zugunsten der von den anderen Gruppenmitgliedern gewünschten Tätigkeit zu verzichten. Im Zusammenhang mit der bereits diskutierten Theorie der interpersonalen Beziehung (Kelley & Thibaut, 1978) steht die gemeinsame Bewertung eines Vorgangs im Vordergrund, und so kann Macht dadurch ausgeübt werden, dass man die Gruppenmitglieder zu gemeinsamem Handeln bewegt, selbst wenn dabei von einzelnen Gruppenmitgliedern präferierte Handlungsoptionen aufgeben werden müssen.

Spezielle theoretische Konzepte im Rahmen des Mikrosystems sind:
- sozial-emotionale Aspekte der Macht,
- Macht durch Gestaltung der Mitteilung,
- Beeinflussungstechniken, z. B. durch Polarisierungseffekte in Kleingruppen,
- Machteinflüsse von Minoritäten gegenüber Majorität in Kleingruppen.

Theoretische Konzepte im Rahmen des Mesosystems

Diese Konzepte beschäftigen sich mit der Entwicklung von Macht und Ausübung von Macht im Rahmen hierarchischer Strukturen, besonders in Organisationen. In Bezug auf die Macht einzelner Personen ist zu beobachten, dass bei machtmotivierten Personen eine Tendenz besteht, den Kontakt zu Personen mit größerer Macht zu suchen und den mit geringerer Macht zu meiden.

Nach Blickle (2004) bestehen in Organisationen folgende relevante Einflussmöglichkeiten:
- Anweisung geben,
- Blockieren,
- Sanktionieren,
- Tauschangebote,
- Einschmeicheln,
- Rationalität,
- Koalitionsbildung,
- höhere Instanzen einschalten,
- inspirierende Appelle,
- Konsultationen (Vorschläge erbeten),
- Legitimation,
- persönliche Appelle (neue Realität),
- Selbstpräsentation.

Eingesetzt werden diese Taktiken je nachdem, welche Position der Beherrschte innehat.

Spezielle theoretische Konzepte im Rahmen des Mesosystems sind:
- Theorie der Macht-Distanz-Reduktion,
- interorganisationale Beeinflussungsmittel, eingesetzt durch Personen in unterschiedlichen Positionen, z. B. Vorgesetzte, Kollegen, Mitarbeiter,
- Konzepte des Führungsverhaltens in Bezug auf Sachaufgaben zentriertes, autokratisch restriktives und mitarbeiterorientiertes Verhalten.

Theoretische Konzepte im Rahmen des Makrosystems

Diese Konzepte befassen sich mit der Frage, inwieweit Personen, die durch ein Makrosystem (Gesellschaft, Nation) dazu legitimiert sind, Macht auszuüben, dies tun. Wirtschaftliche und militärische Überlegenheit gepaart mit zum Teil historisch bedingtem gering ausgeprägtem Anschlussmotiv können militärische und ökonomische Machtdemonstrationen zur Folge haben. Personen, die im zwischenmenschlichen Bereich durch ein Makrosystem legitimiert sind, machtmotiviert aufzutreten und zu handeln, sind oft durch sozial akzeptierte gut erkennbare Machtsymbole gekennzeichnet, z. B. Uniformen bei Militär und Polizei, weiße Kittel bei Ärzten, schwarze und rote Roben bei Richtern sowie akademische Titel, Familiennamen, Autos und andere sozial legitimierte äußere Erscheinungsmerkmale als Statussymbole.

Spezielle theoretische Konzepte im Rahmen des Makrosystems sind:
- theoretische Ansätze zur Klärung motivationaler Aspekte für Kriege,
- Kommunikationstheorie der Macht,
- Typen gesellschaftlichen Einflusses durch politisches Handeln, durch Appell und durch Verfügungsgewalt, hervorgerufen durch die Interpretation von Normen.

Detaillierte Darstellungen der speziellen theoretischen Konzepte im Rahmen der vier Systeme finden sich bei Witte 2002, S. 217–246.

5.5.2 Fallbeispiel: Die verworfene Entscheidung

Situationsschilderung

„Herr Moser ist seit vier Jahren in einem großen italienischen Unternehmen beschäftigt. Zu Beginn seiner Tätigkeit als Manager einer 25 Angestellte umfassenden Abteilung kann ein Produktionsdesign aus Deutschland nicht geliefert werden. Er löst das Problem mit dem deutschen Ansprechpartner, indem er einen Alternativtermin vereinbart und noch einige Einzelheiten zur weiteren Vorgehensweise mit seinem Partner klärt. Seine Entscheidung, bei der es sich seiner Meinung nach nur um eine Detailsache handelt, trifft er nach bestem Wissen und Gewissen. Am nächsten Tag erfährt er jedoch durch seinen deutschen Geschäftspartner, dass seine Entscheidung umgeworfen wurde. Sein Vorgesetzter, Herr Maldini, hatte doch anders entschieden, die bereits geklärten Einzelheiten nochmals verändert und Herrn Moser nicht informiert. Diese Erfahrungen macht Herr Moser im ersten halben Jahr seines Italienaufenthalts immer wieder. Er kann nicht verstehen, wieso seine Entscheidungen regelmäßig von Herrn Maldini revidiert werden, ohne dass er vorher davon in Kenntnis gesetzt wird" (Neudecker, Siegl & Thomas, 2007, S. 97)[5].

Interpretation aus machtthematischer Perspektive

„Italienische Unternehmen sind geprägt durch eine straff organisierte hierarchische Struktur. Kompetenzen sind klar geregelt, der Informationsfluss sowohl in vertikaler als auch in horizontaler Ebene wird kontrolliert und alle Entscheidun-

---
5 Fallbeispiel aus Neudecker, Siegl und Thomas (2007). Der Abdruck erfolgt mit freundlicher Genehmigung des Verlags Vandenhoeck & Ruprecht.

gen laufen bei den Führungskräften bzw. beim ‚presidente' zusammen. Macht wird klar demonstriert und zur Schau getragen. Um Machtbereiche abzustecken und zu zeigen, wer die Entscheidungsbefugnisse im Unternehmen besitzt, kommt es des Öfteren vor, dass von Mitarbeitern der unteren und mittleren Führungsebene getroffene Entscheidungen nachträglich verändert werden. Modifikationen können mitunter minimal oder gar nicht der Rede wert sein, doch sie zeigen den Mitarbeitern unverkennbar, wer hier das Sagen hat. Herr Moser berichtet, dass seine Entscheidungen im ersten halben Jahr seiner neuen Tätigkeit in Italien regelmäßig von Herrn Maldini revidiert wurden. Es steht zu vermuten, dass dieser seinem neuen Mitarbeiter von Anfang an klar zeigen wollte, wer hier die Zügel in der Hand hält. Vorgesetzte in Italien sind es nicht gewöhnt, dass Entscheidungen ohne ihr Wissen getroffen werden. Sie erwarten von ihren Mitarbeitern, dass ihnen alle Entscheidungen vorgelegt werden, selbst wenn diese die erforderlichen Kompetenzen und Befugnisse besitzen. Der Vorgesetzte von Herrn Moser fühlt sich vermutlich von seinem neuen deutschen Mitarbeiter, der die Spielregeln im Unternehmen noch nicht kennt, übergangen. Er hat das Gefühl, durch das Verhalten von Herrn Moser sein Gesicht verloren, seine ‚bella figura' eingebüßt zu haben. Aus diesem Grund versucht er, Herrn Moser durch Veränderung der Entscheidung indirekt zu zeigen, dass in diesem Unternehmen ein informelles Regelsystem bezüglich hierarchischer Strukturen herrscht, die er erst noch erlernen muss" (Neudecker, Siegl & Thomas, 2007, S. 101).

Handlungsmöglichkeiten

Im Vergleich zu Deutschland herrscht in italienischen Organisationen ein hohes Maß an Machtdistanz vor. Durch die Demonstration ihrer Macht grenzen sich die höherrangig angesiedelten Personen im Unternehmen ganz klar von den Untergebenen ab. Wer diese traditionell begründeten Rangunterschiede nicht berücksichtigt, wird entsprechend, also auf indirekte Weise, zurechtgewiesen. Entsprechend seinen in Deutschland gewonnenen Erfahrungen würde Herr Moser versuchen, in einem Gespräch mit Herrn Maldini die ihn belastenden Indikationen in der Zusammenarbeit zu klären. Dies wird aber unter italienischen Bedingungen deshalb nicht möglich sein, denn jede Kritik, auch wenn sie noch so indirekt und höflich vorgetragen wird, hätte einen Gesichtsverlust für den Vorgesetzten zur Folge und würde von diesem unausweichlich als Beleidigung aufgefasst. Auch ein Versuch von Herrn Moser, sich ein besonderes Vertrauensverhältnis im Umgang mit Herrn Maldini zu erarbeiten, würde die Situation nicht verbessern, denn die Rangunterschiede und die dadurch legitimierte Machtdemonstration lassen sich so nicht einebnen. Herrn Moser bleibt nichts anderes übrig, als sich nach den Spielregeln der in seinem italienischen Unternehmen vorherrschenden hierarchischen Strukturen zu richten und den Anweisungen der Vorgesetzten entsprechend zu folgen.

5.5.3 Fallbeispiel: Die Konferenz

Situationsschilderung

„Die Organisation, die Herr Krüger leitet, veranstaltet zusammen mit einer indischen Partnerorganisation eine Konferenz. Die indische Partnerorganisation besteht aus der Chefin, Frau Sharma, und einer Reihe von hoch qualifizierten Mitarbeitern, die viel an der Vorbereitung der Konferenz mitgewirkt haben. Als die Konferenz beginnt, ist Frau Sharma für einige Stunden weg. Während dieser Zeit scheinen ihre Mitarbeiter völlig handlungsunfähig: als Herr Krüger fragt, ob sie wüssten, wo die erwarteten Vertreter anderer Organisationen blieben, ist keiner der Mitarbeiter in der Lage, irgendetwas zu tun. Sie sagen nur, man müsse warten, bis Frau Sharma, zurück sei. Es ist ihnen nicht einmal möglich, Herrn Krüger Auskunft darüber zu geben, ob die Vertreter überhaupt eingeladen wurden. Herr Krüger bittet sie, jemanden anzurufen, der vielleicht Bescheid weiß. Daraufhin wenden sie ein, man könne doch nicht einfach jemanden anrufen, ohne die Chefin zu fragen. Herr Krüger kann das Verhalten der indischen Mitarbeiter nicht nachvollziehen" (Saure, Tillmans & Thomas, 2006, S. 52).[6]

Interpretation aus machtthematischer Perspektive

„Wenn Aufgaben delegiert werden, verbleibt die gesamte Verantwortung beim Vorgesetzten. Von den Mitarbeitern wird verlangt, dass sie ihnen übertragene Aufgaben korrekt ausführen und dem Vorgesetzten gehorchen. Für Routinetätigkeiten gibt es genaue Anweisungen. In unvorhergesehenen Situationen ist nicht Eigeninitiative, sondern Absprache mit dem Chef verpflichtend, da dieser mit seiner Person für das Ergebnis geradezustehen hat. Eine Krisensituation selbstständig zu lösen würde bedeuten, den Vorgesetzten zu übergehen und damit dessen Autorität infrage zu stellen. ... Die Mitarbeiter der indischen Organisation können Herrn Krüger deshalb nicht weiterhelfen, weil sie ihre Kompetenzen und damit ihre Rollenvorschriften überschreiten würden. Die Rolle von Angestellten ist es, die vom Vorgesetzten übertragenen Aufgaben genau auszuführen" (Saure, Tillmans & Thomas, 2006, S. 54–55).

Die Zusammenarbeit zwischen Vorgesetzten und Mitarbeitern im indischen Unternehmen ist stark geprägt von der Wirkung des Kulturstandards „Rollenkonformität". Die Rollenverteilung für alle Lebensbereiche ist beeinflusst vom im Hinduismus verankerten Kastensystem: „Die vom Kastensystem auferlegten Rollen, werden genau bereitwillig eingehalten, da die Erfüllung der Kastenpflicht (Dharma) das höchste religiöse Gebot darstellt. Verhält man sich gemäß seines

---
[6] Fallbeispiel aus Saure, Tillmans und Thomas (2006). Der Abdruck erfolgt mit freundlicher Genehmigung des Bautz Verlags.

Dharma kann man auf eine Wiedergeburt in einer höheren Kaste hoffen. Die Geburt in einer niedrigen Kaste deutet demnach auf Verfehlungen im vorjährigen Leben hin (Saure, Tillmans & Thomas, 2006, S. 72).

Handlungsmöglichkeiten

Herrn Krüger bleibt in der geschilderten Situation nichts anderes übrig, als die bestehenden Hierarchien zu akzeptieren. Es wäre verfehlt, wenn er seine Mitarbeiter zwingen würde, ohne die explizite Einwilligung von Frau Sharma irgendetwas zu unternehmen. Sie würden ihm auch nicht folgen und seine Anweisungen ignorieren. Um zukünftig ähnliche Schwierigkeiten zu vermeiden, sollte Herr Krüger alle Entscheidungen, die irgendwie anstehen könnten, vorher mit Frau Sharma abklären und die Zuständigkeiten und den Entscheidungsspielraum der Mitarbeiter mit Frau Sharma im Voraus festlegen.

5.5.4 Theorie der sozialen Dominanz

Die beiden Fallbeispiele zeigen recht deutlich, wie Macht und soziale Dominanz miteinander verbunden sind. Die Theorie der sozialen Dominanz (Sidanius & Pratto, 1999; Witte, 2002) versucht zu beschreiben und zu erklären, wie soziale Dominanz im Rahmen von Gruppen und Gesellschaften zustande kommt, wirkt und legitimiert wird. Gesellschaften, so die Annahme, bestehen aus hierarchisch angeordneten Gruppen, wobei die Hierarchie durch Vorurteile und Stereotype gefestigt, tradiert und gerechtfertigt wird. Gesichert werden diese gruppenbezogenen Hierarchien durch drei unterschiedliche Schichtsysteme:

1. *Lebensalter:* Ältere Personen haben mehr Macht und üben mehr Dominanz gegenüber jüngeren Gruppenmitglieder aus.
2. *Geschlecht:* Männer haben mehr Macht als Frauen und dominieren in Bezug auf sozialen und politischen Einfluss.
3. *Dominante* gesellschaftliche *Gruppen:* Ihre Mitglieder sind durch Abstammung, Tradition (Clan, Kaste) oder Reichtum zu Ansehen und Macht gekommen.

Generell bestehen in Gesellschaften alters- und geschlechtsbasierte Hierarchien sowie solche, die aufgrund ökonomischer, religiöser und herkunftsspezifischer Traditionen ausgebildet und sozial wie politisch wirksam sind (zum Beispiel das Kastensystem in Indien im 2. Fallbeispiel und das patriarchal-autoritäre Chefsystem in Italien im 1. Fallbeispiel.

Psychologische Forschungen zur Gruppendynamik haben gezeigt, dass auf Gruppen basierende Hierarchien aufgrund verschiedener Prozesse entwickelt und verfestigt werden: (1) Eine aus unterschiedlichen Quellen gespeiste individuelle Diskriminierung von Mitgliedern einer Gesellschaft untereinander zementiert die verschiedenen Machtverhältnisse zwischen Gruppen. Diese Machtverhältnisse unterliegen sozial, religiös und ökonomisch bedingten Schwankungen und werden immer wieder neu justiert und stabilisiert. (2) Eine interkulturelle Diskriminierung, die sich in der Ungleichbehandlung bestimmter Personengruppen im Bereich von Ausbildungs- und Berufszugangsbarrieren, im Umgang mit Justiz, Polizei und Behörden sowie gesellschaftlichem Status niederschlägt. (3) Die Festlegung von Verhaltensweisen, die für Mitglieder dominanter und unterdrückter Gruppen als verbindlich und unveränderbar angesehen werden, z. B. bei durch Kastenzugehörigkeit bedingten Berufstätigkeiten verbunden mit vorgeschriebener Kleidung, Ernährung, Wohn- und Aufenthaltsorten. Tradierte und religiös fundierte, für legitim gehaltene Mythen dienen der Rechtfertigung sozialer Ungleichheit zwischen sozialen Gruppen (Witte, 2002).

Wichtig ist festzuhalten, dass Bildung, Wirkungsweise und Legitimation dieser gruppenbasierten Hierarchien und die damit verbundenen Ausprägungen sozialer Dominanz kulturspezifisch determiniert sind. In diesem Zusammenhang sind die im nächsten Abschnitt besprochenen kulturvergleichenden Forschungen zur Macht- und sozialen Dominanzthematik zu beachten.

5.5.5 Kulturvergleichende Forschungen zur Machtthematik und sozialen Dominanz

Als in den 70er Jahren des vergangenen Jahrhunderts weltweit viele Unternehmen damit begannen, ihre Produkte und Dienstleistungen nicht nur lokal, sondern global anzubieten und zu vermarkten, gab ein global agierender US-Konzern eine Studie zur Feststellung der Arbeitszufriedenheit seiner Mitarbeiter in allen Tochterunternehmen weltweit in Auftrag. Auf der Basis der Ergebnisse eines in 50 Ländern eingesetzten Fragebogens konnten Unterschiede im nationalen Wertesystem festgestellt werden, aus denen sich dann vier, später fünf Kulturdimensionen ermitteln ließen, deren Ausprägungen in Punktwerten für einzelne Nationen errechnet wurden (Hofstede, 1980). Unabhängig von der schon relativ früh einsetzenden Kritik an der universellen Gültigkeit dieser Kulturdimensionen und besonders der errechneten nationenspezifischen Punktwerte, war für viele interessierte Personen in Wirtschaft und Verwaltung eine klare, einfache und vermeintlich wissenschaftlich gesicherte Kategorisierung der mannigfaltigen und verwirrenden kulturellen Verhaltensunterschiede bei Kunden, Zulieferern, Kollegen und Geschäftspartnern möglich. Aus den Abständen zwischen den Punktwerten, die sich für einzelne Nationen auf den fünf Kulturdimensionen ableiten ließen, meinten einige Personen feststellen zu können, wie schwer die Verständigung mit den Partnern in der jeweiligen Zielnation sein würde und ob eventuell interkulturelle Vorbereitungstrainings sinnvoll und nötig sein könnten.

Von den fünf Kulturdimensionen
1. Kollektivismus versus Individualismus,
2. Maskulinität versus Femininität,

3. Machtdistanz: hoch versus niedrig,
4. Unsicherheitsvermeidung hoch versus niedrig und
5. Kurz- versus Langzeitorientierung

erreichten allerdings nur Kollektivismus versus Individualismus und Machtdistanz hohe Popularität, und das nicht allein im wirtschaftlich-betrieblichen Kontext, sondern auch in der Wissenschaft, vornehmlich in der kulturvergleichenden Forschung. In entsprechenden Untersuchungen wurden kollektivistische versus individualistische Orientierung bzw. hohe versus geringe Machtdistanz in Kulturen/Nationen als unabhängige Variable definiert. Es wurde dann geprüft, welche entsprechend unterschiedlichen Muster der Wahrnehmung, des Denkens, der Emotionen und des Verhaltens für bestimmte Zielpersonen und -gruppen sich daraus ableiten ließen. Über mehr als 20 Jahre dominierten solche Studien die kulturvergleichende Forschung in der Psychologie.

Geert Hofstede definiert die Kulturdimension „Machtdistanz" als den Grad, zu dem weniger mächtige Mitglieder von Organisationen und Institutionen akzeptieren und erwarten, dass Macht ungleich verteilt ist. In allen Gesellschaften gibt es Ungleichheit bezüglich der Machtverteilung, aber in manchen sind die Unterschiede höher und in anderen niedriger. So ergeben die von Hofstede für osteuropäische, lateinamerikanische, asiatische und afrikanische Länder ermittelten Daten hohe Machtdistanzwerte und für westliche, europäisch-nordamerikanische Länder deutlich niedrigere. Machtdistanzunterschiede zeigen sich deutlich in Bezug auf den Grad der Ungleichheit zwischen Eltern und Kindern und zwischen älteren und jüngeren Kindern. In Gesellschaften mit niedriger Machtdistanz dominieren flache Hierarchien verbunden mit Interdependenzen zwischen gleichgestellten Mitgliedern, wohingegen in Gesellschaften mit hoher Machtdistanz die Abhängigkeit von Mächtigen eine dominierende Rolle spielt.

Tabelle 8 zeigt eine von Hofstede (2007) publizierte Auswahl von Unterschieden zwischen Gesellschaften mit geringer und mit großer Machtdistanz.

Der Faktor Machtdistanz ist, wie kulturvergleichende Forschungen zeigen, verbunden mit der Kulturdimension „Individualismus versus Kollektivismus". Selbst, wenn die Machtdistanz in verschiedenen Kulturen gleich hoch ist, so wird sie in kollektivistischen Kulturen anders begründet als in individualistischen. In kollektivistischen Kulturen wird die wechselseitige Kooperation und Verpflichtung aller Mitglieder betont, in individualistischen demgegenüber Wettbewerb und Leistung (Triandis, 1995). Zudem hat in vertikal-kollektivistischen Kulturen das rangniedrige Mitglied einem ranghöheren gegenüber ein hohes Maß an Respekt entgegenzubringen, darf gleichzeitig aber auch starke eigene Unterstützung von ranghöheren Personen erwarten. In vertikal-individualistischen Kulturen ist eine solche Reziprozität weitaus geringer ausgeprägt.

Tabelle 8: Eine Auswahl von Unterschieden zwischen Gesellschaften mit geringer und mit großer Machtdistanz (Hofstede, 2007, S. 392)

Geringe Machtdistanz	Große Machtdistanz
zwischenmenschliche Beziehungen basieren auf Interdependenzen	zwischenmenschliche Beziehungen basieren auf Abhängigkeit und Gegenabhängigkeit
Eltern behandeln ihre Kinder als ihresgleichen	Eltern erziehen ihre Kinder zu Gehorsam
ältere Menschen werden weder geachtet noch gefürchtet	ältere Menschen werden geachtet und gefürchtet
Schüler behandeln Lehrer als ihresgleichen	Schüler behandeln ihre Lehrer mit Respekt, auch außerhalb der Klasse
bei der Arbeit Delegierung von Befugnissen	Konzentration der Befugnisse
Hierarchie bedeutet eine ungleiche Rollenverteilung aus praktischen Gründen	Hierarchie bedeutet existenzielle Ungleichheit
Mitarbeiter erwarten, konsultiert zu werden	Mitarbeiter erwarten, Anweisungen zu erhalten
der ideale Vorgesetzte ist der einfallsreiche Demokrat	der ideale Vorgesetzte ist der wohlwollende Autokrat (der gütige Vater)
pluralistische Regierungen, die auf Mehrheitswahl basieren	autokratische Regimes, die auf Kooptation basieren
der politische Kampf verläuft friedlich: Veränderungen durch Entwicklung	der politische Kampf verläuft gewaltsam: Veränderungen durch Revolution
der Einsatz von Macht muss legitimiert sein und unterliegt der Beurteilung nach gut und böse	Macht ist eine grundlegende Tatsache der Gesellschaft, die gut und böse vorangeht: ihre Legitimierung ist irrelevant
weniger Korruption: Skandale beenden politische Karrieren	mehr Korruption: Skandal werden normalerweise vertuscht
die Einkommensverteilung in der Gesellschaft ist relativ gleichmäßig	die Einkommensverteilung in der Gesellschaft ist sehr ungleichmäßig
die Religionen betonen die Gleichheit der Gläubigen	Religionen mit einer Hierarchie von Geistlichen

Da in kollektivistischen Kulturen im Bereich von Führungsstilen großer Wert darauf gelegt wird, soziale Harmonie herzustellen und zu erhalten, hat die Herstellung eines guten Betriebs-und Arbeitsklimas einen deutlich höheren Stellenwert als das Erreichen guter Leistungen. Demgegenüber wird in vertikal-kollektivistischen Kulturen zwar auch Wert auf ein gutes Betriebsklima gelegt, aber das Erbringen hochwertiger Leistungen steht an oberster Stelle (vgl. Helfrich, 2003).

Die deutsche Unternehmenskultur und damit verbunden das politische und gesellschaftliche System weisen in der Regel im Vergleich zu vielen Nationen/Kulturen weltweit ein geringes Maß an Machtdistanz auf. Deutsche Fach- und Führungskräfte sind in der Familie, in der Schule und in der beruflichen Ausbildung nach dem Motto sozialisiert worden: Entwicklung zur Selbstverwirklichung, zur Eigenständigkeit und zur Eigenverantwortlichkeit, was von Menschen mit einer anderen kulturellen Sozialisationsgeschichte nicht selten als Förderung von Egoismus und Selbstbezogenheit angesehen wird. Unter den Bedingungen geringer Machtdistanz sind zwar auch Hierarchien anzutreffen und es wird Macht ausgeübt, die wird aber nur akzeptiert, wenn sie sich funktional begründen lässt. So ist ein Kernelement der Gruppenbildung die Rollendifferenzierung, wozu bei leistungsorientierten Gruppen wie selbstverständlich die Schaffung und Übernahme der Rolle des Gruppenleiters gehört. Dies wird akzeptiert, weil so die Gruppe zügiger zu gemeinsamen geteilten und akzeptierten Entscheidungen findet sowie zielstrebiger und effizienter arbeiten kann. Die Leitungsfunktion übernimmt ein in Führungsaufgaben erfahrenes Gruppenmitglied oder sie erfolgt aufgrund einer Mehrheitsentscheidung der Gruppenmitglieder oder die Führung wird von einer oberen Instanz eingesetzt. Von der Gruppenleitung wird erwartet, dass sie über fachliche Kompetenzen, soziale Kompetenz und Teamkompetenz verfügt und dafür sorgt, dass ein hohes Maß an Partizipation, gegenseitiger Wertschätzung und Vertrauen sowie Transparenz, Engagement (Commitment) und Verpflichtung gegenüber der Gruppe entwickelt wird und vorherrscht. Unter diesen Bedingungen, und womöglich nur unter diesen Bedingungen, können Gruppen kreativ und innovativ arbeiten. So ist es sicher kein Zufall, dass die beim internationalen Patentamt eingereichten und zertifizierten Patente fast ausschließlich aus den Ländern stammen, in denen eine flache Unternehmenshierarchie, also eine geringe Machtdistanz und eine funktional legitimierte Machtverteilung, vorherrscht.

Die in den beiden Fallbeispielen wirksam werdende hohe Machtdistanz zwischen Chef und Mitarbeiter im italienischen und im indischen Unternehmen erzeugt bei Herrn Moser und Herrn Krüger, die aus ihren deutschen Unternehmen eine relativ geringe Machtdistanz gewohnt sind, nachhaltige Irritationen. Da diese Machtdistanzunterschiede in den jeweiligen Kulturen tief verankert sind, bleibt beiden Expatriates zur Problemlösung nichts anderes übrig, als sich an die gegebenen Verhältnisse anzupassen. Diese Anpassung wird aber nur als Notbehelf ertragen, weil sie sehen, wie viele arbeitsrelevante Ressourcen wie z. B. Zeit, Arbeitskraft und Arbeitsmotivation verloren gehen. Wenn Herr Krüger und Herr Moser über längere Zeit hinweg mit indischen und italienischen Arbeitsgruppen zu tun haben, können sie versuchen, die bislang bei einer meist außenstehenden, in der Hierarchie aber hochrangig angesiedelten Person zentrierte Entscheidungsmacht aufzuweichen und in die Arbeitsgruppe zu verlagern, was aber nur gelingen kann, wenn damit für den bisherigen Machthaber keine Einbuße an Wertschätzung einhergeht. Zudem können die indischen und italienischen Mitarbeiter schnell überfordert sein, denn hohe Machtdistanz schafft klare und eindeutige Strukturen und Rollenzuteilung. Jeder weiß, was er zu tun und zu lassen hat. Wer den traditionellen Rollenvorgaben folgt, trägt nur für einen eng begrenzten Bereich selbst die Verantwortung, denn alles, was darüber hinausgeht, fällt in den Verantwortungsbereich der nächsthöheren Instanz. Mit dem Aufweichen zentralisierter Entscheidungsmacht und der Einführung partizipativer Strukturen und damit einer neuen Machtverteilung entstehen auch neue Anforderungen, z. B. in Bezug auf Eigenverantwortlichkeit, Denken, Entscheiden und Arbeiten in komplexen interdependenten Zusammenhängen, was die Kooperationspartner deutscher Expatriates bisher nicht kannten, denen sie (noch) nicht gewachsen sind und deren Sinn und Zweck sich ihnen so schnell nicht erschließt.

Im Rahmen motivationspsychologischer Forschungen wurden Entstehung, Verlauf und Wirkungen des Machtmotivs näher untersucht. In diesem Kontext hat sich die kulturvergleichende Forschung ebenfalls mit dieser Thematik beschäftigt. Unter Machtmotiv versteht man ein zeitlich stabiles und über verschiedene Situationen hinweg konsistentes Bedürfnis bzw. eine hoch generalisierte Wertungsdisposition, machtthematische Ziele anzustreben und entsprechende Situationen aufzusuchen, in denen es möglich ist, Macht auszuüben und zu demonstrieren. Dabei ist allein schon die subjektive Überzeugung, in der Lage zu sein, Macht über andere ausüben zu können, für machtmotivierte Personen befriedigend. Machtmotivierte Personen streben, so zeigen entsprechende Forschungen, aktiv Berufe, Positionen und Aufgabenstellungen an, die Machtausübung nicht nur gestatten, sondern auch erfordern und erfolgreiche Machtausübung belohnen. So zeigen kulturvergleichende Forschungen, dass Männer stärker machtmotiviert sind als Frauen und dass machtmotivierte Personen in Kulturen mit hoher Machtdistanz häufig hohe Positionen in den hierarchischen Strukturen von Politik, Verwaltung und Wirtschaft in Anspruch nehmen.

Bislang sind allerdings kulturvergleichende Forschungen zum Machtmotiv und seinen Wirkungen in der interkulturellen Zusammenarbeit noch recht dürftig (Kornadt, 2007, S. 345–346).

5.6 Soziale Netzwerke

5.6.1 Individualismus versus Kollektivismus[7]

Der Mensch ist ein soziales Wesen. Von Geburt an ist er zum Leben und Überleben auf die Hilfe und Unterstützung anderer Personen angewiesen. Soziale Kontakte, Zugehörigkeit, Eingebundenheit in die Familie als primärer sozialer Lebensraum, aber auch Kontakte zu Verwandten, Freunden, Nachbarn, Schul-, Vereins-, Sportskameraden etc. sind zur Entwicklung und Entfaltung der Persönlichkeit von entscheidender Bedeutung, wie vielfältige Studien der Entwicklungspsychologie gezeigt haben. Es ist kein Zufall, dass, wie bereits im vorhergehenden Kapitel erwähnt, von den fünf Kulturdimensionen (Hofstede, 1980) die Kulturdimension „Kollektivismus versus Individualismus" eine so überragende Resonanz unter den kulturvergleichend tätigen Forscher gefunden hat. Zweifellos lassen sich in allen Kulturen Tendenzen in Richtung auf mehr kollektive oder mehr individuelle Orientierung finden. In einem Überblick über die kulturvergleichenden Forschungen, die sich mit dem Kollektivismus-Individualismus-Konzept befassen, kommt Triandis (1988, 1995) zu dem Schluss, dass es nicht ausreicht, Kulturen, Nationen oder Subgruppen innerhalb von Gesellschaften als kollektivistisch oder individualistisch zu klassifizieren, sondern dass eine Unterscheidung verschiedener Ausprägungsformen von Kollektivismus und Individualismus auf unterschiedlichen strukturellen Ebenen und in verschiedenen Optionsbereiche notwendig ist. In allen Gesellschaften gibt es Formen von Kollektivismus und ebenso von Individualismus. So ist es durchaus denkbar, dass in einer Kultur oder Subkultur der Einzelne nur ein geringes Bewusstsein von den ihn persönlich und die Gruppe betreffenden psychischen Prozessen entwickelt hat, wohingegen in einer anderen Kultur ein hoher Bewusstseinsgrad für individuelle Bedürfnisse, Einstellungen und die Bedeutung anderer Personen vorhanden ist. Innerhalb verschiedener ethnischer Gruppen innerhalb einer Kultur oder Nationen können individualistische und kollektivistische Einflüsse durchaus sehr unterschiedlich ausgeprägt sein.

Die Bedeutung der universellen Individualismus-Kollektivismus-Dimension für die Analyse psychologischer Prozesse von interkulturellen Begegnungn zwischen Menschen, für das interkulturelle Lernen und für die Qualifizierung interkulturellen Handelns und Kooperierens kann nicht hoch genug eingeschätzt werden. Wenn auch in allen Kulturen die Individualismus-Kollektivismus-Dimension zu finden ist, so lassen sich doch zwischen zwei unterschiedlichen Kulturen, z. B. Deutschland oder einer anderen europäischen Kultur und China, Japan oder einer anderen ostasiatischen Kultur, deutlich unterschiedliche Ausprägungen der individualistischen bzw. kollektivistischen Orientierung feststellen. Diese schlagen sich in verschieden starken Einflüssen gesellschaftlicher Institutionen (Familie, Stamm, Sippe, Betrieb, Abteilung, Arbeitsgruppe) und Strukturen (Abstammung, Tradi-

---

[7] Dieser Abschnitt basiert auf Thomas (2003b, S. 452–455)

tion, Hierarchie) auf das individuelle Verhalten und das Gruppenverhalten nieder. Das Selbstkonzept, Einstellungen, Wertvorstellungen und das Sozialverhalten von Personen, die in einer kollektivistischen bzw. individualistischen Kultur sozialisiert wurden, unterscheiden sich aufgrund bisher vorliegender Studien und Beobachtungen deutlich voneinander. Die zentralen Unterschiede zwischen individualistischer und kollektiver Orientierung lassen sich folgendermaßen benennen:

Individualistische Orientierung

Der Individualist erlebt sich als eigenständiges, unabhängiges, selbstverantwortliches und den eigenen Interessen und Bedürfnisse gemäß handelndes Wesen. Selbst wenn er Mitglied einer Gruppe ist, wird er seine personale Identität nicht allein von dieser Gruppenmitgliedschaft her definieren. Gruppenmitgliedschaften sind zweckgebunden und oft von nur relativer Dauer. Es bestehen Kontakte zu vielen verschiedenen Gruppen. Die Gruppeninteraktionen sind eher locker, und sie berühren nur selten die tiefen Schichten der Persönlichkeit. Sehr intime, freundschaftliche Beziehungen unterhält der Individualist möglicherweise nur zu Einzelpersonen, und die dabei gemachten Erfahrungen sind von anderer Qualität als die Interaktionserfahrungen mit Gruppenmitgliedern.

Machthierarchien innerhalb von Gruppen werden mit Skepsis betrachtet, abgelehnt und zu nivellieren versucht, so das z.B. der Chef eher die Rolle des „primus inter pares" spielt als die des „Alleinherrschers". Im Unterschied zur Skepsis gegenüber Interaktionsbeziehungen auf vertikaler Ebene werden horizontale Kontakte zu Kollegen, Gleichaltrigen und einander ähnlichen Personen sehr positiv bewertet und intensiv gepflegt. Konkurrenz und Wettbewerb innerhalb der eigenen Gruppe werden als leistungsförderlich angesehen, solange sie der Erreichung des Gruppenziels nicht schaden und die Gruppe nicht spalten. Koalitionen und kooperative Beziehungen werden zu allen Personen gepflegt, die einem sympathisch sind, qualifiziert erscheinen, und die über zieldienliche Ressourcen verfügen, gleichgültig aus welchen Familien, Ethnien, Wohngegenden usw. sie stammen. Die Kontaktaufnahme und der Umgang mit fremden Personen fallen eher leicht. Kontakte werden aufgenommen, Zweckkoalitionen eingegangen, und Bündnisse werden geschlossen, aber auch schnell wieder gelöst. Konflikte zwischen Personen, innerhalb der Gruppe und zu Fremdmitgliedern werden nach Möglichkeit offen angesprochen, ausdiskutiert und über Kompromissbildung gelöst.

Für den Individualisten ist es wichtig, über ein hohes Maß an Unabhängigkeit zu verfügen, den eigenen Weg gehen zu können, gleiche Entwicklungschancen wie andere zu haben und sich mit anderen Personen messen zu können. Er legt Wert darauf, seine Potenziale zu entwickeln und im Vergleich mit anderen leistungsstark, angesehen und im Sinne der sozial akzeptierten Werte und Normen „gut" da zu stehen. Die zentralen Werte des Individualisten sind: Freiheit, Redlichkeit, soziale Anerkennung, Annehmlichkeit, Lustbarkeit (Hedonismus) und

Gerechtigkeit. Die individuell erbrachte Leistung bestimmt weitgehend den sozialen Status des Individualisten.

Der moderne Mensch, besonders der durch die europäische Kultur beeinflusste postmoderne Mensch, zeigt eine deutliche Tendenz zur Verstärkung individualistisch-hedonistischer Werte und Ziele, sodass in Zukunft in diesen Kulturen mit noch extremeren Ausprägungen der individualistischen Orientierung gerechnet werden kann.

Kollektivistische Orientierung

Der Kollektivist gewinnt seine personale und soziale Identität zunächst und vor allem aus seiner Zugehörigkeit zur Eigengruppe, die aus seiner Familie als primäre Gruppe, der dazugehörigen Sippe und dem Stamm als erweiterter Primärgruppe, der Zugehörigkeit zu einer Arbeitseinheit (Firma, Abteilung, Arbeitsgruppe) und aus seiner Zugehörigkeit zu einer Nation besteht. Das eigene Selbst ist immer Teil dieser Gruppe und untrennbar mit ihr verbunden. Die Person verhält sich anderen gegenüber als Repräsentant dieser Gruppe. Der Kollektivist gehört oft nur einer oder nur wenigen Gruppen an, in denen er lebt, aufgeht, seine Erfahrungen sammelt, sich entwickelt und in denen er mit anderen Gruppenmitgliedern über einen langen Zeitraum hinweg, meist während seiner gesamten Lebenszeit, intensiv interagiert.

Ein Wandel in der Gruppe, z. B. eine Gruppenerweiterung oder ein Führungswechsel, hat nachhaltige Auswirkungen auf die Änderungen der individuellen Einstellungen, Wertvorstellungen und des Verhaltens. Entscheidungen werden in der Gruppe nach dem Konsensprinzip getroffen. Ohne Konsultation, Zustimmung und soziale Absicherung innerhalb der Gruppe kann nichts unternommen werden. Das gilt auch für die mit der Gruppe verbundenen Götter und Geister, die in den Konsensbildungsprozess durch Gebete und Opfer einbezogen werden. Die starke Gruppenorientierung bezieht sich also nicht nur auf die Lebenden, sondern auch auf die Verstorbenen, die besonders geehrt und bei wichtigen Entscheidungen mitbedacht werden.

Die Sorge um den Zusammenhalt der Gruppe und das Wohlergehen der Eigengruppe sind zentrale Anliegen des Kollektivisten, der deshalb auch großen Wert darauf legt, an allen bedeutsamen Gruppenaktivitäten teilnehmen zu dürfen und seinem Rang entsprechend eingebunden zu werden. Der Kollektivist akzeptiert Machtunterschiede innerhalb der Gruppenhierarchie (z. B. die starke Position des Älteren gegenüber dem Jüngeren, des Vaters oder der Mutter gegenüber den Kindern, der älteren Geschwister gegenüber jüngeren, des Vorgesetzten gegenüber den Untergebenen). Sie sind für ihn ein wichtiges Instrument zur sozialen Orientierung, wohingegen horizontale Beziehungen auf der Ebene gleichrangiger Personen von geringerer Bedeutung sind. Interpersonaler Wettbewerb und Konkurrenz innerhalb der Eigengruppe sind verpönt. Konkurrenz und ein harter Wettbewerb zwischen Gruppen, besonders gegenüber gleichrangigen Fremdgruppen, sind demgegenüber durchaus üblich.

Das Bedürfnis nach Kooperation mit den Eigengruppenmitgliedern ist oft so groß, und die Intragruppenkooperation wird so intensiv betrieben, dass sachnotwendige Kooperationen mit Personen aus anderen Gruppen Unsicherheit hervorrufen, nur wenig effektiv betrieben werden können und sogar gemieden werden. „Kollektivisten sind schlechte Bündnispartner in neuen Gruppen und tun sich schwer in der Erstbegegnung mit ihnen fremden Personen. In einem solchen Falle zeigen sie ein sehr förmliches, steifes, kühles Interaktionsverhalten. Wenn sie aber eine Person etwas besser kennen gelernt haben und besonders wenn sie diese bereits zur Eigengruppe gehörend betrachten, dann entwickeln sie eine extreme Interaktionsaktivität" (Triandis, Brislin & Hui, 1988, S. 277).

Jegliche Konfrontation mit Gruppenmitgliedern bis hin zur direkten Kritik ist wegen des hohen Harmoniebedürfnisses tabuisiert. Diskrepanzen gegenüber anderen Personen innerhalb der Eigengruppe werden umgangen, verschwiegen oder bis zur Unehrlichkeit verleugnet. Alle Personen sind bemüht, das Gesicht zu wahren, das eigene ebenso wie das des anderen. Ist aber ein Gesichtsverlust eingetreten, kommt es zu so harten Auseinandersetzungen, dass zur Harmonisierung des Beziehungsverhältnisses die Vermittlung durch dritte Personen erforderlich ist. Innerhalb der Gruppe wird das Interaktionsverhalten bestimmt von Aktivitäten der Unterstützung, Hilfe, Hingabe, Anpassung, Gehorsam und Konformität. Gegenüber Fremdgruppenmitgliedern dominieren demgegenüber Misstrauen und Ablehnung bis hin zur Feindschaft. Dabei wird das soziale Verhalten nicht von einheitlichen moralisch-ethischen Werten bestimmt, vielmehr gelten für den Umgang mit Eigengruppenmitgliedern andere Werte (z. B. soziale Unterstützung, Förderung des Wohlergehens, Aufrichtigkeit) als für den Umgang mit Fremdgruppenmitgliedern (z. B. Übervorteilung, manipulierte Informationen, widersprüchliche Aussagen), wenn es dem Eigengruppenvorteil dient. Die von Kollektivisten als bedeutsam angesehenen Werte sind: Harmonie, Gesichtwahren, Verpflichtung gegenüber den Eltern, Sittsamkeit, Zurückhaltung, Genügsamkeit, Gleichheit in der Gewinnverteilung unter Gleichen und Befriedigung der Bedürfnisse anderer.

Ein Vergleich der hier geschilderten kulturspezifisch unterschiedlichen Orientierungen in Bezug auf die soziale Wahrnehmung, die sozial relevanten kognitiven, motivationalen und emotionalen Prozesse sowie das soziale Verhalten in Gruppen und gegenüber einzelnen Personen macht schon deutlich, wie schwer es Personen aus einer individualistisch geprägten Kultur, also z. B. deutschen Fach- und Führungskräften, fällt, die Handlungsweisen von Kooperationspartnern aus einer kollektivistisch geprägten Kultur zu verstehen, nachvollziehen, akzeptieren und damit umgehen zu können. Festzuhalten ist, dass für Personen mit einer kollektivistischen Orientierung die Entwicklung und Nutzung sozialer Netzwerke von so existenzieller Bedeutung ist, dass sie schon früh lernen, sich in ihnen angemessen zu engagieren, sie zu erhalten, zu verstärken und zu festigen und es für sie eine Selbstverständlichkeit ist, sie als Garant für Sicherheit und Verlässlichkeit im Leben anzuerkennen.

In den vergangenen Jahrzehnten hat das Thema Netzwerke, ihre Entwicklung, Funktionen und Wirkungen auch in individualistisch geprägten Gesellschaften an Bedeutung zugenommen, was sich besonders in anwendungsbezogenen Forschungen im Bereich der Soziologie, Kommunikationswissenschaft, Betriebswirtschaft sowie in der organisationswissenschaftlichen Forschung niedergeschlagen hat. Zu nennen sind hier Forschungen zur Funktionsweise, Dynamik und zu den Wirkungen informationstechnologisch basierter sozialer Netzwerke, Netzwerke im Rahmen virtueller Unternehmen, Führung interorganisationaler Netzwerke und interpersonaler Netzwerke im Rahmen von Medienforschung und nicht zuletzt die Netzwerkforschung. Die Netzwerkforschung konzentriert sich auf die Analyse sozialer Beziehungsstrukturen zwischen Individuen untereinander und im Verhältnis zu Gruppen, Institutionen und Organisationen und deren Bedeutung für die Ausprägung individueller Eigenschaften und das Verhalten.

Der Aufbau und die Nachhaltigkeitssicherung von Netzwerken (networking) wird als eine Aktivität behandelt, die dazu dient, den beteiligten Personen Ressourcen zu erschließen und Vorteile zu optimieren. Personen, die in individualistisch orientierten Kulturen sozialisiert wurden, werden selbst dann, wenn sie sich wissenschaftlich und praktisch mit der Entwicklung und Nutzung moderner Netzwerke befassen, immer noch Schwierigkeiten haben, die existenzielle Bedeutung sozialer Beziehungsstrukturen der Menschen in kollektivistisch geprägten Kulturen im Detail zu verstehen. So haben sich in Japan trotz der schnellen und effektiven Industrialisierung des Landes auf Weltniveau keine Tendenzen weg von der kollektivistischen Orientierung hin zur individualistischen Orientierung beobachten lassen, und Ähnliches gilt auch für China.

Die beiden folgenden Fallbeispiele zeigen aus verschiedenen Perspektiven, wie Netzwerke in ihrer Dynamik das Verhalten von Personen aus kollektivistisch orientierten Kulturen beeinflussen und welche Schwierigkeiten Personen aus individualistisch orientierten Kulturen zu bewältigen haben, um damit adäquat umgehen zu können. Die in diesem Abschnitt ausführlich behandelten Verhaltens- und Einstellungsunterschiede bei individualistisch versus kollektivistisch geprägten Personen werden in den Fallbeispielen handlungsnah demonstriert.

5.6.2 Fallbeispiel: Schuldentilgung

Situationsschilderung

Herr Wang, Inhaber und Manager eines mittelständigen Unternehmens in Wuhan, China, fragt Herrn Michel, Dozent für Betriebswirtschaftslehre in München, in einer Konferenzpause während einer Tagung in Beijing: „Mich interessiert wie man in ihrem Land folgenden Fall löst: Ich leihe einem guten, mir altbekannten Freund auf seine Bitte hin 100.000 €, damit er seine Betriebsschulden bedienen kann und vereinbare mit ihm per Handschlag die Rückzahlung nach einem Jahr. Tatsächlich aber zahlt er nach diesem Jahr seine Schulden nicht zurück." Herr Michel überlegt kurz und antwortet: „Nun ja, beim Handschlag hätte ich es in Deutschland nicht belassen, sondern zumindest einen formlosen Vertrag über die geliehene Summe und das vereinbarte Datum der Rückzahlung aufgesetzt und vom Freund und von mir unterschrieben. Aber gut, wenn er nur nicht zahlt, rufe ich ihn an und mahne die Rückzahlung an. Ich rufe ihn vielleicht noch ein zweites und drittes Mal an. Wenn er dann aber immer noch nicht reagiert, lasse ich ihm über einen Anwalt eine Zahlungsaufforderung zu kommen. Wenn dann immer noch keine Reaktion erfolgt, lande ich über kurz oder lang irgendwann mit ihm vor Gericht und dann wird die Zahlung gerichtlich erzwungen."

Auf diesen Bericht hin entgegnet Herr Wang: „Wollen Sie wissen, wie das Problem bei uns gelöst wird?" Herr Michel ist sehr interessiert und so berichtet ihm Herr Wang Folgendes: „Also, wenn mein Freund nicht zahlt, werde ich einen vertrauensvollen Mittelsmann einsetzen, der ihn auf den Rückzahlungstermin hinweist und ihn um Rückzahlung der geliehenen Summe ersucht. Wenn dieser Versuch erfolglos bleibt, lade ich meine Familienmitglieder, Freunde, und Geschäftspartner und natürlich meinen Freund, der mir die Rückzahlung schuldet, zu einem Bankett ins beste chinesische Restaurant in der Stadt Wuhan ein. Ich halte dann eine kurze Ansprache, werde alle Gäste begrüßen und dann die große Bedeutung unserer schon über viele Generationen hinweg bestehenden freundschaftlichen Zusammenarbeit zwischen mir und meiner Familie zu meinem Freund und seiner Familie hervorheben und dabei immer wieder auf die gute zukünftige Zusammenarbeit mit allen anstoßen."

Herr Michel ist zwar erstaunt über diese Art der Problemlösung, will aber aus Höflichkeit nicht weiter nachfragen. Er versteht aber nicht, wieso es Sinn machen soll, in einer so verfahrenen Situation auch noch für ein Bankett Geld auszugeben. Schließlich fragt er etwas skeptisch: „Sie glauben wirklich, Ihr Freund zahlt nach dem Bankett seine Schulden?" „Mit Sicherheit zahlt er dann sofort!", erwidert Herr Wang. Diese Gewissheit kann Herr Michel nun überhaupt nicht nachvollziehen.

Interpretation aus deutscher Perspektive

Dieser Fall ist für alle beteiligten Personen in hohem Maße problematisch und auch in Deutschland nicht leicht zu lösen. Die Freundschaft geht in die Brüche, und es entstehen auch für Herrn Michel zusätzliche Kosten, wenn er die Geldforderung gerichtlich einklagen muss. Als Alternative bliebe nur noch, dem Freund die geliehene Summe zu schenken, damit die Freundschaft nicht zu Bruch geht.

Interpretation aus chinesischer Perspektive

Aus der Fallschilderung von Herrn Wang ergibt sich, dass der Gläubiger und sein Freund sich nicht nur persönlich gut kennen, sondern auch, dass die beiden Familien und viele damit zusammenhängende Personen beruflich und wirtschaftlich miteinander verbunden sind und schon lange, womöglich über Generationen hinweg, miteinander verkehren. Aus Gründen des Gesichtwahrens würde niemand auf die Idee kommen, den Konflikt nach außen zu tragen, also über Rechtsanwälte und Gerichte eine Problemlösung herbeizuführen. Das Problem löst man intern unter Wahrung von Anstand, Etikette, Gesicht und Harmonie. Wenn Herr Wang zum Bankett einlädt, werden sich alle Gäste fragen, was denn der Anlass dazu ist. Es wird durchsickern, dass es ein Problem um nicht beglichene Schulden gibt. So freuen sich alle Gäste nicht nur auf das gute Essen, sondern auch darauf, miterleben zu dürfen wie zwei Partner ein Problem zu bereinigen versuchen, wie sie dabei öffentlich auftreten, sich präsentieren, einander zuprosten und sich eine gute und erfolgreiche zukünftige Zusammenarbeit wünschen. Die Gäste werden nach dem Bankett versuchen weiter mitzuverfolgen, wie das Ganze endet. Wenn der Schuldner nicht zahlt, ist er für alle, die bislang mit ihm zusammengearbeitet haben, nicht mehr als Partner akzeptabel. Er würde dann außerhalb der Gemeinschaft stehen, und das wagt niemand, denn das wäre der soziale Tod. Die Zugehörigkeit zur Gemeinschaft ist wichtiger als 100.000 €. Über den Schuldner wird sicher noch weiter gesprochen werden, weil man wissen will, warum er das Geld nicht rechtzeitig zurückgezahlt hat. Was in Erinnerung bleibt ist, das schöne Fest im besten Haus am Platz und das ausgesucht schmackhafte Essen, und dass ein Problem so gelöst wurde, „wie es sich gehört".

5.6.3 Fallbeispiel: Deutsch-chinesische Freundschaft

Situationsschilderung

Herr Becker ist seit zwei Jahren Werksleiter in einem deutsch-chinesischen Joint-Venture-Unternehmen in Wuhan. Er ist zusammen mit seiner Ehefrau und Tochter nach China gekommen, da er seiner Familie eine dreijährige Trennung nicht zumuten wollte. Vom Anfang ihres Chinaaufenthalts an hatten sie sich vorgenommen, nicht nur Kontakte zu deutschen Kollegen oder anderen ausländischen Expatriates zu pflegen, sondern auch zu Chinesen. Alle hatten sie gewarnt, keine zu hohen Erwartungen an den Aufbau freundschaftlicher Beziehungen zu Chinesen zu haben, denn, so hieß es immer wieder: „Freundschaftliche Beziehungen kannst du zu einem Chinesen nie aufbauen. Untereinander pflegen Chinesen womöglich Freundschaft, nicht aber mit Ausländern. Wenn sie euch auf einer persönlichen Ebene näherkommen, dann nur mit dem Hintergedanken, euch für irgendetwas etwas nutzen zu können." So recht wollten die Beckers das aber nicht glauben.

Nun ist das Ehepaar Becker an einem sonnigen Sonntagnachmittag im Freizeitpark von Wuhan mit dem chinesischen Ehepaar Xu ins Gespräch gekommen. Sie können sich mit ihnen in Englisch gut verständigen und hatten völlig frei über alles Mögliche diskutiert. Für sie ist das so interessant, dass sie die Xus zu sich nach Hause einladen. Es folgt eine Gegeneinladung, zwar nicht in die Wohnung der Xus, aber in ein chinesisches Nobelrestaurant. Im Laufe der Zeit werden die Einladungen und Gegeneinladungen immer häufiger. Beide Paare verabreden sich und unternehmen gemeinsame Ausflüge, denn die Xus sind ebenso wie die Beckers an Naturschönheiten und kunsthistorischen Bauwerken interessiert. Alles in allem, so empfinden es die Beckers, haben sie gezeigt, dass die Befürchtung, man könne mit Chinesen keine Freundschaft schließen und pflegen, unberechtigt war. Sie genießen diese freundschaftliche Beziehung und sind auch etwas stolz darauf, es so weit gebracht zu haben.

An einem Sonntagabend, nachdem sie wieder einmal einen sehr schönen Wochenendausflug mit den Xus unternommen haben, erzählt Herr Xu so nebenbei, dass sein Sohn die Schule mit den besten Noten abgeschlossen hat und er nun Medizin studieren möchte. Englisch habe er auf der Schule als erste Fremdsprache gelernt und seit sieben Monaten erlerne er auch die deutsche Sprache und mache dabei gute Fortschritte. Die Beckers zeigen sich hocherfreut und gratulieren den Xus zum Schulerfolg ihres Sohnes und betonen, wie wichtig und befriedigend es doch sei zu sehen, dass die eigenen Kinder gut vorankommen. Bei allen weiteren Treffen berichten die Xus immer detaillierter von den Lernfortschritten ihres Sohnes. Irgendwann haben sie sich auch über die Studiensituation an chinesischen und an deutschen Universitäten unterhalten, wobei die Xus erfahren, dass in Deutschland für das Medizinstudium eine Zulassungbeschränkung besteht und nur Bewerber mit hervorragenden Abiturnoten und besten Ergebnissen bei einer spezifischen Aufnahmeprüfung Chancen auf einen Studienplatz haben.

Wenige Wochen später, nach einem Ausflug in die Umgebung von Wuhan, eröffnet Herr Xu die gemütliche Runde mit der Frage: „Wir möchten, dass unser Sohn in Deutschland Medizin studiert. Ihr könnt ihm doch sicher einen Studienplatz besorgen." Nachdem Herr Becker sich von diesem so plötzlich vorgetragenen Anliegen erholt hat, setzt er zu einer langen Erklärung an, wie streng reguliert das Zulassungsverfahren für das Medizinstudium in Deutschland ist und verweist darauf, dass er dies ja schon früher einmal erläutert habe. Weiterhin erklärt er, dass er als Werksleiter, wie übrigens alle seine Kollegen in Deutschland, auf das Zulassungsverfahren für das Medizinstudium keinen Einfluss habe. Selbst Mediziner könnten für ihre eigenen Kinder keinen Einfluss nehmen. Die Xus schweigen und verabschieden sich wie immer sehr höflich. Beim nächsten Treffen fragt Herr Xu Herrn Becker nach Details bezüglich seiner Position im Unternehmen in Deutschland und jetzt hier in China. Das erstaunt Herrn Becker, da er darüber schon häufiger mit den Xus gesprochen hatte, aber aus Höflichkeit geht er nochmals auf alle diese Fragen ausführlich ein. Drei Wochen später kommen die Xus mit dem Schulzeugnis ihres Sohnes an, erläutern die Details, sodass die Beckers nachvollziehen können, wie begabt ihr Sohn ist. Als Herr Becker nicht mehr auf diese Aktion eingeht, legt Frau Xu das Sparbuch der Familie auf den Tisch und erläutert, dass sie genügend Geld angespart hätten, um ihren Sohn ein Medizinstudium in Deutschland finanzieren zu können. Beide schauen die Beckers nun erwartungsvoll an. Den Beckers ist das alles sehr peinlich. Herr Becker überlegt noch kurz, ob er nicht doch eine vage Zusage machen soll, sich um einen Studienplatz zu kümmern, wohl wissend, dass er eine solche Zusage nicht einhalten kann. Er kommt aber zu der Überzeugung, dass gerade weil sie so gut mit den Xus befreundet sind, ein solches nicht haltbares Versprechen einem Betrug gleichkommt. So erklärt er nochmals, dass er keinen Einfluss auf das Zulassungsverfahren habe. Die Xus verabschieden sich kurz und knapp und werden nie mehr gesehen.

Die Beckers versuchen lange, den Kontakt wieder aufzunehmen, aber ohne Erfolg. Sie sind zutiefst enttäuscht und verstehen nicht so recht, was passiert ist. Sie fragen sich, ob sie vielleicht doch etwas falsch gemacht haben.

Interpretation aus deutscher Perspektive

Die Beckers glauben zu den Xus ein freundschaftliches Verhältnis entwickelt zu haben, sie glauben, das Vorurteil bezüglich der Unfähigkeit der Chinesen, mit deutschen freundschaftliche Verhältnisse zu pflegen, widerlegt zu haben und fühlen sich auch durch diese freundschaftlichen Beziehungen in China richtig wohl. Sie verstehen den Wunsch der Xus bezogen auf das Medizinstudium ihres Sohnes in Deutschland. Ebenso aber wissen sie, dass sie ihm keinen Studienplatz besorgen können und teilen den Xus das nicht nur einfach mit, sondern erläutern im Detail die Gründe, warum ihnen die Hände gebunden sind. Aber warum wollen oder können die Xus das nicht akzeptieren und beenden stattdessen die Freundschaft?

Interpretation aus chinesischer Perspektive

Es ist nicht ausgeschlossen, dass die Xus die häufigen Kontakte zu den Beckers wirklich genossen haben. Es ist nicht selbstverständlich, dass eine Zufallsbegegnung mit Ausländern zu einer so langen und intensiven Beziehung führt. Es ist aber sicher, dass die Xus auch ganz gezielt Netzwerkmanagement betrieben haben, weil sie sich von der hohen Position Herrn Beckers im Joint-Venture-Unternehmen und seiner hohen Position in seinem Unternehmen in Deutschland Vorteile versprechen. Vermutlich stand schon zu Beginn des Kennenlernens für die Xus fest, dass sie Herrn Becker um einen Gefallen bei der Beschaffung eines Medizinstudienplatzes für ihren Sohn in Deutschland bitten werden. Da sie so viel für die Beckers tun, also soziale Investitionen tätigen wie Ausflüge organisieren, Geschenke überreichen, Einladungen aussprechen, Zeit für sie aufwenden etc., können Sie erwarten, dass ihnen nun geholfen und ihr Wunsch erfüllt wird. Aus ihrer Sicht hat Herr Becker eine Position, in der er alles, was er will, erreichen kann. Er hat aus ihrer Sicht ein ausgedehntes Netzwerk und ungezählte Kontakte zu allen wichtigen Einrichtungen und führenden Personen. Aus diesem Gesichtspunkt heraus haben die Xus all das gesehen und interpretiert, was er ihnen von sich und seinem beruflichen und privaten Leben in Deutschland erzählt hat. Für die Xus völlig überraschend und trotz aller seiner Begründungen nicht nachvollziehbar, lehnt er es einfach ab, sich für ihren Sohn einzusetzen. Er verspricht nicht einmal, es zu versuchen. Aus ihrer Sicht haben sie Herrn Becker mit ihrem Anliegen auch nicht überfallen, sondern ihren Wunsch schon vor längerer Zeit mehrfach angedeutet, sodass er damit hätte rechnen müssen und sich vorbereiten können, ihrem Wunsch zu entsprechen.

5.6.4 Fallbeispiel: Die Unterschlagung

Situationsschilderung

„Herr Müller ist in Nigeria Leiter eines Beratungsbüros für die Abwicklung von Projekten im Rahmen der deutschen Entwicklungshilfe. Er arbeitet seit einigen Jahren mit einem nigerianischen Partner zusammen, der in Deutschland Betriebswirtschaft studiert hat und auf nigerianischer Seite für die Projektrealisierung verantwortlich ist. Zwischen Herrn Müller und seinem Partner besteht ein vertrauensvolles Arbeitsverhältnis. Er schätzt den einheimischen Kollegen wegen seiner Fachkenntnisse und seines Arbeitseinsatzes. Zudem kann er sich problemlos in Deutsch mit ihnen verständigen. Auch interkulturell gibt es keine Reibungen, da sein nigerianischer Partner ja die Mentalität der Deutschen und die deutsche Kultur kennt.

Nun erfährt Herr Müller, dass die Innenrevision in der deutschen Zentrale festgestellt hat, dass sein nigerianischer Partner vor zwei Jahren damit begonnen hat, Geld aus den Budgetmitteln zu unterschlagen und für private Zwecke abzuzweigen. Herr Müller kann das überhaupt nicht glauben, denn immer wieder hat er bei jeder sich bietenden Gelegenheit, wenn es um Korruption und Misswirtschaft ging erklärt, so etwas könne bei seinem Projekt nicht vorkommen, da er ein so enges Vertrauensverhältnis zu seinem einheimischen Partner pflegt, der ja zudem in Deutschland studiert habe. Herr Müller hat zwar vor einiger Zeit erfahren, dass die Tochter seines Partners in den USA studiert, und er hat sich gewundert, dass sich dieser die dafür anfallenden Kosten von seinem Gehalt leisten kann, dann aber vermutet, dass die Tochter von irgendwo her ein Stipendium bezieht.

Nun teilt die deutsche Zentrale Herrn Müller mit, dass er die Beziehung zu seinem nigerianischen Partner zu beenden habe, da dieser wegen Unterschlagung entlassen werde und man sich nun nach einem anderen qualifizierten einheimischen Partner umsehen müsse. Er wird zudem gefragt, ob er bei der Suche nach einem Nachfolger helfen könnte.

Herr Müller ist wie vor den Kopf gestoßen und fragt sich, warum ihn sein Partner so hintergangen hat" (Thomas, 2011, S. 175 f.).[8]

Erläuterungen aus deutscher und nigerianischer Perspektive

„Zunächst hat Herr Müller vermutet, dass es sich hierbei um einen Irrtum handelt, musste sich dann aber überzeugen lassen, dass sein Partner tatsächlich Unterschlagungen begangen hat. Ihm fallen dazu auch eine Reihe von möglichen Erklärungen ein:
- Das Vertrauen stiftende Verhalten seines nigerianischen Partners war womöglich nur vorgetäuscht. Er hat von Anfang an den Betrug beabsichtigt und wollte Herrn Müller nur in Sicherheit wiegen.
- Sein nigerianischer Partner hat womöglich so viele Schulden angehäuft, dass er erpresst wurde und keinen Ausweg mehr wusste, außer diese Unterschlagung vorzunehmen, um sein Leben zu retten.
- Womöglich war für ihn die Versuchung zu groß, an Geld heranzukommen, nachdem er den Reichtum in Deutschland erlebt hatte und ihn mit seinem vergleichsweise bescheidenen Lohn und den erbärmlichen Lebensverhältnissen im Heimatland verglich.

Alle diese Gründe waren Herrn Müller eingefallen, aber kein Grund befriedigte ihn so recht.

Schließlich zog er einen guten Freund, Herr Bonk, ins Vertrauen, den er als christlichen Missionar kennengelernt hatte und der jahrelang in Nigeria tätig gewesen war. Von ihm erfuhr er, dass er bei allen seinen Überlegungen und Erklärungsversuchen immer nur seinen Partner und sein persönliches Verhältnis zum ihm im Auge gehabt hätte. Nie hätte er das soziale Umfeld, in das sein Partner eingebettet ist, in Betracht gezogen. Herr Bonk vermutete nun, dass die gesamte Großfamilie mit einer großen Anzahl an Personen zunächst einmal Geld zusammengelegt hatte, um seinen Partner in Deutschland studieren zu lassen, nachdem dieser sich in der Schule als für ein solches Studium geeignet erwiesen hatte. Nun hatte er eine gute Stelle im Rahmen der Entwicklungszusammenarbeit und Zugang zu Finanzmitteln. Jetzt erwartete die Familie, und er war seiner Familie gegenüber auch entsprechend verpflichtet, dass er für sie sorgt. Die aus seiner sozialen Verpflichtung erwachsenden Ansprüche stiegen immer weiter an, bis er

---
8 Fallbeispiel und Erläuterungen aus Thomas (2011). Der Abdruck erfolgt mit freundlicher Genehmigung des Verlags Springer Gabler.

nicht anders konnte, als nach Zusatzmitteln Ausschau zu halten vielleicht, so meint Herr Bonk, hätte er noch vorgehabt, zukünftig die unterschlagenen Mittel wieder zurück zu geben. Auch das Studium seiner Tochter in den USA ist wohl eine Reaktion auf diese unabweisbare Verpflichtung gegenüber seiner Familie und seinem primären sozialen Umfeld.

Für den nigerianischen Partner von Herrn Müller hat sich zunächst einmal ein für ihn nicht lösbarer Konflikt ergeben: Einerseits ist er seiner Familie gegenüber in der Pflicht und andererseits seinem Arbeitgeber gegenüber. Obwohl er sicher weiß, dass er seinen Arbeitgeber betrügt und damit auch Herrn Müller hintergeht und vielleicht ahnt, dass die Unterschlagung irgendwann einmal auffällt, entscheidet er den Konflikt zu Gunsten seiner Familie. Diese Loyalität seiner Familie gegenüber geht ihm über alles! Herr Bonk hält die von der deutschen Zentrale angeordnete Entlassung zudem für falsch, denn ein neuer Partner gerät womöglich bald in eine ähnliche Konfliktlage und reagiert dann entsprechend. Was wäre dann mit der Entlassung gewonnen?

Zunächst einmal hat Herr Müller durchaus sinnvoll gehandelt, indem er sich nicht einfach mit dem Bescheid der Zentrale in Deutschland zufrieden gegeben hat und der Entlassung einfach zustimmte, sondern nach Gründen für die Unterschlagung suchte. Auch wenn es zunächst einmal mehrere durchaus einleuchtende Gründe für das Partnerverhalten gab und ihm seine Überlegungen nicht recht Klarheit verschafften, lässt er nicht locker. Er fragt eine ihm vertraute Person, die über die Mentalität und Kultur der Nigerianer gut Bescheid weiß, um Rat. Dabei wird ihm klar, welche existenzielle Bedeutung das soziale Umfeld für Nigerianer hat. Nicht das einzelne Individuum entscheidet, handelt und ist autonom verantwortlich für das, was es tut, sondern es ist in allem und immer erst einmal Mitglied, Repräsentant und Verantwortlicher für seine Familie, seine Sippe, seinen Clan, seinen Stamm und hat für deren Wohlergehen, Schutz, Sicherheit, Fortentwicklung und Ehre vorrangig zu sorgen. Aus dieser Perspektive betrachtet versteht Herr Müller das Verhalten seines Partners besser, nämlich als Versuch, mithilfe des Geldes, an das er herankam und dass er auf sein eigenes Konto leiten konnte, den Verantwortungskonflikt zu Gunsten seiner Familie zu lösen. Herr Müller muss nun überlegen, wie er sicherstellt, dass diese Erklärung im vorliegenden Fall tatsächlich zutrifft, und welche Handlungs- und Problemlösungsalternativen es außer der angeordneten Entlassung noch gibt, z. B. Lohnkürzung, Darlehen zu niedrigen Zinsen, Rückzahl in Raten etc.. Dabei geht es nicht allein darum, dem nigerianischen Partner eine Brücke zu bauen, um ihn aus der misslichen Lage zu befreien. Es geht auch darum, ihm zu erläutern, wie sein Verhalten auf Herrn Müller gewirkt hat und wie die deutsche Zentrale auf die Unterschlagung reagierte und warum. Zudem sollte er ausloten, ob nach dieser Krisenbewältigung ein vertrauensvolles Arbeitsverhältnis wiederhergestellt werden kann" (Thomas, 2011, S. 175–177).

5.6.5 Konsequenzen für Expatriates in Bezug auf soziale Netzwerkbildung

Deutsche Fach- und Führungskräfte kennen nicht nur soziale Netzwerke, sondern leben und arbeiten in und mit mehr oder weniger ausgedehnten und dichten sozialen Netzwerken. Sie sind als Expatriates, wo immer sie tätig sind, Repräsentanten ihres Unternehmens, der industrialisierten westlichen Welt, Europas, Deutschlands etc. Deutsche Fach- und Führungskräfte wissen auch, dass man soziale Kontakte pflegen muss, was sich u. a. darin zeigt, dass Neujahrsglückwünsche nicht nur privat, sondern auch beruflich ausgetauscht werden. Personen in den jeweiligen Netzwerken werden als Informanten, Ratgeber, Kontaktanbahner, Helfer in der Not etc. in Anspruch genommen.

Trotzdem ist aber eine deutsche Fach- und Führungskraft im Vergleich mit den meisten Menschen auf dieser Welt auf sein eigenes Ich, seine eigenen Bedürfnisse und Interessen, seine persönliche Identität, Geschichte, Erfahrungen, Urteile und Meinungen zentriert. Schroll-Machl (2007) beschreibt dies folgendermaßen:

> Ich entscheide über mein Leben weitgehend selbst. Ich verfolge meine eigenen Ziele und Interessen, aber ich habe auch die Konsequenzen bei Fehlentscheidungen zu tragen. Ich kann das tun, was ich will und für richtig halte. Der Dreh- und Angelpunkt meines eigenen Lebens bin ich. Ich habe mit meinem Leben zufrieden zu sein, einer anderen Person steht darüber kein Urteil zu (S. 203).

Nach Schroll-Machl (2007) hat das Recht des Einzelnen, selbst für sein Leben verantwortlich zu sein, einen hohen Stellenwert:

> Das geht soweit, dass ein Mindestmaß an Abgrenzung und Eigenständigkeit eines Individuums gegenüber seiner Gruppe als Voraussetzung für „psychische Gesundheit" gesehen wird. Individualismus heißt nicht Egoismus! Denn die eigenen Interessen sind sehr wohl mit denen, der mich jeweils umgebenden Menschen (z. B. Partner, Kinder, Freunde, Gesellschaft) abzuwägen. Die Grenze zwischen Egoismus und Individualismus verläuft dort, wo eine Person einen anderen (Individuen, Gruppen, Gesellschaft) durch sein Verhalten schädigt (Schroll-Machl, 2007, S. 203–204).

Die starke Betonung der Individualität erschwert die Entwicklung einer Sensibilität für die Art der Wahrnehmung, des Denkens, Empfindens und Handelns von Menschen für die Familie, Kollektive, Netzwerke, die alle eine ihrer soziale Existenz bestimmende und sichernde Bedeutung mit entsprechenden Verpflichtungen haben. In den meisten Ländern der Welt steht kein Einheimischer einer deutschen Fach- und Führungskraft nur für sich in eigener Verantwortlichkeit gegenüber, sondern immer als Repräsentant, als Mitglied und als Verantwortlicher für eine größere Gruppe, ob nun Familie, Firma, Institution, Partei, Verband etc. Netzwerke, lang gepflegte soziale Beziehungen, gegenseitig gewährte Hilfe in Notlagen, zur Verfügung gestellte nützliche Kontakte, z. B. ins Ausland, zu hochrangigen Bildungseinrichtungen, zu kapitalkräftigen Geldgebern, zu machtvollen staatlichen Repräsentanten und Beamten, schaffen ein in jeder Hinsicht nützliches Geflecht von Personen, auf die man sich verlassen kann. So lassen sich nicht nur 100.000 € eintreiben, denn der mit der Banketteinladung im Fallbeispiel „Schuldentilgung" (vgl. Abschnitt 5.6.2) bewirkte soziale Druck hat zweifelsfrei eine zufriedenstellende Problemlösung herbeigeführt. Aus dieser engen, die Existenz sichernden Eingebundenheit in traditionelle Netzwerke erwachsen Entscheidungs- und Handlungskonflikte wie im Fallbeispiel „Die Unterschlagung" (vgl. Abschnitt 5.6.4), die meist zugunsten der Erwartungen der eigenen Netzwerkteilnehmer entschieden werden. Auch der Versuch, die eigenen Ressourcen zu erweitern, indem man sich gleichsam in ein nützlich erscheinendes Netzwerk „einkauft", also wie im Fallbeispiel „Deutsch-chinesische Freundschaft" (vgl. Abschnitt 5.6.3) in Personen, die das Netzwerk repräsentieren, investiert und dies bis zur Selbstverleugnung, gehören zur Selbstverständlichkeit.

Ein Expatriate, der es versteht, rechtzeitig die Existenz und Wirkungsweise solcher Netzwerke, in die seine einheimischen Partner eingebunden sind, zu erkennen und der es eventuell sogar schafft, vielfältige Kontakte in Deutschland und in China so zu bündeln, dass auch er mit einem für Kontakte nützlichen Netzwerk aufwarten kann und bei denen er den Zugang ermöglichen, aber auch verwehren kann, wird in jeder Hinsicht erfolgreich und für alle zufriedenstellend agieren können.

5.7 Personale und soziale Konflikte

Wenn Menschen für einander bedeutsam werden, kommunizieren, interagieren und kooperieren, sind Konflikte unvermeidbar. Konflikte entstehen verständlicherweise besonders oft, wenn die interagierenden Personen eine unterschiedliche kulturelle Herkunft und Sozialisationsgeschichte aufweisen. Konflikte werden intrapersonal und interpersonal erfahren und innere wie äußere Konflikte unterliegen einer wechselseitigen Beeinflussung. *Intrapersonale Konflikte* entstehen dann, wenn der Handelnde zwei Ziele anstrebt, die unvereinbar sind oder nicht zur gleichen Zeit realisiert werden können. In solchen Fällen entwickelt er ein Gefühl der persönlichen Betroffenheit, antizipiert die Folgen einer so oder anders getroffenen Entscheidung, ist verunsichert bezüglich der nächsten Handlungsschritte und fühlt sich unter Druck, die unangenehme Situation zu bereinigen. Die Gesamtsituation belastet sein Wohlbefinden so lange, bis er den Konflikt gelöst hat. Alles dies führt immer zu einer negativen Bewertung von Konflikten selbst dann, wenn der Handelnde sie als unvermeidbar betrachtet oder sogar selbst herbeigeführt hat.

Bei *intrapersonalen Konflikten* unterscheidet man:
- *Zielkonflikte:* Diese entstehen, wenn z. B. eine Führungskraft bei Vertragsverhandlungen einen schnellen Abschluss anstrebt, der einheimische Verhandlungspartner aber den Abschluss der Vertragsverhandlungen hinauszögert, um so der überragenden Bedeutung, die er dem Kooperationsvorhaben zumisst, gerecht zu werden.

- *Wertkonflikte:* Diese entstehen, wenn eine Führungskraft im Auslandseinsatz entgegen ihrer Überzeugung gezwungen wird, Maßnahmen zur Arbeitssicherheit und damit zum Wohlergehen der einheimischen Mitarbeiter gegenüber der Maximierung des Unternehmensgewinns zu opfern.
- *Rollenkonflikte:* Diese entstehen, wenn ein Expatriate gezwungen wird, einander widersprechende Rollen gegenüber einheimischen Verhandlungspartnern einzunehmen, z. B. sachorientiertes Verhandeln einerseits und Schaffung einer vertrauensvollen interpersonalen Atmosphäre andererseits, und das in einem Land mit stark kollektiv ausgeprägter Orientierung.
- *Entscheidungskonflikte:* Diese entstehen, wenn ein Expatriate vermutet, dass er zwar seine Produkte im Zielland verkaufen kann, damit aber zugleich der Produktpiraterie Tür und Tor öffnet.

Soziale Konflikte entstehen, strukturell betrachtet, aus der Interdependenz der handelnden Personen, doch das eigentliche Konfliktpotenzial erwächst aus der jeweiligen subjektiven Bewertung und der subjektiven Art des Umgangs mit der Situation. Das daraus erwachsende Konfliktpotenzial zeigt sich in:
- *Bewertungskonflikten,* z. B. bei der Bemessung von Arbeitsleistungen,
- *Beurteilungskonflikten,* z. B. bei der Abschätzung von Erfolgswahrscheinlichkeiten bei der Vereinbarung eines gemeinsamen Bauprojekts,
- *Beziehungskonflikten,* z. B. wenn es an zwischenmenschlicher Anerkennung und Wertschätzung der vertragsschließenden Partner fehlt und
- *Verteilungskonflikten,* z. B. wenn die Vertragspartner bei der Verteilung von Ressourcen und Gewinnen unterschiedliche Aufteilungen favorisieren (Gleichverteilung oder Verteilung nach Leistung oder nach Bedürftigkeit).

5.7.1 Konfliktpotenzial im Kontext interkulturellen Handelns

Im Kontext interkulturellen Handelns nehmen Begegnungen zwischen Personen aus unterschiedlichen Kulturen für alle Beteiligten häufig eine Sonderstellung ein, denn oft werden sie als subjektiv problematisch und manchmal durchaus als außerordentlich konfliktreich erlebt. Dabei stellt sich die Frage, inwieweit dieses spezifische Erleben bei den Interaktionspartnern mit ihrer unterschiedlichen kulturellen Herkunft in Verbindung gebracht werden kann oder nicht. Wenn sofort, z. B. durch das äußere Erscheinungsbild oder fremd erscheinende Sprache, zu erkennen ist, dass der Interaktionspartner einer fremden Kultur angehört, wird die Gruppenmitgliedschaft sofort bedeutsam und für den weiteren Verlauf der Interaktion ein bestimmendes Merkmal. Ist für den Handelnden die Fremdkulturalität des Partners nicht sofort zu erkennen, dann erlebt er zunächst einmal eine außergewöhnliche interpersonelle Begegnung. Alle Interaktionen, die von der gewohnten Routine abweichen, fordern die Beteiligten heraus, Erklärungen zu suchen, insbesondere dann, wenn sich ein unerwartetes Handlungsergebnis einstellt oder wenn es negativ ausfällt.

Bestehen zwischen den Partnern Sprachprobleme oder weist das gezeigte Verhalten außerordentlich ungewöhnliche Züge auf, dann wird es besonders schwierig zu einer zufriedenstellenden Erklärung zu kommen. Die beteiligten Personen erkennen die Interaktion als eine interkulturelle Begegnung und die entstehenden Schwierigkeiten werden durch Gruppenmitgliedschaft erklärt. So verwandelt sich die zunächst interpersonal geprägte Interaktion in eine intergruppale Begegnung, mit der die soziale Identität der Beteiligten als Mitglieder von Kulturgruppen im Attributionsprozess betont wird. In diesem Fall wird die Interaktion von den Interaktionspartnern selbst als interkulturelle Begegnung erkannt und die Schwierigkeiten werden durch unterschiedliche Gruppenmitgliedschaften erklärt. Wenn Begegnungen kulturell unterschiedlicher Personen als Begegnungen zwischen Gruppen verstanden werden, besteht die Gefahr, dass die konfliktären Elemente dominieren. Dies lässt sich nach Tajfel und Turner (1986) auf identitätsgebundene Abgrenzungs- und Aufwertungsprozesse zurückführen. Menschen aus unterschiedlichen Kulturen grenzen sich in der Regel deshalb voneinander ab, um ihre kulturelle Identität zu wahren. Sie nutzen die Abgrenzung und Abwertung der fremden Gruppe, um die eigene Gruppe und ihren eigenen Selbstwert aufzuwerten. Normen und Werte, die für die eigene Kultur besonders wichtig sind, treten in diesem Prozess in den Vordergrund und werden begleitet von traditionellen Stereotypen und Vorurteilen über fremde Gruppen sowie schematische Vorstellungen über den angemessenen gegenseitigen Umgang miteinander (vgl. Wagner & Küpper, 2007). Weitere Ausführungen dazu finden sich auch in den Kapiteln 3.4 und 3.5.

Fach- und Führungskräfte im Auslandseinsatz erleben häufig unerwartete Aktionen und Reaktionen bei ihren ausländischen Partnern, die nicht aufgrund von Sprachproblemen entstehen, sondern aus der Wirksamkeit unterschiedlicher Kulturstandards, die das Verhalten beider Partner steuern. Dabei sind den Handelnden weder die Kulturstandards noch deren verhaltenssteuernden Wirkungen bewusst. Zur Wiedergewinnung von Klarheit, Verständnis und Kontrolle bleibt den Handelnden in solchen Situationen nichts anderes übrig als auf ihre eigene Gruppenzugehörigkeit zurückzugreifen im Sinne von: „So, wie ich das sehe und mache, ist das bei uns üblich und hat sich bewährt. So macht man das und nicht anders! Wie ihr das macht, ist es falsch, ihr könnt das (noch) nicht!" Damit gewinnt die prototypische Gruppenposition an Bedeutung und die Werte und Normen, aber auch die Gewohnheiten und Routinen der eigenen Gruppe werden besonders wichtig und entsprechend betont. So werden die Partner stereotypisiert, aber ebenso die eigene Gruppe.

Das Konfliktpotenzial im Kontext interkulturellen Handelns steigt, wenn:
- die Gruppenzugehörigkeiten besonders betont werden,
- die Gefährdung der eigenen kulturellen Identität wahrgenommen und oder vermutet wird,
- die Gruppen vermeintlich den Eindruck gewinnen, sich gegenseitig zu bedrohen,

- realistische Bedrohungen (Verknappung materieller Ressourcen) und symbolische Bedrohungen (Angriff auf Werte und Normen) antizipiert werden,
- die Zugehörigkeitsgruppen unterschiedliche Statuspositionen einnehmen und somit Ansehen, Macht- und Einflussmöglichkeiten unterschiedlich verteilt sind (z. B. Industrie-, Schwellen- und Entwicklungsländer),
- entsprechend der Theorie der sozialen Identität (vgl. Kap. 3.5) Kategorisierungs-, Identitäts- und Selbstwerterhöhungsprozesse wirksam werden,
- entsprechend der Theorie des realistischen Gruppenkonflikts (Mummendey & Otten, 2002, S. 96–98) Auseinandersetzungen um materielle Ressourcen stattfinden,
- entsprechend der Theorie sozialer Dominanz (vgl. Kap. 5.4) Status-, Macht- und Partizipationsunterschiede das Denken und Handeln der Partner in kulturellen Überschneidungssituationen bestimmen.

Das folgende Fallbeispiel zeigt die Entstehung und Wirksamkeit von Konfliktpotenzialen in einer interkulturellen Verhandlungssituation.

5.7.2 Fallbeispiel: Das deutsch-chinesische Verhandlungsproblem

Situationsschilderung

Der Manager eines deutschen Unternehmens ist innerhalb kurzer Zeit zum vierten Mal zu Joint-Venture-Vertragsverhandlungen nach China gereist. Die bisherigen Gespräche fanden in einer außerordentlich angenehmen Atmosphäre statt. Die Chinesen waren sehr interessiert an dem, was der deutsche Manager vorschlug.

Doch so richtig vorwärts ging bei diesen Verhandlungen nichts. Inzwischen bekam der deutsche Firmenrepräsentant erhebliche Schwierigkeiten im eigenen Stammhaus. Die Zeit drängte, der Geschäftsführung des Unternehmens schienen die Verhandlungen nicht effektiv genug zu verlaufen, und man äußerte Missfallen über die „wenig glückliche" Verhandlungsführung des Beauftragten. Bei ihm stauten sich Frust und Verärgerung auf. Als auch in einer weiteren Verhandlungsrunde keine Einigung zu Stande zu kommen schien, glaubte der Manager, die Taktik seiner chinesischen Verhandlungspartner endlich durchschaut zu haben. Die wollten ihn doch nur hinhalten, um möglichst viele Informationen aus ihm heraus zu pressen, mit denen sie dann sein Unternehmen gegen die Konkurrenz ausspielen können. Er war wütend und verärgert über seine Verhandlungspartner, hinzu kamen die Belastungen der zermürbenden Verhandlungswoche. Zu guter Letzt zeigte er eine Reaktion, die man hierzulande mit dem Ausdruck „denen mal ordentlich Bescheid sagen" und „kräftig auf den Tisch hauen" umschreiben würde. Völlig unvermittelt schrie der Manager seine chinesischen Verhandlungspartner an, er sei nicht mehr bereit, sich weiter hinhalten zu lassen, das „Um-den-heißen-Brei-Herumreden" müsse endlich aufhören, er wolle Klarheit und Verbindlichkeit, und überhaupt, seine Geduld sei nun am Ende.

Für chinesische Verhältnisse wurden diese Beschwerden in einer schockierenden Direktheit und Lautstärke vorgetragen, die chinesischen Verhandlungspartner wurden blass und schwiegen. Die Verhandlungen kamen nicht zum Abschluss.

Nach seiner Rückkehr in die Heimat erfuhr der Manager von seinem Vorgesetzten, dass dies seine letzte Chinareise gewesen sei. Die Chinesen hätten zwar brieflich weiterhin Interesse an dem geplanten Joint-Venture geäußert, ohne aber auf die von ihm geführten Verhandlungen auch nur mit einem Wort einzugehen. Man müsse wohl mehr oder weniger wieder von vorne anfangen und dies mit einem anderen Firmenvertreter.

Interpretation aus interkultureller Perspektive

Der deutsche Manager erwartet, dass klar und verständlich vorgetragene Vertrags- und Verhandlungsangebote aufgegriffen, nachgefragt, beantwortet und zügig zu einem zufriedenstellenden Ergebnis und Abschluss geführt werden. Dies muss zudem in einem Zeitraum geschehen, der zwar nicht genau festgelegt ist, der aber vertretbar und absehbar ist. Der Verlauf von Vertragsverhandlungen folgt einem linearen Konzept nach dem Muster: Anfang – Entwicklungsverlauf – Resultat, wobei im Verlauf der Verhandlungen kontinuierlich eine qualitativ immer höherwertigere Verhandlungsposition als zu Anfang erreicht wird.

Die Chinesen wollen ein Produkt kaufen. Dazu müssen alle direkt oder indirekt vom Verhandlungsresultat betroffenen Personen das Produkt kennenlernen. Die gegenseitige Information und Abstimmung sowohl auf der horizontalen Ebene als auch auf den vielfältig verschachtelten vertikalen Ebenen nehmen viel Zeit in Anspruch. Vieles wird wiederholt, erneut erörtert und von unterschiedlichen Sichtweisen aus betrachtet. Je wichtiger das Produkt und je längerfristiger die Konsequenzen aus einem Geschäft sind, umso mehr Zeit bedürfen Verhandlungsverlauf und Vorbereitung des Vertragsabschlusses. Das Verlaufsprinzip bei Verhandlungen nach chinesischen Vorstellungen folgt eher einem zyklischen Konzept: Viele Prozesse der Informationsgewinnung und -weitergabe, viele Erörterungen, Diskussionen etc. wiederholen sich und betreffen im Verlauf der Verhandlungen immer größere Personenkreise, wobei die Verhandlungsresultate dichter, fester, stabiler und damit auch qualitätsvoller werden.

Was sich ohne erkennbaren Grund lange hinzieht, ist aus deutscher Sicht, aber auch nach internationalen Managementvorstellungen nicht produktiv, kostenintensiv, passt nicht ins gewohnte Managementdenken und bedarf der Erklärung. Ineffektiv verlaufende Verhandlungen müssen reflektiert, einer Ursachenanalyse unterzogen und präzisiert werden. Gegenmaßnahmen sind zu ergreifen oder die Verhandlungen müssen als gescheitert betrachtet werden.

Aus chinesischer Sicht verlaufen die Verhandlungen, obwohl oder gerade, weil sie sich lange hinziehen, sehr produktiv.

Der deutsche Manager interpretiert das Verhalten der Chinesen als reine Hinhaltetaktik, die dazu dient, ihn zu zermürben. Zudem wollen die Chinesen durch das Hinauszögern der Verhandlungen und die immer wieder von vorne beginnenden Diskussionen an Informationen herankommen, die sie sonst nicht bekommen können und mit denen sie ihn gegen Konkurrenten ausspielen. Mit dieser Interpretation des Verhaltens seiner chinesischen Verhandlungspartner werden für den deutschen Manager schlagartig alle bisherigen Unklarheiten beseitigt. Er glaubt, den wahren Grund für das chinesische Verhandlungsverhalten zu erkennen. Er überwindet damit seine Unsicherheit und gewinnt ein höheres Maß an Orientierungsklarheit. Die unklare und widersprüchliche Verhandlungssituation wird für ihn wieder durchschaubar und kontrollierbar.

Der deutsche Manager steht gewaltig unter Druck, weil bei den Verhandlungen nichts so läuft, wie er es erwartet hat und für richtig hält. Aus seiner Sicht und der seiner Unternehmensleitung dauern die Verhandlungen schon viel zu lange, ohne dass dafür ein vernünftig erscheinender Grund erkennbar ist. Um den Druck abzubauen, setzt er nun einen Schlusspunkt, indem er seine chinesischen Verhandlungspartner unvermittelt anschreit, er sei nicht mehr bereit, sich von ihnen hinhalten zu lassen, und er wolle nun endlich einen klaren und verbindlichen Vertragsabschluss. Da ein solches Verhalten aus chinesischer Sicht unweigerlich zum Gesichtsverlust führt, ist klar, dass der bisherige deutsche Manager aus chinesischer Sicht nicht mehr als Verhandlungspartner akzeptiert werden kann.

Interpretation aus konflikttheoretischer Perspektive

Der deutsche Manager gerät im Verlauf der Vertragsverhandlungen in einen Zielkonflikt, denn entgegen seinen Erwartungen bezüglich eines zügigen, sachorientierten, linearen und für ihn einigermaßen transparenten Verlaufs der Verhandlungen werden von den chinesischen Partnern ständig neue Fragen gestellt und schon beantwortete wiederholt diskutiert. Auch mit wechselnden Verhandlungspartnern hat es der deutsche Manager zu tun. Er verliert allmählich den Durchblick und die Kontrolle über das Geschehen und bemerkt eine ihm völlig unbekannte Art von Hilflosigkeit, in die er als erfahrener Manager geraten ist. Dem kann er als Vertreter seines deutschen Unternehmens mit einem klaren Verhandlungsmandat versehen, nicht tatenlos zusehen, zumal seine Verhandlungsergebnisse schon von seinen deutschen Vorgesetzten im Stammhaus kritisch kommentiert wurden.

So gerät er allmählich in einen Entscheidungskonflikt, der darin besteht, einfach weiterzumachen wie bisher, also den Vorgaben der chinesischen Partner zu folgen und abzuwarten, oder zu intervenieren, um die Verhandlungen zum Abschluss zu bringen. Da er inzwischen die Überzeugung gewonnen hat, dass jemand, der Verhandlungen ohne Grund so in die Länge zieht, wie das die chinesischen Partner tun, nicht ernsthaft an einem Vertragsabschluss zum beiderseitigen Wohl interessiert sein kann. Die Chinesen wollen offensichtlich keinen Vertragsabschluss, sondern verfolgen andere Ziele, wie z. B. Informationsgewinnung allein zur Verbesserung ihrer eigenen Position im Wettbewerb. Er entscheidet sich dafür, die Verhandlungspartner so unter Druck zu setzen, dass sie zu einem sofortigen Vertragsabschluss gezwungen sind. Die dazu eingesetzten verbalen und nonverbalen Mittel führen für ihn allerdings zum Gesichtsverlust und zum sofortigen Abbruch der Verhandlungen. Er ist für die Chinesen nicht mehr als Verhandlungspartner akzeptabel. Es war seine letzte Chinareise, obwohl die Chinesen weiterhin geschäftliches Interesse an der Fortführung der Verhandlungen signalisieren.

Möglichkeiten zum Konfliktmanagement

Nachdem die Verhandlungen zunächst sehr erfolgreich begonnen hatten, bereits viele Gespräche durchgeführt wurden, der deutsche Manager immer wieder neue Informationen nachgeschoben hatte sowie seine Bereitschaft zu Zugeständnissen und Konzessionen gezeigt hatte, schienen die Verhandlungen aus seiner Sicht auf ein für ihn positives Ergebnis hinauszulaufen. Als er schließlich bemerkte, dass im Sinne des angestrebten Verhandlungsergebnisses bisher noch nichts Substanzielles erreicht worden war, hätte er sich zunächst einmal gezielt um Informationen über den Verlauf der internen Diskussions- und Informationsprozesse auf chinesischer Seite bemühen müssen. Dazu hätte er beispielsweise eine chinesische Vertrauensperson einschalten können, die über ihr persönliches Beziehungsnetz Informationen darüber hätte einholen können, welche Teile des Pakets unstrittig sind, und welche Abstimmungen, Entscheidungen, Genehmigungen usw. noch ausstehen.

Falls keine Vermittlungsperson für diese Aufgabe zur Verfügung gestanden hätte, wäre es ihm möglich gewesen, vorsichtig und auf indirekte Weise den Leiter der chinesischen Verhandlungsdelegation darüber zu informieren, dass er seitens seiner deutschen Vorgesetzten immer wieder Anfragen bekommt, wie weit die Verhandlungen nun gediehen seien, und wann man zum Abschluss kommen könnte. Er hätte seinen chinesischen Verhandlungspartnern zu verstehen geben können, dass er versucht, seine Vorgesetzten davon zu überzeugen, dass die Verhandlungen auf einem guten Wege sind, dass aber noch viele Details des Verhandlungspakets auf chinesischer Seite besprochen werden müssen, und dass es zur Klärung noch einiger Zeit bedarf. Er könnte zudem seinen Partner darauf hinweisen, dass die deutschen Vorgesetzten nun eine Art Zwischenbescheid benötigen, damit sie den Fortschritt der begonnenen Verhandlungen beurteilen könne. Er könnte vorschlagen, mit dem chinesischen Partner gemeinsam zu überlegen, mit welchen Informationen man seine Vorgesetzten in Deutschland überzeugen könnte, dass die Verhandlungen bislang sehr gut verlaufen sind und dass man sich weiterhin um eine Einigung auf ein Verhandlungsergebnis bemüht.

Auf diese Weise könnte der deutsche Manager in dieser Situation fünf für ihn wichtige Ziele erreichen:
- Er signalisiert seinem chinesischen Partner, dass er von einer positiven Vertragsabwicklung ausgeht, und dass er, damit das so bleibt, die Kooperationsbereitschaft des Chinesen bei der Erstellung von Argumentationshilfen benötigt.
- Falls der chinesische Partner auf dieses Angebot eingeht, erhält er konkrete Informationen über den Stand der Abstimmungsprozesse auf chinesischer Seite. Er gewinnt dadurch Klarheit und Orientierungssicherheit und weiß somit, woran er ist. Falls ihm der Chinese diese Zusammenarbeit verweigert, indem er ihn mit nichtssagenden Floskeln abspeist und ihn nicht unterstützt, dann dient das ebenfalls der Situationsklärung.
- Falls der chinesische Partner ihm die erbetene Unterstützung gibt, gewinnt er wieder Kontrolle über die Situation. Er hat erreicht, dass der chinesische Partner ihn informiert, und er kann mit diesen Informationen gegenüber seinen Vorgesetzten seine Leistungsfähigkeit in der Beherrschung der schwierigen Verhandlungssituation unter Beweis stellen.
- Der deutsche Manager kann über diese zunächst harmlos erscheinende Bitte um Unterstützung und Kooperation prüfen, ob es dem chinesischen Partner wirklich um Zusammenarbeit geht, oder ob sein Verhalten tatsächlich das Resultat von Hinhaltetaktik, Informationsausbeutung und Ausspielen gegenüber Konkurrenten ist.
- Falls alle Versuche fehlschlagen sollten, bestünde für den deutschen Manager immer noch die Möglichkeit, dem chinesischen Partner zu signalisieren, dass er wegen anderweitiger Verpflichtungen zunächst einmal für längere Zeit nach Deutschland zurückreisen müsse, dass er aber jederzeit für ihn als Gesprächspartner zur Verfügung stünde, falls die Verhandlungen weitergeführt werden sollten. Er könnte sich so zunächst einmal von dem Druck befreien, der auf ihm lastet, die chinesischen Partner schnell zu einem Verhandlungsabschluss zu zwingen. Die Gesprächs- und Verhandlungsinitiative läge nun bei den Chinesen, die – falls sie wirklich ein so großes Interesse an dem angebotenen Produkt und dem geplanten Joint-Manager haben – darauf über kurz oder lang eingehen werden.

Für den deutschen Manager ist es jedenfalls von entscheidender Bedeutung, in der geschilderten Situation Handlungs- und Entscheidungsblockierungen aufgrund überstarker emotionaler Belastungen zu verhindern. Durch ein kulturadäquates Kommunikations- und Kooperationsverhalten (Gesicht wahren) kann er ein für beide Seiten produktives und zufriedenstellendes Gesprächs- und

Arbeitsklima schaffen. Dieses Verhalten bedeutet noch keineswegs, sich nur nach den chinesischen Kulturstandards zu richten, sich völlig anzupassen und alle eigenen Wertvorstellungen und Normen aufzugeben. Das geschilderte Konfliktlösungsverhalten zielt ab auf: (1) Informationssammlung und Situationsanalyse, (2) Angebote machen zur Kooperation zum gemeinsamen Vorteil, (3) eigene Vorstellungen und Wünsche sozial verträglich und mit Überzeugung zu vermitteln, (4) Kontrolle über das Geschehen zu behalten und (5) alle sich bietenden kulturspezifischen Handlungsmöglichkeiten zur Problemlösung zu nutzen und zwar unter Beachtung der kulturspezifischen Handlungsgrenzen.

5.7.3 Konfliktmanagement

Konfliktmanagement dient dazu, die am Konflikt beteiligten Personen in die Lage zu versetzen, wieder zielorientiert zu handeln, sich authentisch erleben zu können und die Motivation zur produktiven Zusammenarbeit zu stärken. Dabei ist es nicht so wichtig, den Konflikt nachhaltig zu lösen, was selten gelingt, wohl aber den Konflikt zu regeln (Berkel, 2005). Zu unterscheiden ist dabei ein strukturelles von einem interpersonalen Konfliktmanagement.

Strukturelles Konfliktmanagement zielt dabei auf die Optimierung der Leistungsfähigkeit von Organisationen durch den Abbau Konflikte auslösender Elemente und einer kontrollierten Eskalation von Konflikten. Die dazu geeigneten Strategien sind in Tabelle 9 dargestellt.

Tabelle 9: Strategien des strukturellen Konfliktmanagements nach Berkel (2006, S. 67)

	Prophylaxe (Abbau von Konfliktauslösern)	**Stimulierung (Kontrollierte Eskalation)**
Bewertungskonflikt	klare Unternehmensphilosophie (Werte, Mission, Vision), Auswahl von Mitarbeitern, die damit übereinstimmten	Änderung und Neuausrichtung der Unternehmensphilosophie, Einstellung von Querdenkern
Beurteilungskonflikt	Zentralisierung von Entscheidungen, Vereinbarung von Zielen, Unterstützung bei der Zielerreichung	Delegation von Entscheidungen, Reduktion des Informationsaustausches
Beziehungskonflikt	in der Sache begründete Kompetenzregelung, Aufbau einer Vertrauenskultur	leistungsbezogene Kompetenzregelung, strikte Zielvorgaben, rigorose Kontrolle
Verteilungskonflikt	Fördern eines corps d'esprit und einer durch Spielregeln gezähmten „Koopetition"	Verknappung von Ressourcen, Veröffentlichung von Leistungsrangplätzen

Zum Abbau von Konflikten und zur Entwicklung produktiver Formen der Zusammenarbeit haben sich folgende Maßnahmen als besonders wirksam erwiesen:
- das Herstellen eines gleichen Status von Personen und Gruppen in der Kontaktsituation,
- das Verfolgen gemeinsamer, übergeordneter Ziele,
- die Unterstützung von Kontakten zwischen den konfliktären Gruppen durch anerkannte Autoritäten (Schlichter bei Tarifverhandlungen, Ombudsmann),
- das Herausstellen positiver Geschichten gemeinsam geteilter Erfahrungen, ähnlicher Fähigkeiten und Fertigkeiten, gemeinsamer Schicksale (z. B. Herkunft, Lebens- und Sozialisationsgeschichte, Berufsausbildung, Hobbys).

Interpersonales Konfliktmanagement setzt voraus, dass die beteiligten Personen herausfinden, was der andere Partner intendiert, welche Ziele er verfolgt und was ihn zu konfliktträchtigem Handeln motiviert haben könnte. Danach ist es wichtig, beim Partner eine Verhandlungsbereitschaft zu erzeugen, denn alle Konfliktlösungsstrategien betonen die Notwendigkeit, zu Verhandlungen zu kommen. Erfolgreich sind Verhandlungen nach dem recht bekannten „dual-concern-model" von Pruitt und Rubin (1986) dann, wenn die Ausprägungen des eigenen Interesses und das Interesse an Ergebnissen des anderen als unabhängige Dimensionen behandelt werden. Ein stark ausgeprägtes Eigeninteresse in Verbindung mit einem Interesse an Ergebnissen für den Partner ist in der Regel die Grundlage zur Entwicklung einer tragfähigen Problemlösung. Aus dem Modell lassen sich die folgenden drei Postulate ableiten (Frank & Frey, 2002, S. 142):

1. Bedingungen, die hohes Eigeninteresse fördern, verhindern Nachgeben und Zugeständnisse machen. Dies bedeutet gleichzeitig, dass sich die Wahrscheinlichkeit, eine Einigung zu erzielen, reduziert – wenn es aber dennoch dazu kommt, ist sie von hohem Wert.
2. Bedingungen, die hohes Eigeninteresse fördern, führen entweder zu Kampf und Durchsetzung oder zu Problemlösen, in Abhängigkeit davon, wie das Interesse am Ergebnis des anderen ausgeprägt ist.
3. Bedingungen, die hohes Interesse am Ergebnis des anderen bewirken, vermindern den Einsatz von Kampf und Durchsetzung und den entsprechenden damit verknüpften Taktiken. Ob es zu Problemlösen oder Nachgeben kommt, hängt von der Ausprägung des Eigeninteresses ab.

Wenn es den Konfliktparteien selbst nicht gelingt, eine Problemlösung herbeizuführen, dann bleibt als weitere Möglichkeit die Einschaltung einer dritten Partei als Schiedsrichter, Schlichter oder Vermittler, also der Rückgriff auf einen Moderator bzw. zur Konfliktlösung zwischen Organisationen die Mediation (Schreyögg, 2002). Durch die wachsende Verflechtung organisatorischer, sozialer, personaler und rechtlicher Aspekte bei dem Versuch, Konfliktlösungen herbeizuführen, hat sich inzwischen die Mediation als ein erfolgreiches Instrument zur Regelung von Konflikten erwiesen (Redlich, 1997).

Im Zusammenhang mit kulturell angemessenem Verhalten in kulturellen Überschneidungssituationen ist Folgendes zu beachten: Bei interkulturellen Kontakten ist immer mit Prozessen der Identitätserhaltung, der Bedrohung von kulturellen Identitäten und bisweilen des Verlustes oder der freiwilligen bzw. erzwungenen Aufgabe sozialer Identitäten zu rechnen. Wenn zusätzlich mit einer Bedrohung von Identitäten oder dem Streit um Ressourcen zu rechnen ist, liegt ein erhebliches Konfliktpotenzial vor. „Interkulturelle Begegnungen sollten dann als angenehm und anregend wahrgenommen werden, wenn sie als Unterstützung der Selbstbewertung oder zum Gewinn einer neuen positiven Identität oder Ressourcen beitragen" (Wagner & Küpper, 2007, S. 121).

Bei allen negativen Emotionen und kognitiven Belastungen, die mit dem Entstehen kulturell bedingter Konflikte und deren Lösung verbunden sind, ist zu bedenken und zu beachten, dass Konflikte unvermeidbar sind und eben besonders zwischen Personen unterschiedlicher kultureller Herkunft gehäuft auftreten. Gerade die Bemühungen um eine kulturell sensible Konfliktanalyse einerseits und einer darauf aufbauenden Konfliktlösung andererseits sind aber auch bereichernd, weil sie die Sensibilität für kulturelle Unterschiede und Gemeinsamkeiten sowie das Verständnis für die Handlungswirksamkeit von Kulturstandards und die interkulturelle Kommunikation fördern.

5.8 Soziale Minoritäten

Personen, die unter den Bedingungen kultureller Überschneidungssituationen interagieren, sind fast immer in der Minderzahl. Fach- und Führungskräfte im Auslandseinsatz ebenso wie Studenten während eines Auslandsstudiums sind gegenüber der kulturellen Umwelt, in der sie leben und arbeiten, ebenso in der Minderzahl wie Flüchtlinge, Migranten und Asylanten in Deutschland und anderswo. Diese Tatsache, als Minorität mit einer speziellen kulturellen Orientierung einer Majorität mit einer in vielen Bereichen andersartigen und zum Teil gegensätzlichen kulturellen Orientierung gegenüberzustehen, ihr ausgeliefert zu sein, mit ihr auszukommen und sich ihr anpassen zu müssen, stellt aufgrund des Minoritätenstatus eine spezifische Herausforderung dar, verbunden mit oft nicht einfach zu bewältigenden Anforderungen.

> **Begriffsklärung: Minorität**
>
> Die Soziologie definiert eine Minorität als eine Gruppe von Menschen, die zahlenmäßig im Vergleich zu einer Majorität klein ist und, wie im Zusammenhang mit der hier diskutierten Thematik dargestellt, von der zahlenmäßig überlegenen Majorität in Bezug auf Einstellungen, Meinungen, Werte, Normen und Verhaltensweisen abweicht. So kann auch ein Individuum als Minorität im Umgang mit vielen anderen betrachtet werden.

Die eigene Zugehörigkeit zu einer Minorität wird betont, wenn diese von der Majorität positiv bewertet wird. Alle diese spezifischen Merkmale von Minoritäten treffen auf Fach- und Führungskräfte im Auslandseinsatz ebenso zu wie auf Migranten im Aufnahmeland. Allgemein kann man davon ausgehen, dass die Minorität sich der Majorität anpassen muss, um überhaupt ein gewisses Maß an Mitwirkungsmöglichkeiten zugestanden zu bekommen. Sozialpsychologische Forschungen, besonders die im Zusammenhang mit den Arbeiten von Moscovici (1985) haben aber gezeigt, dass Minoritäten durchaus Chancen haben, die Majorität zu beeinflussen. In jüngster Zeit ist die Minoritätenthematik im Kontext der Migranten- und Migrationsthematik diskutiert worden. Begriffe und Konzepte wie Assimilation, Segregation, Integration, Akkulturation, multikulturelle Gesellschaft, kulturelle Differenzen und Identität von Minderheitsangehörigen sind hier zu nennen. Minoritäten gegenüber entwickelt die soziale Majorität in der Regel sehr veränderungsresistente Stereotype und Vorurteile, was auf der Verhaltensebene zu Diskriminierung, Ausgrenzung, Ignoranz und Aggressivität führen kann. Soziale Spannungen und Konflikte zwischen Migranten als Minderheitengruppe und der Aufnahmegesellschaft als Mehrheitsgruppe entstehen dann, wenn unklar ist, ob und wie viel an Rechten, Ressourcen und Handlungsspielräumen den Minderheitenangehörigen zugestanden werden. „Über all das, wo Menschen in öffentlichen Diskursen den Eindruck gewinnen, dass sie Einfluss auf ihr Leben nehmen können, versachlichen sich die Auseinandersetzungen und reduzieren sich wechselseitig ethnisierende Schuldzuschreibungen" (Gaitanides, 2001, S. 24).

5.8.1 Position von Minoritäten und sozialer Einfluss

Sozialpsychologische Forschungen zum Verhältnis von sozialen Minoritäten gegenüber einer Majorität haben gezeigt, dass Minoritäten durchaus in der Lage sind, sozialen Einfluss auf Majoritätsmitglieder auszuüben. Dazu ist eine Reihe von Theorien entwickelt worden, die durchaus für das interkulturelle Verstehen und Handeln interessant sein können, denn Personen und Gruppen sind oft je nach situativen und strukturellen Kontexten mal in der Position einer Minorität und mal in der einer Majorität.

Eine deutsche Fachkraft, die zu Verhandlungen im Ausland unterwegs ist, befindet sich als alleiniger Vertreter des deutschen Unternehmens in einer Minoritätenposition gegenüber einer Mehrzahl von Verhandlungspartnern im ausländischen Unternehmen. Wenn diese Fachkraft in Deutschland Verhandlungen mit ausländischen Partnern führt, wird sie dies als Vertreter einer Majorität tun. So hat allein der numerische Unterschied zwischen Majoritäten und Minoritäten Konsequenzen für die Selbstdefinition ihrer Mitglieder. Es ist zweifellos immer schwieriger, einer negativ bewerteten Minorität anzugehören, als einer negativ bewerteten Majorität. Dabei wird ein positives Merkmal in der Minorität positiver bewertet als in der Majorität. Personen von Minderheiten definieren sich eher über ihrer Gruppenzugehörigkeit als Mitglieder einer Majorität, die vergleichsweise mehr individuelle Charakteristiken zur Selbstdefinition heranziehen. Das hat zur Konsequenz, dass Minoritäten sich eher über ihre Guppenzugehörigkeit definieren, wohingegen Majoritäten mehr individuelle Charakteristiken zur Selbstdefinition heranziehen. Mitglieder von Minoritäten betonen ihre Gruppenzugehörigkeit dann besonders stark, wenn es sich um positiv bewertete Merkmale der Minoritätengruppe handelt wie z. B. bei Eliten (vgl. Erb & Bohner, 2006, S. 498). Wenn es sich hingegen um negativ bewertete Minoritäten handelt, wird die Gruppenzugehörigkeit eher heruntergespielt. Bei Majoritätsgruppen sind diese Tendenzen weniger ausgeprägt oder nicht zu beobachten (vgl. Erb & Bohner, 2006, S. 498).

Als erster Forscher untersuchte Moscovici (1985) die Möglichkeiten, die sich Minoritäten bieten, sozialen Einfluss auf die Majorität auszuüben und so innovativ tätig werden zu können. In diesem Zusammenhang entwickelte er die Konversionstheorie. Im Kern besagt diese Theorie, dass dann, wenn es Minoritäten schaffen, gegen die Majorität einen Konflikt auszulösen und wenn sie dabei ihre Position konsistent gegenüber der Majorität zu behaupten verstehen, es ihnen dadurch gelingen kann, die soziale Stabilität der Majoritätssituation infrage zu stellen und somit eine Grundlage für einen Wandel zu schaffen. Über den konsequent durchgehaltenen Verhaltensstil wird bei der Majorität der Eindruck von Sicherheit, Stimmigkeit und Überzeugungskraft der Minoritätenposition erzeugt. Wenn der konsistente Verhaltensstil nicht so präsentiert wird, dass er als Dogmatismus und Rigorismus wahrgenommen wird, kommt es zu einem kognitiven Konflikt und der Überlegung, dass die Meinung der Minorität vielleicht doch etwas für sich hat und bedenkenswert ist. Argumente und Gegenargumente werden dann in einem Validierungsprozess gegeneinander abgewogen und erhöhen so die Chance zur Konversion als private Einstellungsänderung.

In einer Erweiterung der Konversionstheorie wird postuliert, dass die kognitive Beschäftigung und Auseinandersetzung mit der Minoritätenposition zu diversem Denken führt (Nemeth, 1986). Darunter versteht man ein Denken, bei dem viele unterschiedliche Aspekte beachtet werden und bei dem mit dieser Unterschiedlichkeit kreativ umgegangen wird.

Eine direkte Einflussnahme der Minorität auf die Majorität ist möglich, wenn es zu einer Identifikation und zur Herstellung einer positiven Identität mit der Einflussgruppe kommt. Jedenfalls sind nach dieser Theorie nicht handfeste Konflikte zur Einflussnahme der Minorität auf die Majorität von entscheidender Bedeutung, sondern Verhaltens- und Validierungsprozesse, die sowohl von Minoritäten als auch von der Minorität ausgehen können.

Zu beachten ist darüber hinaus, dass Majoritäten und Minoritäten durchaus voneinander abhängig sein können, zum Beispiel in Unternehmen, und es somit zu einem indirekten Einfluss kommen kann und dies auch ohne, dass erst ein Konflikt entstehen muss.

5.8.2 Einfluss von Minoritäten und Kreativität

Auf gesellschaftlicher Ebene wie auf Gruppenebene ist es wichtig, nicht in eingefahrenen Strukturen zu erstarren, sondern immer wieder innovative Impulse auszulösen. Gerade das kann durch die Konfrontation mit einer Minoritätenposition gelingen. Das Wesentliche dabei ist nicht, dass unterschiedliche Ansichten aufeinander treffen, sondern dass sich mit einer abweichenden Ansicht (der der Minorität) auseinandergesetzt wird. Hingegen führt der von einer Majorität ausgeübte soziale Druck zu Konformität (also äußerlicher Anpassung) und zu geringen kreativen Lösungen. Forschungen zu dieser Thematik des Minoritätseinflusses bei Problemlösungen haben gezeigt, dass unter Minoritätseinfluss tatsächlich mehr originelle Argumente produziert werden. Die gefundenen Lösungen stimmten jedoch mit der eigenen Position überein (vgl. hierzu Diehl & Munkes, 2002, S. 171).

5.8.3 Konsequenzen für Expatriates

Wenn eine deutsche Fach- und Führungskraft im Auslandseinsatz zu Verhandlungen oder als Werkleiter tätig ist und als Einzelner mit einer Mehrheit einheimischer Verhandlungspartner und Mitarbeiter zu tun hat oder wenn sie als Fachkraft im eigenen Land mit Personen unterschiedlicher kultureller Herkunft zu tun hat, wird sie versuchen müssen, auf ihre ausländischen Partner Einfluss zu nehmen. Auf der Basis der psychologischen Forschungen zur effektiven Einflussnahme von Minoritäten auf die Majorität sollte sie Folgendes beachten, wenn es ihr darum geht, von der Majorität abweichende Ansichten, Überzeugungen und Verhaltensweisen durchzusetzen:
- Sie muss sich zunächst darüber im Klaren sein, welche Majoritäts- und Minoritätsverhältnisse in der jeweiligen beruflichen Situation vorherrschen, in welcher Position sie sich in diesem Gefüge befindet und welche Einflussmöglichkeiten sich daraus für sie ergeben.
- Sie trägt ihre Meinung und Ansichten klar und mit überzeugenden Argumente vor, zeigt im weiteren Verlauf der nun beginnenden kontroversen Diskussion ein hohes Maß an Konsistenz in der Argumentation und im Verhaltensstil, also im Beharren auf der abweichenden Meinung. So erreicht sie ein Aufweichen der Stabilität der Mehrheitsmeinung, gefolgt von einer nachdenklichen Reflexion und kritischen Diskussion der bisherigen Selbstverständlichkeiten. Zugleich bietet sie ein hohes Maß an Sicherheit und Überzeugtsein in Bezug auf die Minoritätsmeinung an.

- Sie sollte sich darauf konzentrieren, bei ihren Partnern divergentes Denken zu fördern, also ein Denken, das viele unterschiedliche Aspekte der zur Diskussion stehenden Sachverhalte und Meinungen beinhaltet und das diese Aspekte miteinander vergleicht, abwägt und in Bezug auf ihre Wirkungen beurteilt.
- Sie sollte zudem auf die Sichtbarmachung der kreativen Leistungen achten, die sich als Folge der Auseinandersetzungen mit den abweichenden Ansichten gegenüber der Majoritätsmeinung einstellen können.

6 Stress und Stressbewältigung im Kontext interkulturellen Handelns

Stress ist eine subjektiv als unangenehm und belastend empfundene Situation, von der die Person negativ beeinflusst wird, bis hin zu somatischen Störungen. Stress entsteht generell aus einer Ignoranz zwischen den Anforderungen der Umwelt und den Ressourcen des Handelnden. Das Ausmaß des empfundenen Stresses hängt ab von der subjektiven Einschätzung der eigenen Bewältigungskapazität. Charakteristische Merkmale für Stress sind ein intensiv erlebter unangenehmer Spannungszustand in einer stark aversiven Lebenssituation. Diesen Spannungszustand versucht das Individuum zu vermeiden bzw. zu beenden, wozu sogenannte Copingstrategien eingesetzt werden. Unter Copingstrategien versteht man planmäßig eingesetzte Methoden im Rahmen gezielten Handelns zur Bewältigung von Stress, also Beanspruchung, Belastung, Anspannung und Sorge.

6.1 Stress als Folge interkulturellen Handelns

Es ist seit Jahrzehnten bekannt und wird immer wieder durch Umfragen belegt, dass 50 % der langfristig angelegten Auslandsentsendungen vorzeitig abgebrochen werden. Die Ursachen dafür sind vielfältig, aber oft ist Stress als Folge von dauerhaften Überforderungen beim Versuch, mit interkulturellen Überschneidungssituationen fertigzuwerden, hierfür von zentraler Bedeutung.

Auslandseinsätze, kurzfristige (unter 12 Monate) wie langfristige (2 bis 5 Jahre), gehören für viele Menschen inzwischen zum beruflichen Alltag. Hinzu kommen viele, die in Deutschland tagtäglich beruflich mit Menschen unterschiedlicher kultureller Herkunft zu tun haben.

Deshalb ist es sinnvoll, zunächst einmal die Merkmale des Arbeitsstresses genauer zu betrachten und mit dem zu vergleichen, was berufsbedingtes interkulturelles Handeln an stressauslösenden und stressverstärkenden Faktoren mit sich bringt.

Zu unterscheiden sind kurz- und langfristige, unspezifische und spezifische Auswirkungen von Stress. Als Stressoren können diejenigen hypothetischen Belastungen bezeichnet werden, die mit erhöhter Wahrscheinlichkeit zu Stressempfindungen führen. Oft genannte Stressoren sind Zeitdruck und intensive konzentrative Anspannung, Umgebungsbelastungen (Lärm, Hitze, Zugluft, Schmutz usw.), Schichtarbeit, Ärger mit Kollegen oder Vorgesetzten oder ständige „kleinere "Ärgernisse (Reibungen in der Arbeitsorganisation, Handlungsunterbrechungen und Mehrfachbelastungen). Auch die sogenannte Emotionsarbeit kann insbesondere im Dienstleistungsbereich durch die Anforderung an die Mitarbeiter, gleichbleibende Freundlichkeit zu zeigen, auch wenn Kunden sich aggressiv verhalten, bei großen Diskrepanzen zwischen Erlebtem und gefordertem Schauspielern gegenüber anderen Personen Gefühle von Stress hervorrufen. Oft empfundene Folgeprobleme von Stress sind psychische Befindlichkeitsbeeinträchtigungen wie Gereiztheit, psychosomatische Beschwerden und allgemein erhöhte gesundheitliche Beeinträchtigungsrisiken. Aus betrieblicher Sicht entstehen Kosten durch erhöhte Fehlerrisiken und vor allem durch krankheitsbedingte Abwesenheit (Greif, 2014, S. 1610).

Wer unvorbereitet mit Menschen anderer kultureller Herkunft, Biografie- und Sozialisationsgeschichte so zusammenarbeiten muss, dass er seine selbst gesetzten und die ihm aufgetragenen Ziele erreicht und dabei auf die produktive Mitarbeit seiner ausländischen Kollegen und Mitarbeiter angewiesen ist, gerät schnell in dauerhafte Überforderungssituationen. Es kommt also zu, wie es oben heißt, subjektiv intensiv erlebten unangenehmen Spannungszuständen. Diese resultieren aus der Befürchtung, dass eine stark aversive, subjektiv zeitnahe oder lang andauernde Situation besteht, die sehr wahrscheinlich nicht vollständig kontrollierbar ist, deren Vermeidung aber subjektiv wichtig erscheint. Genau in dieser Situation steht jede Fach- und Führungskraft täglich im Auslandseinsatz, denn immer wieder erweisen sich seine spezifischen Orientierungen, Werte, Normen und Verhaltensgewohnheiten als unzureichend, die sich einstellenden Situationen zielorientiert zu bewältigen. Jede kulturell bedingte kritische Interaktionssituation, die aus unerwarteten Reaktionen des fremdenkulturellen Partners entsteht und den Handelnden zunächst einmal ratlos werden lässt, enthält alle Elemente, die Stress auslösen. Das zeigen alle bisher im Text präsentierten Fallbeispiele.

Fasst man Lern- und Anpassungsprobleme als Bedingungen interkulturellen Verstehens und Handelns unter dem Begriff „Akkulturation" zusammen (Layes, 2007) und betrachtet dabei die immer wieder von Expatriates oder auch Studenten und Praktikanten bei längerfristigen Auslandsaufenthalten im geschilderten und in unterschiedlichen Phasen des Akkulturationsprozesses erlebten Akkulturationsbelastungen, dann ergibt sich der in Abbildung 11 dargestellte prototypische Akkulturationsprozess (Thomas, 1993).

Zu Beginn des Auslandsaufenthaltes sind gewisse Ausweisebefürchtungen vorhanden. Nach der Ankunft weichen diese jedoch einer Anfangsbegeisterung, die durch die vielen neuen Erfahrungen zustande kommt. Mit der Zeit gewöhnt man sich an die neue Situation und nimmt dabei immer deutlicher kulturelle Divergenzen wahr, die häufig auch negativ empfunden werden. Dadurch kommt es zu einer Anpassungskrise bzw. zu einem Kulturschock. In dieser Phase ist die Akkulturationsbelastung am höchsten und der Heimreisewunsch am stärksten. Bei einer erfolgreichen Überwindung dieser Anpassungskrise kann eine Anpassung an die fremde Kultur stattfinden. Häufig geraten dabei negative Aspekte der eigenen Kultur stärker in den Blick. Steht die Rückreise bevor, kommt es zu Zweifeln, sich in der eigenen Kultur wieder zurechtzufinden. Tatsächlich kommt nach der Rückreise in das Heimatland nach einer kurzzeitigen Begeisterungsphase zu einer Reintegrationskrise, d. h. zu erhöhten Akkulturationsbelastungen in der eigenen Kultur. Erst wenn diese Krise überwunden werden kann, findet eine vollständige Wiedereingewöhnung in die eigene Kultur statt (Layes, 2007).

In diesem Zusammenhang und besonders bei der Betrachtung von stressrelevanten Faktoren spielt der Begriff „Kulturschock" eine nicht unerhebliche Rolle. Nach den Forschungen von Ward et al. (2001) lassen sich vier „Push"-Faktoren (Abwendung von der Fremdkultur) und zwei „Pull"-Faktoren (Hinwendung zur Heimatkultur) unterscheiden, die zweifelsohne einen wichtigen Anteil an der Stressbelastung ausmachen.

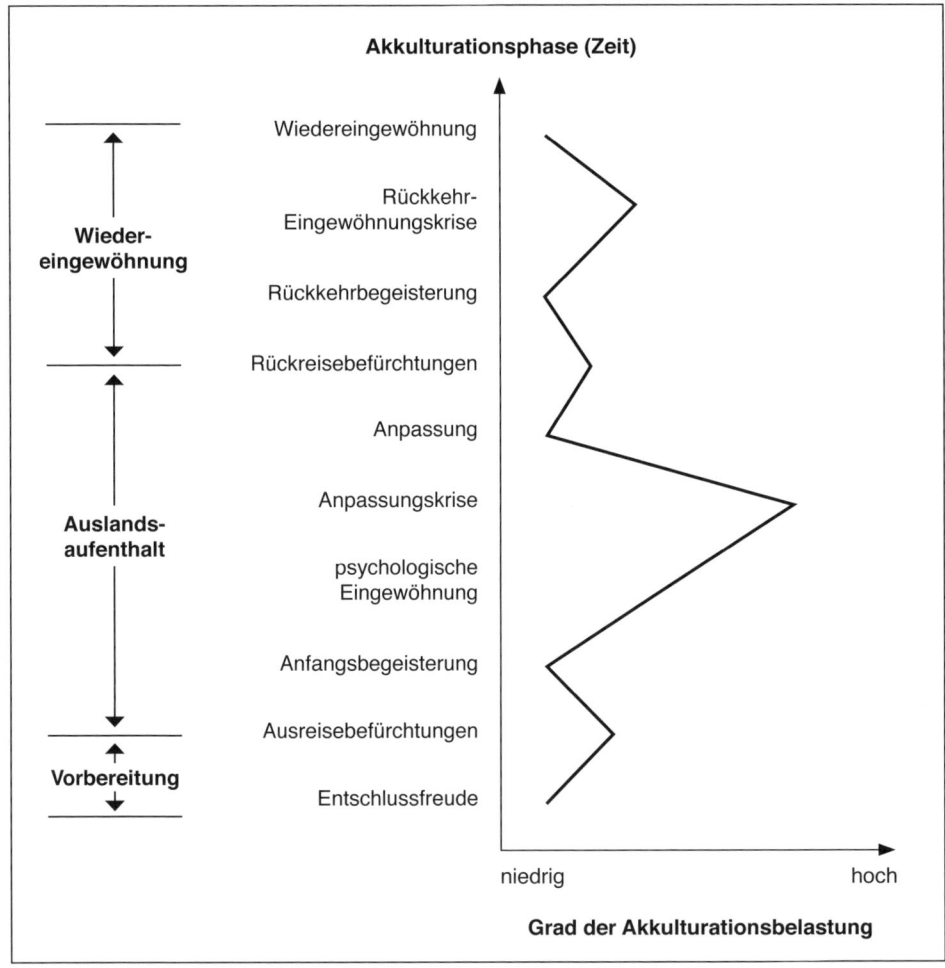

Abbildung 11: Verlauf der Akkulturationsbelastung bei Auslandsaufenthalten (Thomas, 2014b)

> **Push- und Pull-Faktoren in interkulturellen Stresssituationen**
>
> *Push-Faktoren:*
> - *Anstrengungen:* Da die gewohnten Handlungsstrategien oftmals nicht mehr funktionieren oder nicht mehr so funktionieren, wie man es gewohnt ist, muss man besonders aufmerksam sein, vieles ausprobieren, vieles als gescheitert betrachten oder mit einem geringen Erfolg zufrieden sein, und genau das ist sehr anstrengend.
> - *Hilflosigkeit:* Wenn etwas nicht mehr so funktioniert, wie man es bisher gewohnt war, und wenn man nicht weiß, wo die Ursachen dafür zu suchen sind, entsteht für viele eine völlig neue Erfahrung verbunden mit dem Gefühl der Hilflosigkeit.
> - *Rollenkonfusion:* Der Expatriate ist häufig im Unklaren darüber, wie die einheimischen Partner ihn und seine Rolle betrachten, was sie von ihm erwarten und ob das mit dem übereinstimmt, was er von ihnen erwartet.
> - *Divergenzwahrnehmung:* Immer deutlicher wird die Unterschiedlichkeit zwischen den eigenen und den fremden Normen, Werten und Verhaltensweisen wahrgenommen. Manches, was der fremdkulturelle Partner an Reaktionen zeigt, wirkt irritierend und unangenehm und wird als falsch und ineffizient bewertet. Dies kann zur radikalen Ablehnung des Fremdkulturellen oder auch zur stärkeren Selbstreflexion und dem Bemühen um Verständnis für die Andersartigkeit führen.
>
> *Pull-Faktoren:*
> - *Heimweh:* Die vertraute heimatliche Umgebung wird mehr und mehr vermisst und herbeigesehnt. Man macht sich Sorgen über das, was zu Hause passiert und von dem man nur spärlich etwas erfährt.
> - *Statusverlust:* Der im Heimatunternehmen fest verankerte eigenes Status und die damit verbundenen Handlungsmöglichkeiten haben sich im fremden kulturellen Kontext aufgelöst und gelten nicht mehr. Der eigene Status im neuen Unternehmen und im neuen sozialen Umfeld ist unsicher und muss eventuell über einen längeren Zeitraum hinweg neu entwickelt und stabilisiert werden. Dies erzeugt Sehnsucht nach den verlässlichen Verhältnissen im Heimatunternehmen und in der Heimatkultur.

Die Intensität, mit der der Kulturschock empfunden wird, hängt von folgenden Faktoren ab:
- *Kulturelle Distanz:* Je größer der Unterschied zwischen der eigenen Kultur und der fremden Kultur ist, umso stärker wird der Kulturschock empfunden.
- *Distanz der Aufgaben:* Je größer der Unterschied in der Erledigung der Aufgaben zwischen dem, was in der eigenen Kultur im Vergleich zur fremden Kultur gefordert ist, umso stärker wird der Kulturschock empfunden.
- *Soziale Unterstützung:* Je weniger soziale Unterstützung jemand in der Fremdkultur erfährt, umso stärker empfindet er den Kulturschock.
- *Dauer und zeitliche Klarheit:* Je länger der Aufenthalt in der Fremdkultur dauert und je weniger eindeutig die Aufenthaltsdauer geplant und festgelegt ist, umso stärker wird der Kulturschock empfunden.

- *Freiwilligkeit:* Der Kulturstock wird umso stärker empfunden, je mehr der Experte den Eindruck hat, zu dem Auslandseinsatz gezwungen worden zu sein.

Zweifellos tragen die nachhaltig wirksam gewordenen kulturell bedingten kritischen Interaktionssituationen zur Erhöhung der Akkulturationsbelastung maßgeblich bei und verstärken die Stressintensität. Über die Zeit hinweg sind es vermutlich aber eher die vielen, alltäglich erlebten kulturell bedingten kritischen Interaktionssituationen, die der Handelnde nach einiger Zeit interkultureller Erfahrungen, fortgeschrittener Akkulturation und Eingewöhnung zwar schon antizipieren kann, die aber dennoch immer wieder als fremd, falsch, unpassend, irrational und kontraproduktiv empfunden werden. Diese alltäglichen Spannungen, Belastungen, Abhängigkeiten und die damit hervorgerufene Hilflosigkeit sind wesentlich für das dauerhaft erhöhte Stressniveau verantwortlich. Die auf eine kulturell bedingte kritische Interaktionssituation generell zu erwartenden emotionalen und kognitiven Reaktionen, die alle eine das Stressniveau erhöhende Wirkung entfalten, sind in Abbildung 4 auf Seite 49 dargestellt.

Für die seit 2001 laufend weiterentwickelte Buchreihe zu Führungskompetenz im Ausland („Beruflich in …", herausgegeben von Thomas), die Trainingsmaterialien für deutsche Manager, Fach- und Führungskräfte zur Vorbereitung auf die Zusammenarbeit mit Partnern aus inzwischen 40 Nationen umfasst, wurden im Laufe der Jahre über 800 Interviews mit deutschen Managern über ihre alltäglichen kulturell bedingten kritischen Interaktionssituationen im Umgang mit ihren ausländischen Partnern befragt. Aus diesen Befragungen konnten Erkenntnisse darüber gewonnen werden, auf welche Art und Weise die kritischen Interaktionssituationen als kulturell und nicht als personspezifisch oder situationsspezifisch determiniert identifiziert werden und welche Belastungen damit verbunden sind, sondern auch, wie sie verarbeitet werden. Aus diesem Material konnten die in Abbildung 5 auf Seite 50 dargestellten Varianten der Bearbeitung interkulturell bedingter Handlungsstörungen gewonnen werden.

Nach dem Aufmerksam-Werden darauf, dass in der interpersonalen Interaktion mit einem fremdkulturellen Partner irgendetwas nicht stimmt, und dem Nachdenken und Reflektieren über mögliche Ursachen kommt es zur Verunsicherung, zur Desorientierung und zum Gefühl missverstanden zu werden. An diesem Punkt entscheidet es sich, ob der Handelnde sich durch das Verhalten seines Partners gekränkt fühlt und dann versucht, diese Kränkung irgendwie loszuwerden oder ob er fähig ist zur Situationsanalyse. Startet er immer wieder neue Versuche, mit dem Partner „zurande zu kommen", um ihn und sein Verhalten zu verstehen, wird er gezwungen sein, sich in dessen Denken und Handeln immer mehr einzufühlen. Er kann so also emphatische Qualitäten entwickeln und damit erwartungswidrige Interaktionssituation besser meistern. Expatriates, die immer nur mit Abwehr reagieren, handeln sich damit ein dauerhaft hohes Stressniveau ein, was noch dadurch verstärkt wird, dass sie immer wieder das Gefühl haben, mit ihren Partnern im Gastland nicht so richtig zurechtzukommen und deshalb auch der Erledigung ihrer Aufgaben nicht gerecht werden. Wer mit Anpassung/Gewöhnung reagiert, kann als Fach- und Führungskraft durchaus erfolgreich sein, obwohl es nie zu einem vertieften Verstehen der Ursachen für die Irritationen kommt. Wer mit Akzeptanz/Innovation reagiert, hat die Chance, nicht nur in Bezug auf die kulturellen Orientierungen der Partner im jeweiligen Einsatzland viel zu lernen, sondern auch eine handlungswirksame Kompetenz zum interkulturellen Verstehen und Handeln aufzubauen.

6.2 Fallbeispiele im Kontext interkulturell bedingten Stresses

6.2.1 Fallbeispiel Türkei: Der Termin

Situationsschilderung

„Herr Wegmann arbeitet als Trade-Manager in einer großen deutschen Bank in der Türkei. Der Geschäftsführer teilt den Angestellten an einem Dienstag mit, dass bis Mittwochabend eine dringende Terminsache abgeschlossen werden muss. Als Herr Wegmann von diesem Termin erfährt, geht er sofort zu seinem türkischen Kollegen und fragt, ob sie nicht gleich zusammen mit der Arbeit beginnen könnten. Allein kann er nichts ausrichten, da es sich um eine Teamaufgabe handelt. Die türkischen Kollegen meinen aber, dass es locker reiche, erst morgen mit der Bearbeitung anzufangen. Obwohl Herr Wegmann immer wieder nachfragt passiert aber auch den ganzen Mittwochvormittag nichts. Erst am späten Nachmittag kommen Herrn Wegmanns Kollegen auf ihn zu und sind nun sehr gestresst. Obwohl sie bis spät in die Nacht arbeiten, schaffen es die Bankangestellten nicht, den Termin einzuhalten. Herr Wegmann man ist sehr ärgerlich. Er hat gleich gesagt, dass sie am Dienstag anfangen sollten, weil es sonst zu knapp werden würde. Jetzt mussten sie bis spät in die Nacht arbeiten und der Termin konnte doch nicht eingehalten werden. Er versteht nicht, warum die Türken nicht früher anfangen wollten" (Appl, Koytek & Schmid, 2007, S. 93).[9]

Interpretation

Für Herrn Wegmann ist klar, dass nicht nur der Auftrag korrekt erledigt werden muss, sondern dass die Vorlage auch pünktlich bis Mittwochabend zu erstellen ist. Er kalkuliert die Arbeitszeit ein und weiß, dass dies nur dann zu schaf-

---
9 Fallbeispiel aus Appl, Koytek und Schmid (2007). Der Abdruck erfolgt mit freundlicher Genehmigung des Verlags Vandenhoeck & Ruprecht.

fen ist, wenn man schon am Dienstag daran arbeitet. Die türkischen Kollegen sind es gewohnt, mit Zeitvorgaben gelassen umzugehen. Man geht Projekte kurzfristig an, weil bei einer langfristigen Planung viele ständig sich verändernde externe Faktoren eingeplant werden müssten. Sie denken viel gegenwartsorientierter und verstehen nicht, wieso sie am Dienstag schon mit der Arbeit beginnen sollen, da doch noch bis Mittwochabend genug Zeit bleibt. Sollte es zeitlich knapp werden, sind sie selbstverständlich bereit, Überstunden zu machen und die Nacht durchzuarbeiten, um die Aufgabe doch noch irgendwie hinzubekommen.

„Die Bedeutung von Regeln und Zeit ist in der türkischen Kultur relativ. Regeln haben demnach keinen absoluten Status, sondern werden der augenblicklichen Situation angepasst. Neuen und ungewohnten Situationen wird mit großer Gelassenheit begegnet. Selbst unter zunächst schwierig erscheinenden Umständen legen Türken ein sehr großes Improvisationstalent an den Tag und wissen sich zu helfen. Auch dem Konstrukt Zeit wird eine eher geringe Bedeutung beigemessen und Terminvereinbarungen werden häufig lediglich als grobe Richtschnur betrachtet" (Appl, Koytek & Schmid, 2007, S. 102).

Für Herrn Wegmann, für den nach deutscher Kulturtradition sachbezogene und zeitbezogene Planung und das korrekte Einhalten von Plänen und einmal getroffenen Vereinbarungen eine zentrale Grundlage für effizientes Arbeiten ist, erzeugt die Handlungswirksamkeit des türkischen Kulturstandards „Relativismus von Regeln und Zeit" eine ständige Verunsicherung und damit eine unerträgliche Belastung.

6.2.2 Fallbeispiel Russland: Das Firmenfest

Situationsschilderung

„Eine deutsche Firma reserviert in St. Petersburg ein Schifffahrtsrestaurant für ein Sommerfest. Vier Wochen zuvor wird mit dem Pächter alles, auch der Preis, vereinbart. Die Einladungen werden verschickt und der Vorstand eingeladen. Zwei Tage vor dem Fest kommen verschiedene Nachträge seitens des Gastronomiebetriebs. Dieses und jenes müsse noch extra bezahlt werden und seien im Preis nicht inbegriffen. Die Firma sieht sich unter Druck gesetzt. Der Betreiber scheint bis kurz vor dem festgesetzten Termin gewartet zu haben, damit keine Ausweichmöglichkeiten mehr bestehen. Die deutsche Firma spielt dieses Mal zähneknirschend mit" (Yoosefi & Thomas, 2008, S. 87).[10]

---

10 Fallbeispiel aus Yoosefi und Thomas (2008). Der Abdruck erfolgt mit freundlicher Genehmigung des Verlags Vandenhoeck & Ruprecht.

Interpretation

„Die systematische deutsche Planung und das korrekte zeitliche Vorgehen sind Nichtmaximen in der russischen Arbeitswelt. Man hat am Verlauf der Arbeitsfreude und geht an die Dinge locker heran. In Russland wird eine vertragliche Vereinbarung als nicht so bindend angesehen wie in Deutschland. Der in früheren Zeiten fehlende freie Wettbewerb und die Tatsache, dass daraus keine Notwendigkeit kundenorientierter Serviceleistungen erwuchs, machten den Konkurrenzkampf zwischen Firmen undenkbar. Es gab keine Möglichkeit, sich nach dem Kostenvoranschlag verschiedener Firmen zu erkundigen und deren Leistungen zu vergleichen, um sich dann für das günstigere Angebot zu entscheiden. Russische Unternehmen sehen heute immer noch nicht die Notwendigkeit, vor dem Vertragsabschluss alle anfallenden und unter Umständen noch zusätzlich infrage kommenden Kosten im Voraus zu berechnen" (Yoosefi & Thomas, 2008, S. 89).

Hinzu kommt eine durchaus noch weit verbreitete Denkweise, der Kunde habe ja keine Wahl, er wird schon wiederkommen. Wenn ich das Unternehmen heute zufriedenstellend bediene, versuche ich jetzt, daran so viel wie möglich zu verdienen, denn man weiß nie was kommen wird, alles ist offen und verändert sich ständig. So lebt man in Russland eher für den Tag und plant wenig für die Zukunft, die sowieso nicht kalkulierbar ist.

6.2.3 Fallbeispiel Indien: Verkaufsstatistik

Situationsschilderung

„Herr Lehnert ist der neue Leiter der Marketingabteilung einer deutschen Firma in Indien. Er beauftragt seinen indischen Mitarbeiter Herrn Bilhka, eine Verkaufsstatistik der letzten Jahre zu erstellen und erklärt ihm detailliert, wie er sich die Arbeit vorstellt. Er zeigt ihm sogar, wie die Statistik und der Graph dazu auszusehen hat. Auf die Frage, ob er die Aufgabe verstanden hätte, antwortet Herr Bilhka mit ‚Ja'. Herr Lehnert gibt ihm eine Deadline vor, bis wann er das Ergebnis sehen will. Als der Termin gekommen ist und Herrn Bilhka ihm seine Arbeit präsentiert, traut Herr Lehnert seinen Augen nicht. Der Mitarbeiter hat lediglich eine Liste aller Kunden der letzten Jahre zusammengestellt. Er hat die Aufgabe scheinbar überhaupt nicht verstanden. Herr Lehnert reagiert überrascht: Da war für mich einfach ein großes Fragezeichen, denn er hatte mir versichert, dass er das kann. Ich war wirklich enttäuscht" (Mitterer, Mimler & Thomas, 2013, S. 99).[11]

---

11 Fallbeispiel aus Mitterer, Mimmler und Thomas (2013). Der Abdruck erfolgt mit freundlicher Genehmigung des Verlags Vandenhoeck & Ruprecht.

Interpretation

„Ein Inder würde seinem Chef gegenüber niemals zugeben, dass er eine Aufgabe nicht verstanden hat. Lieber macht er einen Fehler und wird später dafür kritisiert, als dass er offen sein Unvermögen darlegt. So versucht er, eine unangenehme Situation zu vermeiden um die Beziehungen zu seinem Chef nicht zu gefährden. Denn in Indien bevorzugt man einen positiven Kommunikationsstil und vermeidet Negativaussagen. So gilt ein dickes ‚Nein' als abweisend und unhöflich. Herr Bilhka gibt daher vor, alles verstanden zu haben und hofft, dass sich das Problem im Nachhinein klären lässt. Auf diese Weise kommt es zwischen Indern und Deutschen immer wieder zu Missverständnissen, da diese das Verhalten der Inder als Unzuverlässigkeit und Unfähigkeit interpretieren" (Mitterer, Mimler & Thomas, 2013, S. 101).

6.2.4 Fallbeispiel Argentinien: Das Vorgespräch

Situationsschilderung

„Herr Müller lebt seit einigen Jahren in Argentinien und betreibt dort eine Unternehmensberatung. Als er von dem Vertreter seiner Firma, Senor Guardia, wegen eines Projekts angerufen wird, trifft er sich mit diesem zu einem Vorgespräch, in dem über den Beratungsvertrag, den Zeitpunkt und die finanziellen Forderungen gesprochen wird. Senor Guardia sagt Herrn Müller zu, ihn am nächsten Tag anzurufen. Herr Müller hört jedoch nie wieder etwas von ihm. Er empfindet dieses Verhalten als sehr respektlos und fühlt sich in seiner Ansicht bestätigt, dass Argentinier im allgemeinen sehr unzuverlässig sind" (Foellbach, Rottenaicher & Thomas, 2002, S. 108).[12]

Interpretation

„Wenn Argentinier bestimmte Zusagen machen, so ergibt sich für sie daraus nicht automatisch eine Verpflichtung, diese auch einzuhalten. Dabei haben unter Umständen die Absprachen momentan durchaus Gültigkeit, sie verlieren diese jedoch, wenn andere Gegebenheiten eintreten. Es ist aus ihrer Sicht auch keine Entschuldigung erforderlich, wenn eine gemachte Zusage nicht eingehalten wird. Abmachungen, die für Deutsche einen konkreten Handlungsvorsatz bedeuten, drücken für Argentinier eher eine generelle gute Absicht aus, etwas zu tun, ohne dass man damit gleich die Verpflichtung eingeht, das Gesagte auch umzusetzen" (Foellbach, Rotteneicher & Thomas, 2002, S. 111).

Die Handlungswirksamkeit des argentinischen Kulturstandards „Unverbindlicher Umgang mit Absprachen" hat zur Folge, dass Abmachungen zwar eine generelle

---

12 Fallbeispiel aus Foellbach, Rottenaicher und Thomas (2002). Der Abdruck erfolgt mit freundlicher Genehmigung des Verlags Vandenhoeck & Ruprecht.

und allgemeine Gültigkeit und Verbindlichkeit haben, diese aber verlieren, wenn den Handelnden im Verlauf der Zeit und der Ereignisse andere Verbindlichkeiten wichtiger erscheinen. Zudem sind Argentinier höflich und schlagen selten eine Bitte ab, werden sie aber auch nicht erfüllen, wenn sie dazu keine Lust haben oder wenn ihnen etwas dazwischen kommt. Manches wird einfach zugesagt, weil eine Absage als unhöflich erscheinen würde, unter der stillschweigenden Voraussetzung, dass dies nicht wörtlich genommen wird. Auch Besprechungsergebnisse und einmal getroffene Beschlüsse, unabhängig davon, ob sie in mündlicher oder schriftlicher Form vorliegen, werden in Argentinien eher nur als grobe Richtlinie betrachtet, die durchaus noch bis kurz vor dem endgültigen Ablieferungs- und Fertigstellungstermin korrigierbar und neu verhandelbar sind. Von den an die Einhaltung von Regeln gewohnten deutschen Geschäftspartnern wird ein solches Verhalten als Unzuverlässigkeit der Argentinier und Unwägbarkeit ihres Handels interpretiert.

6.2.5 Fallbeispiel Indien: Delegieren

Situationsschilderung

„Als Herr Lehmann seine Stelle als Leiter des indischen Büros einer Organisation antritt, fällt ihm eine Sache unangenehm auf: Die wissenschaftlichen Mitarbeiter delegieren viele Tätigkeiten, die sie auch selbst erledigen könnten, an die Sachbearbeiterinnen und diese schicken für jede Kleinigkeit die Hilfskräfte durch das Haus. Zum Beispiel wird eine Hilfskraft aus dem Erdgeschoss in den zweiten Stock gebeten, um ein Blatt Papier abzuholen, es in den ersten Stock zu tragen, eine Kopie zu machen und es wieder im zweiten Stock abzuliefern. Für Herrn Lehmann ist das eine Verschwendung von Arbeitskraft, denn nach seiner Ansicht könnte die Hilfskraft in dieser Zeit etwas Sinnvolleres tun. Herr Lehmann fragt sich, warum die Hilfskräfte nur als Handlanger gesehen werden und keine eigenen Verantwortungsbereiche haben" (Saure, Tillmanns & Thomas, 2006, S. 59).[13]

Interpretation

„Höhere Angestellte kommen auch in der heutigen indischen Gesellschaft meist aus höheren Kasten als Hilfskräfte. Angehörige höherer Kasten ist es vorbehalten, Kopfarbeit zu leisten, während Menschen aus unteren Kasten mit den Händen arbeiten müssen. Jeder Hindu hat seine ‚Pflicht' zu erfüllen, um gutes *Karma* für die nächste der Existenz anzuhäufen. Der Höherkastige würde sich mit den Ausführungen von niedrigen Tätigkeiten verunreinigen, während es für den

---

13 Fallbeispiel aus Saure, Tillmanns und Thomas (2006). Der Abdruck erfolgt mit freundlicher Genehmigung des Bautz Verlags.

Niederkastigen eine ‚gottgewollte' Pflicht ist, dem Oberen zu dienen" (Saure, Tillmanns & Thomas, 2006, S. 51).

Ein indischer Arbeiter erledigt nur das was ihm vom Höhergestellten aufgetragen wird. Selbstständiges Arbeiten und die Entwicklung eigener Ideen sind nicht seine Aufgabe. Dies würde außerdem existierende Rollenvorschriften verletzen und ihm Entscheidungsspielräume eröffnen, die ihm nicht zustehen, denn seine Aufgabe besteht allein darin, die Befehle der Höhergestellten zu befolgen. Auch führende Angestellte erledigen nur das, was ihr Chef ihnen aufgetragen hat. Dabei ist es üblich, Aufgaben mit genauen Anweisungen zur versehen, denn die Verantwortung für ihre ordnungsgemäße Erledigung trägt allein der Vorgesetzte. Eigenverantwortliches Arbeiten ist deshalb nicht erlaubt und nicht erwünscht.

6.2.6 Konsequenzen aus den Fallbeispielen

Was hier in den fünf einzelnen, prototypischen Fallbeispielen an authentisch erlebten Irritationen in der Zusammenarbeit mit ausländischen Partnern erfahren wird, sind keine einmaligen Ereignisse, vielmehr enthalten sie im Kern kulturspezifische Orientierungsmerkmale, die aus Sicht der deutschen Fach- und Führungskräfte das berufliche Alltagsleben bestimmen. Daraus ergeben sich dauerhafte psychische Beanspruchungen und unangenehme Spannungszustände die Stress verursachen. Immer wieder muss die deutsche Fach- und Führungskraft:
- im Umgang mit türkischen Partnern mit einer viel zu lässigen Beachtung und Behandlung von Regeln und Zeitvorgaben rechnen;
- im Umgang mit russischen Partnern mit einer geschickten Relativierung von vertraglichen Vereinbarungen und dem Ausnutzen provozierter Zwangssituationen rechnen;
- im Umgang mit indischen Partnern mit hierarchiebedingten Beschönigungen, Falschaussagen und Ungereimtheiten rechnen;
- im Umgang mit argentinischen Partnern mit Unwägbarkeiten und Unzuverlässigkeit im Umgang mit Verabredungen, Absprachen und Verträgen rechnen;
- im Umgang mit indischen Partnern mit einer Kasten Wohnung bedingten unbeschreiblichen Verschwendung an Human Resources rechnen.

6.3 Copingstrategien

Grundsätzlich kann man davon ausgehen, dass die Konfrontation und die Beschäftigung mit kulturellen Überschneidungssituationen unweigerlich zu Stress führen, da in der Regel mit einer vom Handelnden wahrgenommenen und als negativ bewerteten Diskrepanz zu rechnen ist. Die zu bewältigenden Anforderungen der Umwelt, wie erwartungswidrige Reaktionen des fremdkulturellen Partners, überwiegen in ihrer Bedeutsamkeit. Einerseits sind die eigenen gewohnten, gleichsam automatisierten Reaktionen nicht erfolgreich und andererseits sind subjektiv eingeschätzte eigene Reaktionskapazitäten sowie verfügbare Ressourcen zur Bewältigung der kulturellbedingt kritischen Interaktionssituationen unzulänglich. Dennoch ist der Handelnde solchen schwer zu bewältigenden Situationen nicht hilflos ausgeliefert, vielmehr verfügt er über mehr oder weniger ausgefeilte Strategien zu ihrer Bewältigung (Coping).

Begriffsklärung: Coping
Stressbewältigung (Coping) wird in der Psychologie als bewusstes, zielgerichtetes und internales Handeln verstanden, dass einerseits der Bewältigung der als belastend empfundenen Situation dient und andererseits bereits antizipatorisch zielbezogenes Handeln im Sinne von Tolerieren und Vermeiden umfasst.

Stressbewältigung kann auf vielfältige Weise wirksam werden:
- Veränderung der stressauslösenden Situation durch gezielte Intervention in Bezug auf den Partner das Interaktionsgeschehen und die Kontextbedingungen,
- Änderung der eigenen Wahrnehmung und Bewertung der stressauslösenden Situation und ihrer Folgen,
- Regulation der biologischen und psychologischen Stressreaktionen,
- Anwendung unterschiedlicher, ineinandergreifender Methoden wie Autogenes Training, kognitive Umstrukturierung, Perspektivenwechsel, Selbstmanagement-Kompetenzen im Kontext von systematischem Problemlösen, Zeitmanagement, Arbeitsorganisation, Selbstwirksamkeit, Netzwerkmanagement zur Gewinnung sozialer Unterstützung.

In Fällen, in denen die permanenten Herausforderungen der berufsbedingten Bewältigung kultureller Überschneidungssituationen zu einer dauerhaften sozial-existenziellen Belastung der Gesamtpersönlichkeit werden, in denen Selbstwirksamkeitserwartungen, Selbstbewusstsein, Selbstsicherheit und Kontrollebewusstsein gefährdet sind, könnte man schon von sogenannten „kritischen Lebensereignissen" sprechen. Darunter versteht man in der Psychologie spezifische, massiv und nachhaltig belastende Ereignisse, die eine qualitativ-strukturelle Anpassungsleistung erfordern, verbunden mit nachhaltigen emotionalen Reaktionen. Im Rahmen der Forschung zu kritischen Lebensereignissen (Filipp, 1995) sind Bewältigungsprogramme beschrieben worden, wie die Übernahme neuer Rollen und Verantwortlichkeiten, das Infragestellen herkömmlicher Werte und Ziele sowie der Erwerb neuer Fähigkeiten und Verhaltensroutinen, die auch im Kontext interkulturellen Verstehens und Handels relevant sein könnten.

Von zentraler Bedeutung sind in diesem Zusammenhang auch Ergebnisse und Theorien zu dem, was man in der Psychologie Bewältigungsforschung nennt.

Darunter versteht man die wissenschaftliche Beschäftigung mit allen Arten der Auseinandersetzung mit Belastungen, die eine Person in Bezug auf ihre Handlungsfähigkeit und ihr Wohlbefinden bedrohen oder einschränken und dabei ihre aktuell verfügbaren Ressourcen übersteigen (Lazarus, 1991; Greve, 1997), und die zudem mittel- und langfristig bemerkenswerte Folgen nach sich ziehen kann (Wentura, Greve & Klauer 2002, S. 101).

Personenbezogene Formen der Stressbewältigung gehen zurück auf psychoanalytische Bewältigungsstrategien, die im hier diskutierten interkulturellen Kontext aber weniger relevant sind, im Vergleich zu den im Folgenden behandelten Bewältigungstheorien.

6.3.1 Kognitiv-transaktionale Bewältigungsstrategie

Diese auf Forschungen von Lazarus (1991 basierende Theorie geht davon aus, dass Stressbelastung ein kognitiv vermittelter Prozess ist. Dabei ist zunächst die *primäre Einschätzung* der stressauslösenden Situation in ihrer individuellen Bedeutung insofern wichtig, als geklärt werden muss, ob die Situation unbedeutend ist oder nur positive Folgen hat, ob sie durch eigenes Versehen oder Versagen verursacht wurde oder ob Bedrohung oder Herausforderung ursächlich sind. Daraus folgt eine *sekundäre Einschätzung,* bei der der Handelnde klären muss, ob persönliche Ressourcen und Möglichkeiten, die Situation zu bewältigen, gegeben sind, ob also realistische Chancen bestehen, erfolgreich zu intervenieren und den Ablaufprozess steuern und die Folgen kontrollieren zu können. Bei dieser Einschätzung spielt die Einordnung der Situation in subjektive Wert- und Überzeugungssysteme, z. B. das eigene kulturspezifische Orientierungssystem in Verbindung mit *Kulturstandards* als zentralen Bausteinen, eine Rolle sowie die Ausprägung des *Selbstbildes* (Was repräsentiere ich hier? Was will ich? Was kann ich? Was steht mir zu?), des *Fremdbildes* (Was repräsentiert der fremde Partner? Was intendiert er? Was traue ich ihm zu? Für was steht er?) und des *vermuteten Fremdbildes* (Wen und was repräsentiere ich für den fremdkulturellen Partner? Was traut er mir zu? Was hält er von mir? Was will er von mir?; vgl. auch Kap. 3).

Weiterhin ist zu unterscheiden zwischen problemorientierten Bewältigungsreaktionen, die sich auf die Bewältigung der Konflikt- und Problemstruktur konzentrieren, und emotionszentrierten Bewältigungsreaktionen, die auf die Bewältigung negativer Emotionen zielen. Eine erfolgreiche problemorientierte Bewältigungsstrategie setzt ein Mindestmaß an wirksamer Emotionsregulation voraus. Für das, was die Stressbewältigung im Auslandseinsatz betrifft, ist weiterhin zu beachten, dass die Belastungen in der Regel nicht erst mit einer konkreten erwartungswidrigen Reaktion eines ausländischen Partners eintreten, sondern nach einigen Anfangserfahrungen schon im Vorhinein antizipiert werden und so ein proaktives Bewältigungshandeln mit Erwartungs-, Verlaufs- und Rückkopplungsprozessen stattfindet.

6.3.2 Stressbewältigung durch soziale Vergleiche

Fach- und Führungskräfte, die in berufsbedingten Auslandseinsätzen aufgrund kultureller Unterschiede in der Zusammenarbeit (vgl. die Fallbeispiele) unter Stress stehen und dies dauerhaft als kritisches Lebensereignis erfahren, werden versuchen, diese Situation mit der anderer Personen zu vergleichen, denen Ähnliches widerfährt. Daraus erklärt sich u. a. das Bedürfnis, seine kulturell bedingten kritischen Interaktionssituationen mit Personen aus dem Heimatland oder mit Expatriates aus anderen Ländern auszutauschen. Allein die Erfahrung, dass es anderen Fach- und Führungskräften, die sich zum Vergleich anbieten, weil sie sich in vergleichbaren Situationen befinden (gemeinsames Schicksal), auch unter Stress leiden, führt auf der emotionalen Ebene zu einer Erleichterung. Auf der strukturellen Ebene erbringt der Erfahrungsaustausch brauchbare Hinweise für effektive Copingstrategien wie „Stopp den automatischen Bewertungsprozess!", Perspektivenwechsel bezüglich Selbstbild, Fremdbild und vermutetem Fremdbild, sowie statt der automatisch erfolgenden intrapersonalen Kausalattribution eine extrapersonale auf kulturspezifische Gewohnheiten und Orientierungsmuster bezogene Ursachenzuschreibung bei kritischen Interaktionssituationen vorzunehmen.

Wie stark eine spezifische Situation als psychisch belastend empfunden wird, hängt wesentlich vom sozialen Umfeld ab. Je nach Betrachtungsweise können soziale Vergleiche dann günstig ausfallen, wenn man sich mit Personen vergleicht, denen es noch schlechter geht als einem selbst (Abwärtsvergleich). Wenn also eine Fach- und Führungskraft unter interkulturell bedingtem Orientierungsverlust leidet und sich mit einer Person identifiziert, die in Zukunft ähnlich belastenden Bedingungen ausgesetzt sein wird wie man selbst, ist ein Abwärtsvergleich belastend, ein Aufwärtsvergleich erleichternd, weil so die Möglichkeit besteht, erfolgreiche Bewältigungsstrategien kennenzulernen und selbst erproben zu können.

Man kann es grundsätzlich der eigenen Initiative der Expatriates überlassen, ob sie sich durch soziale Vergleiche Erleichterung ihrer stressbelasteten Situation verschaffen. Sinnvoller und effizienter aber ist es, wenn das entsendende Unternehmen Fach- und Führungskräfte im Auslandseinsatz zu fest vereinbarten Terminen Supervisions-, Beratungs- und Reflexions- und Counseling- sowie Einzel- und Gruppencoaching-Programme in analoger und digitaler Form anbietet. In Verbindung mit einem allgemeinen kulturellen Sensibilisierungs- und einem ziellandspezifischen Orientierungstraining hätten die Fach- und Führungskräfte somit eine Chance, ihre Erfahrungen und Belastungen im Zusammenhang mit interkulturellen Interaktionen und Kooperationen unter professioneller Moderation mit anderen auszutauschen. So ließen sich zielführende und ihrer eigenen Befindlichkeitslage, aber auch ihrem Arbeitsauftrag und dem kulturellen Umfeld entsprechende Copingstrategien entwickeln.

Neben den zu erwartenden programmbedingten Erleichterungen käme noch die als Erleichterung empfundene Tatsache hinzu, dass das Unternehmen und besonders die Unternehmensführung sich aktiv um das Wohlbefinden ihrer Auslandsmitarbeiter im Verlauf des Auslandseinsatzes kümmern.

6.3.3 Theorie der primären und sekundären Kontrolle

Im Zuge der Konfrontation mit einer kulturell bedingten kritischen Interaktionssituation wird der Handelnde zunächst prüfen ob seine vorhandenen Kontroll- und Ressourcenpotenziale ausreichen, um die entstandenen Probleme zu lösen. Schon allein die Vermutung, dass ein Kontrollverlust eintreten könnte, erzeugt eine Belastung und führt so zur Bedrohung von Selbstwirksamkeitsüberzeugungen. Das, was dabei an Problemlöseprozessen zu beobachten ist, lässt sich unterteilen in primäre und sekundäre Kontrolle. Die primäre Kontrolle richtet sich auf die Veränderung der Situation. Die sekundäre Kontrolle konzentriert sich auf die Veränderung des Selbstkonzepts und die individuelle Situationsdeutung. Unter den Bedingungen kultureller Einflüsse auf die Gestaltung interpersonaler Interaktionsprozesse könnten die Konzentration auf die Bedürfnis- und Interessenslage des ausländischen Partners und ein Vergleich mit den eigenen Zielen und Bewertungen eine Veränderung der Situationsdeutung und des Selbstkonzepts bewirken. Dieser Prozess würde zugleich die Überzeugung stärken, Kontrollierbarkeit und Selbstsicherheit wiedergewonnen zu haben, verbunden mit einer spontanen Abnahme der Stressbelastung (vgl. dazu auch Kap. 3.7).

6.3.4 Belastungsreduktion durch soziale Unterstützung

Bei der bisherigen Behandlung von Copingstrategien wurde schon an mehreren Stellen auf die entlastende Wirkung sozialer Unterstützung eingegangen. Formen sozialer Unterstützung lassen sich in funktionale und strukturelle Unterstützung einteilen. Funktionale Unterstützung bezieht sich auf emotionale, instrumentelle und informationale Aspekte. Strukturelle Unterstützung beinhaltet Entlastungsfaktoren durch soziale Interaktion in Gruppen und Organisationen, soziale Netzwerke und sozialen Rückhalt, z. B. durch das entsendende Unternehmen selbst oder mit ihm verbundene Partnerorganisationen im Gastland. Bei der Einschätzung der Wirkmächtigkeit sozialer Unterstützungsfunktionen in Bezug auf Stressreduktion sind einerseits die Intentionen der die Unterstützung anbietenden Personen bzw. Organisationen von Bedeutung. Andererseits sind die Wahrnehmung des Hilfsangebots durch den Rezipienten sowie seine Erwartungen und die von ihm als gerechtfertigt angesehenen Ansprüche wichtig. Empirisch gut belegt ist die Tatsache, dass eine gelungene Integration der mit ausreisenden Familienangehörigen in die Gastkultur in erheblichem Maße eine positive soziale Unterstützung darstellt. Eine schlecht oder überhaupt nicht gelungene Integration wird als eine bedeutsame Belastungskomponente wirksam. Der Expatriate, der sich freiwillig zu einem Auslandseinsatz bereit erklärt, erwartet von seinem Unternehmen soziale Unterstützung in der Form, dass sein Einsatz von seinem Vorgesetzten und den Kollegen in besonderer Weise gewürdigt wird. Er erwartet, weiterhin als anerkanntes Mitglied seiner Arbeitseinheit und Arbeitsgruppe betrachtet zu werden und dies selbst dann, wenn er lange nicht mehr anwesend ist. Er erwartet, dass die Wiedereingliederung in das Beschäftigungsgefüge sowie seine berufliche Zukunft im Unternehmen so eindeutig und klar geregelt sind, dass keine Rückkehrängste entstehen.

In einer ausführlichen empirischen Studie zu Problemen, Bewältigungsstrategien und Bewältigungserfolgen von Fach- und Führungskräften in Japan und in den USA (Stahl, 1998) konnte gezeigt werden, dass sich die am häufigsten genannten Problemklassen bei Auslandseinsätzen auf folgende Aspekte beziehen:
- Rückkehr- und Zukunftsängste,
- Störungen in den Stammhausbeziehungen,
- Personal- und Führungsprobleme,
- Sprach- und Kommunikationsschwierigkeiten und
- eingeschränkte Kontakte zu Gastlandangehörigen.

In dieser Studie konnten 30 unterschiedliche Bewältigungsformen ermittelt werden. Problembewertungen stellen die am häufigsten eingesetzte Verhaltensklasse bei einem Auslandseinsatz dar, gefolgt von Situationskontrolle, Identitätsbildung, positivem Vergleich und Duldung/Akzeptanz. Hinzu kommen negativer Vergleich, Nutzung instrumenteller und informationeller Unterstützung, Erwartungsanpassung, Beziehungsaufbau und -pflege sowie Perspektivenwechsel. Diese decken zusammen mit folgenden acht weiteren Bewältigungsformen fast 90 % der kodierten Bewältigungshandlungen ab: Konfliktentschärfung, Assimilation, (Kultur-)Lernen, berufsorientiertes Denken, Problemlösehandeln, Selbstentlastung, Konfrontation und Organisationsmaßnahmen (Stahl, 1998). Auf diese Bewältigungsformen aus der Untersuchung von Stahl wird im folgenden Abschnitt noch genauer eingegangen.

6.3.5 Erkenntnisstand zu Copingstrategien

Wenn bei der Behandlung von Copingstrategien zur Reduzierung von Arbeitsbelastungen, die speziell in kulturellen Überschneidungssituationen entstehen, immer wieder von berufsbedingten Auslandseinsätzen die Rede ist und diese spezifischen Belastungen als Beispiel herangezogen werden, dann hat das seine Ursache u. a. in der nationalen und internationalen Forschungslage zu dieser Thematik. Empirische Forschungen zu Belastungen und ihrer Bewältigung bei berufsbedingten Auslandseinsätzen sind im Vergleich zu psychologischer Forschung zu interkulturellen Lehr-, Lern- und Trainingsmethoden sowie Aspekten interkultureller Kompetenz, Kommunikation und Kooperation selten. Differenzierte psychologische Forschung zu Belastungen und Copingstrategien von Fach-

und Führungskräften im Inland, die berufsbedingt ständig mit Menschen aus unterschiedlichen Kulturen zu tun haben, gibt es bisher so gut wie keine. Deshalb ist es zunächst einmal durchaus sinnvoll, die Ergebnisse der oben bereits erwähnten Studie „Internationaler Einsatz von Führungskräften" von Stahl (1998), die an deutschen Expatriates im Auslandseinsatz in Japan und USA gewonnen wurden, etwas detaillierter zu studieren, um daraus Hypothesen zu Belastungen und effektiven Copingstrategien und ihren Wirkungen bezüglich dieser spezifischen Zielgruppe zu gewinnen.

Im Folgenden werden die von Stahl festgestellten Bewältigungsformen dargestellt. Die Prozentangaben beziehen sich auf die Anzahl der Personen, die diese Bewältigungsform praktizieren. Diese umfangreiche Forschungsarbeit liegt nun schon einige Jahre zurück. Die Prozentangaben bezüglich der Bewältigungsformen sind sicher zeitbedingt und womöglich nicht mehr aktuell. Eine vergleichbare Forschungsarbeit aus jüngster Zeit liegt allerdings bislang nicht vor. Wichtig ist im hier diskutierten Zusammenhang, die vielfältigen Bewältigungsformen kennenzulernen und hinsichtlich der Bedeutsamkeit ihres Auftretens mithilfe der Prozentzahlen abschätzen zu können.

Die folgende Aufzählung entspricht der Systematik der Ergebnisdarstellung in der Publikation von Stahl (1998), die Ausführungen zu den Bewältigungsformen sowie zu den damit im Zusammenhang stehenden Dimensionen sind den Seiten 184–220 der genannten Quelle entnommen.[14]

1. Problemlöse- und Leistungsformen:
    1.1 *Problemlösehandeln:* Diese Bewältigungsform umfasst systematisch-zielgerichtete Aktivitäten der Situationsanalyse, Handlungsplanung und Handlungsdurchführung, wie Informationsrecherche, Zerlegung eines komplexen Problems in Teilkomponenten, das Abwägen von Vor- und Nachteilen einer Handlungsalternative, den Entwurf eines Handlungsplans oder die schrittweise Abarbeitung von Teilen eines komplexen Problems (15 %).
    1.2 *Organisationsmaßnahmen:* Sie beinhalten neben organisatorischen Eingriffen institutionalisierte Problemlöseprozesse in Form von Regelungen, Prozeduren, Programmen usw., die vom Entsandten eingeführt oder bei der Problembewältigung genutzt werden (9 %).
    1.3 *Situationskontrolle:* Sie umfasst offene Verhaltensweisen oder kognitive Aktivitäten, die auf die Erlangung von Situationskontrolle abzielen, wie das Ergreifen der Handlungsinitiative, An-sich-Reißen von Aufgaben, Verantwortungsübernahme für wichtige Entscheidungen, Verdeutlichen der Kontrollierbarkeit eines Problems oder Besinnung auf eigene Stärken (27 %).

---

14 Der Abdruck der Textabschnitte erfolgt mit freundlicher Genehmigung des Verlags De Gruyter.

2. Lern- und Anpassungsformen:
   2.1 *Erwartungsanpassung:* Diese Bewältigungsform beinhaltet zum einen die Korrektur der eigenen Erwartungen und Zielsetzungen an die Realität und zum anderen die Einstellung auf antizipierte Probleme (19 %).
   2.2 *Kultur-Lernen:* Diese Bewältigungsform beinhaltet alle Arten von internationalen Lernprozessen, in erster Linie die Aneignung von gastlandspezifischen Kenntnissen und Fähigkeiten, ohne Übernahme der Einstellungen, Werte und Normen der Gastkultur auf der Verhaltensebene (16 %).
   2.3 *Assimilation:* Diese Bewältigungsform beinhaltet eine tiefgehende Anpassung mit Übernahme von Gastlandstandards und teilweise Loslösung vom Heimatland (17 %).
   2.4 *Duldung/Akzeptanz:* Diese Bewältigungsform beinhaltet eine weitgehend unfreiwillige bzw. durch äußere Umstände erzwungene Anpassung an die Gastkultur. Sie ist verbunden mit resignativer Hinnahme eines unbefriedigenden Zustandes infolge subjektiv fehlender Kontrollmöglichkeiten und dem Zurückstellen eigener Bedürfnisse und resignativem Abfinden mit Problemen und wurde besonders häufig bei den deutschen Expatriates in Japan beobachtet (zwei 20 %).
3. Soziale und interaktionsbezogene Bewältigungsformen:
   3.1 *Beziehungsaufbau und -pflege:* Diese bezeichnet den Aufbau und die Aufrechterhaltung von sozialen Ressourcen wozu Kontaktbereitschaft, Knüpfen von Hilfenetzwerken, Pflege von Stammhauskontakten oder gemeinsame Freizeitaktivitäten mit Kollegen gehören (18 %).
   3.2 *Mobilisierung instrumenteller und informationeller Unterstützung:* Dazu gehören Delegation von Aufgaben an einheimische Mitarbeiter, Einholen von Rückmeldungen und aktiver Rückgriff auf ein Hilfswerk (20 %).
   3.3 *Perspektivenwechsel:* Darunter versteht man den Versuch, durch Veränderung der eigenen Sichtweise zu einem höheren Verständnis für das Handeln der anderen Person zu gelangen, indem man sich bemüht, deren Beweggründe nachzuvollziehen, sich in deren Lage zu versetzen oder die Legitimität ihres Verhaltens anzuerkennen (18 %).
   3.4 *Konfliktentschärfung:* Diese Bewältigungsform umfasst vorbeugende oder kompensatorische Versuche des Entsandten, eine soziale (Konflikt-)Situation zu einem positiven Ausgang zu führen. Entsprechende Verhaltensweisen beziehen sich auf Abstimmung von Entscheidungen, der Suche nach Kompromisslösungen, der Berücksichtigung von Bedürfnissen anderer Personen, dem Bemühen um Deeskalation, sowie dem Verzicht auf Privilegien die Anlass zu Unruhe geben (17 %).
   3.5 *Konfrontation:* Diese Bewältigungsform bietet das Gegenstück zur Konfliktentschärfung. Sie umfasst selbstbehauptendes oder aggressives Sozialverhalten, das in verbaler und tätiger Form erfolgen kann, wozu Konfrontationen provozierendes Verhalten, offen Kritik üben, eine andere Person

beleidigen, seine Interessen gegen Widerstände durchsetzen oder das Verhalten von Mitarbeiter sanktionieren gehören (13 %).
4. Abwehr- und Vermeidungsformen:
   4.1 *Identitätswahrung bzw. Ethnozentrismus:* Diese Bewältigungsform betrifft die Aufrechterhaltung oder Stärkung der eigenen Identität durch Abgrenzung zum Gastland oder durch Aufwertung der eigenen Kultur. Entsandte beziehen eindeutig Position für das Stammhaus, private Kontakte beschränken sich ausschließlich auf die deutsche Gemeinde und Gastlandangehörige werden abgewertet (25 %).
   4.2 *Problemumbewertungen:* Darunter versteht man die Veränderung der Bedrohungseinschätzung durch Situationsumdeutungen. Eigene Anpassungsdefizite werden bagatellisiert, die schlechte wirtschaftliche Situation des Unternehmens wird als Herausforderung interpretiert, dem Fehlen von Freizeitmöglichkeiten werden positive Seiten abgewonnen oder eine an sich negativ bewertete Situation wird als Vorteil gedeutet (38 %).
   4.3 *Selbstentlastungen bzw. Fremdbeschuldigungen:* Die Schuld für Führungsfehler wird auf einheimische Mitarbeiter abgeschoben, fehlende Sprachkenntnisse werden mit hoher Arbeitsbelastung begründet, mangelnder Kontakt wird auf die „Verschlossenheit" von Gastlandangehörigen zurückgeführt oder Privilegien mit subjektiv rationalen Argumenten gerechtfertigt (14 %).
   4.4 *Zukunftsorientiertes Denken:* Durch die Antizipation zukünftiger Ereignisse versucht man zu einer positiven Problemsicht zu gelangen. Dazu gehören Optimismus, Offenhalten von Handlungsoptionen für einen späteren Zeitpunkt, feste Zukunftspläne, Vergegenwärtigen der zeitlichen Begrenztheit des Auslandseinsatzes oder Ausmalen eines Zukunftsszenarios (15 %).
   4.5 *Positive Vergleiche:* Bei dieser Bewältigungsform werden vergleichende Situationsbewertungen vorgenommen, die für die gegenwärtige Lage vorteilhaft ausfallen. Neben direkten Vergleichen mit den negativ empfundenen Bedingungen des Heimatlandes werden auch implizite Vergleiche mit Gastlandmerkmalen, Vergleiche mit früheren Situationen oder mit Personen, die sich in einer misslichen Lage befinden, thematisiert (24 %).
   4.6 *Negative Vergleiche:* Sie bilden das Gegenstück zu positiven Vergleichen, wobei eine gegenwärtig problematische Lage mit einem positiven bzw. wünschenswerten Zustand etwa im Heimatland verglichen wird. Negative Vergleiche gehen meist mit Ethnozentrismus einher, da sie in der Regel für das Gastland unvorteilhaft ausfallen (21 %).

Die gewählten Bewältigungsformen stehen in Verbindung mit folgenden weiteren Dimensionen:
- *Führungsebene:* Personen auf verschiedenen Führungsebenen setzen nahezu ähnliche Bewältigungsformen ein. Daraus kann der Schluss gezogen werden,

dass die Art der Problembewältigung stärker von den Führungsbedingungen im Gastland als von der Hierarchieebene der Expatriates abhängt.
- *Aufenthaltszeit:* Es besteht ein Trend, dass Abwehr- und Vermeidungsformen nach den ersten Jahren im Gastland abnehmen, wohingegen Problemlöse- und Leistungsformen, Lern- und Anpassungsformen sowie soziale und interaktionsbezogene Bewältigungsformen entweder stetig oder bis zum sechsten Entsendungsjahr zunehmen.
- *Bewältigungserfolg:* Unter den ursachenbezogenen wie auch unter den symptombezogenen Bewältigungsformen finden sich wirksame und unwirksame Verhaltensklassen. Besonders jene Bewältigungsformen haben sich als unwirksam erwiesen, die man normativ als „schlecht" im Sinne von unreif, antisozial usw. bewerten kann. Dazu gehören Konfrontation, Selbstentlastung, Identitätswahrung und negativer Vergleich. Diese Formen der Problembewältigung ziehen nicht nur für die – meist einheimischen – Interaktionspartner, sondern auch für die Entsandten selbst vorwiegend negative Konsequenzen nach sich.
- *Bewältigungsressourcen* (vgl. Stahl, 1998, Tabelle auf S. 205):
  – *Anpassungsrelevante Personenmerkmale:* Geduld/Gelassenheit/Zurückhaltung, Kenntnis der Landessprache, Auslandsmotivation/Interesse am Gastland, vorherrschende Stammhauserfahrungen, Anpassungsfähigkeit/Flexibilität, vorhergehende Gastlandkenntnisse.
  – *Unternehmens-, Positions- und Tätigkeitsmerkmale:* qualifizierte einheimische Mitarbeiter, persönliche Kontakte im Stammhaus, Gelegenheit zur Kontaktpflege, Einflussmöglichkeiten im Stammhaus, Entscheidungsautonomie, klare Regelungen mit dem Stammhaus.
  – *Personalwirtschaftliche Betreuungsmaßnahmen:* Mentor/Ansprechpartner im Stammhaus, hohes Gehalt/finanzielle Sonderleistungen, zentrale Rückkehrplanung, vertraglich zugesicherte Rückkehrgarantie, logistische Hilfe beim Umzug/Wohnungssuche, Sprachkurs vor Entsendung ins Gastland.
  – *Familie und soziales Netzwerk:* Kontaktfreudiger/selbstständiger Partner, Auslandstätigkeit/Beschäftigung des Partners, Kontakt zu anderen Deutschen, einheimische Freunde/Bekannte, berufliche Kontakte zu Ausländern, Kontakte zu Ausländern über Schule/Kirche.
  – *Umweltbedingungen im Gastland:* Ausländerbonus/Freiheitsgrade, internationale Clubs/Schulen/Krankenhäuser, umfangreiches Freizeit- und Kulturangebote, Kontakt-/Hilfsbereitschaft von Einheimischen, lokale Schule/Kindergarten, hohe Wohnqualität, gute Wohnlage.
- *Problemspezifische Bewältigungserfolge:* Zwischen den verschiedenen Problemklassen bestehen deutliche Unterschiede im Bewältigungserfolg. Am schlechtesten bekommen die Entsandten Rollenkonflikte, Personal- und Führungsprobleme, Rückkehr- und Zukunftsängste sowie Probleme des (Ehe-)Partners in den Griff.
- *Problemspezifische Bewältigungsressourcen:* Entsandte können in erster Linie bei Problemen mit dem Stammhaus und bei Schwierigkeiten des (Ehe-)Part-

ners auf unterstützende Ressourcen zurückgreifen. Bemerkenswert ist, dass ein selbstständiger, kontaktfreudiger, unternehmungslustiger (Ehe-)Partner mit einer positiven Einstellung, der im Gastland einer subjektiv befriedigenden Tätigkeit nachgeht, nicht nur bei partnerbezogenen Problemen eine wichtige Bewältigungsressource darstellt, sondern auch zur Verringerung von Kontaktschwierigkeiten und Rückkehrproblemen beitragen kann.

- *Unterscheidung zwischen erfolgreichen und nicht erfolgreichen Entsandten:* Erfolgreiche Entsandte zeichnen sich u. a. durch Lernbereitschaft, Kontaktfreudigkeit, Einfühlungsvermögen, Impulskontrolle, Selbstreflexion, Frustrationstoleranz, Optimismus, Ambiguitätstoleranz, Verantwortungsbewusstsein und Zielorientierung aus. Negativmerkmale sind psychische Labilität, Rigidität, soziale Gehemmtheit und – als wohl wichtigstes Ausschlusskriterium für einen Auslandseinsatz – Ethnozentrismus.

7 Entwicklung interkultureller Handlungskompetenz

Interkulturelle Handlungskompetenz ist inzwischen eine zentrale Schlüsselqualifikation, vergleichbar mit Führungs-, Team-, Kommunikations- und Sozialkompetenz. Sie ist eine wichtige Grundlage zum Aufbau interkulturellen Verstehens und Handelns und für die Arbeitseffizienz von Fach- und Führungskräften in allen gesellschaftlichen Bereichen von zentraler Bedeutung. Für ein friedliches Zusammenleben der Menschen aus unterschiedlichen Kulturen und für deren Wohlbefinden ist ein Mindestmaß an interkultureller Handlungskompetenz erforderlich.

Da Kompetenz ein inzwischen recht häufig gebrauchter Begriff zur Bezeichnung vielfältiger Aspekte, die mit Fähigkeiten und Fertigkeiten in Verbindung stehen, ist, ist es angebracht, aus psychologischer Sicht etwas genauer zu bestimmen, was mit Kompetenz gemeint ist.

> **Begriffsklärung: Kompetenz**
> Unter Kompetenz versteht man in der Psychologie eine in Handlungsvorzügen aktualisierte individuelle Handlungsdisposition, die es ermöglicht, leistungsbezogene Anforderungen und Aufgabenstellungen zu bewältigen. Kompetenz ist weiterhin als Konstrukt aufzufassen, das sich auf leistungsbezogene Handlungen in realen Kontexten bezieht. Die Inhalte dieser Handlungsbereiche bestimmen die spezifischen Bezeichnungen des Kompetenzbegriffs. Kompetenzen werden durch Erfahrung (Lernen) erworben und verändert.

Im Rahmen der interkulturellen Thematik lassen sich mehrere Kompetenzen unterscheiden, die im folgenden Abschnitt beschrieben werden.

7.1 Arten interkultureller Handlungskompetenz

Interkulturelle Handlungskompetenz wird zunächst als Oberbegriff für eine spezifische Kompetenz definiert, die darin besteht, kulturspezifische Anforderungen in kulturellen Überschneidungssituationen zu bewältigen. Interkulturelle Handlungskompetenz lässt sich durch folgende Merkmale definieren:
- Interkulturelle Handlungskompetenz ist die notwendige Voraussetzung für eine angemessene, erfolgreiche und für alle Seiten zufriedenstellende Kommunikation.
- Interkulturelle Kompetenz ist das Resultat eines Lern- und Entwicklungsprozesses. Die Entwicklung interkultureller Handlungskompetenz setzt die Bereit-

schaft zur Auseinandersetzung mit fremden kulturellen Orientierungssystemen voraus, basierend auf einer Grundhaltung kultureller Wertschätzung.
- Interkulturelle Handlungskompetenz zeigt sich in der Fähigkeit, die kulturelle Bedingtheit der Wahrnehmung, des Urteils, des Empfindens und des Handelns bei sich selbst und bei anderen Personen zu erfassen, zu respektieren, zu würdigen und produktiv zu nutzen.

Ein hoher Grad an interkultureller Handlungskompetenz ist erreicht, wenn:
- differenzierte Kenntnisse und ein vertieftes Verständnis der eigenen und fremden kulturellen Orientierungssysteme vorliegen,
- aus dem Vergleich der kulturellen Orientierungssysteme kulturadäquate Reaktions-, Handlungs- und Interaktionsweisen generiert werden können,
- aus dem Zusammentreffen kulturell divergenter Orientierungssysteme synergetische Formen interkulturellen Handelns entwickelt werden können,
- in kulturellen Überschneidungssituationen alternative Handlungspotenziale, Attributionsmuster und Erklärungskonstrukte für erwartungswidrige Reaktionen des fremden Partners kognizierbar sind,
- die kulturspezifisch erworbene interkulturelle Handlungskompetenz mithilfe eines generalisierten interkulturellen Prozess- und Problemlöserverständnisses und Handlungswissen auf andere kulturelle Überschneidungssituationen transferiert werden kann,
- in kulturellen Überschneidungssituationen mit einem hohen Maß an Handlungskreativität, Handlungsflexibilität, Handlungssicherheit und Handlungsstabilität agiert werden kann.

Dabei sind Persönlichkeitsmerkmale und situative Kontextbedingungen so ineinander verschränkt, dass zwischen Menschen aus unterschiedlichen Kulturen eine von Verständnis und gegenseitiger Wertschätzung getragene Kommunikation und Kooperation möglich wird. Schon diese Definition weist auf unterschiedliche Aspekte hin, die als Grundlage bzw. Ausprägungen interkultureller Handlungskompetenz angesehen werden können.

Generelle, kulturallgemeine Kompetenz. Darunter versteht man eine Kompetenz die dadurch bestimmt ist, dass der Handelnde sich bewusst wird, dass alle seine Handlungen immer und zu jeder Zeit kulturspezifisch determiniert sind, wie er die Kulturspezifität seines Handelns erkennen und wie er damit produktiv umgehen kann. Auf dieser Ebene werden Wissen und Erkenntnisse zur Entstehung und Wirksamkeit kultureller Orientierungssysteme aufgebaut und erweitert sowie eine allgemeine Sensibilisierung für die Wahrnehmung, Wertschätzung und den produktiven Umgang mit und die Bearbeitung von kulturell bedingter Diversität vermittelt und verfestigt.

Eigenkulturelle Kompetenz. Jeder Mensch durchläuft von seiner Geburt an einen Prozess der Enkulturation, also des Hineinwachsens in eine Kultur, unter Umständen auch in mehrere Kulturen. Weiterhin durchläuft er einen lebenslangen

Prozess der Sozialisation, was die entwicklungsgemäße Anpassung an die vorherrschenden und sozial geteilten Normen, Werte, Überzeugungen und Verhaltensregeln umfasst, und zwar so, dass diese verinnerlicht werden und zu den Selbstverständlichkeiten des Alltagslebens gehören. Kulturstandards, verstanden als hypothetischen Konstrukte, die kulturspezifische Arten der Wahrnehmung, des Denkens, des Werdens, des Empfindens und des Handelns determinieren, können als Operationalisierung dieser Selbstverständlichkeit aufgefasst werden. Sie wirken als Maßstab, Gradmesser und Bezugssysteme für richtiges, d. h. kulturell akzeptiertes Denken und Handeln. Ihre Wirksamkeit ist dem Handelnden im Alltag unter normalen Umständen nicht mehr bewusst. In kulturellen Überschneidungssituationen entstehen deshalb häufig Missverständnisse, weil beide Partner entsprechend ihren kulturspezifischen Orientierungssystemen agieren, deren Wirkungen aber nicht immer kompatibel sind.

Die eigenkulturelle Kompetenz besteht zunächst einmal darin, sich des eigenen kulturellen Orientierungssystems, z. B. in Form der deutschen Kulturstandards, bewusst zu werden. Dazu kommt das Erkennen und Akzeptieren, dass sie keine universelle Gültigkeit besitzen, sondern auch nur eine mögliche und sehr spezifische Art darstellen, die Anforderungen des Lebens zu bewältigen. Zudem muss die Fähigkeit entwickelt werden zu verstehen und nachvollziehen zu können, wie Irritationen in der Interaktion mit Menschen anderer kultureller Herkunft dadurch entstehen, dass man als Handelnder seinem fremdkulturellen Partnern zunächst immer mit eigenkulturell geprägten Erwartungen begegnet, die sich dann aber oft als fehlerhaft bzw. unwirksam erweisen.

Fremdkulturelle Kompetenz. Ausgangspunkt für die Entwicklung dieser Kompetenz ist die Anerkennung der Tatsache, dass die in anderen Kulturen sozialisierten Menschen auch davon ausgehen, dass so, wie sie sich verhalten, es alle anderen Menschen auf dieser Welt auch tun, dass ihr Verhalten also richtig und erfolgversprechend ist. Diese Kompetenz beinhaltet einerseits Wissen und Kenntnisse über fremdkulturelle Orientierungssysteme und die darin handlungswirksam werdenden Kulturstandards. Andererseits gehört dazu die Fähigkeit, deren Wirksamkeit auf den Ebenen der Wahrnehmung, des Denkens, des Empfindens und des Handelns zu verstehen und nachvollziehen zu können. Hinzukommen muss die Bereitschaft zur grundsätzlichen Wertschätzung fremdkultureller Orientierungssysteme.

Zielkulturspezifische Kompetenz. Für Fach- und Führungskräfte im berufsbedingten Auslandseinsatz sind zwar die bisher genannten Kompetenzen zur Bewältigung kultureller Überschneidungssituationen wichtige Grundlagen zum Verständnis des kulturellen Orientierungssystems und der Handlungswirksamkeit der Kulturstandards in der Zielkultur, in der sie tätig sind. Die kulturspezifische Kompetenz zeigt sich darüber hinaus in der Fähigkeit, die in der Zielkultur wirksamen Kulturstandards zu erkennen, die Art und Weise, wie sie das Denken und

Handeln der Menschen im Zielland beeinflussen, zu verstehen, nachvollziehen und akzeptieren zu können. Wichtig ist zudem, eine zutreffende Vorstellung davon zu haben, wie die Kulturstandards sich im Verlauf der kulturgeschichtlichen Entwicklung in der jeweiligen Gesellschaft herausgebildet und verfestigt haben.

Domänenspezifische kulturelle Kompetenz. Fach- und Führungskräfte im beruflichen Auslandseinsatz haben spezifische Arbeits- und Aufgabenbereiche zu bearbeiten, die für sich genommen spezielle Anforderungen stellen, z. B. Führen eines Maschinenbauunternehmens in den USA; Markterschließung für ein deutsches Textilunternehmen in Brasilien; Einsatz von Entwicklungshilfegeldern als Hilfe zur Selbsthilfe in kleinbäuerlichen Betrieben der Sahelzone in Afrika; Ausbildung von Wartungspersonal in einem Automobilunternehmen in China; Führung eines Joint Venture zur Produktion von Landmaschinen in Indonesien usw. Unter diesen Bedingungen bedeutet domänenspezifische kulturelle Kompetenz, dass der Handelnde in der Lage ist, die kulturspezifischen Orientierungen (Kulturstandards) seiner fremdkulturellen Partner in ihren Wirkungen auf die spezifischen Arbeitsanforderungen zu erkennen, zu prognostizieren, mit seinen eigenen kulturellen Orientierungen im Hinblick auf mögliche Synergie-Effekte hin zu vergleichen und daraus entsprechendes kulturadäquates Handeln zu generieren.

7.2 Fallbeispiel: Eventplanung

Situationsschilderung

„Die Deutsche Uta Flieder arbeitet seit kurzem für eine internationale Bekleidungsfirma in Amsterdam. Schon bald muss sie einen großen Event organisieren, wozu sie entsprechende Räumlichkeit zu organisieren hat und sich Gedanken machen muss über die Auswahl der Models bis hin zu deren Make-up. Auch die Art der Präsentation der neuen Modelle gehört zu ihrem Aufgabenbereich. Uta Flieder holt Informationen ein, wägt Alternativen ab und erstellt schließlich einen detaillierten Gesamtplan. Als sie das Ganze ihrer Chefin Carine Rijten präsentiert, reagiert diese verärgert und sagt, sie könne nicht nachvollziehen, warum sie nicht zuvor nach ihrer Meinung gefragt worden sei. Uta Flieder hingegen ging davon aus, dass sie zunächst ihre Vorstellungen und Überlegungen präsentieren würde, danach wäre sie völlig offen für konstruktive Diskussionen gewesen. Sie ist über die Reaktion ihrer Chefin sehr enttäuscht. Sie wollte ihr doch nur Arbeit ersparen und sie nicht mit Kleinigkeiten belästigen" (Schlizio, Schürings & Thomas, 2009, S. 79).[15]

---

15 Fallbeispiel aus Schlizio, Schürings und Thomas (2009). Der Abdruck erfolgt mit freundlicher Genehmigung des Verlags Vandenhoeck & Ruprecht.

Interpretation

Aspekte genereller, kulturallgemeiner Kompetenz. Wenn Frau Flieder kulturallgemeine Kompetenz besessen hätte, wäre sie wohl nicht sofort in den Arbeitsauftrag eingestiegen, sondern wäre darauf bedacht gewesen, ihre Chefin von Anfang an bei ihren Überlegungen mit einzubeziehen, um so herauszufinden, inwieweit kulturspezifische Einflüsse bei der zu erbringenden Arbeitsleistung und im sozialen Umfeld zu berücksichtigen sein könnten. Auf jeden Fall hätte eine kulturallgemeine Kompetenz verhindert, den Arbeitsauftrag wie selbstverständlich so rein sachorientiert zu bearbeiten, wie das in Deutschland üblich ist und sie hätte stattdessen mehr auf mögliche Kulturunterschiede geachtet.

Aspekte eigenkultureller Kompetenz. Frau Flieder weiß sicher, dass der erfolgreiche Verlauf dieses Events für das Textilunternehmen von großer Bedeutung ist. Sie ist sicher stolz darauf, dass sie nach so kurzer Zeit im Unternehmen mit der Organisation betraut wird. Deshalb aktiviert sie all ihre fachliche Kompetenz, um einen bis ins Detail ausgearbeiteten Vorbereitungs- und Veranstaltungsplan für das Event vorlegen zu können. Für diese Fleißarbeit erwartet sie von ihrer Chefin ein gebührendes Lob. Eigenkulturelle Kompetenz hätte sich darin gezeigt, dass sie diese rein sachlich durchaus korrekte Art der Aufgabenerledigung kritisch reflektiert hätte und dabei zu der Erkenntnis gekommen wäre, dass es sich hier um ein besonders wichtiges Projekt handelt und deshalb alle im Unternehmen davon direkt betroffenen Personen schon bei der Planung zu beteiligen wären, besonders aber ihre Chefin.

Aspekte fremdkultureller Kompetenz. Hätte Frau Flieder fremdkulturelle Kompetenz besessen, wäre ihr von Anfang an bewusst gewesen, dass sie dafür sorgen muss, das auf der Hand liegende und zu erwartende starke Engagement ihrer Chefin an der Eventvorbereitung zu beachten. Sie hätte sie um Rat gefragt und mit ihr Zwischenergebnisse ausgetauscht.

Aspekte zielkulturspezifischer Kompetenz. Bei der Eventvorbereitung und Eventorganisation in Verbindung mit der großen Bedeutung dieses Ereignisses für das Unternehmen hätte eine zielkulturspezifische Kompetenz Frau Flieder sicherlich dazu veranlasst, erst einmal zu überlegen, welche kulturspezifische Orientierung bei den niederländischen „Nachbarn", besonders ihrer Chefin, zu berücksichtigen sind. Sie hätte auf dieser Grundlage die zu erwartenden vielfältigen Kooperationen mit unterschiedlichen Personen zielführend und zufriedenstellend organisieren können. Statt ein fertiges Programm abzuliefern, hätte sie Folgendes berücksichtigt: „Wenn Frau Flieder solange allein an der Konzeption gearbeitet hat und zu einem für sie überzeugenden Resultaten kommen ist, zwischendurch jedoch ihre Chefin nicht auf dem laufenden hielt, könnte die als Vorschlag gemeinte Präsentation wie ein endgültiges, nicht mehr zu diskutierendes Endergebnis gewirkt haben. Dies erklärt Carine Rijtens Reaktion. Ein Mitarbeiter, der schon vorher ein mögliches Ergebnis vorwegnimmt, lässt aus niederländischer Sicht die Meinung der anderen als unbedeutend erscheinen. Frau Flieder präsentierte zunächst ihre bereits ausgearbeiteten Vorstellungen, danach wollte sie sich offen für eine Diskussion und mögliche Veränderungen zeigen. Carine Rijten hat dieses Verhalten jedoch als Alleingang ihrer Angestellten gewertet. Im Sinne der Konsenskultur müssen alle Beteiligten bereits in den Prozess der Lösungsfindung einbezogen werden" (Schlizio, Schürings & Thomas, 2009, S. 81). „Als Frau Flieder den Arbeitsauftrag bekam, hätte sie von vornerein klären sollen, ob ihre Chefin einen komplett ausgearbeiteten Vorschlag wünscht oder in die Überlegungen mit einbezogen werden möchte. Sie hätte sich klarmachen müssen, dass die Arbeit im Team in den Niederlanden von großer Bedeutung ist (Schlizio, Schürings & Thomas, 2009, S. 82).

In den Niederlanden spielt der Kulturstandard „Konsenskultur" eine wichtige Rolle: „Es herrscht eine offene Arbeitsatmosphäre, alle bleiben ständig im Gespräch miteinander. Man informiert sich gegenseitig über den Fortgang von Projekten und holt die Meinung der anderen ein. Dies geschieht auf dem Gang oder in den häufig stattfindenden ‚Overleg'-Sitzungen (Besprechungen). Hier werden alle Beiträge ernst genommen und diskutiert, auch wenn sie von untergeordneten Kollegen oder Praktikanten geäußert werden. In der Diskussion geht man aufeinander zu, das Beharren auf der eigenen Position wirkt unversöhnlich und wird als nicht konstruktiv wahrgenommen. Alle Parteien müssen zu ergebnisoffenen Diskussionen bereit sein und nach einem Kompromiss suchen" (Schlizio, Schürings & Thomas, 2009, S. 154).

Aspekte domänenspezifischer kultureller Kompetenz. Im Fallbeispiel steht für Frau Flieder die Vorbereitung und Planung eines für das Bekleidungsunternehmen bedeutsamen Moderauftritts an. Zur Bewältigung dieser Aufgabe ist Organisationstalent, aber auch Kreativität und Netzwerkmanagement erforderlich. Diese Fähigkeiten bringt Frau Flieder zwar alle mit, sie setzt aber Prioritäten, die zeigen, dass ihr ein erhebliches Maß an domänenspezifischer kultureller Kompetenz fehlt. Nicht nur das Event selbst, sondern bereits die Vorarbeiten bedürfen einer hohen Sensibilität und Fähigkeit zur Teamarbeit. Der Eventplan, den Frau Flieder erarbeitet hat, mag noch so gut durchdacht und zur Realisierung des Events perfekt geeignet sein, wenn er aber bei ihrer Chefin und allen beteiligten Personen im Unternehmen auf Akzeptanz stoßen soll, muss er als Ergebnis einer Teamarbeit entstanden und von allen auch so erfahren worden sein. Die domänenspezifische kulturelle Kompetenz entwickelt sich aus dem Zusammenwirken von Kenntnissen und Erfahrungen mit den zentralen Merkmalen der zu bewältigenden Arbeitsaufgaben, den Besonderheiten des strukturellen und sozialen Umfeldes, in das die Tätigkeiten und die Arbeitsleistung eingebettet sind und der Berücksichtigung der kulturspezifischen Orientierungen der beteiligten Personen.

7.3 Aufbau interkultureller Handlungskompetenz

Gemäß dem Konzept der interkulturellen Handlungskompetenz und aus der Praxiserfahrung mit interkulturellen Trainings und deren Wirkung heraus lässt sich sagen, dass interkulturelle Handlungskompetenz nicht von alleine entsteht, zum Beispiel als Ergebnis berufsbedingter lang andauernder Auslandserfahrungen oder einfach so durch „learning by doing". Zur Entwicklung interkultureller Handlungskompetenz sind Lern- und Entwicklungsprozesse erforderlich, die sich durchaus schon in verschiedenen Phasen der individuellen Lebensbiografie ergeben können, aufgenommen und weiterentwickelt oder die im Kontext von spezifischen beruflichen Kompetenzentwicklungen angeboten bzw. gefordert werden. Abbildung 6 auf Seite 52 zeigt einige Möglichkeiten zur Entwicklung interkultureller Handlungskompetenz im individuellen Lebenslauf.

Die den Lebenslauf begleitenden interkulturellen Erfahrungs- und Lernmöglichkeiten bieten nicht allein rezeptiv und nur kognitiv orientierte Lernchancen, sondern verlangen eine aus den gegebenen Tätigkeiten, sachlichen Herausforderungen und interkulturellen Anforderungen resultierende, problemorientierte Auseinandersetzung mit kultureller Diversität in konkreten Lebenskontexten. In allen bisher vorliegenden Forschungen zur Entwicklung interkultureller Handlungskompetenz zeigt sich, dass solche lebensbiografisch erworbenen Erfahrungen, Erkenntnisse und Fertigkeiten im Umgang mit kulturellen Überschneidungssituationen eine nicht zu unterschätzende produktive Ressource zur Weiterentwicklung und Vertiefung dieser Schlüsselqualifikation darstellt. So zeigen die Ergebnisse einer Studie über die Langzeitwirkungen kurzzeitiger internationaler Jugendbegegnungen (mit einer Dauer von 2 bis 4 Wochen) auf die Persönlichkeitsentwicklung von Jugendlichen, dass interkulturelles Lernen, verbunden mit einer vertieften Beschäftigung mit kultureller Diversität, die weitere personale und soziale Entwicklung der Persönlichkeit nachhaltig prägen, und dass das Interesse an interkulturellen Lernangeboten Erfahrungen verstärkt (Thomas, Chang & Abt, 2007). So können bei internationalen Schüler- und Jugendbegegnungen Teilnehmer mit Migrationshintergrund oder aus Migrantenfamilien oft sehr viel sensibler und kulturadäquater auf kulturell problematisch verlaufende Interaktionssituationen reagieren und dabei problemlösungsorientierter tätig werden als Teilnehmer ohne diese Erfahrung. Allerdings setzt dies voraus, dass den Jugendlichen mit Migrationshintergrund seitens des pädagogischen Begleitpersonals auch Möglichkeiten geschaffen werden, ihre Expertise einsetzen zu können und zur Wirkung zu bringen. Auch im Zusammenhang mit Forschungen über die Effektivität und Lernwirksamkeit interkultureller Trainings hat sich gezeigt, dass Trainingsteilnehmer mit interkulturellen Vorerfahrungen im Lebenslauf die angebotenen Lernmaterialien nicht nur viel differenzierter nutzen, sondern auch in der Lage sind, sie im konkreten Handlungsvollzug produktiver einzusetzen.

7.4 Lernschritte bei der Entwicklung interkultureller Handlungskompetenz

Die für eine erfolgreiche und für alle Beteiligten zufriedenstellende interkulturelle Kooperation erforderliche interkultureller Handlungskompetenz ist nur über den oft mühsamen Weg interkulturellen Lernens und eines damit die Gesamtpersönlichkeit beeinflussenden Entwicklungsprozesses zu erreichen (vgl. Abb. 12).

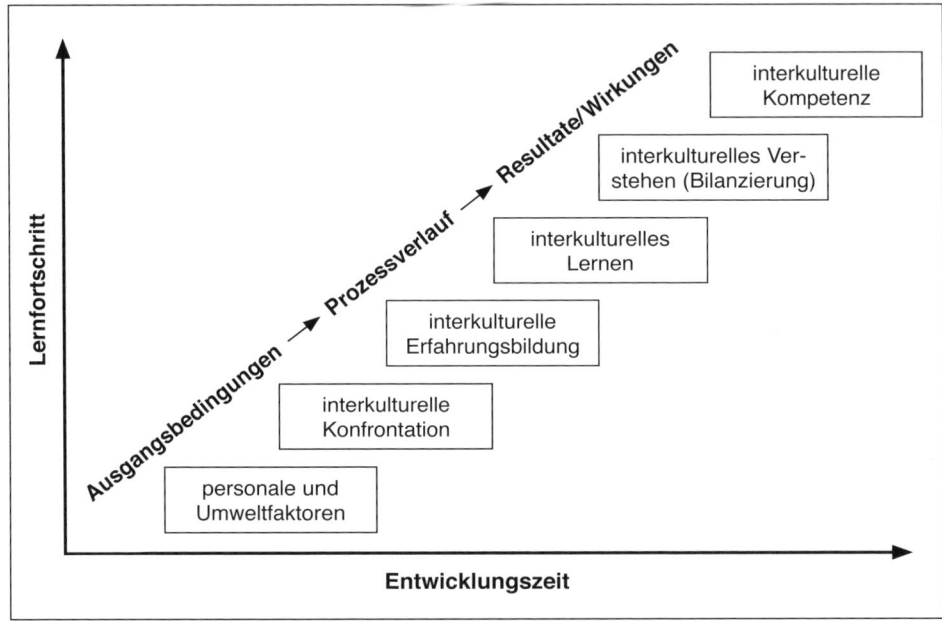

Abbildung 12: Entwicklungsstufen interkultureller Kompetenz (Thomas, 2011)

Die Darstellung in Abbildung 12 geht davon aus, dass im Verlauf einer längeren Entwicklungszeit ein Lernfortschritt zu erzielen ist, der getragen wird von verschiedenen lernwirksamen Einflussfaktoren, die nach dem in der Psychologie recht verbreiteten 3-Phasen-Modell klassifiziert werden können: Eingangsphase (Input-Phase), Verlaufsphase (Prozessphase) und Resultatphase (Output-Phase). Ein darauf aufbauendes handlungs- und lerntheoretisches Konzept interkultureller Kompetenz findet sich bei Thomas (2006). Die einzelnen Stufen des interkulturellen Lernprozesses werden im Folgenden erläutert.

7.4.1 Personal- und Umweltfaktoren

Eine Fach- und Führungskraft, die im Verlauf ihrer lebensgeschichtlichen Entwicklung und ihres lebenslangen Enkulturations- und Sozialisationsprozesses zu irgendeinem Zeitpunkt mit einer interkulturellen Überschneidungssituation so konfrontiert wird, dass diese Situation Aufmerksamkeit erzeugt, bedeutsam wird, d. h. kognitive, emotionale und motivationale und handlungsrelevante Aktivitäten anregt, also zum Handeln herausfordert, bringt zunächst einmal eine Fülle von Ressourcen mit ein, die sie befähigen, auf die neuen Herausforderungen zu reagieren und bereits zielgerichtet zu agieren. Unterscheiden lassen sich hier personale Bedingungsfaktoren und Umweltfaktoren, die in diesem Kontext in einem wechselseitigen Verhältnis zueinander stehen. Von entscheidender Bedeutung für den Umgang mit kulturellen Überschneidungssituationen sind auf personaler Ebene die im Verlauf der lebensgeschichtlichen Entwicklung gemachten Erfahrungen und entsprechenden Verfestigungen im Bereich von Wertvorstellungen, Motivstrukturen, Einstellungen, den Selbstkonzeptausprägungen, dem Selbstbild, Fremdbild und vermutetem Fremdbild und dem, was sich daraus an generalisierten Menschenbild- und Weltbildvorstellungen ausgebildet hat. Weiterhin spielen Persönlichkeitsmerkmale im Sinne von zeitlich stabilen und überdauernden Persönlichkeitseigenschaften (traits) eine wichtige Rolle, wobei im Zusammenhang mit den Anforderungen in kulturellen Überschneidungssituationen Merkmale wie Selbstsicherheit, Reflexivität, Flexibilität, Neugier, Ambigutätstoleranz, Perspektivenwechsel und Empathie von besonderer Bedeutung sind, wie eine Reihe diesbezüglicher Forschungsarbeiten gezeigt haben (Stahl, 1998; Deller, 2000).

Die Umweltfaktoren lassen sich in Faktoren der gegenständlichen Umwelt und der sozialen Umwelt trennen. Die gegenständliche Umwelt, wie die Gestaltung von Lebenswelten, der Umgang mit Raum und Zeit, Gebäuden und Landschaften etc. sind kulturspezifisch determiniert und entsprechend im Individuum verankert. Personales und interpersonales Handeln vollziehen sich immer in einer spezifischen sozialen Umwelt, ausgehend von größeren sozialen Einheiten wie Organisationen und kleineren sozialen Einheiten wie Gruppen bis hin zu Dyaden. Es findet in mehr oder weniger umfangreichen und eng geknüpften Beziehungsnetzwerken statt und ist beeinflusst von spezifischen Positionen, vom Status und den Rollen, die der Handelnde in der konkreten Interaktionssituation sowie in sozialen Netzwerken einnimmt.

7.4.2 Interkulturelle Konfrontation

Die Konfrontation mit kulturell bedingten erwartungswidrigen Verhaltensweisen der Partner ist ein zentraler Ausgangspunkt für jede Art interkulturellen Lernens. Entscheidend für den Beginn eines Lernprozesses bzw. eines Lernfortschritts ist nicht nur die Konfrontation mit kulturell bedingten ungewohnten, fremdartigen, unverständlichen Verhaltensweisen, sondern auch die Bereitschaft, sich auf sie einzulassen. Das bedeutet eben nicht ausschließlich und sofort entsprechend dem eigenkulturellen Orientierungssystem und den gewohnten Kulturstandards und Verhaltensorientierungen zu reagieren, also sofort zu bewerten, intrapersonal zu attribuieren und abzuwerten, sondern zunächst die interaktive Kommunikations- bzw. Kooperationssituation und die entsprechenden Kontextbedingungen zu reflektieren und zu versuchen, sie sowohl aus der eigenen Sicht als auch aus der Sicht des fremdkulturellen Partners zu betrachten und zu analysieren. Dazu sind die Fähigkeiten wie Perspektivenwechsel, Neugier und Offenheit für Neues und Andersartiges, Ambiguitätstoleranz und ein hohes Maß an Empathie erforderlich. Entscheidend ist, dass die Konfrontation ausgehalten und nicht sofort gemäß den gewohnten Wahrnehmungs-, Attributions-, Einstellungs- und Bewertungsmustern abgeschwächt, bagatellisiert und als Fehlverhalten uminterpretiert wird. Eine gewisse psychische Robustheit und Belastbarkeit sind deshalb erforderlich, um die unvermeidlichen Befürchtungen vor Orientierungsverlust und partieller Handlungsunfähigkeit aufzufangen.

7.4.3 Interkulturelle Erfahrungsbildung

Zur interkulturellen Erfahrung kommt es durch die Einbindung in kulturelle Überschneidungssituationen meist in Form interkultureller Begegnungen, entweder direkter Art, also durch das Zusammentreffen von zwei Personen aus unterschiedlichen Kulturen bzw. der Beobachtung interkulturellen Handelns, oder indirekter Art, zum Beispiel durch Medien vermittelte Informationen, die dazu führen, dass man sich mit Aspekten des Eigenen und Fremden vergleichend auseinandersetzt. Dabei ist neben der Bedeutsamkeit und Nachhaltigkeit auch die Erfahrbarkeit auf kognitiver und emotionaler Ebene sowie auf der Willensebene von Bedeutung. Besonders lernrelevant haben sich in diesem Zusammenhang Erfahrungen im Umgang mit sogenannten kritischen Interaktionssituationen erwiesen. Hierbei handelt es sich um Situationen, in denen der fremdkulturelle Partner sich in einer Art und Weise verhält, wie der Handelnde es nicht erwartet hat, die von seinen eigenen Verhaltensgewohnheiten deutlich abweichen, die ihm unvertraut sind, für die er keine Erklärung zur Verfügung hat und auch so schnell keine passende Erklärung findet und die er unabhängig von einzelnen Personen in ähnlich gelagerten Situationen immer wieder beobachtet. Häufig auftauchendes, nicht erklärbares und unverständlich bleibendes, erwartungswidriges Verhalten führt, wie bereits weiter oben berichtet, zu Irritationen, drohendem Orientierungsverlust; im günstigsten Fall zu Nachdenklichkeit, in ungünstigeren Fällen zur Verärgerung, Enttäuschung, Wut und Verzweiflung, und es löst evtl. aggressives Verhalten gegenüber dem fremdkulturellen Partner aus. Kritische Interaktionssituationen können auch stimulierend wirken in Richtung von Appetenzverhalten oder Aversion, verbunden mit einem kognitiv und emotional verursachten Aufsuchen oder Meiden der fremden Kultur und mit Dominanzverhalten, resultierend aus Ethnozentrismus oder Ignoranz.

7.4.4 Interkulturelles Lernen

Grundvoraussetzungen dafür, dass interkulturelles Lernen überhaupt in Gang kommt, ist das Gewahrwerden erwartungswidrigen Verhaltens zwischen Personen unterschiedlicher kultureller Herkunft, die Interpretation, dass dieses

Ereignis kulturspezifisch determiniert ist, also dass die beteiligten Personen aus unterschiedlichen kulturellen Orientierungssystemen heraus handeln, und das Akzeptieren dieser kulturspezifischen Determiniertheit. Eine besondere Dynamik bekommt interkulturelles Lernen dann, wenn kulturell bedingtes erwartungswidriges Verhalten nicht sofort abgelehnt und gemieden wird, sondern Beachtung findet und einer wertschätzenden Analyse unterzogen wird. Aus diesen Bedingungen kann durchaus eine intrinsische Motivation zum interkulturellen Lernen entstehen. Informieren und Reflektieren sind zwei zentrale Prozesse, ohne die interkulturelles Lernen nicht auf dem Qualitätsniveau stattfinden kann, auf dem sich interkulturelle Kompetenz überhaupt erst entwickelt. Das Informieren und Reflektieren muss sich einerseits auf die Eigenkulturalität beziehen, durch Bewusstmachen und Aufbau von Wissensbeständen über das eigenkulturelle Orientierungssystem und andererseits auf die Fremdkulturalität durch Bewusstmachen und Aufbau von Wissensbeständen über das Orientierungssystem und seine Wirksamkeit in der bislang fremden Kultur. Auf der Basis der über interkulturelles Lernen erfolgten Horizonterweiterung im Bezug auf die Eigenkulturalität und die Fremdkulturalität muss ein Bewusstsein und ein Faktenwissen über Gemeinsamkeiten, Ähnlichkeiten und Unterschiede im Vergleich der eigenen Kultur zur Fremdkultur und ein Prozesswissen über die Handlungsrelevanz solcher Vergleichsprozesse aufgebaut werden.

7.4.5 Interkulturelles Verstehen (Bilanzierung)

Jeder Lernende ist bestrebt, sich von einem Ausgangszustand zu einem Zielzustand hin zu entwickeln, sich also zu verändern, und jeder Lehrende ist bestrebt, dem Lernenden bei der Verwirklichung dieses Ziels zu helfen. Wie dieser Lernprozess verläuft, in welchem sozialen und organisatorischen Umfeld er sich vollzieht, welche Lehr-Lernmittel eingesetzt werden, wie sie eingesetzt werden, welche Informationen als lernrelevant betrachtet werden, wer Träger dieser Informationen ist usw. ist zweifelsohne kulturspezifisch determiniert. Allein die Überlegung, wie Lehr-Lernmethoden in eher kollektivistisch und eher individualistisch orientierten Kulturen auszusehen haben, wenn sie bei Lehrenden und Lernenden auf Akzeptanz stoßen und die gewünschten Lernwirkungen erzielen sollen, sensibilisiert für die Bedeutung dieser Thematik. Erfolgreich ist interkulturelles Lernen dann, wenn interkulturelles Verstehen möglich wird, wenn also in der Lernbilanz Folgendes erreicht wird:
- *Kulturadäquate Verhaltensattribuierung:* Gemeint ist das, was Triandis (1995) mit „isomorpher Attribuierung" bezeichnet, d. h. der Handelnde sollte in einer kulturellen Überschneidungssituation in der Lage sein, das Verhalten seines fremdkulturellen Interaktionspartner so zu verstehen, wie es dem fremdkulturellen Orientierungssystem entspricht.
- *Erweiterung des Selbstkonzepts:* Durch die bewusste Reflexion des eigenkulturellen Orientierungssystems wird das Bewusstwerden der Relevanz dieses

Orientierungssystems für die eigene Wahrnehmung, das Denken, Empfinden und Handeln erheblich erweitert, da diese Ressourcen nunmehr einem gezielten und geplanten Einsatz in kulturellen Überschneidungssituationen zugänglich sind.
- *Erweiterung des Repertoires an Verhaltensalternativen:* Eng verbunden mit der Erweiterung des Selbstkonzepts ist die Möglichkeit, das bereits verfügbare Handlungsrepertoire über den Umgang mit dem eigenen kulturellen Orientierungssystem so zu erweitern, dass aufbauend auf einem vertieften Verständnis des fremdkulturellen Orientierungssystems und der damit verbundenen Antizipation der Reaktionen des Partners, Möglichkeiten zur aktiven Gestaltung der entstehenden interkulturellen Situation genutzt werden können.
- *Erweiterung des Repertoires an Erklärungsalternativen:* Ein zentrales Element interkulturellen Lernens besteht darin, auf das fremdkulturelle Partnerverhalten nicht einfach nur mit eingefahrenen Verhaltensgewohnheiten zu reagieren, sondern vor dem Reagieren unterschiedliche Erklärungsalternativen für das erwartungswidrige Verhalten zu generieren („Stopp des automatischen Bewährungsprozess") und auf ihre Kulturäquivalenz hin zu überprüfen, um so eine kulturisomorphe Erklärung zu gewinnen (Kammhuber, 2000).
- *Interkulturelle Orientierungsklarheit:* Interkulturelles Lernen, das dem Handelnden in kulturellen Überschneidungssituationen Orientierungsklarheit verschafft, z. B. dadurch, dass der Handelnde die Ressourcen aus seinem eigenkulturellen Orientierungssystem gezielt und planmäßig einsetzen kann und dies auf dem Hintergrund eines kulturisomorphen Verständnisses für das fremdkulturelle Orientierungssystem, befriedigt zentrale Bedürfnisse des Handelnden nach Klarheit und Orientierung.
- *Potenzial zum kulturäquivalenten Handeln:* Erfolgreiches interkulturelles Lernen verschafft dem Handelnden ein Gefühl der Orientierungsklarheit und der Zuversicht, über ein ausreichendes Ressourcenpotenzial zur Bewältigung kultureller Überschneidungssituationen auch dann zu verfügen, wenn in der Interaktion mit fremdkulturellen Partnern kritische und womöglich konflikthafte Situationen entstehen.

7.4.6 Interkulturelle Kompetenz

Das eigentliche Ziel interkulturellen Lernens gipfelt in dem Aufbau einer interkulturellen Kompetenz, die darin besteht, aus der Kenntnis und dem Verständnis für das eigenkulturelle Orientierungssystem und dem fremdkulturellen Orientierungssystem in kulturellen Überschneidungssituationen so zu handeln, dass die in der Interaktion mit fremdkulturellen Partnern sich bietenden kulturellen Ressourcen optimal genutzt werden können. So kann eine in Teilen neuartige Interkultur entsteht, die es erlaubt, die individuellen und die gemeinsamen Handlungsziele zu optimieren. Das bewirkt ein Höchstmaß an gegenseitigem Verstehen, wechselseitiger Wertschätzung und Zufriedenheit.

Um eine interkulturelle Kompetenz auf hohem Niveau zu erreichen, sind folgende Kompetenzmerkmale zu entwickeln:
- *Handlungspotenziale:* Auf individueller Ebene sind Perspektivenwechsel, Perspektiventransformation, Selbstdistanz und Orientierungsklarheit auf hohem Niveau so auszubilden, dass sie routinemäßig zur Verfügung stehen.
- *Handlungssicherheit:* der Begriff Handlungssicherheit bezieht sich zwar zunächst auf den Handelnden selbst und seine Fähigkeit, Klarheit und Transparenz bezüglich der Zielbestimmungs- und Zielerreichungsmethoden herzustellen. Aber ebenso wichtig ist es, für interkulturelle Synergiepotenziale, kulturelle Unvereinbarkeiten (Inkompatibilitäten), sich gegenseitig stützende und fördernde (Kompensationen) und sich gegenseitig ergänzende (Komplementaritäten) kulturelle Ressourcen sensibel zu sein.
- *Handlungsflexibilität:* Da interkulturelle Kompetenz nicht nur auf eine spezifische Zielkultur gerichtet ist, sondern generell in kulturell bedingten Überschneidungssituationen zur Wirkung kommen soll, bedarf es eines ausreichenden Maßes an Handlungsflexibilität im Bezug auf Zielerreichungsstrategien, Erklärungs-/Interpretationsvarianz, Handlungsstrategien und einer für beide Seiten akzeptablen Bilanzierung von Sollwert-Istwert-Diskrepanzen.
- *Handlungskreativität:* Auf der Grundlage der Sensibilität für interkulturelle Synergiepotenziale soll die Fähigkeit zur Initiierung und Förderung von Potenzialen zur Herstellung synergetischer Effekte interkultureller Überschneidungssituation zur Wirkung kommen (Zeutschel, 1999; Tjitra, 2000). Es ist bekannt, dass für erfolgreiches interkulturelles Handeln eine entsprechende positive soziale Unterstützung von zentraler Bedeutung ist. Diese ist aber oft nicht einfach so vorhanden oder wird wie selbstverständlich gewährt, sondern muss erst einmal entdeckt, verstärkt und auf geeignete Weise in Anspruch genommen werden. Hier ist Kreativität verlangt, um ein förderliches soziales Umfeld für den Aufbau interkultureller Synergie zu schaffen.
- *Handlungstransfer:* Interkulturelle Kompetenz zeichnet sich dadurch aus, dass kompetentes Handeln in unterschiedlichen kulturellen Begegnungssituationen auch dann möglich wird, wenn der Handelnde bislang keine Erfahrung mit Vertretern einer spezifischen Zielkultur gemacht hat. Auf der Grundlage von Einsichten in interkulturelle Zusammenhänge und vielfach erprobter und allgemeiner interkultureller Problemlöseverfahren kann davon ausgegangen werden, dass der interkulturell kompetente Handelnde eine verallgemeinerbare Strategie zum Aufbau interkulturellen Handlungswissens entwickelt hat. Dadurch ist er dann in die Lage, erfolgreich praktizierte Formen interkulturellen Handelns auf neuartige kulturelle Überschneidungssituationen zu übertragen und effizient anzupassen (Stichwort „Metakontextualisierung";

vgl. Abb. 7 auf S. 56). Interkulturelle Kompetenz zeigt sich damit, neben der Fähigkeit zum kulturäquivalenten Handeln in spezifischen kulturellen Überschneidungssituationen, auch darin, die dabei gemachten Erfahrungen zu generalisieren, und zwar so, dass eine entsprechende Aneignung kulturellen Wissens verbunden mit der Entwicklung entsprechender Handlungsstrategien in kulturellen Überschneidungssituationen generell möglich wird.

8 Interkulturelle Trainings

Der Mensch hat dreierlei Wege, klug zu handeln: erstens durch Nachdenken, das ist der edelste; zweitens durch Nachahmen, Nachlesen, das ist der leichteste, und drittens durch Erfahrung, das ist der bitterste.

Konfuzius

Die oben zitierte, vom chinesischen Gelehrten Konfuzius (551 v. Chr.) überlieferte Erkenntnis gilt auch für alles, was die Entwicklung interkultureller Handlungskompetenz betrifft. Interkulturelle Erfahrungen bestehen oft aus der Konfrontation und der Bearbeitung kulturell bedingter kritischer Interaktionssituationen mit entsprechenden Irritationen und Kontrollverlust. Die Nachahmung und Übernahme fremdkultureller Verhaltensweisen im Sinne des gut gemeinten Ratschlags „Gehst du nach Rom [Italien], dann verhalte dich wie die Römer [Italiener]" ist zwar der leichteste Weg. Er führt aber unweigerlich in die Irre, denn niemand kann die Verhaltensgewohnheiten der Menschen einer ihm fremden Kultur so nachahmen, dass er sich nicht lächerlich macht. Ein solches Nachahmen wird zudem von Gastlandbewohnern auch nicht erwartet. So bleibt für ein effektives interkulturelles Lernen und für entsprechende Trainings nur der Weg, den Lernenden zum Nachdenken anzuregen, und zwar einerseits über seine eigenkulturellen Orientierungen und andererseits über die kulturellen Orientierungen seines fremdkulturell geprägten Partners sowie die Wirksamkeit der zielführenden und zufriedenstellenden Formen interkultureller Kommunikation, interkultureller Interaktion und interkultureller Kooperation. Dazu passt die von Sun Tsu in seinem vor mehr als 2.000 Jahren verfassten Werk „Wahrhaft siegt, wer nicht kämpft. Die Kunst der richtigen Strategie" niedergeschriebene Kriegsweisheit: „Nur wer den Gegner und sich selbst gut kennt, kann in 1.000 Schlachten siegreich sein." Die als Leitgedanke für interkulturelle Trainings geeignete moderne Version könnte lauten: „Nur wer den fremdkulturell geprägten Partner und seine eigene kulturelle Prägung gut kennt, kann bei der Bewältigung aller kulturellen Überschneidungssituationen erfolgreich sein."

Unter Trainings versteht man allgemein alle systematisch geplanten und zielgerichtet durchgeführten Arten von Ausbildungen und Übungen, die geeignet sind Kompetenzen zu erwerben und zu steigern.

Dementsprechend umfassen interkulturelle Trainings alle Maßnahmen, die darauf abzielen, einen Menschen zur konstruktiven Anpassung zu befähigen sowie zum sachgerechten Entscheiden und effektiven Handeln unter fremdkulturellen Bedingungen und in kulturellen Überschneidungssituationen. Das Ziel solcher Trainings besteht in der Qualifizierung von Fach- und Führungskräften zum Erkennen und zur konstruktiven und effektiven Bewältigung der spezifischen Arbeitsaufgaben, die sich ihnen unter den für sie fremdkulturellen Bedingungen in der Interaktion mit fremdkulturell geprägten Partnern stellen. Dabei ist nicht nur an die Bewältigung der berufsbedingten Anforderungen zu denken, sondern auch an die persönliche Lebensgestaltung unter fremdkulturellen Bedingungen. Gerade unter den Bedingungen beruflicher Tätigkeiten im Ausland verschmelzen berufliche und persönliche Handlungs- und Erfahrungsbereiche eng miteinander. In den meisten Fällen wird das Training interkultureller Kompetenz für Fach- und Führungskräfte als eine den Auslandseinsatz vorbereitende Trainingsmaßnahmen organisiert. Wie die vielfältigen Forschungen zur Wirksamkeit solcher vorbereitender Trainingsmaßnahmen zeigen, kann die interkulturelle Managementkompetenz wesentlich gesteigert werden, wenn zusätzliche, den Arbeitsaufenthalt im Ausland begleitende Verlaufstrainings eingeschoben werden. Besonders bei jüngeren Führungskräften, für die ein häufiger Arbeitsaufenthalt im Ausland vorgesehen ist, empfehlen sich zusätzliche Nachbereitungstrainings, in denen die interkulturellen Erfahrungen untereinander und mit Experten diskutiert und reflektiert werden können. So kann ein vertieftes Verständnis für die fremdkulturellen Arbeits- und Lebenssituationen erreicht werden (Landis et al., 1983, 1996, 2004).

8.1 Konzepte und Methoden interkultureller Trainings

Es gibt eine große Vielfalt an Konzepten und Methoden bezüglich der Entwicklung interkultureller Kompetenz und eine recht umfangreiche internationale und nationale Fachliteratur (z. B. Landis et al., 1983, 1996, 2004; Kühlmann, 1995; Kammhuber, 2000; Thomas, Kinast & Schroll-Machl, 2005; Bergemann & Sourisseaux, 2003; Straub, Weidemann & Weidemann, 2007), die auf lernpsychologischen Erkenntnissen aufbaut.

Grundsätzlich kann man unterscheiden zwischen kulturallgemeinen und kulturspezifischen Trainings. *Kulturallgemeine Trainings* zielen darauf ab, beim Lernenden eine Sensibilität und ein Verständnis dafür zu erzeugen, dass menschliches Verhalten und Erleben, also das Wahrnehmen, Denken, Urteilen, die Motivation und Emotionen sowie Handeln kulturspezifisch geprägt sind, und wie es deshalb zwischen Menschen unterschiedlicher kultureller Herkunft und Enkulturation zu Missverständnissen, Irritationen und Kontrollverlust und kommen kann. Gefördert wird so die Bereitschaft und Fähigkeit eigen- und fremdkulturelle Orientierungssysteme und ihre handlungssteuernden Wirkungen zu verstehen um damit umgehen zu können. Mithilfe eines kulturallgemeinen Trainings sollte der Lernende auch befähigt werden, eigenständige Strategien des Kulturlernens zu entwickeln. *Kulturspezifische Trainings* sind sehr verbreitet zur Orientierung und Vorbereitung auf einen beruflichen Arbeitseinsatz in einem spezifischen Lands mit einer eigenständigen kulturellen Prägung. Zielkulturspezifische und domänenspezifische kulturelle Kompetenz stehen im Vordergrund. Mithilfe differenzierter Analysen kulturspezifischer Fallbeispiele wird ein Verständnis für die Handlungswirksamkeit der Kulturstandards der fremdkulturellen Partner einerseits und die Wirkungen der eigenkulturellen Identität in der Interaktion und Kooperation mit den Partnern andererseits entwickelt. So wird der Lernende in die Lage versetzt, sich bei zukünftigen Auslandseinsätzen schnell und effektiv mit den kulturspezifischen Orientierungssystemen (Kulturstandards) in einer für sie bislang unbekannten Kultur vertraut zu machen.

Mit Blick auf die bei interkulturellen Trainings zum Einsatz kommenden Lehr-Lernmethoden hat sich eine Unterscheidung zwischen „didaktischen" oder „expositorischen" Methoden einerseits und „erfahrungsorientierten" oder „entdeckenden" Methoden andererseits eingebürgert. Bei eher didaktisch-expositorischen Methoden überwiegen sachbezogene Vorträge und akademische Diskussionen über kulturspezifische Themen, die das Alltagsleben und die beruflichen Anforderungen betreffen und sich auf Fachgebiete wie Geografie, Klima, Ökonomie, Politik, Bildungswesen, Rechtssysteme, Medien etc. eines Ziellandes beziehen. Die erfahrungsorientierten und entdeckenden Lernmethoden zielen darauf ab, den lernenden während der gesamten Trainings zu eigenständigen Aktivitäten anzuregen, damit er im behandelten Problemfeld eigenständig auf Entdeckungsreise gehen kann, um selbst festzustellen welches Wissen zur Problemlösung erforderlich ist. Mithilfe gruppendynamischer Methoden kann ein Bewusstsein für die eigenkulturelle Orientierung (cultural self-awareness) entwickelt werden.

Weiterhin lassen sich kognitiv zentrierte und affektiv zentrierte Trainings voneinander unterscheiden. Kognitiv zentrierte Trainingseinheiten zielen darauf ab, konzeptuelles Wissen über kulturelle Aspekte von Verhalten und Erleben, z. B. politisch-historische, ökonomische, berufliche, gesellschaftliche und religiöse Fakten über Kulturen sowie zentrale Aspekte interkulturellen Handelns wie Akkulturationsprozesse, Entstehung und Lösung von Konflikten, ethnische und kulturelle Diversitäten zu vermitteln. Affektiv ausgerichtete interkulturelle Trainings versuchen Ängste gegenüber Fremdheit, Akkulturationsstress, Angst vor Orientierungsverlust durch erwartungswidrig verlaufende interkulturelle Handlungserfahrungen abzubauen und Ambiguitätstoleranz, Empathie, Selbstsicherheit und sozial-emotionale Belastbarkeit zu fördern.

Allgemein anerkannt und verbreitet sind die folgenden vier Schwerpunktsetzungen bei interkulturellen Trainings: (1) informationsorientierte Trainings, (2) kulturorientierte Trainings, (3) interaktionsorientierte Trainings und (4) verstehensorientierte Trainings.

8.1.1 Informationsorientierte Trainings

Das Ziel dieser Trainings besteht darin, Fach- und Führungskräfte vor dem Auslandseinsatz in einem bestimmten Zielland oder einer Kulturregion, zum Beispiel Nordafrika, Südamerika, Asien oder Osteuropa, mit Informationen zu anforderungsrelevanten Themen aus Politik, Ökonomie, Bürokratie, staatlicher Verwaltung, Rechtssystemen, besonders Ausländer betreffend, Medien, Geografie, Klima, Bevölkerungsstatistik, Bildungswesen, Religion bis hin zur Wohnsituation für Ausländer, Freizeitmöglichkeiten, Clubs etc. zu versorgen. Spezialisten für die einzelnen Themen stellen die für Fach- und Führungskräfte relevanten Materialien zusammen und präsentieren sie in Form von Vorträgen, unterstützt durch Videos oder nur über elektronische Medien. Fachpersonal mit Erfahrung im Zielland wird hinzugezogen, um praxisnahe, authentische Erfahrungen im Umgang mit den zu erwartenden Partnern zu vermitteln.

8.1.2 Kulturorientierte Trainings

Bei diesen Trainings werden die Lernenden mit Lernmaterialien konfrontiert, die ihnen die Handlungswirksamkeit kultureller Einflüsse im Einsatzland erlebbar, nachvollziehbar und verständlich machen. Hinzu kommt das Bewusstmachen der Wirksamkeit der eigenkulturellen Prägung auf Verhalten und Erleben im interkulturellen Kontakt. Im Zentrum steht das bewusste Erleben und Verarbeiten kulturell bedingter Unterschiede in Bezug auf die individuelle Wahrnehmung, das Denken, Empfinden und Handeln generell in kulturellen Überschneidungssituationen. Zum Einsatz kommen erfahrungsorientierte Methoden wie „cultural self-awareness" und „experiential cultural learning".

Im Vergleich zum informationsorientierten Vorbereitungskonzept bewirkt die kulturorientierte Vorbereitung eine wesentlich umfassendere Aktivierung der Teilnehmer. In Szenarien zur Kultursimulation können sowohl Frustrationen und Unsicherheiten angesichts von Missverständnissen und Kommunikationsschwierigkeiten als auch die Freude am Entdecken und Verstehen kulturabhängiger Verhaltensunterschiede unmittelbar erfahren werden. Eine sachkundige und dem Trainingsanliegen adäquate Aufarbeitung dieser Erlebnisse und Einsichten bedarf allerdings der kompetenten Moderation durch interkulturell erfahrene Trainer, eines hohen Maßes an Aufgeschlossenheit für interaktive Formen des Lernens und die Bereitschaft zum selbst entdeckenden Lernen durch die Trainingsteilnehmer. Gerade diese Form der Auslandsvorbereitung eignet sich zur Förderung allgemeiner interkultureller Handlungskompetenz im Unterschied zur Vermittlung kulturspezifischer Informationen. Aus diesem Grund ist das kulturorientierte Vorbereitungskonzept einerseits für Mitarbeiter geeignet, die kurzfristig in unterschiedliche Länder entsandt werden, zum anderen dient es dazu, die Fach- und Führungskräfte auf die interkulturellen Aspekte im Internationalen Management vorzubereiten (vgl. Thomas, 1995).

8.1.3 Interaktionsorientierte Trainings

Diese Trainings zielen wie die kulturorientierten Trainings darauf ab, die kulturspezifischen Einflüsse auf personale und situationale Determinanten des Verhaltens und Erlebens nachvollziehbar und verständlich zu machen. Dies soll bei dieser Trainingsvariante aber nicht didaktisch und durch Simulation erfolgen, sondern im direkten Kontakt mit Einheimischen des Ziellandes. Diese werden als Trainer und eventuell als weitere Trainingsteilnehmer eingesetzt. Die so gesammelten authentischen Erfahrungen werden zusätzlich durch individuelle oder gruppenbezogene kurzfristige Exkursionen vor Ort ergänzt. Oft werden solche interaktionsorientierte Trainings auch in den Fremdsprachenunterricht integriert. Wenn Trainingsteilnehmer in der Lage sind, im Vorfeld eines beruflichen Auslandseinsatzes die sie bewegenden Fragen mit einheimischen Experten aus dem Zielland zu diskutieren, entsteht bei der Informationsvermittlung ein Klima hoher Authentizität, was die Lernmotivation stärkt, Ängste und Verunsicherungen abbaut sowie Selbstwirksamkeitserwartungen und Zuversicht fördert.

8.1.4 Verstehensorientierte Trainings

Verstehensorientierte Vorbereitungsprogramme gehen davon aus, dass das Einleben in einer fremden Kultur am schnellsten und sichersten gelingt, wenn das handlungssteuernde kognitive System auf das fremdkulturelle Orientierungssystem hin „programmiert" ist. Der Auslandsmitarbeiter besitzt in hohem Maße interkulturelle Handlungskompetenz, wenn er weiß:
- dass seine Partner sich in bestimmten Situationen anders verhalten werden, als er es von zuhause gewohnt ist (fremdkulturelles Handlungswissen,
- warum sie sich so verhalten (kulturell isomorphe Attributionen),
- welches Verhalten sie von ihm erwarten und welche Einstellungen, Bewertungen, Schemata und Scripts er bei seinen Partnern durch bestimmte Verhaltensweisen erzeugt oder verstärkt (interkulturelles Antizipieren) und
- welcher Nutzen sich aus den kulturdivergenten Orientierungssystemen, Verhaltensregeln und Situationsinterpretationen zur gemeinsamen Zielerreichung ziehen lässt (interkulturelle Wertschätzung).

Ein darauf ausgerichtetes interkulturelles Orientierungssystem muss die Auslandsmitarbeiter zu „isomorphen" Wahrnehmungs-, Interpretations- und Attributionsformen und – darauf aufbauend – zur effektiven Interaktionsleistungen befähigen" (vgl. Thomas, 1995).

Den hier geforderten Ansprüchen wird am ehesten das bereits 1971 von Fiedler, Mitchell und Triandis in den USA entwickelte sogenannte „culture-assimilator-training" (Triandis, 1984) gerecht. Eigentlich handelt es sich hierbei nicht, wie der Titel nahelegt, um ein Instrument zur Anpassung von Fach- und Führungskräften an eine spezifische Zielkultur, sondern eher um ein hochgradig lernwirksames Instrument zur Entwicklung interkultureller Sensibilität und Kompetenz, um mit kulturellen Überschneidungssituationen zurechtzukommen. Es geht dabei also nicht um Anpassung, sondern um differenziertes und handlungswirksames Verstehen der kulturspezifischen Arten des Wahrnehmens, des Denkens, des Urteilen, des Empfindens und des Handelns bei fremdkulturellen Partnern. Es entspricht im Kern dem, was der zu Beginn des Buches schon angesprochene interkulturelle Lernzirkel (vgl. Abb. 7 auf S. 56) an verschiedenen Lernschritten bei der Bearbeitung kulturell bedingter kritischer Interaktionssituationen vorsieht:

Den Trainingsteilnehmern werden alltägliche konflikthafte Interaktionssituationen in der Begegnung mit Partnern der fremden Kultur vorgegeben, die sie anhand eines spezifischen Ablaufschemas durchzuarbeiten haben. Zu jeder geschilderten konflikthaften Interaktionssituationen werden verschiedene Interpretationsmöglichkeiten für das Verhalten der beteiligten Personen vorgelegt, von denen lediglich eine Interpretation aus Sicht der Fremdkultur die einzig richtige Antwortalternative darstellt. Die andern Antwortalternativen erscheinen zwar zunächst auch plausibel, sind aber Fehlinterpretationen, die auf Unkenntnis der Konflikt verursachenden kulturellen Einflussfaktoren und auf ethnozentrischen Irrtümern beruhen. Dem Lernenden wird nach der Entscheidung für eine Alternative nicht nur mitgeteilt, ob seine Wahl kuluradäquat oder nicht wahr, sondern er erhält Erklärungen darüber, warum aus der Sicht der Gastkultur die eine Antwortalternative kuluradäquat und die anderen Antwortalternativen falsch sind. Diese Informationen sollen ihm eine nachvollziehbare Begründung für die Angemessenheit seiner Antwort geben und ihm helfen, einen kulturellen Bezugsrahmen aufzubauen, der es ihm erlaubt, ähnliche Situationen zunächst im weiteren Training und dann in der Gastkultur selbst bewältigen zu können. Mithilfe dieses „Feedback- Verfahrens „werden dem Handelnden zentrale Kulturstandards des Gastlandes vermittelt. Er wird so auf bedeutsame Unterschiede zwischen eigenem Verhalten und dem fremder Interaktionspartner aufmerksam gemacht (Thomas, 1995).

Auf der Basis dieser verstehensorientierten Trainingsmethode sind Trainingsmaterialen, die auf den Auslandseinsatz von deutschen Managern, Fach- und Führungskräften in mittlerweile 40 Nationen vorbereiten, erarbeitet und zusammengestellt worden, die in der Buchreihe „Beruflich in ..." (herausgegeben von Thomas im Verlag Vandenhoek & Ruprecht) erscheinen sind.

Die Lernwirksamkeit dieser Trainings konnte dadurch deutlich gesteigert werden, indem die Lernenden aufgefordert werden, nach dem Lesen des Fallbeispiels sich zunächst einmal selbst Gedanken darüber zu machen, wie die kritische Interaktionssituation zustande gekommen sein könnte. Vor dem Lesen der präsentierten Lösungsstrategie mit Angaben über Verhaltensweisen, die geeignet sein könnten, die entstandenen Irritationen aufzulösen und zu einer zufriedenstellenden und zielorientierten Bewältigung der Situation zu gelangen, sollen die Lernenden ebenfalls eigene Vorstellungen entwickeln, welche kuluradäquaten Verhaltensweisen zur Bewältigung der Situation angemessen sein könnten. In Evaluationsstudien zur Art der Wirksamkeit dieser Trainings im konkreten Arbeitseinsatz zeigte sich, dass die Fach- und Führungskräfte auf kulturell bedingte kritische Interaktionssituationen zunächst einmal dadurch aufmerksam wurden, dass sich Irritationen und Missverständnisse in der Zusammenarbeit mit ausländischen Partnern einstellten. Dann gewannen sie mehr gefühlsmäßig die Überzeugung, diese Situation schon irgendwie einmal kennengelernt zu haben. Sie kam ihnen also bekannt vor und zur gleichen Zeit war ihnen all das präsent, was sie dazu im Training gehört, gelesen und diskutiert hatten. Auf dieser Basis gelang es ihnen relativ schnell, eine passende kulturisomorphe Handlungsstrategie zur Bewältigung der konkreten kulturellen Überschneidungssituation zu entwickeln. Nicht das Erinnern der jeweiligen Kulturstandards gab also den Ausschlag zur Aktivierung des Gelernten in der Situation, in der sie benötigt wurden, sondern die Herstellung einer Ähnlichkeitsrelation zwischen den erlebten und im Training kennengelernten kontextualisierten Verhaltensweisen.

8.2 Beispiel für ein Trainingsmodul

Im Folgenden wird ein Trainingsmodul aus einem nach dem Konzept des Culture-Assimilator aufgebauten Vorbereitungstrainings für den Arbeitseinsatz in den Arabischen Golfstaaten (Reimer-Conrads & Thomas, 2009) präsentiert.

Themenbereich 5: Ehre und Würde.
Beispiel 15: Keinen Gewinn gemacht[16]

Situation

„Herr Schmitz ist Leiter einer deutschen Firma für optische Gläser. Eines Tages hatte er Besuch von Seif Al Tayan, einem seiner arabischen Einzelhändler, an die er seine Ware vertreibt. Im Rahmen dieses Vier-Augen-Gesprächs teilte Herr Al Tayan Herrn Schmitz mit, dass er mit dem Verkauf der Kristalle keinen Gewinn mehr mache und daher einen günstigeren Preis bekommen müsse. Daraufhin rechnet Herr Schmitz Herren Al Tayan mit dem Taschenrechner vor, wie viel Gewinn dieser tatsächlich mache, und dokumentierte seine Ausführungen zusätzlich auf Papier. Seif Al Tayan nahm den Zettel ohne ein Wort an sich und verließ das Büro. Seitdem zeigt er bei jedem Einzelmeeting und bei anderen sich bietenden Gelegenheiten diesen Zettel und legt dar, wie sehr Herr Schmitz ihn damals brüskiert habe.

Warum verhält sich Herr Al Tayan so?
- Lesen Sie nun die Antwortalternativen nacheinander durch.
- Bestimmen Sie den Erklärungswert jeder Antwortalternative für die gegebene Situation und kreuzen Sie die auf der darunter befindlichen Skala an. Es ist möglich, dass mehrere Antwortalternativen den gleichen Erklärungswert besitzen.

---

16 Der Abdruck dieses Abschnitts erfolgt mit freundlicher Genehmigung des Verlags Vandenhoeck & Ruprecht.

Deutungen

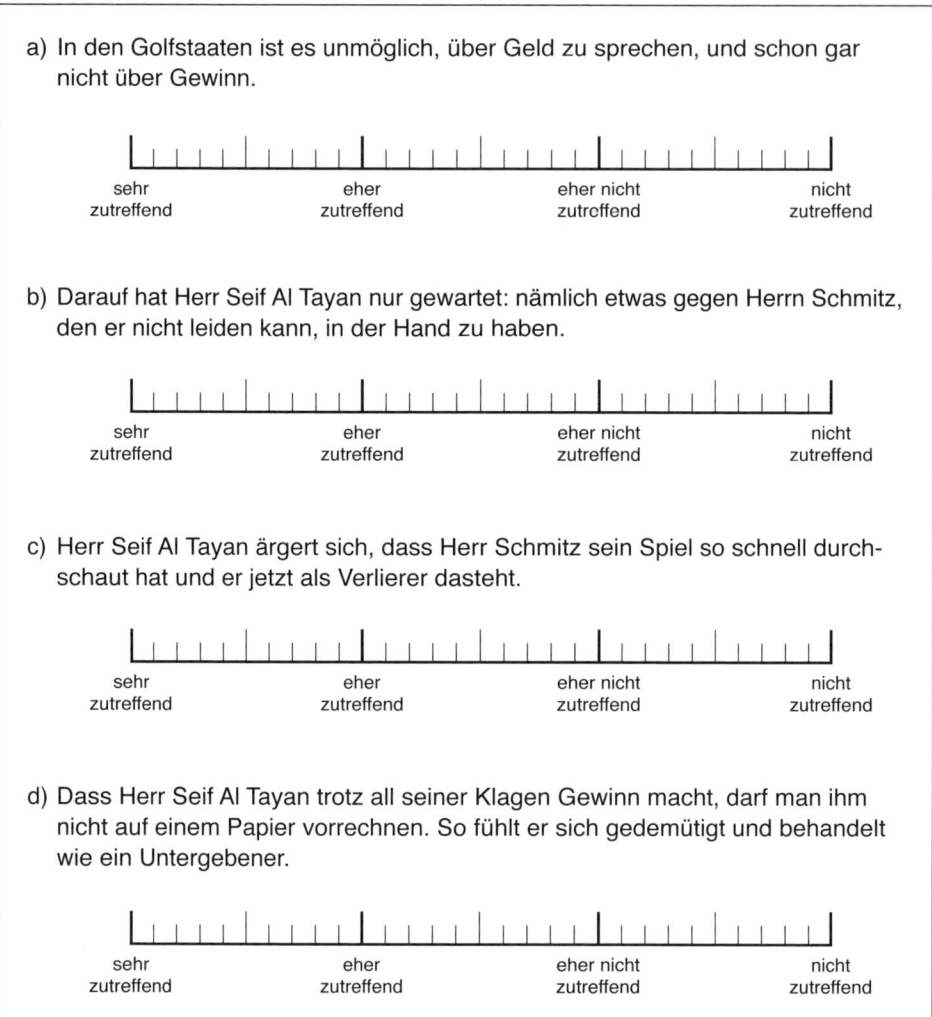

- Versuchen Sie, Ihre Einstufung zu jeder Antwortalternative zu begründen. Halten Sie die Begründung in schriftlicher Form stichpunktartig fest.
- Lesen Sie nun die Erläuterungen zu jeder Antwortalternative durch und vergleichen Sie diese mit Ihren eigenen Begründungen.

Bedeutungen

Erläuterung zu a):
Das Gespräch zwischen Herrn Schmitz und Herrn Seif Al Tayan entspricht den alltäglichen Gepflogenheiten zwischen Händlern. Es ist kein Zufall, dass

Herr Seif Al Tayan das Vier-Augen-Gespräch mit Herrn Schmitz sucht, also die Öffentlichkeit vermeidet, um ihm deutlich zu machen, dass er mit dem Kauf der Kristalle keinen Gewinn macht und er nur auf seine Kosten kommt, wenn er zu günstigeren Preisen bei ihm einkaufen kann. Diese Deutung befriedigt nicht.

Erläuterung zu b):
Bei dieser Deutung wird unterstellt, dass es zwischen Herrn Schmitz und Herrn Seif Al Tayan schon seit längerer Zeit kriselte und für Herrn Seil Al Tayan nun eine gute Gelegenheit gekommen ist, Herrn Schmitz vor allen bloßzustellen. Dabei ist nicht so recht ersichtlich, was Herr Seif Al Tayan denn nun tatsächlich gegen Herrn Schmitz „in der Hand hat" außer einem Zettel, auf dem dieser ihm vorgerechnet hat, welche tatsächlichen Gewinne er mit dem Verkauf der Kristalle erzielt. Diese Deutung erklärt zu wenig Details.

Erläuterung zu c):
Es kann schon sein, dass Herr Seif Al Tayan genau wusste, wie viel Gewinn er mit dem Verkauf der Kristalle tatsächlich macht, und das Gespräch nur aufgesucht hat, um seinen Gewinn zu erhöhen, indem er günstigere Einkaufspreise bei Herrn Schmitz aushandelt. Er ist dann enttäuscht, dass Herr Schmitz mit seinem Taschenrechner sofort den tatsächlichen Gewinn von Herrn Seif Al Tayan ausrechnet und ihm das auch noch schriftlich in die Hand drückt. Dies erklärt aber nicht so recht, warum er den Zettel nicht vernichtet und versucht, das Gespräch ungeschehen zu machen, sondern sich stattdessen bei jeder sich bietenden Gelegenheit auf den Zettel bezieht und sich immer wieder beschwert, wie sehr Herr Schmitz im brüskiert habe.

Erläuterung zu d):
Herr Al Tayan fühlt sich durch die demonstrative Zurschaustellung der Angelegenheit in seiner Ehre verletzt. Wahrscheinlich sind ihm die tatsächlichen Zahlen sehr wohl bekannt gewesen, was er durch die Geste des Vorzeigens des Zettels bei jeder sich bietenden Gelegenheit demonstrieren möchte. Als arabischer Geschäftsmann hatte er versucht, seinen Profit zu steigern. Aus seiner Sicht hatte er lediglich einem Geschäftsfreund eine Bitte vorgetragen und auf seine wohlwollende Prüfung gehofft. Bekommen hat er aber eine direkte Ablehnung, bei der er auch noch schriftlich abgestraft und vorgeführt wurden. Eine direkt ausgesprochene Ablehnung einer Bitte gilt in den Arabischen Golfstaaten jedoch als schlechtes Benehmen. Ferner wurde Herr Al Tayan von Herrn Schmitz durch das sofortige Vorrechnen auf einem Zettel unterstellt, er habe bewusst nicht die Wahrheit gesagt und könne nicht (einmal) rechnen.

Lösungsstrategie

Herr Schmitz sollte sich die Bitte seines arabischen Geschäftspartners ruhig interessiert anhören. Auch wenn die Fakten und Zahlen nicht so eindeutig sind, hätte er besser daran getan, Herrn Al Tayan mit dem Versprechen zu entlassen, alles in seiner Macht stehende zu tun, um die Angelegenheit im Interesse von diesem zu regeln. Durch ein derartiges Verhalten seitens von Herrn Schmitz würde sich Herr Al Tayan als Geschäftspartner ernst genommen fühlen und könnte eine spätere negative Bescheidung seiner Bitte auf sich beruhen lassen. Er wüsste, dass er alles getan hat, um die Angelegenheit in seinem Sinne zu regeln. Das weitere Geschehen liegt nicht mehr in seinen Händen. Auch Herr Schmitz könnte so die Angelegenheit in aller Ruhe in seinem Sinne weiter verfolgen und sich entweder für seinen Geschäftspartner einsetzen und ihm damit einen Gefallen erweisen oder aber bei Aussichtslosigkeit auf die Unterbreitung einer günstigeren Offerte die Sache beenden. Denn für Herrn Al Tayan gibt es keine Möglichkeit, das seitens Herrn Schmitz gegebene Versprechen, alles in seiner Macht stehende zu tun und das Beste für Herrn Al Tayan herauszuholen, tatsächlich einzufordern" (Reimer-Conrads & Thomas, 2009, S. 93–96).

Was in diesem Fallbeispiel kulturspezifisch wirksam wird ist der in den Golfstaaten weit verbreitete Kulturstandard „Ehre und Würde". Dazu wird im Trainingsmaterial folgende kulturelle Verankerung des Kulturstandards geboten:

„Es gehört zu den arabischen Grundwerten, dass die Würde und die Ehre eines Menschen von so essenzieller Bedeutung sind, dass diese auch im Notfall mit Gewalt wieder hergestellt oder verteidigt werden. Dabei ist die Würde und Ehre des Einzelnen unmittelbar mit der Ehre und Würde der gesamten Familie und/oder des Stammes verknüpft. Daher wird sehr darauf geachtet, diese zu schützen und auch andere nicht zu verletzen. … Harmonie zu bewahren, gehört zu den grundlegenden Bedürfnissen der Golfaraber und so werden laute Auseinandersetzungen, harte Konfrontation oder ein Schlagabtausch im Rahmen von Meetings vermieden. Das arabische Wort ‚wajh' steht übersetzt sowohl für Gesicht oder Außenseite als auch für Ehrenplatz, Vorteil, Edelmann, Ehrenperson, Respekt, Manieren, Stil. Diese Bandbreite der Bedeutung verdeutlicht bereits die Wichtigkeit, das Gesicht nicht zu verlieren. … Diese Art von gegenseitigem Gesichtwahren äußert sich auch in einem indirekten Kommunikationsstil. Was der arabische Geschäftspartner sagt und was er meint, kann unterschiedlich sein. Häufig werden statt einem Nein oder Ja Anekdoten erzählt oder Sprichwörter benutzt, in denen bestimmte Botschaften verborgen sind. Nicht selten ist ein Zwischen-den-Zeilen-Lesen notwendig. Üblich ist auch eine Antwort wie ‚Ich werde mein Bestes tun' oder ‚Ich werde morgen mit der Angelegenheit auf Sie zurückkommen'. Falls eine Anfrage ein Ja erfordert, wird dieses der Etikette wegen zunächst gegeben. Da aber im Unterschied zum deutschen Verständnis das gesprochene Wort nicht mehr zählt als die folgenden Taten, muss diesem Ja nicht unbedingt eine Handlung folgen. Es drückt lediglich die positive Intention aus, etwas zu tun, und ist Ausdruck von gutem Willen, aber eben auch nicht unbedingt mehr. Es erfordert eine gewisse Diplomatie und Geduld zwischen der deutschen Gradlinigkeit, die im Übrigen von Golfarabern ebenso wie die Pünktlichkeit sehr geschätzt wird, und dem gegenseitigen Gesichtwahren zu einer klaren und verbindlichen Aussage zu kommen" (Reimer-Conrads & Thomas, 2009, S. 96–98).

8.3 Weitere Inhalte interkultureller Trainings

Interkulturellen Trainings kommt die Aufgabe, zu neben der Entwicklung kulturspezifischer und domänenspezifischer kultureller Kompetenz weitere Fähigkeiten zu entwickeln und zu schulen, die über das hinausgehen, was bereits im Zuge des individuellen Enkulturations- und Sozialisationsprozesses erreicht wurde. Zu diesen Neu- und Weiterentwicklungen gehören die im Folgenden erläuterten Aspekte.

Begrüßungsrituale. Die Trainees müssen die kulturspezifischen Begrüßungsrituale kennen und deren Begründungen nachvollziehen können. Sie sollten aber nicht versuchen, sie eins zu eins zu kopieren, weil ihnen das nicht gelingen kann und dies von ihren ausländischen Partnern auch nicht erwartet wird. Ein paar Begrüßungsworte in einheimischer Sprache zu äußern zeigt den Partnern das Bemühen, etwas von ihrer Kultur übernehmen zu wollen und erzeugt eine positive Wirkung. Das betrifft auch die tradierten Formen der Gastfreundschaft. Wenn für deutsche Fach- und Führungskräfte gilt „carpe diem" (Nutze den Tag!) oder „Zeit ist Geld!", also verplempere deine kostbare Zeit mit dem ausländischen Partner nicht mit Geschwätz und unnützem Gerede über alles Mögliche, kann für den ausländischen Partner die Pflicht bestehen, als „Gastgeber" dafür zu sorgen, bevor es ums Geschäftliche geht, ausführlich mit dem deutschen Partner über das Wetter, das Essen und die Familie usw. zu plaudern, ihn zu einem opulenten Essen einzuladen und ihm die Sehenswürdigkeiten seiner Heimat zu zeigen. Dafür muss dieser auch genügend Zeit einplanen und sich aktiv an allem beteiligen, wenn er den ausländischen Partner für sich gewinnen und nicht vor den Kopf stoßen will.

Kulturspezifische Gestaltung der Eindrucksbildung. Der erste Eindruck (primacy-effect) und der letzte Eindruck (recency-effect) in der Begegnung mit Menschen entscheidet darüber, welchen Eindruck die Fach- und Führungskraft bei ihrem fremdkulturellen Partner hinterlässt. Die zur Herstellung eines nachhaltig wirksamen, guten, vertrauenswürdigen, kompetenten und verlässlichen Eindrucks wichtigen Reaktions- und Verhaltensformen sowie Handlungsweisen sind kulturspezifisch geprägt. Sie müssen eventuell im Vorhinein mithilfe von Rollenspielen eingeübt werden.

Aktive Interaktionsbereitschaft. Deutsche gelten für viele Partner in Lateinamerika, Nordamerika und afrikanischen Ländern als eher verschlossen, zurückhaltend, kommunikationsarm, ernst und humorlos. „Mische dich nicht ungefragt in die Angelegenheiten anderer Menschen ein!" ist eine Verhaltensleitlinie, die viele

Deutsche verinnerlicht haben und nach der sie sich richten. Sie wirken auf Menschen anderer Kulturen abweisend, fremdenfeindlich und erzeugen den generellen Eindruck: „Deutsche unterhalten sich nicht miteinander, wenn es nichts Wichtiges zu sagen gibt." Aktives Kommunikationsverhalten und von sich aus indizierte Interaktionsbereitschaft müssen in Bezug auf ihre kulturspezifischen Ausprägungen geschult werden, damit sie kulturadäquat praktiziert werden können und nicht als aufdringlich empfunden werden.

Vertrauensmanagement. Fach- und Führungskräfte sind darauf angewiesen, ein möglichst hohes und nachhaltig wirksames Maß an gegenseitigem Vertrauen zu ihren fremdkulturellen Partnern aufzubauen und zu erhalten. Die dazu erforderlichen Vertrauen schaffenden, Vertrauen erhaltenden und Vertrauen verstärkenden Ausdrucks- und Verhaltensmerkmale sind kulturspezifisch geprägt. Sie müssen den Fach- und Führungskräften bekannt sein und in ihren jeweils kulturspezifischen Ausdrucksformen in Bezug auf spezifische Interaktions- und Arbeitskontexte geschult werden.

Autoritärer versus partizipativer Führungsstil. In Kulturen mit einer fest verankerten und allseits anerkannten Hierarchiestruktur wäre ein partizipativ-demokratischer Führungsstil für die Partner eine völlige Überforderung. Wer keine klaren Anweisungen gibt, Befehle erteilt und sie durchzusetzen versteht, wird als unfähig zur Führung und als inkompetent abgelehnt (vgl. dazu das Fallbeispiel „Der Bericht" in Tab. 5 auf S. 100/101). Für autoritäres Führungsverhalten in Kulturen mit einer hohen Anerkennung des partizipativ-demokratischen Führungsstils gilt dasselbe. Am Beispiel führungsrelevanter Interaktionssituationen, die als Videosequenzen präsentiert oder in Form von Rollenspielen erprobt werden, sind die entsprechenden Führungskompetenzen zu schulen.

Konflikt- und Fehlermanagement. Deutsche Fach- und Führungskräfte sind es gewohnt, Fehler und Konflikte sowohl beruflich-fachlicher wie zwischenmenschlicher Art direkt anzusprechen und sogar differenziert in allen Details zu diskutieren. Meist geschieht dies mit der Absicht, aus Fehlern zu lernen. Besonders, wenn man genau und präzise analysiert, wie Fehler und Konflikte entstehen, kann man wissen, wie sie zukünftig vermieden werden können. Selbst sogenannte „Beinahe-Fehler", also Situationen, in denen Fehler hätten passieren können, in denen es aber noch einmal gutgegangen ist, sind beliebte Beispiele für differenzierte Fehleranalysen. In vielen Kulturen ist dieser Umgang mit Fehlern und Konflikten nicht nur völlig unbekannt, sondern auch nicht statthaft. Den Verursacher von Fehlern und Konflikten zu benennen, womöglich noch vor allen Mitarbeitern, also in aller Öffentlichkeit, ist gesichtsschädigend und deshalb tabuisiert. Deutsche Fach- und Führungskräfte müssen lernen, mit Fehlern und Konflikten, die verschwiegen, übergangen und unter den Teppich gekehrt werden, umzugehen. Wer sie in Kulturen, in denen dieses Verschweigen üblich ist, thematisieren und zudem noch analysieren will, verliert sein Gesicht und seine persönliche und fachliche Reputation.

Religiöse-spirituelle Orientierungen. Bei Menschen, die in einer stark säkularisiert-materialistisch orientierten Gesellschaft sozialisiert wurden, ist in der Regel die Sensibilität für spirituelle und religiöser Orientierungen bezüglich der Ziele, Intentionen und Begründungen von Verhaltens-, Denk- und Erfahrungsweisen anderer Menschen wenig ausgeprägt. In vielen Kulturen gehören aber religiöse ebenso wie magisch-mythische Orientierungen zum Alltagsleben dazu und bestimmen in erheblichem Maße das Menschen- und Weltbild, die Art des Umgangs miteinander und die subjektiven Erklärungen für stattfindende Ereignisse. Fach- und Führungskräfte, die eine kulturspezifische Sensibilität für diese Aspekte mitbringen und domänenspezifische Kompetenzen im Umgang mit diesen Orientierungen aufgebaut haben, werden eher in der Lage sein, das Handeln ihrer Partner zu verstehen, kulturadäquat zu begründen und damit umzugehen. Die Sensibilität für religiös-spirituelle Orientierungen, z. B. Astrologie, Glück und Unglück ankündigende Zeichen und Symbole im Alltags- und im Berufsleben, muss anhand von kulturspezifischen Fallbeispielen geschult werden.

Welt- und Menschenbilder. Unter Welt- und Menschenbildern versteht man die Gesamtheit kollektiver Annahmen, Einstellungen, Vorstellungen und Überzeugungen über den Menschen und die Natur sowie das Zusammenspiel von Mensch und Natur. Alle Menschen haben für sich persönlich Welt- und Menschenbilder entwickelt und im Verlauf des individuellen Sozialisationsprozesses kollektiv geteilte Welt- und Menschenbilder verinnerlicht. Für Fach- und Führungskräfte im Auslandseinsatz ist es wichtig zu wissen, welche selbstverständlichen Welt- und Menschenbilder sie selbst entwickelt und als Grundlage ihres Handelns verfügbar haben, und welchen sich davon unterscheidenden Welt- und Menschenbilder ihre fremdkulturellen Partner folgen. So sind die in hoch industrialisierten, westlichen, modernen Gesellschaften weit verbreiteten Welt- und Menschenbilder stark rational, technisch-naturwissenschaftlich und vornehmlich individualistisch sowie materialistisch geprägt. Prozesse verlaufen irgendwie linear nach dem Prinzip Anfang und Ende, Ursache und Wirkung, Geburt und Tod und dazu noch nach im Prinzip berechenbaren Gesetzmäßigkeiten. Schutz und Sicherheit bieten hier Forschungen, die geeignet sind die Gesetzmäßigkeiten von Mensch und Natur präzise zu erfassen, um daraus gesicherte Diagnosen und Prognosen ableiten zu können.

Demgegenüber stehen Welt- und Menschenbilder, die besonders in afrikanischen, asiatischen und lateinamerikanischen Kulturen verbreitet sind und die von der Wirkung zum Teil unberechenbarer kosmologischer Entwicklungen, zirkulärer Prinzipien vom Werden, Vergehen und Wiederkehren und nicht klar durchschaubaren und schon gar nicht berechenbaren dynamischen Kräften, entfaltet von vielfältigen unberechenbaren Mächten, ausgehen. Schutz und Sicherheit bieten unter diesen Bedingungen allein eine existenziell gesicherte Zugehörigkeit zu sozialen Gemeinschaften wie Familie, Stamm, Clan, Kaste etc. und die Befolgung tradierter Regeln zur Besänftigung der auf Mensch und Natur einwirkenden und in ihnen wirkenden Kräfte. In interkulturellen Trainings für Fach- und Führungskräfte muss eine Sensibilität und Einsicht in die Bedeutsamkeit der aus dem jeweiligen Welt- und Menschenbild in Bezug auf ziel- und domänenspezifische Aspekte, die im Auslandseinsatz handlungswirksam werden können, erzeugt und geschult werden.

8.4 Einsatz von interkulturellen Trainings

In der Praxis der Ausbildung von Fach- und Führungskräften für den Auslandseinsatz und die Arbeit und den Umgang mit Menschen unterschiedlicher kultureller Herkunft im eigenen Land wird es kein interkulturelles Trainingsprogramm geben, in dem nur eine Variante der beschriebenen unterschiedlichen interkulturellen Trainingsmethoden zum Einsatz kommt. Informationsorientiert-didaktische Elemente wird es wohl in allen Trainings ebenso geben wie verstehensorientierte Elemente. Die Trainingsmethoden und Trainingsinhalte richten sich meist nach dem, was der Auftraggeber wünscht, was die Trainingsteilnehmer erwarten und was der Trainer aus seinen praktischen Lehrerfahrungen als wirksam und zielführend erkannt hat. Nach dem heutigen Stand der Forschung ist es unverantwortlich, eine Fach- und Führungskraft ohne interkulturelle Vorbereitung in einen längeren Auslandseinsatz zu schicken oder ihr die Zuständigkeit für die Firmenvertretung in bestimmten Kulturräumen zu übertragen. Hohe Abbrecherquoten, interkulturell bedingte Stressreaktionen und suboptimaler Einsatz vorhandener Kompetenzen sind dann die Folge. Ein eintägiges informationsorientiertes Training reicht zwar nicht aus, um Fach- und Führungskräfte für die Bewältigung kritischer Interaktionssituationen wirklich fit zu machen, gibt ihnen aber ein gewisses Gefühl der Sicherheit im Umgang mit fremdkulturell geprägten Partnern, und das ist immer schon sehr viel wert.

Das in Abbildung 13 präsentierte Verlaufskonzept interkultureller Trainings gliedert die einzelnen Trainingsverfahren nach unterschiedlichen Phasen des Auslandseinsatzes. Wichtig ist dabei zu beachten, dass neben vorbereitungsorientierten Trainings auch angemessene Trainings in der Einarbeitungsphase sowie während der Auslandstätigkeit als Begleittrainings sinnvoll und notwendig sind. In diesen Phasen haben die Fach- und Führungskräfte alltäglich interkulturelle Erfahrungen vor Ort am Arbeitsplatz und außerhalb gesammelt. Vieles ist ihnen trotz kulturspezifischer Vorbereitung immer noch unverständlich, und was noch wichtiger ist, sie wissen nicht, wie sie ihre Situation verbessern können und was zu tun ist, um nachhaltig mit den interkulturellen Herausforderungen besser und effektiver zurechtzukommen. In diesen Phasen ist die Lernmotivation besonders hoch, da die Expatriates nun auf eigene Erfahrungen im Umgang mit kulturell bedingten kritischen Interaktionssituationen und selbst entwickelten Problemlösestrategien zurückgreifen und so viel zur eigenen Weiterentwicklung interkultureller Kompetenz bis hin zur Expertise beitragen können.

Phasen des Auslandseinsatzes	Auswahl-, Beratungs- und Trainingsmaßnahmen
Vorbereitungsphase: • Erwartung eines Auslandseinsatzes • Interesse am Auslandseinsatz • Personalentwicklung für Führungskräfte	**Kulturallgemeines Sensibilisierungstraining (culture generaltraining)**
Personalauswahl	**Auswahlverfahren:** • Interview • interkulturelles Assessment-Center • Probebesuch im Zielland

Entschluss für den Auslandsaufenthalt in einem bestimmten Land	**Kulturspezifisches Orientierungstraining (culture specific training):**
	• Förderung interkultureller Lernfähigkeit und Kompetenz
	• Trainingsverfahren:
	  – informationsorientiertes Training
	  – kulturorientiertes Training
	  – interaktionsorientiertes Training
	  – Culture-Assimilator-Training

Ausreisephase	**Einarbeitungstraining:** • Kulturschock-Bearbeitung • Akkulturationsbegleitung • Aufbauinter kultureller Lern- und Erfahrungskompetenz
Auslandstätigkeit	**Begleittraining:** • interkulturelle Reflexions- und Attributionskompetenz • arbeitsspezifische Lern- und Handlungskompetenz (Counselling/Supervision/Mentoring) • individuelles/teamorientiertes interkulturelles Coaching
Rückreisephase	**Reintegrationstraining I:** • Vorbereitung auf die „neue" Arbeitssituation im Stammhaus • Arbeitsübergabe im Gastland
Reintegrationsphase **Distributionsphase**	**Reintegrationstraining II:** • Kulturschock-Bearbeitung • Wiedereinarbeitung in Unternehmenskultur/Nationalkultur • Reflexion der interkulturellen Arbeits- und Lebenserfahrungen
Reintegrationsphase **Distributionsphase**	**Erfahrungs- und Nutzengenerierung:** • Weitergabe an Nachfolger und neue Auslandsmitarbeiter • Eingabe der interkulturellen Erfahrungen in eine Expertenpool

Abbildung 13: Verlaufskonzept für den Einsatz interkultureller Trainings (Thomas, 2014b)

Weiterhin wird in Abbildung 13 die Reintegrationsphase thematisiert, die für die Expatriates vielfach ähnlich belastend verläuft („Wiedereingewöhnung in die vertraute Fremde") wie die Eingewöhnung in die fremde Zielkultur. Eine stressfrei verlaufende Reintegration ist zudem die Voraussetzung dafür, dass im Rahmen der Distributionsphase das von den Fach- und Führungskräften im Ausland gesammelte Erfahrungswissen wertschätzend gewürdigt an zukünftige Auslandentsandte weitergegeben wird. Zurückgekehrte Expatriates haben von sich aus ein verstärktes Interesse, ihre Auslandserfahrungen zu vermitteln, stellen aber nach einem anfänglichen, kurzzeitigen Interesse im Sinne von „Na wie war's denn in Asien/China?!" fest, dass sich für all das, was sie zu berichten wüssten, keiner ihrer Vorgesetzten und Kollegen mehr interessiert. Für effektives interkulturelles Training hervorragend geeignetes sach-, ziel- und domänenspezifisches Wissen geht so verloren.

Mit Unterstützung der weltweit einsetzbaren elektronischen Medien ist es möglich, interkulturelle Trainings über weite Distanzen durchzuführen, z. B. via Videokonferenztechnik und Blended Learning (hybride Lernarrangements mit einer Kombination aus Präsenzveranstaltung und E-Learning).

8.5 Interkulturelle Expertise

So wichtig und individuell bedeutsam auch interkulturelle Erfahrungen im Verlauf der lebensbiografischen Entwicklung sind, für eine interkultureller Handlungskompetenz im Kontext beruflicher Tätigkeiten reichen diese Erfahrungen nicht aus. Die in der wissenschaftlichen Managementliteratur häufig genannten Arbeitsanforderungen an eine moderne Fach- und Führungskraft wurden bereits im Kasten „Zentrale Anforderungen an interkulturelles Management" auf Seite 53 genannt.

Bei der Erbringung von Arbeitsleistungen unter den Bedingungen eines Auslandseinsatzes und der Bewältigung kultureller Überschneidungssituationen ist mit kulturspezifischen Ausprägungen der sich ergebenden Arbeitsanforderungen zu rechnen. Die anforderungsspezifischen Intensitäten, mit der die kulturellbedingten Unterschiede handlungswirksam werden, sind unterschiedlich. So weisen in vorwiegend individualistisch orientierten Kulturen im Vergleich zu kollektivistisch orientierten Kulturen z. B. Vorgänge wie motivieren können, Kritik vermitteln, Konfliktmanagement, Initiative fördern, Veränderungsmanagement und Zeitmanagement (vgl. Kasten „Zentrale Anforderungen an interkulturelles Management" auf S. 53) besonders starke kulturell bedingte Unterschiede auf. Dies betrifft sowohl das Erscheinungsbild als auch die Art erfolgreicher Bewältigung der Anforderungen. Zur zielführenden Anforderungsbewältigung ist in diesen Fällen zielkulturspezifische Kompetenz in Verbindung mit domänenspezifischer kultureller Kompetenz gefragt. Zur Entwicklung dieser Kompetenzen kann man auf das Erkenntnismaterial der psychologischen Expertiseforschung (Gruber, 2007) zurückgreifen. Mit Expertise wird eine erforderliche und erwünschte Kompetenz in einem Wissens- und Lebensbereich bezeichnet, die sich über einen längeren Zeitraum hinweg ausgebildet hat. Expertise setzt eine Fachkraft in die Lage, ein bestimmtes Arbeitsgebiet (z. B. Konfliktbearbeitung) aus vielen verschiedenen Perspektiven heraus systematisch und zielgerichtet zu bearbeiten. Für den Umgang mit kulturellen Überschneidungssituationen bedeutet dies, dass eine Fachkraft im beruflichen Auslandseinsatz in der Lage ist, eine ihr bis ins Detail vertraute Arbeitsaufgabe sowohl unter eigenen kulturellen wie auch unter fremdkulturellen sowie unter interaktionskulturellen Perspektiven zu betrachten. Zudem ist sie fähig, die objektiv-sachlichen Aspekte, die individuell-personalen wie auch die organisationalen-strukturellen Aspekte auf dem Hintergrund ihrer kulturspezifischen Ausprägungen so zu reflektieren und miteinander zu verbinden, dass ein zielgerichtetes, produktives und zugleich für alle beteiligten Personen zufriedenstellendes Ergebnis erreicht wird (z. B. Fehlerbereinigung, Kritik üben, Konfliktlösung).

Im Bezug auf die Entwicklung interkultureller Handlungskompetenz sind einige Erkenntnisse der Expertiseforschung relevant.

Expertise wird als erfahrungsbasierte Anpassung an typische Anforderungen in bestimmten Handlungsfeldern aufgefasst. Expertise entwickelt sich aufgrund von Informationseinheiten, die sich auf ein bestimmtes Handlungsfeld (Führungsverhalten) beziehen, und umfangreichen Erfahrungen (Erfahrungen mit unterschiedlich wirksame Führungsstile in verschiedenen Kulturen), die in immer größeren und bedeutungsvolleren Informationseinheiten (Beherrschen des Umgangs mit kulturell unterschiedlichen Führungsstilen) zusammengefasst werden. Diese Informationseinheiten werden gespeichert, sind schnell zugänglich und auf entsprechende Fälle anwendbar (vgl. Gruber, 2014).

Fach- und Führungskräfte, die Führungsaufgaben in unterschiedlichen Kulturen zu erbringen haben und spezifische Führungsstile bei ihren ausländischen Partnern beobachten, reflektieren und in ihr fachspezifisches Wissen zum Thema Mitarbeiterführung verankern, sind in der Lage, deklaratives Fachwissen zum Führungsverhalten und episodisches Erfahrungswissen so zu verbinden, dass sie schnell entscheiden können, welches Führungsverhalten in bestimmten kulturellen Überschneidungssituationen angemessen ist. Wichtig ist dabei die Einsicht, dass beim Expertiseerwerb Übungsprozesse besonders in Form von zielgerichtetem Üben wichtig sind. Unter zielgerichtet Üben versteht man das Einüben strukturierten Handelns, das ausdrücklich der Verbesserung des Leistungsniveaus dient (vgl. Gruber, 2014).

9 Interkulturelle Psychologie in der Praxis

Dem Titel dieses Buches und den Darlegungen in den einzelnen Kapiteln entsprechend ist der Blick der hier dargestellten Inhalte darauf gerichtet, interkulturelles Verstehen und die Entwicklung interkulturellen Handelns bzw. interkultureller Handlungskompetenz mithilfe wissenschaftlicher Erkenntnisse der Psychologie zu analysieren und zu qualifizieren. Aus einem differenzierten und geschärften Verständnis des komplexen Prozessgeschehens in kulturellen Überschneidungssituationen heraus sollte es möglich sein, interkulturelles Handeln im Sinne der Zielerreichung und der Gewinnung hoher Zufriedenheitswerte bei allen Beteiligten zu optimieren. In diesem Kapitel wird nun der Blick auf die sich daraus ergebenden Konsequenzen für die berufliche Praxis von Psychologen gelenkt. Drei Fragen sind dabei zu beantworten:
1. In welchen Praxisfeldern ergeben sich interkulturelle Problemstellungen, bei denen fachspezifisches Wissen und die Kompetenz von Psychologen zur Problemlösung beitragen kann?
2. In welchen klassischen Praxisfelder der Psychologie wird von Psychologen im Kontext von Internationalisierung und Globalisierung berufsspezifische interkulturelle Kompetenz gefordert?
3. Wie können Psychologen sich auf diese interkulturellen Herausforderungen in ihren beruflichen Praxisfeldern vorbereiten?

Ausgangsbedingungen sind folgende Feststellungen: Wie zu Beginn des Buches schon thematisiert, im Verlauf der einzelnen Kapitel vertieft und an Fallbeispielen aus der Praxis belegt wurde, bietet die Psychologie als wissenschaftliche Disziplin eine Fülle an Erkenntnissen, die geeignet sind, menschliches Erleben und Verhalten in kulturellen Überschneidungssituationen besser zu verstehen. Aus diesen Erkenntnissen lassen sich weiterhin Konzepte und Methoden zur Qualifizierung interkultureller Verstehensprozesse und zum Aufbau interkultureller Handlungskompetenz entwickeln. Psychologen sind speziell qualifiziert, diese Erkenntnisse auf die Behandlung und die Lösung kulturell bedingter Problemstellungen anzuwenden. Sie müssen dabei die Bedingungen, unter denen interkulturelles Handeln stattfindet, beachten. Weiterhin müssen sie die Verlaufsprozesse interkulturellen Handelns analysieren und die Ergebnisse sowie die Wirkungen interkultureller Handlungsvollzüge erfassen, beschreiben und eventuell messen. Die Wirkungen betreffen die handelnden Personen selbst (Rückwirkungen des eigenen Handelns auf den Handelnden) und die Wirkungen des Handelnden auf das soziale Umfeld. Diese komplexen und sich wechselseitig beeinflussenden Prozesse sind oft nicht klar zu erkennen und bedürfen deshalb einer präzisen Analyse. Dabei sind die psychologisch relevanten Ebenen interkulturellen Handelns getrennt und in ihrer vernetzt Zeit zu beachten. Dies sind die Wahrnehmungsvorgänge (Personenwahrnehmung, Selbstwahrnehmung), Kognition (aktivierte Einstellungen, Überzeugungen, Bezugsmaßstäbe für Bewertungen und Beurteilungen, Handlungskontrolle, Soll-Ist-Wert-Diskrepanzen), Emotionen (Unsicherheit, Befürchtungen, Versagensängste, Freude und Zufriedenheit über Gelungenes), Motive und Motivation (Bewertungsdispositionen für Ziele und Situationsmerkmale, die eine erfolgreiche Zielerreichung erwarten lassen) und das Handeln selbst (bewusstes, intendiertes, zielgerichtetes, geplantes unkontrolliertes Verhalten).

9.1 Praxisfelder

Der untenstehende Kasten gibt zunächst einen sicherlich nicht vollständigen Überblick über Praxisfelder, in denen kulturell bedingte kritische Interaktionssituationen verstärkt vorkommen. Deshalb wird von den dort tätigen Fach- und Führungskräften ein besonderes Maß an interkultureller Handlungskompetenz verlangt, und zwar besonders in Form der in Kapitel 7 beschriebenen zielkulturspezifischen und domänenspezifischen kulturellen Kompetenz.

Praxis- und Berufsfelder, die interkulturelles Handeln erfordern

- berufsbedingter Auslandseinsatz von Fach- und Führungskräften
- Personalabteilungen in Unternehmen
- internationale Merger- und Akquisitionsunternehmen
- Marketing, Werbung und Kundenbetreuung in international tätigen Unternehmen
- internationale Arbeitsteams (Führungskräfte)
- Arbeitsagenturen, Institute der Berufsausbildung und Arbeitsplatzvermittlung
- Entwicklungszusammenarbeit
- Arbeit mit Migranten und Integrationsarbeit
- kommunale Behörden und Dienstleistungen in Kommunen mit hohem Ausländeranteil
- Militär
- Polizei und Sicherheitsdienste
- Bildungseinrichtungen mit hohem Ausländeranteil
- Rechtswesen und Strafvollzug
- Politik und diplomatischer Dienst
- international tätige Organisationen (Gewerkschaften, Berufsverbände, Kirchen, Sport etc.)
- Tourismus und Verkehrswesen
- Schule und Ausbildung
- internationaler Schüler-, Jugend-, Praktikanten- und Studentenaustausch
- internationales Kunst-, Kultur- und Eventmanagement
- medizinische und psychotherapeutische Versorgung
- Pflege
- internationale wissenschaftliche Kooperationen in Forschung und Ausbildung (Wissenschaftler)

Psychologen fällt nun die Aufgabe zu, dieses Fach- und Führungspersonal in der Entwicklung interkultureller Kompetenzen zu schulen und sie weiter zu qualifizieren. Um diese Aufgabe erfüllen zu können, sind die Entwicklung eines praxisfeldspezifischen Sets an lernwirksamen Ausbildungsmaterialien und Vermittlungsmethoden sowie die Überprüfung der Handlungswirksamkeit des Gelernten unter den Bedingungen interkultureller Herausforderungen erforderlich. Erste Anregungen und bereits bewährte Konzepte finden sich dazu in den einschlägigen Publikationen (Landis et al., 1983, 1996, 2004; Radice von Wogau, Eimmermacher & Lanfranchi, 2004; Thomas, Kinast & Schroll-Machl, 2005; Kammhuber, 2000; Thomas, 2013).

Die genannten Praxisfelder sind sehr vielfältig und die interkulturellen Problemstellungen in jedem einzelnen Feld unterschiedlich und recht komplex. In manchen Praxisfeldern existieren bereits wissenschaftlich relativ gut gesicherte Erkenntnisse zu dem Bedingungen, Verlaufsprozessen und Wirkungen interkultureller Einflussfaktoren (z. B. Fach-und Führungskräfte im beruflichen Auslandseinsatz; Fachkräfte im internationalen Jugendaustausch), in anderen Praxisfeldern fehlen wissenschaftliche Erkenntnisse, auf die ein praktisch tätiger Psychologie zurückgreifen könnte, nahezu vollständig (z. B. Rechtswesen, Pflegebereich, medizinische Versorgung). Zu den in Abbildung 13 auf Seite 283 dargestellten verschiedenen Phasen und Interventionsmaßnahmen im Zusammenhang mit berufsbedingten Auslandseinsätzen gibt es unterschiedlich intensive Forschungsbemühungen und damit auch heterogene wissenschaftlich gesicherte Erkenntnisbestände (Thomas, Kammhuber & Schroll-Machl, 2007).

Sowohl die Diskussion um verschiedene Interventionsformen wie auch die Ausbildungs- und Förderpraxis unterliegen wechselnden Trends, die meist von den in diesem Feld dominierenden US-amerikanischen Forschern und Praktikern eingeleitet und forciert werden. Selten hat in diesem Feld die Forschung einen Vorlauf vor der Praxis. Meist wird die Forschung erst dann intensiviert, wenn in der Praxis ein erheblicher Leidensdruck entsteht und ein entsprechender Aufklärungs- und Beratungsbedarf eingefordert wird. Gleichzeitig besteht eine Tendenz, die älteren Forschungsergebnisse als grundsätzlich überholt anzusehen, da viele Leute meinen, jährliche oder fünfjährliche Verfallszeiten des Wissens würden auch für diese Art wissenschaftlicher Erkenntnisse gelten können.

Gut zu beobachten war die Tendenz, interkulturelles Training durch interkulturelles Coaching zu ersetzen. Interkulturelles Training und interkulturelles Coaching sind zwei verschiedene Interventionsformen, die für sich genommen ihre Vor- und Nachteile haben und ihre jeweils spezifischen Wirkungen im Zusammenhang mit der Förderung interkultureller Handlungskompetenz erzielen. Deshalb wäre es völlig verfehlt, interkulturelles Coaching im Kontrast zum interkulturellen Training zu diskutieren und eventuell sogar davon auszugehen, dass interkulturelles Coaching interkulturelles Training ersetzen könnte. Ein Mehrwert ist dann zu erreichen, wenn beide Interventionsformen – Coaching und Training – zum richtigen Zeitpunkt in der richtigen Dosierung und entsprechend aufeinander abgestimmt zum Einsatz kommen. Um dieses komplexe Wechselspiel verstehen zu können und darauf aufbauende Interventionen zu optimieren, bedarf es systematischer wissenschaftlicher Forschung (vgl. Thomas, 2007).

Ein weiteres bislang nicht beachtetes Praxisfeld ist die internationale wissenschaftliche Zusammenarbeit (vgl. obigen Kasten). Der gegenwärtige Forschungsstand und die Praxis internationaler wissenschaftlicher Zusammenarbeit sind unter dem Aspekt interkultureller Handlungskompetenz außerordentlich defizitär. Es fehlen nicht nur empirische Untersuchungen zu Strukturen und Aspekten interkultureller Wissenschaftskooperation, sondern auch die Perspektive in Richtung auf solche Forschungen ist verstellt, weil keine Reflexion und Auseinandersetzung mit subtilen Formen der Beziehung zur erfahrenen Fremdheit stattfindet (Matthes, 1994). Es gibt allenfalls Erfahrungsberichte einzelner Wissenschaftler, die über kulturell bedingte kritische Interaktionsprobleme und Arbeitsfelder in der internationalen wissenschaftlichen Zusammenarbeit berichten (Bantz, 1993; Sarapata, 1985). So lässt sich die Lage der Forschung in folgenden Thesen zusammenfassen (Thomas, 2011, S. 220 f.):
1. Alle international arbeitenden Wissenschaftler gehen implizit von der für sie selbstverständlichen Annahme aus, dass Wissenschaft universell sei und dass alle qualifizierten Wissenschaftler in den allgemeinen und den fachspezifischen Grundlagen ihres Denkens und Handelns übereinstimmen.
2. Alle Wissenschaftler handeln auch in der internationalen wissenschaftlichen Zusammenarbeit so, als sei wissenschaftliches Denken und Handeln kulturneutral bzw. universell.
3. Alle Wissenschaftler unterstellen, dass *ihr* Hintergrundverständnis, *ihre* Theorien und Methoden und *ihre* wissenschaftlichen Arbeitsverfahren richtig, angemessen, wahrheitsdienlich, fortschrittlich, innovativ, kreativ etc. sind. Abweichungen von diesen Annahmen werden intrapersonal attribuiert, d. h. meist als Mangel an Wissenschaftsverständnis und fachlicher Qualifikation interpretiert.
4. Alle Wissenschaftler sind davon überzeugt, dass *ihr* wissenschaftliches Tun der Wahrheitsannäherung dient und damit für alle Menschen in gleichem Maße bedeutsam, wichtig und fortschrittlich ist.

Für eine Kulturabhängigkeit fehlt also auch in diesem Bereich häufig das Bewusstsein. Dieses ist allenfalls dort vorhanden, wo sich explizit mit Kulturvergleichen und kulturellen Fragestellungen befasst wird (z. B. in der Kulturvergleichenden und Interkulturellen Psychologie) und man sich dementsprechend der Kulturspezifität des Forschungsgegenstandes bewusst ist (und dies ggf. auch als

Problem behandeln). Allerdings weisen auch viele sozialwissenschaftliche Forschungen mit kulturvergleichendem und interkulturellem Gegenstand an vielen Stellen des Forschungsprozesses erhebliche Defizite auf, was die Berücksichtigung kulturbedingter Einflussfaktoren und interkultureller Handlungskompetenz betrifft (vgl. Matthes, 1992).

9.2 Aneignung von interkultureller Kompetenz

Die für Psychologen relevanten Praxisfelder interkulturellen Handelns sind in sich sehr komplex und die durch kulturelle Diversitäten bedingten Problemstellungen in Bezug auf ihre Bedingungsgefüge, ihre Verlaufsprozesse und Wirkungen sowie die sozialen und strukturellen Kontexte, in die sie eingebunden sind, sehr spezifisch. Es stellt sich die Frage, wie die hier praktisch tätigen Psychologen eine zielkulturspezifische und domänenspezifische interkulturelle Kompetenz erwerben können.

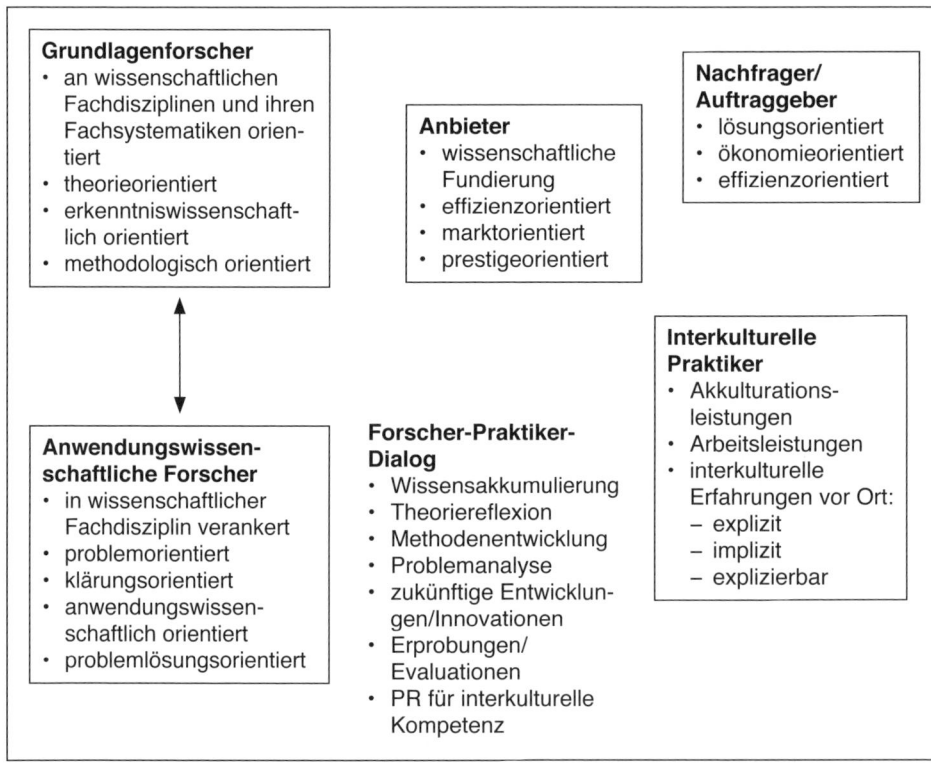

Abbildung 14: Funktionsgruppen im Forscher-Praktiker-Dialog zur Entwicklung interkultureller Handlungskompetenz (nach Thomas, 2007)

Als Antwort auf diese Frage und die damit verbundenen Anforderungen, bietet sich ein organisierter und strukturell verankerter Forschungs-Praxis-Dialog zur Entwicklung interkultureller Handlungskompetenz an. In Abbildung 14 sind die Zusammenhänge zwischen den beteiligten Funktionsgruppen und deren Arbeits- und Leistungsorientierungen dargestellt. Wenn auch nicht in allen, so unterscheidet man doch in den für die interkulturelle Thematik besonders wichtigen Fachgebieten zwischen Grundlagenforschung und anwendungswissenschaftlicher Forschung. Die Grundlagenforschung ist fachdisziplinspezifisch organisiert, findet innerhalb der fachsystematisch klassifizierten Gegenstandsfelder statt und befasst sich mit wissenschaftlich interessanten Fragestellungen, sowohl im Hinblick auf die Theorieentwicklung, Theorieprüfung, Erkenntnisgewinnung als auch auf die Entwicklung entsprechender Methoden. Demgegenüber ist die anwendungswissenschaftlich orientierte Forschung daran interessiert, aus der Praxis heraus oder in die Praxis hinein sich ergebende Probleme einer wissenschaftlichen Analyse und Klärung zu unterziehen, sodass daraus anwendungsrelevante Lösungsvorschläge entstehen können. Die Vertreter dieser Forschungsrichtung haben dementsprechend unterschiedliche Ziele und Ansprüche und teils auch ein anderes Verständnis von wissenschaftlich relevanten Leistungen.

Auf der Praktikerseite finden sich zunächst einmal *Anbieter*, die Ausbildung, Trainings, Beratung, Coaching etc. zur Entwicklung interkultureller Kompetenz durch Bezahlung zur Verfügung stellen. Sie haben das Ziel, dass ihre Angebote vom Markt angenommen werden, dass ihre Angebote die beabsichtigten Ziele und Wirkungen bei den Nachfragern erreichen und dass sie ein hohes Maß an Effizienz erzielen. Sie stehen mit anderen Anbietern im Wettbewerb und sind bemüht, im Vergleich zu diesen Spitzenleistungen zu erbringen und damit unter den Marktteilnehmern hohes Prestige und Renommee zu gewinnen. Um dies zu erreichen, wird u. a. versucht, die Angebote wissenschaftlich zu fundieren (Vanderleiden & Mayer, 2014).

Eine weitere Gruppe sie die *Nachfrager* bzw. die *Auftraggeber* für Trainings in internationaler Handlungskompetenz. Die Vertreter dieser Gruppe sind daran interessiert, dass die Mitarbeiter in möglichst kurzer Zeit und kostengünstig ein hohes Maß an interkultureller Handlungskompetenz erwerben und dass sich die Ausbildungs- und Trainingsinvestitionen bezahlt machen.

Die dritte Gruppe auf der Praxisseite sind die *Praktiker* selbst, also diejenigen, die berufsbedingt häufig und intensiv mit ausländischen Partnern im Ausland oder in Deutschland zu tun haben. Diese Gruppe erbringt erhebliche kulturelle Anpassungsleistungen und versucht mit den ihr zur Verfügung stehenden Mitteln ihrer arbeitsbezogenen Leistungsziele zu erreichen. Die Praktiker machen im Zusammenhang der Kooperation mit ausländischen Partnern interkulturelle Erfahrungen, die eher *impliziter*, selten *expliziter*, aber unter bestimmten Bedingungen durchaus explizierbarer Natur sind. In der Gruppe der Praktiker befinden sich sowohl solche, die eine interkulturelle Ausbildung und interkulturelles Training absolviert haben, als auch solche, die unvorbereitet mit ausländischen Partnern zusammenarbeiten.

Alles in allem handelt es sich um eine Problemlage, die ebenso komplex ist wie die Thematik interkultureller Handlungskompetenz selbst. Eine enge Kooperation zwischen den dargestellten Funktionsgruppen ist von zentraler Bedeutung und bedarf der Beantwortung folgender Fragen:
1. Wie kann ein solcher Forscher-Praktiker-Dialog funktionieren?
2. Welche Interessensübereinstimmungen bzw. -kompatibilitäten bestehen zwischen den Funktionsgruppen oder können in ihnen aufgebaut werden?
3. Welchen Gewinn können die Funktionsgruppen aus dem Forscher-Praktiker-Dialog ziehen?
4. Welche Probleme sind in der Kooperation zwischen den Funktionsgruppen zu beachten und zu bearbeiten?

Die Vorteile eines intensiven Dialogs zwischen Forschung und Praxis im Kontext der Professionalisierung interkultureller Handlungskompetenz liegen auf der Hand:
- Qualifizierung des Ausbildungs- und Trainingsangebots durch die Nutzung aktueller wissenschaftlicher Forschungsergebnisse und -erkenntnisse,
- Qualitätsnachweise und -legitimierung durch wissenschaftlich fundierte Evaluationsstudien,
- Informations- und Wissensinput von der Wissenschaft in die Ausbildungs- und Trainingspraxis und umgekehrt,
- kontinuierliche kritische, wissenschaftlich begleitete Reflexion der Praxis,
- die Betrachtung und Analyse des eigenen wissenschaftlichen Handelns aus verschiedenen Blickwinkeln (Zwang zum Perspektivenwechsel) erhöht die Innovationsdynamik,
- gemeinsames Fördern und Repräsentieren der Bedeutung interkultureller Handlungskompetenz im Kontext des gesellschaftlich politischen Dialogs,
- gemeinsames Erschließen und Fördern des Bedarfs an interkultureller Handlungskompetenz und entsprechendem Lösungsangebot,
- gemeinsame Förderung von zukunftsorientiertem Know-how in allen Bereichen, die der Entwicklung interkultureller Handlungskompetenz dienen,
- gemeinsame Nachwuchsförderung im Bereich der wissenschaftlichen Analyse sowie des praktischen Ausbildungs- und Trainingsangebots in internationaler Handlungskompetenz.

Wie ein Forscher-Praktiker-Dialog konkret funktionieren kann und welchen Nutzen er bringt, lässt sich am Beispiel des „Förder-Assessment-Centers für Mitarbeiterinnen und Mitarbeiter der internationalen Jugendarbeit" zeigen. Dieses Projekt hat sich aus dem seit 1989 bestehenden Forscher-Praktiker-Dialog im internationalen Jugendaustausch entwickelt.

Assessment-Center (AC) sind in der Wirtschaft seit Jahrzehnten eine gut eingeführte und bewährte Methode zur Auswahl (Auswahl-AC) und zur Potenzialerkennung und -förderung von Mitarbeitern (Förder-AC). Die psychologische Forschung befasst sich seit Jahrzehnten mit den wissenschaftlich-theoretischen Grundlagen und Bedingungen von Assessment-Centern sowie mit Problemen der Durchführung und der Evaluation. Es gibt also ein bewährtes Anwendungsfeld für die AC-Verfahren und eine umfangreiche anwendungsbezogene Forschung, die selbst wiederum auf Grundlagen psychologischer Erkenntnisse aus der Wahrnehmungspsychologie (bewertungsfreie Verhaltensbeobachtung), Kognitionspsychologie (Urteilsbildung, Stereotypisierung), Sozialpsychologie (Urteilsfindung in Gruppen, Gruppendruck, Urteilskonvergenz), psychologischer Diagnostik (Validität, Reliabilität, Objektivität der Messungen und Beurteilung) sowie der Evaluationsforschung (Wirkungsanalyse) beruht.

Im Kontext des internationalen Jugendaustauschs bestand immer schon das Bestreben, die Qualität von Leitern, Teammitgliedern, Moderatoren und pädagogischem Fachpersonal zu verbessern, um für die Jugendlichen einen optimalen Lern- und Erfahrungsraum zu schaffen, in dem u. a. auch interkulturelles Lernen stattfinden kann. Aus dem oben angesprochenen Forscher-Praktiker-Dialog zum internationalen Jugendaustausch heraus entstand nun die Überlegung, die AC-Methodik und dessen Verfahren zu nutzen, um für die im internationalen Jugendaustausch tätigen Fachkräfte ein Förder-AC zu entwickeln, das einerseits als Diagnoseinstrument zum Erkennen von Leistungsstärken und -schwächen genutzt werden kann und das zugleich auch den beteiligten Teilnehmern und Beobachtern/Bewertern ein interessantes neues Lernfeld eröffnet. Zur Entwicklung des „Förder-Assessment-Centers für Mitarbeiterinnen und Mitarbeiter der internationalen Jugendarbeit" (FAIJU) wurde eine Arbeitsgruppe aus Vertretern der Praxis und mit der Entwicklung von AC-vertrauten Wissenschaftlern gebildet, die für die Entwicklungsarbeit (finanziert vom IJAB – Fachstelle für Internationale Jugendarbeit der Bundesrepublik Deutschland und dem Bundesministerium für Familie, Frauen, Jugend und Senioren) verantwortlich war. Inzwischen wurde ein FA-IJU-Instrument entwickelt, erprobt und von vielen Trägerorganisationen internationaler Jugendarbeit erfolgreich eingesetzt. Es steht allen interessierten Organisationen und Trägern der internationalen Jugendarbeit zur Verfügung (Egger, Ehret, Giebel & Stumpf, 2005; Stumpf, Thomas, Zeutschel & Ruhs, 2003; vgl. auch Thomas, 2007).

Weitere Beispiele, wie ein Forschungs-Praxis-Dialog funktionieren kann und welche Wirkungen damit zu erzielen sind, sowohl für die Forschung wie für die Praxis, finden sich in Sünderhauf, Stumpf und Höft (2005).

Die Frage, wie Psychologen mit Blick auf ihre berufliche Tätigkeit das erforderliche Maß an interkultureller Handlungskompetenz entwickeln können, ist nicht leicht zu beantworten. Ein anwendungsbezogenes, auf klassische Praxisfelder der

Psychologie ausgerichtetes Ausbildungsmodul zur interkulturellen Sensibilisierung von Studierenden der Psychologie in Bachelor- und Masterstudiengängen ist bislang noch in keiner Studienordnung an deutschen Universitäten verankert. An der Universität Regensburg am Institut für Psychologie, Abteilung Sozial- und Organisationspsychologie, wurde in Kooperation mit der Fachhochschule Regensburg 2001 das zweisemestrige Zusatzstudium „Internationale Handlungskompetenz" eingeführt, das nunmehr an der Ostbayerischen Technischen Hochschule Regensburg weitergeführt wird. Die Wirkungen dieses Zusatzstudiums wurden evaluiert und zeigen die gewünschten Resultate. Auf dieser Grundlage aufbauend können Psychologen in ihren jeweiligen Praxisfeldern selbstständig die erforderliche domänenspezifische interkulturelle Kompetenz entwickeln (Hößler, 2008). Solange in der Hochschulausbildung von Psychologen in Deutschland keine Möglichkeiten zur Entwicklung interkultureller Handlungskompetenz geschaffen sind, bleibt den berufstätigen Psychologen nur die Möglichkeit, sich im Selbststudium die erforderliche interkulturelle Sensibilität sowie zielkulturspezifische und domänenspezifische kulturelle Kompetenz zu erarbeiten. Dazu ist ein zeitlich befristeter Forscher-Praktiker-Dialog, wie er in Abbildung 14 skizziert wurde, in Verbindung mit dem Studium einschlägiger Einführungs- und Grundlagenliteratur (für Empfehlungen vgl. den Abschnitt „Weiterführende Literatur") zur interkulturellen Kompetenz gut geeignet. Hinzukommen muss das Studium einschlägiger, auf das jeweilige Praxisfeld zentrierter wissenschaftlicher Studien, die Kenntnisse darüber vermitteln, wie kulturspezifische Einflussfaktoren die Wahrnehmung, das Denken, das Empfinden und Handeln von Menschen in den spezifischen Anwendungsfeldern beeinflussen und wie bei psychologischen Anwendungsbereichen wie Exploration, Diagnostik, Therapie, Beratung, Coaching etc. kulturspezifische Orientierungen der Patienten und Klienten zu berücksichtigen sind.

Nachwort

Die Internationalisierung und Globalisierung in allen Lebens- und Arbeitsbereichen in unserer Gesellschaft wird weiter voranschreiten und dabei immer wieder neue Herausforderungen zur Bewältigung kultureller Überschneidungssituationen und der Entwicklung interkultureller Handlungskompetenz stellen. Die Psychologie als wissenschaftliche Fachdisziplin ist zur Bewältigung dieser Herausforderungen in besonderem Maße gefordert und hat zugleich wertvolle grundlagenwissenschaftliche und anwendungswissenschaftliche Erkenntnisse zur Problembewältigung zu bieten. Das wurde in diesem Buch ausgiebig behandelt.

Die in den vielfältigen Praxisfeldern tätigen Psychologen werden zukünftig noch stärker als das jetzt schon der Fall ist mit interkulturellen Fragestellungen und Problemstellungen konfrontiert sein. Dies zum einen, weil immer mehr Menschen aus unterschiedlichen Kulturen mit ihren sehr spezifischen kulturellen Orientierungssystemen psychologische Hilfe, Beratung und Unterstützung in Anspruch nehmen. Zum anderen werden praktisch tätige Psychologen in allen Praxisfeldern ihre Qualitätsstandards nur halten können, wenn sie sensibel und kompetent auf die kulturspezifischen Einflüsse, denen Bedingungsfaktoren, Prozessverläufe, Ergebnisse und Wirkungen des Erlebens und Verhaltens unterliegen, reagieren können. Das betrifft alle Arten psychologischer Interventionen, von der Therapie über das Beratungsgespräch bis zur Personalauswahl und Personalbeurteilung.

Die im Abschnitt „Weiterführende Literatur" genannten Publikationen auf der Grundlage wissenschaftlicher Studien zu interkulturellen Themen der für Psychologen relevanten Praxisfelder stellen nur eine bescheidene Auswahl der bereits existierenden Literatur dar. Es ist zu erwarten, dass entsprechende relevante Studien zukünftig nicht nur weiter zunehmen, sondern auch immer spezifischere Teilthemen bearbeiten werden.

Beim Studium der Forschungsergebnisse aus der internationalen Literatur ist allerdings darauf zu achten, dass sehr oft die Ergebnisse, gewonnen aus experimentell und empirisch erhobenen Datensätzen aus kulturspezifisch geprägten Probandenstichproben, generalisiert und als quasi universell gültig ausgegeben werden. So beginnt die von praktisch tätigen Psychologen geforderte interkulturelle Kompetenz bereits bei der kritischen Analyse der einschlägigen Fachliteratur.

Weiterführende Literatur

Einführungs- und Grundlagenliteratur

Thomas, A., Kinast, E.-U. & Schroll-Machl, S. (Hrsg.). (2005). *Handbuch Interkulturelle Kommunikation und Kooperation. Bd. 1: Grundlagen und Praxisfelder* (2., überarb. Aufl.). Göttingen: Vandenhoeck & Ruprecht.

Thomas, A. (Hrsg.). (2003). *Psychologie interkulturellen Handelns* (2. Aufl.). Göttingen: Hogrefe.

Überblick über Forschungsergebnisse

Überblicksartikel und themenzentrierte wissenschaftliche Forschungsergebnisse zu den einzelnen in Kapitel 9.1 aufgelisteten Praxisfeldern, deren interkulturell relevanten Problemstellungen und Bewältigungsstrategien aus psychologischer Sicht finden sich in den folgenden Publikationen:

Thomas, A., Kammhuber, S. & Schroll-Machl (Hrsg.). (2007). *Handbuch interkulturelle Kommunikation und Kooperation. Bd. 2: Länder, Kulturen und interkulturelle Berufstätigkeit* (2., durchgesehene Aufl.). Göttingen: Vandenhoeck & Ruprecht.

In diesem Band finden sich Beträge mit Bezug auf:
- interkulturelles Management,
- interkulturelle Personalentwicklung in internationalen Unternehmen,
- interkulturelles Marketing,
- interkulturelle Wirtschaftskooperation,
- interkulturelle Entwicklungszusammenarbeit,
- internationale Militäreinsätze,
- Migration und Integration,
- interkulturelle Dimensionen im psychosozialer und medizinischer Praxis,
- Rechtsverständnis und Rechtspraxis aus interkultureller Perspektive,
- Interkulturalität in der Schule.

Straub, J., Weidemann, A. & Weidemann, D. (Hrsg.). (2007). *Handbuch interkulturelle Kommunikation und Kompetenz. Grundbegriffe – Theorien – Anwendungsfelder.* Stuttgart: Metzler.

In diesem Band finden sich Beträge mit Bezug auf:
- internationale Personal- und Organisationsentwicklung,
- multikulturelle Teams,
- Wirtschaftskommunikation,

- Marketing,
- kulturspezifische Technikkommunikation,
- Tourismus,
- Entwicklungszusammenarbeit,
- auswärtige Kultur- und Bildungspolitik,
- Mission,
- Jugendaustausch,
- Wissenschaft und Forschung,
- Bildungseinrichtungen,
- Ämter und Behörden,
- Familienrecht,
- internationale Militär- und Polizeieinsätze,
- Gesundheitsversorgung,
- bikulturelle Ehe, Familien und Partnerschaften.

Trommsdorff, G. & Kornadt, H.-J. (Hrsg.). (2007b). *Anwendungsfelder der kulturvergleichenden Psychologie* (Enzyklopädie der Psychologie, Serie Kulturvergleichende Psychologie, Bd. 3). Göttingen: Hogrefe.

In diesem Band werden thematisiert:
- Migration und Akkulturation,
- psychosoziale Akkulturation jugendlicher Zuwanderer nach Deutschland,
- Kulturbegegnungen und -konflikte,
- interkulturelle Kompetenz,
- Lernen innerhalb und außerhalb der Schule aus interkultureller Perspektive,
- internationale Schulleistungsvergleiche,
- Organisationsskulptur Unterorganisation Klima,
- Werbegestaltung und Werberezeption in kulturellen Vergleich,
- subjektives Wohlbefinden im Kulturvergleich,
- Krankheitsdeutung und Gesundheitsverhalten im Kulturvergleich,
- transkulturelle Psychopathologie und Psychotherapie im kulturellen Kontext.

Thomas, A. (Hrsg.). (2008). *Psychologie des interkulturellen Dialogs*. Göttingen: Vandenhoeck & Ruprecht.

Die Beiträge in diesem Band befassen sich mit:
- Psychologie interkultureller Rhetorik als Grundlage des interkulturellen Dialogs,
- interreligiöser Kompetenz im interkulturellen Dialog,
- Dialog am Beispiel interkultureller Assessment-Center,
- interkulturellen „Dialog-Räumen" in der Schule,
- Verantwortung und interkulturellem Dialog in Organisationen,
- interkulturellem Dialog in Organisationen,
- interkulturellem Dialog als wirtschaftlichem Erfolgsfaktor,

- interkulturellem Dialog in bi- und multikulturellen interkulturellen Trainings,
- interkulturellem Dialog und Migration,
- interkulturellem Dialog mit Migranten in sozialen und öffentlichen Einrichtungen,
- interkulturellem Dialog in internationalen Jugendbegegnungen,
- interkulturellem Dialog in der europäischen Jugendbegegnung.

Schriftenreihe

Von SIETAR (Society for Intercultural Education, Training and Research) Deutschland wird die Schriftenreihe „Beiträge zur interkulturellen Zusammenarbeit" herausgegeben, die im LIT-Verlag in Münster erscheint.

Themenspezifische Publikationen

Arbeiten im Ausland

Kühlmann, T. M. (Hrsg.). (1995). *Mitarbeiterentsendung ins Ausland. Auswahl, Vorbereitung, Betreuung und Wiedereingliederung.* Göttingen: Verlag für Angewandte Psychologie.

Schreiner, K. (2009). *Mit der Familie ins Ausland. Ein Wegweiser für Expatriates.* Göttingen: Vandenhoeck & Ruprecht.

Die von A. Thomas herausgegebene Reihe *Handlungskompetenz im Ausland* richtet sich an Personen, die sich beruflich auf einen Auslandsaufenthalt in einem spezifischen Land vorbereiten möchten. Bei den einzelnen Bänden handelt es sich um Trainings, die selbstständig durchgeführt werden können mit dem Ziel, Verständnis für die Handlungen und Verhaltensweisen eines Gegenübers aus einer anderen Kultur zu gewinnen, um so angemessen handeln zu können. Die Trainings erscheinen jeweils unter dem Titel *Beruflich in [Land]. Trainingsprogramm für Manager, Fach- und Führungskräfte* im Verlag Vandenhoeck & Ruprecht (Göttingen).

Zusammenarbeit im interkulturellen Kontext

Bergemann, N. & Sourisseaux A. L. J. (2003). (Hrsg.). *Interkulturelles Management* (3. Aufl.). Berlin: Springer.

Bolten, J. (2015). *Einführung in die interkulturelle Wirtschaftskommunikation* (2. Aufl.). Göttingen: Vandenhoeck & Ruprecht/UTB.

Nazarkiewicz, K. & Krämer, G. (2012). *Handbuch interkulturelles Coaching. Konzepte, Methoden, Kompetenzen kulturellreflexiver Begleitung.* Göttingen: Vandenhoeck & Ruprecht.

Scholz, C. & Stein, V. (2013). *Interkulturelle Wettbewerbsstrategien*. Göttingen: Vandenhoeck & Ruprecht.

Thomas, A. (2014). Mitarbeiterführung in interkulturellen Arbeitsgruppen. In L. von Rosenstiel, E. Regnet & M. E. Domsch (Hrsg.), *Führung von Mitarbeitern. Handbuch für erfolgreiches Personalmanagement* (7. Aufl., S. 460–477). Stuttgart: Schäffer-Poeschel.

Vanderheiden, E. & Mayer, C.-H. (Hrsg.). (2014). *Handbuch interkulturelle Öffnung. Grundlagen, Best Practice, Tools*. Göttingen: Vandenhoeck & Ruprecht.

Therapie und Beratung von Migranten

Radice von Wogau, J., Eimmermacher, H. & Lanfranchi, A. (Hrsg.). (2004). *Therapie und Beratung von Migranten. Systemisch-interkulturell denken und handeln*. Weinheim: Beltz.

Borke, J., Schiller, E.-M., Schöllhorn, A. & Kärtner, J. (2015). *Kultur – Entwicklung – Beratung. Kultursensitive Therapie und Beratung für Familien mit Säuglingen und Kleinkindern*. Göttingen: Vandenhoeck & Ruprecht.

Kulturelles Verständnis

Schreiner, K. (2013). *Würde – Respekt – Ehre. Werte als Schlüssel zum Verständnis anderer Kulturen*. Bern: Huber.

Literatur

Appl, C., Koytek, A. & Schmid, S. (2007). *Beruflich in der Türkei. Trainingsprogramm für Manager, Fach- und Führungskräfte.* Göttingen: Vandenhoeck & Ruprecht.

Asch, S. E. (1952). *Social psychology.* Englewood Cliffs, N. J.: Prentice Hall.

Athenstaedt, U., Van Lange, P. A. M. & Rusbult, C. (2006). Interdependenz. In H.-W. Bierhoff & D. Frey (Hrsg.), *Handbuch der Sozialpsychologie und Kommunikationspsychologie* (S. 479–485). Göttingen: Hogrefe.

Bandura, A. (1977). *Social learning theory.* Englewood Cliffs, NJ: Prentice Hall.

Bantz, C. R. (1993). Culture diversity and group cross-cultural team research. *Journal of Applied Communication Research, 21* (1), 1–20. http://doi.org/10.1080/00909889309365352

Bennett, M. J. (1993). Towards Ethnorelativism: A Developmental Model of Intercultural Sensitivity. In R. M. Paige (Ed.), *Education for the Intercultural Experience* (pp. 21–71). Yarmouth, ME: Intercultural Press.

Bergemann, N. & Sourisseaux, A. L. J. (2003). (Hrsg.). *Interkulturelles Management* (3. Aufl.). Berlin: Springer. http://doi.org/10.1007/978-3-662-07971-3

Berkel, K. (2005). *Konflikttraining: Konflikte verstehen, analysieren, bewältigen* (8. Aufl.). Heidelberg: Sauer.

Berkel, K. (2006). Konflikt. In H.-W. Bierhoff & D. Frey (Hrsg.), *Handbuch der Sozialpsychologie und Kommunikationspsychologie* (S. 267–275). Göttingen: Hogrefe.

Berry, J. W. (2006). Contexts of acculturation. In D. L. Sam & J. W. Berry (Eds.), *The Cambridge handbook of acculturation psychology* (pp. 27–42). Cambridge: Cambridge University Press.

Bierhoff, H.-W. & Frey, D. (Hrsg.). (2006). *Handbuch der Sozialpsychologie und Kommunikationspsychologie.* Göttingen: Hogrefe.

Blickle, G. (2004). Einflusskompetenz in Organisationen. *Psychologische Rundschau, 55* (2), 82–93. http://doi.org/10.1026/0033-3042.55.2.82

Boesch, E. (1980). *Kultur und Handlung. Einführung in die Kulturpsychologie.* Bern: Huber.

Bolten, J. (2000). Interkultureller Trainingsbedarf aus der Perspektive der Problemerfahrungen entsandter Führungskräfte. In K. Götz (Hrsg.), *Interkulturelles Lernen, interkulturelles Training* (6. Aufl., S. 11–56). München: Hampp.

Brauner, E. (2003). Transaktive Wissenssysteme. In S. Stumpf & A. Thomas (Hrsg.), *Teamarbeit und Teamentwicklung* (S. 57–83). Göttingen: Hogrefe.

Brehm, S. S. & Brehm, J. W. (1981). *Psychological reactance. A theory of freedom and control.* New York: Academic Press.

Chen, G.-M. (1987). *Dimensions of intercultural communication competence* [Dissertation]. Ann Arbor, MI: Kent University.

Deller, J. (2000). *Interkulturelle Eignungsdiagnostik – Zur Verwendbarkeit von Persönlichkeitsskalen.* Waldsteinberg: Heidrun Popp.

Deutsche UNESCO-Kommission (1997). *Unsere kreative Vielfalt. Bericht der Weltkommission „Kultur und Entwicklung"* (Kurzfassung). Bonn: Deutsche UNESCO-Kommission.

Dickenberger, D. (2006). Reaktanz. In H.-W. Bierhoff & D. Frey (Hrsg.), *Handbuch der Sozialpsychologie und Kommunikationspsychologie* (S. 96–102). Göttingen: Hogrefe.

Dickenberger, D., Gniech, G. & Grabitz, H.-J. (1993). Die Theorie der psychologischen Reaktanz. In D. Frey & M. Irle (Hrsg.), *Theorien der Sozialpsychologie. Bd. 1: Kognitive Theorien* (2., vollst. überarb. u. erw. Aufl., S. 243–273). Bern: Huber.

Diehl, M. & Munkes, J. (2002). Kreativität und Innovation. In D. Frey & M. Irle (Hrsg.), *Theorien der Sozialpsychologie. Bd. 2: Gruppen-, Interaktions- und Lerntheorien* (2., vollst. überarb. u. erw. Aufl., S. 366–389). Bern: Huber.

Dreyer, W. (2011). Der Humbug und die Wissenschaftslogik der Idealtypen. In W. Dreyer & U. Hößler (Hrsg.), *Perspektiven interkultureller Kompetenz* (S. 82–96). Göttingen: Vandenhoeck & Ruprecht.

Eckensberger, L. H. (2007). Werte und Moral. In J. Straub, A. Weidemann & D. Weidemann (Hrsg.), *Handbuch interkulturelle Kommunikation und Kompetenz. Grundbegriffe – Theorien – Anwendungsfelder* (S. 505–515). Stuttgart: Metzler.

Egger, J., Ehret, A., Giebel, K. & Stumpf, S. (2005). FAIJU: Ein Förder-Assessment-Center für Mitarbeiterinnen und Mitarbeiter der internationalen Jugendarbeit. In IJAB – Fachstelle für Internationale Jugendarbeit der Bundesrepublik Deutschland e. V. (Hrsg.), *Forum Jugendarbeit International* (S. 236–253). Bonn: IJAB.

Ekman, P. (1972). Universals and cultural differences in facial expressions. In J. R. Cole (Ed.), *Nebraska Symposium on Motivation* (pp. 207–283). Lincoln: University of Nebraska Press.

Erb, H.-P. & Bohner, G. (2006). Minoritäten. In H.-W. Bierhoff & D. Frey (Hrsg.), *Handbuch der Sozialpsychologie und Kommunikationspsychologie* (S. 494–503). Göttingen: Hogrefe.

Festinger, L. (1954). A theory of social comparison processes. *Human Relations, 7,* 117–140. http://doi.org/10.1177/001872675400700202

Fiedler, F. E., Mitchell, T. & Triandis, H. C. (1971). The culture assimilator. An approach to cross-cultural training. *Journal of Applied Psychology, 55* (2), 95–102. http://doi.org/10.1037/h0030704

Filipp, S. H. (1995). *Kritische Lebensereignisse* (3. Aufl.). Weinheim: Beltz.

Foellbach, S., Rottenaicher, K. & Thomas, A. (2002). *Beruflich in Argentinien. Trainingsprogramm für Manager, Fach- und Führungskräfte*. Göttingen: Vandenhoeck & Ruprecht.

Fowler, S. M. & Blohm, J. M. (2004). An analysis of methods for intercultural training. In D. Landis, J. M. Bennett & M. J. Bennett (Eds.), *Handbook of intercultural training* (pp. 37–84). Thousand Oaks: Sage.

Frank, E. & Frey, D. (2002). Theoretische Modelle zu Kooperation, Kompetition und Verhandeln bei interpersonalen Konflikten. In D. Frey & M. Irle (Hrsg.), *Theorien der Sozialpsychologie. Bd. 2: Gruppen-, Interaktions- und Lerntheorien* (2., vollst. überarb. u. erw. Aufl., S. 120–155). Bern: Huber.

Frey, D., Dauenheimer, D., Parge, O. & Haisch, J. (1993). Die Theorie sozialer Vergleichsprozesse. In D. Frey & M. Irle (Hrsg.), *Theorien der Sozialpsychologie. Bd. 1: Kognitive Theorien* (2., vollst. überarb. u. erw. Aufl., S. 81–121). Bern: Huber.

Frey, D. & Gaska, A. (1993). Die Theorie der kognitiven Dissonanz. In D. Frey & M. Irle (Hrsg.), *Theorien der Sozialpsychologie. Bd. 1: Kognitive Theorien* (2., vollst. überarb. u. erw. Aufl., S. 275–326). Bern: Huber.

Frey, D. & Jonas, E. (2002). Die Theorie der kognitiven Kontrolle. In D. Frey & M. Irle (Hrsg.), *Theorien der Sozialpsychologie. Bd. 3: Motivation und Informationsverarbeitung* (2., vollst. überarb. u. erw. Aufl., S. 13–50). Bern: Huber.

Frey, D., Stahlberg, D. & Gollwitzer, P. M. (1993). Einstellung und Verhalten: Die Theorie des überlegten Handelns und die Theorie des geplanten Verhaltens. In D. Frey & M. Irle (Hrsg.), *Theorien der Sozialpsychologie. Bd. 1: Kognitive Theorien* (2., vollst. überarb. u. erw. Aufl., S. 361–398). Bern: Huber.

Fritsche, I., Jonas, E. & Frey, D. (2006). Kontrollwahrnehmungen und Kontrollmotivation. In H.-W. Bierhoff & D. Frey (Hrsg.), *Handbuch der Sozialpsychologie und Kommunikationspsychologie* (S. 85–95). Göttingen: Hogrefe.

Gaitanides, S. (2001). Die Legende der Bildung von Parallelgesellschaften. Einwanderer zwischen Individualisierung, subkultureller Vergemeinschaftung und liberal-demokratischer Leitkultur. *iza – Zeitschrift für Migration und soziale Arbeit, 3* (4), 16–25.

Galinsky, A. D. & Moskowitz, G. B. (2000). Perspective-taking: Decreasing stereotype expression, stereotype accessibility and in-group favouritism. *Journal of Personality and Social Psychology, 78,* 708–724. http://doi.org/10.1037/0022-3514.78.4.708

Greif, S. (2014). Stress am Arbeitsplatz. In M. A. Wirtz (Hrsg.), *Dorsch – Lexikon der Psychologie* (17. Aufl., S. 1610). Bern: Huber.

Greve, W. (1997). Sparsame Bewältigung – Perspektiven für eine ökonomische Taxonomie von Bewältigungsformen. In C. Tesch-Römer, C. Salewski & G. Schwarz (Hrsg.), *Psychologie der Bewältigung* (S. 18–41). Weinheim: Psychologie Verlags-Union.

Grotzke, A., Kleff, A. & Thomas, A. (2008). *Beruflich in Thailand. Trainingsprogramm für Manager, Fach- und Führungskräfte.* Göttingen: Vandenhoeck & Ruprecht.

Gruber, H. (1999). *Erfahrungen als Grundlage kompetenten Handelns.* Bern: Huber.

Gruber, H. (2007). Bedingungen von Expertise. In K. A. Heller & A. Ziegler (Hrsg.), *Begabt sein in Deutschland* (S. 93–112). Münster: LiT.

Gruber, H. (2014). Stichwort: Expertise-Erwerb. In M. A. Wirtz (Hrsg.), *Dorsch – Lexikon der Psychologie* (17. Aufl., S. 541). Bern: Huber.

Hall, E. T. (1990). *The silent language.* New York: Anchor.

Hasselhorn, M. & Gold, A. (2013). *Pädagogische Psychologie: Erfolgreiches Lernen und Lehren* (3., vollst. überarb. und erw. Aufl.). Stuttgart: Kohlhammer.

Hatzer, B. & Layes, G. (2003). Interkulturelle Handlungskompetenz. In A. Thomas, E.-U. Kinast & S. Schroll-Machl (Hrsg.), *Handbuch Interkulturelle Kommunikation und Kooperation. Bd. 1: Grundlagen und Praxisfelder* (S. 138–148). Göttingen: Vandenhoeck & Ruprecht.

Heider, F. (1958). *The psychology of interpersonal relations.* New York: Wiley. http://doi.org/10.1037/10628-000

Helfrich, H. (2003). Verbale Kommunikation im Kulturvergleich. In A. Thomas (Hrsg.), *Kulturvergleichende Psychologie* (2. Aufl., S. 385–413). Göttingen: Hogrefe.

Helfrich, H. (2007). Sprachliche Kommunikation im Kulturvergleich. In G. Trommsdorff & H.-J. Kornadt (Hrsg.), *Erleben und Handeln im kulturellen Kontext* (Enzyklopädie der Psychologie, Serie Kulturvergleichende Psychologie, Bd. 2, S. 109–156). Göttingen: Hogrefe.

Hesse, H.-G. (2007). Lernen innerhalb und außerhalb der Schule aus interkultureller Perspektive. In G. Trommsdorff & H.-J. Kornadt (Hrsg.), *Anwendungsfelder der kulturvergleichenden Psychologie* (Enzyklopädie der Psychologie, Serie Kulturvergleichende Psychologie, Bd. 3, S. 187–277). Göttingen: Hogrefe.

Hofstede, G. H. (1980). *Culture's Consequences. International differences in work related values.* Beverly Hills, CA: Sage.

Hofstede, G. H. (1991). *Culture and Organization – Software of the Mind.* London: McGraw-Hill.

Hofstede, G. H. (2007). Der kulturelle Kontext psychologischer Prozesse. In G. Trommsdorff & H.-J. Kornadt (Hrsg.), *Theorien und Methoden der kulturvergleichenden Psychologie* (Enzyklopädie der Psychologie, Serie Kulturvergleichende Psychologie, Bd. 1, S. 385–405). Göttingen: Hogrefe.

Hößler, U. (2008). Das Zusatzstudium „Internationale Handlungskompetenz": Studien begleitende Vorbereitung auf interkulturelle Begegnungen. In S. Ehrenreich, G. Woodman & M. Perrefort (Hrsg.), *Auslandsaufenthalte in Schule und Studium – Bestandsaufnahmen aus Forschung und Praxis* (S. 153–169). Münster: Waxmann.

Hufnagel, A. & Thomas, A. (2006). *Leben und Studieren in den USA. Trainingsprogramm für Studenten, Schüler und Praktikanten.* Göttingen: Vandenhoeck & Ruprecht. http://doi.org/10.13109/9783666490644

IJAB – Fachstelle für Internationale Jugendarbeit der Bundesrepublik Deutschland e. V. (Hrsg.). (2012). *Interkulturelles Lernfeld Schule. Handlungsempfehlungen und Perspektiven einer erfolgreichen Kooperation von internationaler Jugendarbeit und Schule.* Bonn: IJAB.

Jerusalem, M. & Schwarzer, R. (1999). *Skala zur Allgemeinen Selbstwirksamkeitserwartung (SWE).* Verfügbar unter http://userpage.fu-berlin.de/~health/germscal.htm (Zugriff am 02.08.2015).

Jonas, K. & Brömer, P. (2010). Die sozial-kognitive Theorie von Bandura. In D. Frey & M. Irle (Hrsg.), *Theorien der Sozialpsychologie. Bd. 2: Gruppen-, Interaktions- und Lerntheorien* (2. Nachdruck 2010 der 2., vollst. überarb. u. erw. Aufl. 2002, S. 277–299). Bern: Huber.

Jonas, K. & Fichter, C. (2006). Soziales Lernen. In H.-W. Bierhoff & D. Frey (Hrsg.), *Handbuch der Sozialpsychologie und Kommunikationspsychologie* (S. 523–529). Göttingen: Hogrefe.

Jones, E. E. & Davis, K. E. (1965). From acts to dispositions: The attribution process in person perception. In L. Berkowitz (Ed.), *Advances in experimental social psychology* (Vol. 2, pp. 219–266). New York: Academic Press.

Jones, E. E. & Gerard, H. B. (1967). *Foundation of social psychology.* New York, NY: Wiley.

Kaiser, H. J. & Werbik, H. (2012). *Handlungspsychologie.* Göttingen: Vandenhoeck & Ruprecht.

Kammhuber, S. (2000). *Interkulturelles Lernen und Lehren.* Wiesbaden: Deutscher Universitäts-Verlag. http://doi.org/10.1007/978-3-663-08597-3

Kautz, J., Bier, C. & Thomas, A. (2006). *Beruflich in Malaysia. Trainingsprogramm für Manager, Fach- und Führungskräfte.* Göttingen: Vandenhoeck & Ruprecht.

Keller, H. & Eckensberger, L. H. (1998). Kultur und Entwicklung. In H. Keller (Hrsg.), *Lehrbuch Entwicklungspsychologie* (S. 57–96). Bern: Huber.

Kelley, H. H. (1967). Attribution theory in social psychology. In D. Levine (Ed.), *Nebraska symposium on motivation* (Vol. 15, pp. 192–238). Lincoln, NE: University of Nebraska Press.

Kelley, H. H. & Thibaut, J. W. (1978). *Interpersonal relations: A theory of interdependence.* New York: Wiley.

Kinast, E.-U. (2007). Interkulturelles Training. In A. Thomas, E.-U. Kinast & S. Schroll-Machl (Hrsg.), *Handbuch interkulturelle Kommunikation und Kooperation. Bd. 2: Länder, Kulturen und interkulturelle Berufstätigkeit* (2., durchgesehene Aufl., S. 181–203). Göttingen: Vandenhoeck & Ruprecht.

Klendauer, R., Streicher, B., Jonas, E. & Frey, D. (2006). Fairness und Gerechtigkeit. In H.-W. Bierhoff & D. Frey (Hrsg.), *Handbuch der Sozialpsychologie und Kommunikationspsychologie* (S. 187–195). Göttingen: Hogrefe.

Klink, A. & Wagner, U. (1999). Discrimination against ethnic minorities in Germany: Going back to the field. *Journal of Applied Social Psychology, 29,* 402–423. http://doi.org/10.1111/j.1559-1816.1999.tb01394.x

Kluckhohn, F. R. & Strodtbeck, F. L. (1961). *Variations in value orientation.* New York: Harper & Row.

Kohlberg, L. (1984). *The psychology of moral development.* San Francisco, CA: Harper.

Kopp, B. & Mandl, H. (2006). Gemeinsame Wissenskonstruktion. In H.-W. Bierhoff & D. Frey (Hrsg.), *Handbuch der Sozialpsychologie und Kommunikationspsychologie* (S. 504–509). Göttingen: Hogrefe.

Kornadt, H.-J. (2007). Motivation im interkulturellen Kontext. In G. Tommsdorff & H.-J. Kornadt (Hrsg.), *Erleben und Handeln im kulturellen Kontext* (Enzyklopädie der Psychologie, Serie Kulturvergleichende Psychologie, Bd. 2, S. 283–376). Göttingen: Hogrefe.

Krampen, G. (1991). *Fragebogen zu Kompetenz- und Kontrollüberzeugungen (FKK).* Göttingen: Hogrefe.

Kühlmann, T. M. (Hrsg.). (1995). *Mitarbeiterentsendung ins Ausland. Auswahl, Vorbereitung, Betreuung und Wiedereingliederung.* Göttingen: Verlag für Angewandte Psychologie.

Kunda, Z. (1999). *Social cognition: Making sense of people.* Cambridge, MA: MIT Press.

Landis, D., Bennett, J. M. & Bennett, M. J. (Eds.). (2004). *Handbook of Intercultural Training* (3rd ed.). Thousand Oaks, CA: Sage.

Landis, D. & Bhagat, R. S. (Eds.). (1996). *Handbook of Intercultural Training* (2nd ed.). Thousand Oaks, CA: Sage.

Landis, D. & Brislin, R. W. (Eds.). (1983). *Handbook of Intercultural Training*. New York: Pergamon Press.

Layes, G. (2007). Interkulturelles Lernen und Akkulturation. In A. Thomas, E.-M. Kinast & S. Schroll-Machl (Hrsg.), *Handbuch interkulturelle Kommunikation und Kooperation. Bd. 2: Länder, Kulturen und interkulturelle Berufstätigkeit* (2., durchgesehene Aufl., S. 126–137). Göttingen: Vandenhoeck & Ruprecht.

Lazarus, R. S. (1991). *Emotion and adaption*. Oxford: Oxford University Press.

Lewin, K. (1963). *Feldtheorie in den Sozialwissenschaften: Ausgewählte theoretische Schriften* (hrsg. von D. Cartwright). Bern: Huber.

Lerner, M. J. (1977). The justice motive in social behavior. *Journal of Personality, 45,* S. 1–52.

Lin-Huber, M. A. (2007). Kulturspezifischer Spracherwerb. In G. Trommsdorff & H.-J. Kornadt (Hrsg.), *Erleben und Handeln im kulturellen Kontext* (Enzyklopädie der Psychologie, Serie Kulturvergleichende Psychologie, Bd. 2, 157–218). Göttingen: Hogrefe.

Mandl, H., Prenzel, M. & Gräsel, C. (1992). Das Problem des Lerntransfers in der betrieblichen Weiterbildung. *Unterrichtswissenschaft, 20* (2), 126–143.

Matthes, J. (1992).The opperation called „Vergleichen". In J. Matthes (Hrsg.), *Zwischen den Kulturen? Die Sozialwissenschaften vor dem Problem des Kulturvergleichs* (S. 75–99). Göttingen: O. Schwartz.

Matthes, J. (1994). Ein schwieriger Diskurs: Überlegungen zur zeitgenössischen Fremdheits-Forschung [Vorwort]. In S. Shimada (Hrsg.), *Grenzgänger-Fremdgänge: Japan und Europa im Kulturvergleich* (S. 7–22). Frankfurt: Campus.

Maurus, M., Weis, D. & Thomas, A. (2014). *Beruflich in Griechenland. Trainingsprogramm für Manager, Fach- und Führungskräfte*. Göttingen: Vandenhoeck & Ruprecht.

Mayr, S. & Thomas, A. (2009). *Beruflich in Frankreich. Trainingsprogramm für Manager, Fach- und Führungskräfte*. Göttingen: Vandenhoeck & Ruprecht.

Mayring, P. (2007). *Qualitative Inhaltsanalyse. Grundlagen und Techniken*. Weinheim: Beltz.

Mitterer, K., Mimler, R. & Thomas, A. (2013). *Beruflich in Indien. Trainingsprogramm für Manager, Fach- und Führungskräfte* (2. Aufl.). Göttingen: Vandenhoeck & Ruprecht.

Moscovici, S. (1985). Social influence and conformity. In G. Lindzey & E. Aronson (Eds.), *Handbook of Social Psychology* (Vol. 2, pp. 347–412). London: Random House.

Müller, G. & Hassebrauck, M. (1993). Gerechtigkeitstheorien. In M. Irle & D. Frey (Hrsg.), *Theorien der Sozialpsychologie. Bd. 1: Kognitive Theorien* (2., vollst. überarb. u. erw. Aufl., S. 217–240). Bern: Huber.

Mummendey, H. D. (2006). Selbstdarstellung. In H.-W. Bierhof & D. Frey (Hrsg.), *Handbuch der Sozialpsychologie und Kommunikationspsychologie* (S. 49–56). Göttingen: Hogrefe.

Mummendey, H. D. (2009). Selbstdarstellungstheorie. In D. Frey & M. Irle (Hrsg.), *Theorien der Sozialpsychologie, Bd. 3: Motivations-, Selbst- und Informationsverarbeitungstheorien* (1. Nachdruck der 2., vollst. überarb. u. erw. Aufl., S. 212–233). Bern: Huber.

Mummendey, A. & Otten, S. (2002). Theorien intergruppalen Verhaltens. In D. Frey & M. Irle (Hrsg.), *Theorien der Sozialpsychologie, Bd. II: Gruppen-, Interaktions- und Lerntheorien* (2., vollst. überarb. u. erw. Aufl., S. 95–119). Bern, Göttingen, Toronto, Seattle: Huber.

Nemeth, C. J. (1986). Differential contributions of majority and minority influence. *Psychological Review, 93,* 23–32. http://doi.org/10.1037/0033-295X.93.1.23

Neudecker, E., Siegl, A. & Thomas, A. (2007). *Beruflich in Italien. Trainingsprogramm für Manager, Fach- und Führungskräfte*. Göttingen: Vandenhoeck & Ruprecht.

Oettingen, G. & Gollwitzer, P. M. (2009). Theorien der modernen Zielpsychologie. In D. Frey & M. Irle (Hrsg.), *Theorien der Sozialpsychologie, Bd. 3: Motivations-, Selbst- und Informationsverarbeitungstheorien* (1. Nachdruck der 2., vollst. überarb. u. erw. Aufl., S. 51–73). Bern: Huber.

Petzold, I., Ringel, N. & Thomas, A. (2005). *Beruflich in Japan. Trainingsprogramm für Manager, Fach- und Führungskräfte*. Göttingen: Vandenhoeck & Ruprecht.

Piaget, J. (1954). *Das moralische Urteil beim Kind*. Zürich: Rascher.

Piaget, J. (1966). *Judgment and reasoning in the child*. Totawa, NJ: Littelfield, Adams.

Pruitt, D. G. & Rubin, Z. J. (1986). *Social conflict: Escalation, stalemate and settlement*. New York: Random House.

Radice von Wogau, J., Eimmermacher, H. & Lanfranchi, A. (Hrsg.) (2004). *Therapie und Beratung von Migranten. Systemisch-interkulturell denken und handeln*. Weinheim: Beltz PVU.

Redlich, A. (1997). *Konflikt-Moderation. Handlungsstrategien für alle, die mit Gruppen arbeiten*. Hamburg: Windmühle.

Reimer-Conrads, T. & Thomas, A. (2009). *Beruflich in den arabischen Golfstaaten. Trainingsprogramm für Manager, Fach- und Führungskräfte*. Göttingen: Vandenhoeck & Ruprecht.

Reisenzein, R. (2006). Motivation. In K. Pawlik (Hrsg.), *Handbuch Psychologie* (S. 239–247). Berlin: Springer.

Renn, J. (2011). Perspektiven einer sprachpragmatischen Kulturtheorie. In F. Jäger & J. Straub (Hrsg.), *Handbuch der Kulturwissenschaften. Bd. 2: Paradigmen und Disziplinen* (S. 430–448). Stuttgart: Metzler.

Sarapata, A. (1985). Researchers' habits and orientations as factors which condition international co-operation in reasearch. *Science of Science, 3* (5), 157–182.

Saure, I. K., Tillmans, A. & Thomas, A. (2006). *Entwicklungszusammenarbeit in Indien. Trainingsprogramm für Fach- und Führungskräfte*. Nordhausen: Bautz.

Schlizio, B. U., Schürings, U. & Thomas, A. (2009). *Beruflich in den Niederlanden. Trainingsprogramm für Manager, Fach- und Führungskräfte*. Göttingen: Vandenhoeck & Ruprecht.

Schreyögg, A. (2002). *Konfliktcoaching. Anleitung für den Coach*. Frankfurt: Campus.

Schroll-Machl, S. (2007). *Die Deutschen – Wir Deutsche. Fremdwahrnehmung und Selbstsicht im Berufsleben* (2. Aufl). Göttingen: Vandenhoeck & Ruprecht.

Schulz von Thun, F. (1998a). *Miteinander reden. Bd. 1: Störungen und Klärungen*. Reinbeck: Rowohlt.

Schulz von Thun, F. (1998b). *Miteinander reden. Bd. 2: Stile, Werte und Persönlichkeitsentwicklungen*. Reinbeck: Rowohlt.

Schwartz, S. H. (1999). A theory of cultural values and some implications for work. In Applied Psychology. *An International Review, 48*, 23–47.

Seligman, M. E. P. (1975). *Helplessness: On depression, development, and death*. San Francisco, CA: Freeman.

Sidanius, J. & Pratto, F. (1999). *Social Dominance. An Intergroup Theory of Social Hierarchy and Oppression*. Cambridge, UK: Cambridge University Press.

Six, U., Gleich, U. & Gimmler, R. (Hrsg.). (2007). *Kommunikationspsychologie und Medienpsychologie*. Weinheim: Beltz.

Slate, E. J. & Schroll-Machl, S. (2013). *Beruflich in den USA. Trainingsprogramm für Manager, Fach- und Führungskräfte* (3. Aufl.). Göttingen: Vandenhoeck & Ruprecht.

Stahl, G. K. (1998). *Internationaler Einsatz von Führungskräften*. München: R. Oldenbourg.

Steins, G. (2006). Perspektivenübernahme oder: Wer ist die andere Person? In H.-W. Bierhoff & D. Frey (Hrsg.), *Handbuch der Sozialpsychologie und Kommunikationspsychologie* (S. 471–476). Göttingen: Hogrefe.

Straub, J. (1999). *Verstehen, Kritik, Anerkennung. Das Eigene und das Fremde in den interpretativen Wissenschaften*. Göttingen: Wallstein.

Straub, J. (2007). Kultur. In J. Straub, A. Weidemann & D. Weidemann (Hrsg.), *Handbuch interkulturelle Kommunikation und Kompetenz. Grundbegriffe – Theorien – Anwendungsfelder* (S. 7–24). Stuttgart: Metzler.

Straub, J., Weidemann, A. & Weidemann, D. (Hrsg.). (2007). *Handbuch interkulturelle Kommunikation und Kompetenz. Grundbegriffe – Theorien – Anwendungsfelder.* Stuttgart: Metzler.

Stumpf, S., Thomas, A., Zeutschel, U. & Ruhs, D. (2003). Assessment Center als Instrument zur Förderung der Handlungskompetenz von Fach- und Führungskräften in der internationalen Jugendarbeit. In IJAB – Fachstelle für Internationale Jugendarbeit der Bundesrepublik Deutschland e. V. (Hrsg.), *Forum Jugendarbeit International 2003. Interkulturelle Kompetenz, EU-Erweiterung* (S. 70–91). Bonn: IJAB.

Sünderhauf, K., Stumpf, S. & Höft, S. (Hrsg.). (2005). *Assessment Center. Von der Auftragsklärung bis zur Qualitätssicherung. Ein Handbuch von Praktikern für Praktiker.* Frankfurt: Pabst.

Tajfel, H. (1978). *Differentiation between social groups.* London: Academic Press.

Tajfel, H. (1982). *Gruppenkonflikte und Vorurteil. Entstehung und Funktion sozialer Stereotypen.* Bern: Huber.

Tajfel, H. & Turner, J. C. (1986). The social identity theory on intergroup behaviour. In S. Worchel & W. G. Austin (Eds.), *Psychology of intergroup relations* (pp. 7–24). Chicago, IL: Nelson Hall.

Thibaut, J. W. & Kelley, H. H. (1959). *The social psychology of groups.* New York: Wiley.

Thomas, A. (1993). Psychologie interkulturellen Lernens und Handelns. In A. Thomas (Hrsg.), *Kulturvergleichende Psychologie* (S. 377–424). Göttingen: Hogrefe.

Thomas, A. (1995). Die Vorbereitung von Mitarbeitern für den Auslandseinsatz: Wissenschaftliche Grundlagen. In T. M. Kühlmann (Hrsg.), *Mitarbeiterentsendung ins Ausland. Auswahl, Vorbereitung, Betreuung und Wiedereingliederung* (S. 85–118). Göttingen: Verlag für Angewandte Psychologie.

Thomas, A. (Hrsg.). (1996). *Psychologie interkulturellen Handelns.* Göttingen: Hogrefe.

Thomas, A. (2001). Interkulturelle Kompetenz in der internationalen wissenschaftlichen Zusammenarbeit. In G. Fink & S. Meierewert (Hrsg.), *Interkulturelles Management – Österreichische Perspektiven* (S. 220–221). Wien: Springer.

Thomas, A. (2003a). Interkulturelle Kompetenz. Grundlagen, Probleme und Konzepte. *Erwägen – Wissen – Ethik, 14* (1), 137–228.

Thomas, A. (2003b). Psychologie interkulturellen Lernens und Handelns. In A. Thomas (Hrsg.), *Kulturvergleichende Psychologie* (2. Aufl., S. 433–486). Göttingen: Hogrefe.

Thomas, A. (Hrsg.). (2003c). *Psychologie interkulturellen Handelns* (2. Aufl.). Göttingen: Hogrefe.

Thomas, A. (2005). Kultur und Kulturstandards. In A. Thomas, E.-U. Kinast & S. Schroll-Machl (Hrsg.), *Handbuch Interkulturelle Kommunikation und Kooperation. Bd. 1: Grundlagen und Praxisfelder* (2., überarb. Aufl., S. 19–31). Göttingen: Vandenhoeck & Ruprecht.

Thomas, A. (2006). An action and learning- theoretical concept of intercultural competence. In H. Helfrich, M. Zillekens & E. Hölter (Eds.), *Culture and development in Japan and Germany* (pp. 191–216). Münster: Daedalus.

Thomas, A. (2007). Herausforderungen an interkulturelle Professionalität: Anmerkungen zum Dialog von Forschung und Praxis. In M. Otten, A. Scheitza & A. Cnyrim (Hrsg.), *Interkulturelle Kompetenz im Wandel. Bd. 1: Grundlegungen, Konzepte und Diskurse* (S. 121–140). Frankfurt: IKO-Verlag für interkulturelle Kommunikation.

Thomas, A. (Hrsg.). (2008). *Psychologie des interkulturellen Dialogs.* Göttingen: Vandenhoeck & Ruprecht. http://doi.org/10.13109/9783666403026

Thomas, A. (2011). *Interkulturelle Handlungskompetenz. Versiert, angemessen und erfolgreich im internationalen Geschäft.* Wiesbaden: Springer Gabler. http://doi.org/10.1007/978-3-8349-6880-7

Thomas, A. (2013). *Leben und Arbeiten in internationalen Kontexten* (Schriftensammlung zur interkulturellen Kompetenz, Bd. 6). Berlin: Lit-Verlag.
Thomas, A. (2014a). Mitarbeiterführung in interkulturellen Arbeitsgruppen. In L. von Rosenstiel, E. Regnet & M. E. Domsch (Hrsg.), *Führung von Mitarbeitern. Handbuch für erfolgreiches Personalmanagement* (7. Aufl., S. 460–477). Stuttgart: Schäffer-Poeschel.
Thomas, A. (2014b). *Wie Fremdes vertraut werden kann. Mit internationalen Geschäftspartnern zusammenarbeiten.* Wiesbaden: Springer Gabler. http://doi.org/10.1007/978-3-658-03235-7
Thomas, A. (2015). Nonverbale Aspekte interkultureller Kommunikation und Kompetenz. In A. Holzbrecher & U. Over (Hrsg.), *Interkulturelle Kompetenz und Diversität* (S. 106–120). Weinheim: Beltz.
Thomas, A., Chang, C. & Abt, H. (2007). *Erlebnisse, die verändern. Langzeitwirkungen der Teilnahme an internationalen Jugendbegegnungen.* Göttingen: Vandenhoeck & Ruprecht.
Thomas, A., Kammhuber, S. & Schroll-Machl, S. (Hrsg.). (2007). *Handbuch interkulturelle Kommunikation und Kooperation. Bd. 2: Länder, Kulturen und interkulturelle Berufstätigkeit* (2., durchgesehene Aufl.). Göttingen: Vandenhoeck & Ruprecht.
Thomas, A., Kinast, E.-U. & Schroll-Machl, S. (Hrsg.). (2005). *Handbuch Interkulturelle Kommunikation und Kooperation. Bd. 1: Grundlagen und Praxisfelder* (2., überarb. Aufl.). Göttingen: Vandenhoeck & Ruprecht.
Thomas, A., Schenk, E. & Heisel, W. (2014). *Beruflich in China. Trainingsprogramm für Manager, Fach- und Führungskräfte* (4. Aufl.). Göttingen: Vandenhoeck & Ruprecht.
Thomas, A. & Simon, P. (2007). Interkulturelle Kompetenz. In G. Trommsdorff & H.-J. Kornadt (Hrsg.), *Anwendungsfelder der kulturvergleichenden Psychologie* (Enzyklopädie der Psychologie, Serie Kulturvergleichende Psychologie, Bd. 3, S. 135–186). Göttingen: Hogrefe.
Tjitra, H. W. (2000). *Analyse von Synergiepotenzialen und interkulturellen Problemen in der Zusammenarbeit deutsch-indonesischer Arbeitsgruppen.* Wiesbaden: Deutscher Universitäts-Verlag.
Triandis, H. C. (1984). A theoretical framework for a more effective construction of culture assimilator. *International Journal of Intercultural Relations, 8,* 301–310. http://doi.org/10.1016/0147-1767(84)90029-4
Triandis, H. C. (1988). Collectivism and individualism: A reconceptualization of a basic concept in cross cultural social psychology. In C. Bagley & G. K. Verma (Eds.), *Personality, cognition and values: Cross-cultural perspectives on childhood and adolescence* (pp. 60–95). London: Macmillan.
Triandis, H. C. (1989). Intercultural Education and Training. In P. Funke (Ed.), *Understandig the US – Across Culture Prospective* (pp. 305–322). Tübingen: Narr.
Triandis, H. C. (1995). *Individualism and collectivism.* Boulder, CO: Westview Press.
Triandis, H. C., Brislin, R. & Hui, C. H. (1988). Cross cultural training across the individual-collectivism divide. *International Journal of Intercultural Relations, 12,* 269–289. http://doi.org/10.1016/0147-1767(88)90019-3
Trommsdorff, G. & Kornadt, H.-J. (Hrsg.). (2007a). *Erleben und Handeln im kulturellen Kontext* (Enzyklopädie der Psychologie, Serie Kulturvergleichende Psychologie, Bd. 2). Göttingen: Hogrefe.
Trommsdorff, G. & Kornadt, H.-J.(Hrsg.). (2007b). *Anwendungsfelder der kulturvergleichenden Psychologie* (Enzyklopädie der Psychologie, Serie Kulturvergleichende Psychologie, Bd. 3). Göttingen: Hogrefe.
Trompenaars, F. (1993). *Handbuch Globales Managen. Wie man kulturelle Unterschiede im Geschäftsleben versteht.* Düsseldorf: Econ.
Trudewind, C. (2006). Soziale und moralische Kompetenz. In H.-W. Bierhoff & D. Frey (Hrsg.), *Handbuch der Sozialpsychologie und Kommunikationspsychologie* (S. 515–522). Göttingen: Hogrefe.

Vanderheiden, E. & Mayer, C.-H. (Hrsg.). (2014). *Handbuch interkulturelle Öffnung. Grundlagen, Best Practice, Tools*. Göttingen: Vandenhoeck & Ruprecht.

Wagner, U. & Küpper, B. (2007). Kulturbegegnungen und -konflikte. In G. Trommsdorff & H.-J. Kornadt (Hrsg.), *Anwendungsfelder der kulturvergleichenden Psychologie* (Enzyklopädie der Psychologie, Serie Kulturvergleichende Psychologie, Bd. 3, S. 87–134). Göttingen: Hogrefe.

Wallbott, H. G. (2003). Nonverbale Kommunikation im Kulturvergleich. In A. Thomas (Hrsg.), *Kulturvergleichende Psychologie* (2. Aufl., S. 415–432). Göttingen: Hogrefe.

Ward, C., Bochner, S. & Furnham, A. (2001). *The psychology of culture schock* (2nd ed). Hove: Routledge.

Watzlawick, P., Beavin, J. H. & Jackson, D. D. (2000). *Menschliche Kommunikation* (12. Aufl.). Bern: Huber.

Weidemann, D. (2007). Akkulturation und interkulturelles Lernen. In J. Straub, A. Weidemann & D. Weidemann (Hrsg.), *Handbuch interkulturelle Kommunikation und Kompetenz. Grundbegriffe – Theorien – Anwendungsfelder* (S. 488–498). Stuttgart: Metzler.

Weinstein, C. E. & Mayer, R. E. (1986). The teaching of learning strategies. In M. C. Wittrock (Ed.), *Handbook of research in teaching* (pp. 315–327). New York: Macmillan.

Wentura, D., Greve, W. & Klauer, T. (2002). Theorie der Bewältigung. In D. Frey & M. Irle (Hrsg.), *Theorien der Sozialpsychologie. Bd. 3: Motivation und Informationsverarbeitung* (2., vollst. überarb. u. erw. Aufl., S. 101–125). Bern: Huber.

Wicklund, R. A. & Frey, D. (1993). Die Theorie der Selbtaufmerksamkeit. In D. Frey & M. Irle (Hrsg.), *Theorien der Sozialpsychologie. Bd. 1: Kognitive Theorien* (2., vollst. überarb. u. erw. Aufl., S. 155–173). Bern: Huber.

Winter, G. (1988). Konzepte und Stadien interkulturellen Lernens. In A. Thomas (Hrsg.), *Interkulturelles Lernen im Schüleraustausch* (SSIP-Bulletin, Nr. 58, S. 151–178). Saarbrücken: Breitenbach.

Witte, E. H. (2002). Theorien zur sozialen Macht. In D. Frey & M. Irle (Hrsg.), *Theorien der Sozialpsychologie. Bd. 2: Gruppen-, Interaktions- und Lerntheorien* (2., vollst. überarb. u. erw. Aufl., S. 217–246). Bern: Huber.

Witte, E. H. (2006). Macht. In H.-W. Bierhoff & D. Frey (Hrsg.), *Handbuch der Sozialpsychologie und Kommunikationspsychologie* (S. 629–637). Göttingen: Hogrefe.

Yoosefi, T. & Thomas, A. (2008). *Beruflich in Russland. Trainingsprogramm für Manager, Fach- und Führungskräfte* (3. Aufl.). Göttingen: Vandenhoeck & Ruprecht.

Zeutschel, U. (1999). Interkulturelle Synergie auf dem Weg: Erkenntnisse aus deutsch-US-amerikanischen Problemlösungsgruppen. *Zeitschrift für Angewandte Psychologie, 2,* 131–160.

Zeutschel, U. (2003). Plurikulturelle Arbeitsgruppen. In S. Stumpf & A. Thomas (Hrsg.), *Teamarbeit und Teamentwicklung* (S. 461–476). Göttingen: Hogrefe.

Torsten M. Kühlmann
Auslandseinsatz von Mitarbeitern
(Reihe: „Praxis der Personalpsychologie", Band 6)
2004, VI/115 Seiten,
€ 24,95 / CHF 35.50
ISBN 978-3-8017-1495-6
Auch als eBook erhältlich

Alexander Thomas
Psychologie interkulturellen Handelns
2., unv. Auflage 2003,
474 Seiten,
€ 49,95 / CHF 66.90
ISBN 978-3-8017-0668-5
Auch als eBook erhältlich

Die Auslandsentsendung von Mitarbeitern ist mittlerweile ein fester Bestandteil der Personalarbeit in international tätigen Unternehmen. Ausgehend von einer Übersicht zum aktuellen Forschungsstand behandelt das Buch Schritt für Schritt die verschiedenen Aufgaben im Zusammenhang einer Entsendung.

Der Band beschäftigt sich mit verschiedenen Problemen und Aufgabenstellungen der interkulturellen Psychologie und bietet insbesondere Personalverantwortlichen wertvolle Hinweise für die Vorbereitung und das Training von Fach- und Führungskräften auf einen Auslandseinsatz.

Karina Schreiner
Würde – Respekt – Ehre
Werte als Schlüssel zum Verständnis anderer Kulturen
2013, 208 Seiten, geb.
€ 19,95 / CHF 28.50
ISBN 978-3-456-85313-0
Auch als eBook erhältlich

Margrith Lin-Huber
Chinesen verstehen lernen
Wir – die Andern: erfolgreich kommunizieren
2., akt. u. erw. Aufl. 2006,
261 Seiten,
€ 19,95 / CHF 32.–
ISBN 978-3-456-84269-1

Anhand von zahlreichen Beispielen zeigt die Autorin eine neue Sicht auf das Gesellschaftsthema Werte und erklärt, wie wir interkulturelle Kompetenz – eine Schlüsselqualifikation in einer zukünftigen Welt – erwerben können.

Obwohl die Chinesen ein Viertel der Weltbevölkerung stellen, wissen wir eigentlich wenig über sie. Das Buch ist eine wertvolle Hilfe für alle, die die Chinesen besser verstehen wollen.

www.hogrefe.com

Gisela Trommsdorff /
Hans-Joachim Kornadt
(Hrsg.)
Erleben und Handeln im kulturellen Kontext

(Reihe: „Enzyklopädie der Psychologie, Serie Kulturvergleichende Psychologie", Band 2)
2007, XXVIII/678 Seiten, Ganzleinen,
€ 169,– / CHF 228.– (Bei Abnahme der gesamten Serie € 149,– / CHF 201.–)
ISBN 978-3-8017-1503-8
Auch als eBook erhältlich

Dieser Band stellt psychologische Phänomene und Prozesse aus kulturvergleichender Sicht dar.

Gisela Trommsdorff /
Hans-Joachim Kornadt
(Hrsg.)
Anwendungsfelder der kulturvergleichenden Psychologie

(Reihe: „Enzyklopädie der Psychologie, Serie Kulturvergleichende Psychologie", Band 3)
2007, XXVIII/604 Seiten, Ganzleinen,
€ 169,– / CHF 228.– (Bei Abnahme der gesamten Serie € 149,– / CHF 201.–)
ISBN 978-3-8017-1509-0
Auch als eBook erhältlich

Verschiedene Anwendungsfelder der kulturvergleichenden Forschung werden in diesem Band dargestellt.

Hans-Werner Bierhoff /
Dieter Frey (Hrsg.)
Selbst und soziale Kognition

(Reihe: „Enzyklopädie der Psychologie, Serie Sozialpsychologie", Band C/VI/1)
2016, ca. 600 Seiten, Ganzleinen,
ca. € 149,– / CHF 186.– (Bei Abnahme der gesamten Serie ca. € 129,– / CHF 161.–)
ISBN 978-3-8017-0563-3
Auch als eBook erhältlich

Der erste Band der Enzyklopädieserie „Sozialpsychologie" befasst sich mit den Themen „Selbst" und „soziale Kognition".

Hans-Werner Bierhoff /
Dieter Frey (Hrsg.)
Soziale Motive und soziale Einstellungen

(Reihe: „Enzyklopädie der Psychologie, Serie Sozialpsychologie", Band C/VI/2)
2016, ca. 900 Seiten, Ganzleinen,
ca. € 179,– / CHF 224.– (Bei Abnahme der gesamten Serie ca. € 159,– / CHF 199.–)
ISBN 978-3-8017-0564-0
Auch als eBook erhältlich

Der Band bietet eine umfassende und ausführliche Übersicht über die zentralen sozialpsychologischen Themen „soziale Motive" und „soziale Einstellungen".

www.hogrefe.com